天气预报技术文集

（2012）

中国气象局预报与网络司　编

气象出版社
China Meteorological Press

内容简介

本书收录了 2012 年 3 月在重庆召开的"2012 年全国重大天气过程总结和预报技术经验交流会"上交流的文章 64 篇,第一部分为暴雨,第二部分为强对流、暴雪、台风,第三部分为预报技术方法及其他灾害性天气。

本书可供全国气象、水文、航空气象等部门从事天气预报的业务、科研人员和管理人员参考。

图书在版编目(CIP)数据

天气预报技术文集.2012/中国气象局预报与网络司编.

北京:气象出版社,2012.12

ISBN 978-7-5029-5663-9

Ⅰ.①天… Ⅱ.①中… Ⅲ.①天气预报-文集 Ⅳ.①P45-53

中国版本图书馆 CIP 数据核字(2012)第 320069 号

Tianqi Yubao Jishu Wenji(2012)

天气预报技术文集(2012)

出版发行:气象出版社	
地 址:北京市海淀区中关村南大街 46 号	邮政编码:100081
总 编 室:010-68407112	发 行 部:010-68409198
网 址:http://www.cmp.cma.gov.cn	E-mail:qxcbs@cma.gov.cn
责任编辑:张锐锐 李太宇	终 审:周诗健
封面设计:王 伟	责任技编:吴庭芳
责任校对:华 鲁	
印 刷:北京京华虎彩印刷有限公司	
开 本:787 mm×1092 mm 1/16	印 张:23.5
字 数:600 千字	
版 次:2012 年 12 月第 1 版	印 次:2012 年 12 月第 1 次印刷
定 价:78.00 元	

编者的话

2012年3月，中国气象局预报与网络司、重庆市气象局和国家气象中心在重庆市共同组织召开了"2012年全国重大天气过程总结和预报技术经验交流会"。

此次会议召开前，我们组织各基层单位对报送的文章进行了严格筛选，其后收到了来自国家气象中心、国家卫星气象中心、各省（区、市）气象局、民航气象中心、总参气象中心等40余家单位推荐的论文224篇，内容涉及台风、暴雨、强对流、雾、沙尘等各类灾害性天气的总结分析和新资料、新技术、新方法的应用。经过专家评审，从中挑选出92篇文章参会交流。会后经过与会专家的认真审定，又从中选取了64篇文章汇编成本文集。

由于水平有限，加之时间紧迫，难免有疏漏之处，请读者指正并提出宝贵意见。

编 者

2012年6月

目　录

第三部分　预报技术方法及其他灾害性天气

第一部分 暴 雨

南岳高山站风场对湖南两例不同类型暴雨过程的指示作用

叶成志 陈静静 傅承浩

(湖南省气象台,长沙 410007)

摘 要

从季节变化和年际变化等方面入手论证南岳高山站资料对对流层低层环流场的代表性,进而分析其风场特征对 2011 年 6 月湖南两例不同类型暴雨过程的指示作用。结果表明:湖南处在南岳高山站风场资料与全球再分析资料的年际相关、季节内相关大值区的中心附近,高相关区始终位于各季节盛行风的下风方,夏半年资料的相关性好于冬半年,其中又以夏季(6—8 月)为最好;南岳高山站风场的逐时演变特征较好地指示了湖南强降水雨带的移动和强度变化,在低涡冷槽型强降水过程中,若南岳高山站风场持续南风,则强降水区一般位于湘中以北,南压后迅速减弱,其风速增强、减弱对强降水发生、发展、减弱有 4~6 h 的提前量指示作用。当南岳山风场由南风转为北风时,其转折时刻对强降水区东移南压有 4 h 左右的提前预报量。

关键词:南岳高山站风场 资料代表性 降水指示作用

引言

南岳高山气象观测站(27.30°N,112.70°E)为全国 7 个高山气象观测站之一,地处湖南省中部的风景名胜区南岳山望日台,观测场海拔高度 1265.9 m,接近自由大气底部。1952 年建站,同年 11 月开始一天 4 个时次降水、风、能见度、云、气压等气象要素的常规气象要素观测,站址从未发生变动,近 60 年记录齐全。从 2005 年开始,实行一天 24 个时次的自动逐时观测。该高山站可对其所在高度代表的对流层低层环流进行连续监测,其逐时观测资料具有比探空资料更高时间分辨率的气象要素变化描述,能反映对流层低层风场的时变特征[1~3],对其下游地区的强降水发生、发展具有重要的指示作用[4,5]。同时,南岳山地处青藏高原东侧,东临西北太平洋,其特殊的地理位置,导致影响系统较多,受西风带槽脊活动影响频繁。此外,该山脉受东亚夏季风影响特别明显,其观测资料在一定程度上可反映东亚季风环流的特征,且处于我国夏季降水日变化位相转变的关键区[6]。在目前探空站资料时空分辨率不足以满足精细化预报要求时,高山站资料是个重要的补充。本文从季节变化和年际变化等方面入手论证南岳高山站资料对对流层低层环流场的代表性,进而分析其风场特征对 2011 年 6 月湖南两例不同类

资助项目:中国气象局 2011 年气象关键技术集成与应用项目(CMAGJ2011M35)、中国气象局 2012 年预报员专项(CMAYBY2012−039)。

型暴雨过程的指示作用,旨在揭示该资料在短时临近预报中的重要指示意义,为政府决策、防灾减灾提供更多、更好的技术支撑和参考依据。

1 南岳高山站风场资料的代表性分析

1.1 年际代表性

分析 1954—2009 年南岳高山站平均风速与 NCEP/NCAR 再分析风场资料的年际相关系数可知(图略),高相关区位于长江中下游及华南沿海地区,该区域内南岳高山站平均风速与 NCEP/NCAR 再分析风场资料的相关系数≥0.4,相关性通过了 0.01 的显著性水平检验。湖南省大部分地区的相关系数≥0.5,处于高相关区的中心附近。

1.2 季节内代表性

春季(3—5月),我国大陆主要受西风带系统和西南暖湿气流的共同影响,盛行偏西风,南岳高山站平均风速与 NCEP/NCAR 再分析风场资料的高相关区位于冷暖气流交汇的长江流域及西南地区东部(图 1a),相关系数在 0.4~0.6,高相关区呈准东—西向分布,湖南位于高相关区中心附近;夏季(6—8月),东亚夏季风向北推进[7],我国中东部地区受西南季风控制,高相关区范围扩大,呈东北—西南向分布(图 1b),相关系数在 0.4~0.7,湖南位于高相关区中心西侧;进入冬半年(9月—次年 2月,图 1c、1d)我国大部分地区受东北冷涡背景下的偏东北气流影响,高相关区范围明显缩小,西退南压至西南地区东部,相关系数减小到 0.3~0.4。由此可见,夏半年南岳高山站平均风速与 NCEP/NCAR 再分析风场资料的相关性好于冬半年,其中又以夏季为最好。高相关区始终位于各季节盛行风的下风方,夏半年湖南处于高相关区的中心附近区域。

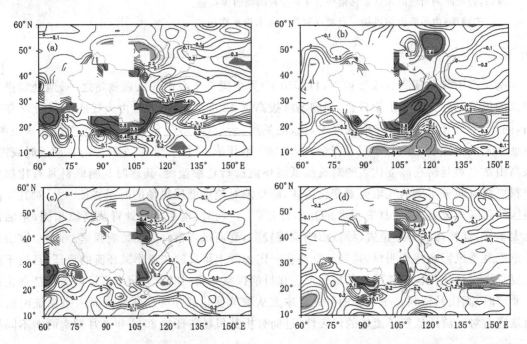

图 1 春(a. 3—5月)、夏(b. 6—8月)、秋(c. 9—11月)、冬(d. 12月至次年 2月)南岳高山站平均风速与 NCEP 850 hPa 季节平均风速的相关系数(阴影区为通过了 0.01 显著性水平检验)

2 2011年湖南两例暴雨过程概况及主要影响系统

2.1 "6·9"暴雨过程概况

2011年6月9—11日,湖南出现了该年首场大暴雨天气过程,强降水区主要位于湘中以北。6月9日08时—12日08时全省平均降水量为45.2 mm,加密自动站中24 h降水量为50~99.9 mm的乡镇有590个,100~249.9 mm的乡镇有238个,超过250 mm的乡镇有5个,其中过程最大降水量出现在位于临湘市贺畈站,为275.6 mm。此次过程具有降水不均匀、局地降水强度大、致灾性强等特点,中尺度对流性降水特征明显。受其影响,湖南省内共计455个乡镇、361万人口受灾,因灾死亡36人,直接经济损失达22.18亿元。

2.2 "6·9"暴雨过程的主要影响系统

9日20时高原东部有低槽东移(图2a),槽底较偏北。副高呈带状分布,脊线位于20°~23°N,西伸脊点在115°E附近,其位置有利于水汽向江南和华南输送。700 hPa切变位于鄂西南—湘西北,850 hPa切变与700 hPa基本重合,并有低涡与之配合。地面倒槽发展,辐合线位于湘西—湘东北,湘西的降水开始发展;之后低槽移动迅速,10日02时500 hPa槽线呈东北—西南向,850 hPa低涡随之东移至湘东北地区。同时,地面有冷空气侵入倒槽中,诱发地面气旋波发展,该区域降水骤然增强,并伴有雷暴等强对流天气发生;10日08时500 hPa低槽移至武汉—怀化一线,700 hPa和850 hPa切变东移南压速度有所加快,但位相依然落后于500 hPa槽线。此外,在暴雨发生期间,200 hPa南压高压位于中南半岛北部,湖南大部受高压东北部西北气流控制。副热带急流位于30°~40°N,江南处于副热带急流右侧的西风气流和南压高压东北的西北气流下,高空气流逐渐发散,尤其是湖南省东北部位于高空急流和南压高压的边缘,处在分流地带,高空辐散尤其强盛。综上所述,此次过程高空低槽径向度较大,系统配置从500 hPa到对流层低层基本处于陡立状态,为典型的前倾槽特征,则在其槽区及其后方最容易产生对流性暴雨。低槽移动速度快,仅12 h左右的时间,随着低槽东移出境,湖南降水也逐渐减弱消失。

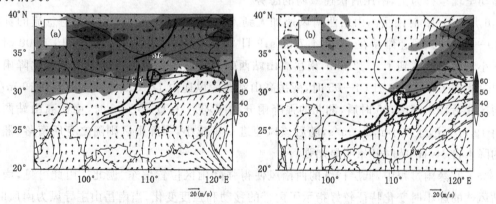

图2 2011年6月9日20时(a)和14日20时(b)主要影响系统综合图
(细实线为500 hPa高度场,单位:dagpm,粗实线为500 hPa槽线,点虚线为850 hPa低涡和切变线,长虚线为地面辐合线,箭矢为850 hPa风场,阴影为200 hPa高空急流,单位:m/s,省界内为湖南区域)

2.3 "6·13"暴雨过程概况

6月13—15日,湖南自北向南出现了一次区域性强降雨过程。除湘东南地区之外,全省普降暴雨,部分地区降大暴雨。6 月 13 日 08 时—16 日 08 时,全省平均降水量 63.4 mm,共计 829 个乡镇累积降水量为 50~99.9 mm,356 个乡镇累积降水量为 100~200 mm;此次过程具有降水持续时间较长、降水分布较均匀且面雨量较大等特点,共造成 312 个乡镇、63.12 万人受灾,直接经济损失达 4.58 亿元。

2.4 "6·13"暴雨过程的主要影响系统

13 日 20 时,高原槽发展东移,700 hPa 急流建立,急流前缘位于湘北,850 hPa 湘北有暖式切变,且其北侧出现了东南急流,建立了一支来自东部洋面的水汽通道,湘西北和湘北的强降水自 14 日凌晨开始发展;14 日 08 时,500 hPa 低槽东移至鄂西南—黔西,700 hPa 西南急流进一步加强,850 hPa 湘北的暖式切变转变为冷式切变,长沙和怀化探空站 850 hPa 的风速均超过了 20 m/s,此时湘西北和湘北的降水均达到最强;14 日 20 时(图 2b),高原槽东移分裂为南北两支,北支快速东移,南支东移过程中向南加深发展。副高有所东退,中低层西南急流前缘和低涡切变线均有所南压,强降水随之南压,呈东北—西南向位于湘中和湘西南地区,即地面辐合线附近;15 日 08 时,湘北转受 500 hPa 槽后偏西北气流控制,湘南地区受高空槽尾部和减弱南压的中低空切变影响,降水开始发展,但强度不强。

3 南岳高山站风场对湖南两例不同类型暴雨过程的指示作用

从影响系统分析,"6·9"和"6·13"暴雨过程均属于湖南典型的低涡冷槽型降雨,但从两次过程期间南岳高山站的逐时风场演变来看,前一次过程南岳高山站的风场为持续偏南风,而后一次过程则是南风转北风。下文将分析南岳高山站风场演变的不同特征对两次过程降雨预报的指示意义。

3.1 南岳高山站风场对"6·9"暴雨过程的指示作用

"6·9"暴雨过程中,南岳高山站为持续的西南风。强降雨主要在湘中及其以北地区,其中又以湘东北和湘中的雨强最强,湖南西部(湘西北和湘西南)降雨较弱,湘东南无明显降雨,雨带移动呈现东移为主,南压后快速减弱的态势。

6 月 9 日 19 时南岳高山站西南风速加大到 12 m/s(图 3a),达到了中低空急流的标准,9 日 19—23 时,该风速维持在 12~14.7 m/s;9 日 23 时以前,湘北无明显降雨,10 日 00 时该区域逐小时面雨量达到了 8.33 mm,南岳高山站西南风速达到急流标准的时刻较湘北降雨加大的时刻提前了 5 h。10 日 04—05 时,南岳高山站西南风速由 12.1 m/s 迅速增大到 19 m/s,强降雨区北抬移出湖南,05 时后,湘北的强降雨开始减弱。10 日 05—06 时,南岳高山站西南风速由 19 m/s 迅速减小到 14 m/s,随后该风速进一步减小,强降雨区则随之有所南落,湘中一带的降水自 10 日 07 时开始明显加强。

"6·9"暴雨过程中,低层持续的西南风使得强降雨区位置偏东、偏北。由此可见,南岳高山站风速的逐小时变化特征较好指示了雨带的移动和强度变化,当南岳山主导风为南风时,且风速大小在一定阈值内,其风速大小与湘西北、湘北的强降水量级有较好的相关性,当超过某个阈值,则相关性明显减弱;西南风速达到急流标准的时刻较湘北强降雨开始的时刻提前了 5 h。

3.2 南岳高山站风场对"6·13"暴雨过程的指示作用

"6·13"暴雨过程中,南岳高山站由强劲的西南风转为弱西北风。除湘东南的雨强较弱外,强降雨在其他各区域分布较均匀,雨区自北向南发展。

6月13日22时南岳高山站西南风速加大到12 m/s(图3b),13日22时—14日02时,该风速维持在11.9～13.1 m/s,14日03时,即南岳高山站风速达到急流标准后5 h,湘西北和湘北的降水同时开始加强;14日03时之后,西南风速持续增大,07时西南风风速达到了18.3 m/s,10时湘西北和湘北的降水同时明显减弱。14日21时,西南风风速由20时的11.2 m/s剧减到5.4 m/s,湘中和湘西南地区的降水3 h后同时开始加强(15日00时)。15日05时,南岳高山站西南风转为弱西北风,湘中和湘西南地区的降水减弱南压,08时,湘东南的降水增强。由此可见,"6·13"暴雨过程中,南岳高山站风场的变化对各区域降雨加强和雨区自北向南移动有3～5 h的提前指示作用,西南风转为西北风的时刻较雨区南压提前了3 h。

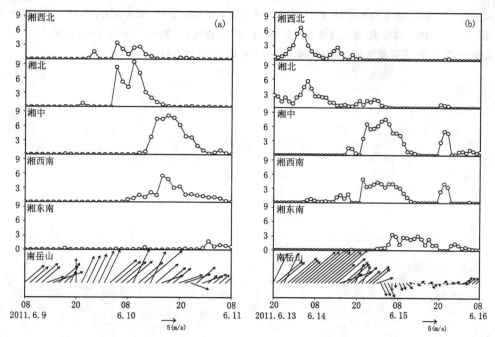

图3　2011年6月9—11日(a)和6月13—15日(b)全省分区逐时雨量(mm/h)与南岳高山站逐时风场

4　结论与讨论

(1)南岳高山站海拔高度接近对流层自由大气的底部,且受环境变化影响小,其气象要素在年际变化、季节变化等方面能够代表对流层低层自由大气的基本环流状况并合理地反映其关键特征,具有良好的资料代表性。

(2)南岳高山站风速的逐小时变化特征较好指示了湖南省强降水雨带的移动和强度变化,在低涡冷槽型强降水过程中,若南岳高山站风场持续南风,则强降水区一般位于湘中以北,南压后迅速减弱,其风速增强、减弱对强降水发生、发展、减弱有4～6 h的提前量指示作用。当南岳山风场由南风转为北风时,其转折时刻对强降水区东移南压有4 h左右的提前预报量。

(3)本文仅通过两个个例探讨了南岳高山站不同风场特征对湖南强降水落区和强度的指示作用,其相应研究成果转化成具有扎实理论基础的业务指标和概念模型还需进行大量个例的统计分析,并在业务应用中不断提炼与订正。

参考文献

[1] Yu R C, Li J, Chen H M, Diurnal variation of surface wind over central eastern China. *Climate Dynamics*, 2009,**33**:1089-1097.

[2] Chen H, R Yu, J Li, W Yuan, T Zhou. Why nocturnal long-duration rainfall presents an eastward-delayed diurnal phase of rainfall down the Yangtze river valley. *Journal of Climate*, 2010,**23**: 905-917.

[3] Yuan W, R Yu, H Chen, *et al.*, Subseasonal characteristics of diurnal variation in summer monsoon rainfall over central eastern China. *Journal of Climate*, 2010,**23**: 6684-6695.

[4] 陈静静,叶成志,陈红专,等."10·6"湖南大暴雨过程 MCS 的环境流场特征及动力分析.暴雨灾害, 2011,**30**(4):107-114.

[5] 叶成志,李昀英.湘东南地形对"碧利斯"台风暴雨增幅作用的分析.暴雨灾害,2011,**30**(2):122-129.

[6] 戴泽军,宇如聪,陈昊明.湖南夏季降水日变化特征.高原气象,2009,**28**(6):1463-1470.

[7] 胡豪然,钱维宏.东亚夏季风北边缘的确认.自然科学进展,2007,**17**(1):57-65.

山东省三次强降水的对比分析

杨晓霞[1]　吴　炜[1]　刁秀广[1]　高留喜[1]　姜　鹏[1]　王文青[1]　徐　娟[2]　胡顺起[3]

(1.山东省气象台,济南 250031；2.山东省聊城市气象局；3.山东省临沂市气象局)

摘　要

应用各种观测资料和 NCEP/NCAR(1°×1°)再分析资料,对山东省三次短时强降水过程进行了中尺度诊断和对比分析。结果表明:三次强降水都是产生在 850 hPa 切变线附近,低层大气高温高湿,有较高的对流不稳定能量。中高层 500 hPa 附近的弱冷空气影响、正涡度平流、低层辐合和高层辐散、较强的垂直风切变、地面上中尺度低压倒槽和风场辐合相结合,有利于上升运动发展,触发低层对流不稳定能量释放,产生强对流,造成强降水。强降水产生在地面中小尺度高温舌区或较强的温度梯度区。产生强降水的中小尺度对流云团移动缓慢,在雷达回波中表现为列车效应,对流云团的内部结构为暖平流辐合、逆风区、中尺度涡旋或中气旋。

关键词:三次强降水　形成机制分析　对比分析

引言

随着气象现代化监测系统的发展和数值模式的改进和完善,对短时强降水天气的认识不断深入,但对强降水的预报水平较低,尤其是对 1 h 雨量≥50 mm(局部≥100 mm)的强降水预报水平更低。强降水出现的时间、落区和强度是预报中的一大难点。本研究应用各种观测资料和 NCEP/NCAR(1°×1°)再分析资料,对山东省近年来三次 1 h 最大雨量≥100 mm 的强降水天气过程的环流背景和天气系统、热力、水汽和动力条件及中尺度系统特征进行了对比分析,总结出了三次强降水过程的共同点和不同之处,为短时强降水天气的预报提供客观依据。

1　三次强降水过程概述

(1)2009 年 8 月 17 日下午—18 日早晨,鲁南地区自西向东出现大范围强降水,在全省 1500 个自动雨量观测站中,有 345 站次 1 h 雨量≥30 mm,133 站次 1 h 雨量≥50 mm,临沂的费县 1 h 雨量最大,18 日 01—02 时 1 h 雨量达 137.2 mm,3 h 雨量达 242.2 mm。强降水主要集中在 17 日夜间,有两个强降水中心,一个在济宁,另一个在费县。强降水过程自西向东历经 18 h,伴有雷电和短时大风。强降水的范围大,1 h 最大雨量也最大。

(2)2010 年 8 月 8 日夜间—9 日早晨鲁西北出现强降水,全省有 156 站次 1 h 雨量≥30 mm,62 站次 1 h 雨量≥50 mm,长清 1 h 雨量最大,9 日 01—02 时 1 h 雨量达 101.8 mm,3 h 雨量达 143.9 mm；聊城总降水量最大,达 235.1 mm,9 日 02—04 时 1 h 雨量分别为 75.5 mm 和 83.4 mm,3 h 雨量达 180.2 mm,02—06 时 5 个小时降水量达到 211.9 mm。强降水从鲁西北的北部开始,向南偏西方向移动,在济南南部和聊城一带是强降水的中心。

资助项目:2011 年中国气象局预报员专项"山东省短时强降水天气的中尺度分析"(CMAYBY-2011-026)。

（3）2011 年 7 月 25 日傍晚山东半岛南部的乳山又出现强降水，25 日下午 18 时开始，乳山的雨量突然增大，18—19 时 1 h 雨量达 29.5 mm，19—20 时 1 h 雨量达 127.8 mm，20—21 时 1 h 雨量达 92.2 mm，18—21 时乳山 3 h 雨量达 249.5 mm，强降水只局限在乳山测站附近。

2 环流特征和影响系统

在 2009 年 8 月 17 日下午—18 日早晨的强降水过程中，500 hPa 副高北部边缘的 588 线偏北，位于 35°N 附近，西风槽在东移过程中减弱北缩形成切变线；700 hPa 经向切变线与 500 hPa 切变线同位相，纵穿山东；850 hPa 在鲁西南形成低涡环流中心，在低涡环流中心的东部形成西南风与东南风的暖切变，强降水产生在暖式切变线的北部东南气流中（图 1a）。地面上为从西南向东北伸展的弱低压倒槽区。在高空 200 hPa 为南亚高压的东北部，西南风与西北风的分叉区。

2010 年 8 月 8 日夜间—9 日早晨的强降水位于 500 hPa 中高纬度西风槽底的偏西气流中，588 线包围的副高中心成块状控制长江下游。850—700 hPa 鲁西北地区位于副高边缘，有西南风的侧向辐合。在台湾东部的海面上有台风低压向北偏西方向移动，其北部的一股东南风气流在华东沿海深入内陆，沿副高边缘转成西南气流向鲁西北强降水区输送暖湿空气；850 hPa 在鲁西北的中部形成西南风与东南风的弱切变，强降水产生在弱切变线的南部（图 1b）。地面上也为弱的低压倒槽区，850～700 hPa 没有低空急流，强降水区也与 200 hPa 高空急流前部的分叉区相对应。

在 2011 年 7 月 25 日傍晚乳山强降水中，500 hPa 西风槽偏南，槽底伸到 30°N，副高较弱，脊线位于 25°N 附近。850～700 hPa 在天津形成低涡环流中心，山东位于低涡环流中心的东南象限，盛行西南风，850 hPa 在青岛与成山头之间形成西南风与南风的切变，强降水产生在切变线附近（图 1c），850 hPa 西南风和南风都较强，风速在 14～16 m·s⁻¹，有低空急流。地面上为东高西低的气压场，在高空 200 hPa 为狭长的西风带高压脊。

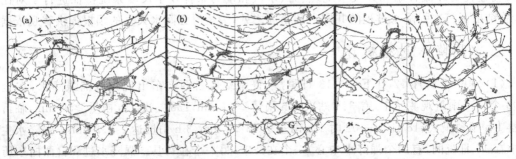

图 1 850 hPa 风、温度（虚线，间隔 2 ℃）和 500 hPa 高度（实线，间隔 4 dagpm），
(a)2009 年 8 月 17 日 20 时；(b)2010 年 8 月 8 日 20 时；(c)2011 年 7 月 25 日 20 时

3 大气温、湿和不稳定条件的对比

在三次强降水中，强降水区上空 850 hPa 及以下都有明显的水汽辐合中心，850 hPa 辐合中心强度在 10^{-8} g/(cm² · hPa · s)，水汽来自于西南气流或东南气流的输送。第一次强降水有两支气流输送水汽，一支是西南气流，另一支是东南气流。第二次强降水的水汽主要来自 850 hPa 以下的低层东南气流的输送。第三次强降水产生在沿海，水汽主要来自南部黄海。

强降水前,大气都有深厚的湿层,中低层大气近于饱和,850 hPa 比湿≥12 g/kg,温度露点差≤5℃。近地面层比湿在 19～21 g/kg,700 hPa 以下的比湿在 8～21 g/kg。抬升凝结高度在 981～1003 m,抬升凝结高度处的温度在 23℃以上。0℃层高度在 5165～5468 m。整层大气较暖,出现冰雹的可能性不大。在第一次强降水过后,700 hPa 以上的高空转为了较强的偏北风,而后两次强降水过后,高空仍为偏西风和西南风(图 2a,b,c)。说明在第一次强降水中高空的冷空气比后两次强。

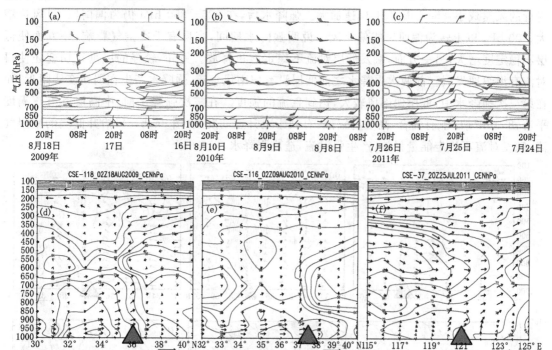

图 2　三次强降水过程探空站上空风和露点随时间的变化(a,b,c)和强降水区上空 θ_{se}(单位:℃)的剖面图(d,e,f),a.徐州 2009 年 8 月 16 日 20 时—18 日 20 时,b.济南 2010 年 8 月 8 日 08 时—10 日 20 时,c.青岛 2011 年 7 月 24 日 20 时—26 日 20 时,d.2009 年 8 月 18 日 02 时沿 118°E 的 θ_{se} 和 $(v,-\omega)$,e.2010 年 8 月 9 日 02 时沿 116°E 的 θ_{se} 和 $(v,-\omega)$,f.2011 年 7 月 25 日 20 时沿 37°N 的 θ_{se} 和 $(u,-\omega)$,三角符号为强降水区

三次强降水前,K 指数在 37～42℃,强降水区上空都有较强的暖平流。在强降水过后,中低层的温度没有明显的降低。说明冷空气较弱,只在中高层影响强降水区。分析三次强降水前探空站资料的物理量参数可见,在三次强降水前,中低层大气都是对流不稳定,有较高的对流不稳定能量,湿对流有效位能在 647～2543.2 J/kg,沙氏指数在 −2.5～1.1,深对流指数在 36～45。θ_{se} 随高度减小,在 700～500 hPa 之间 θ_{se} 有最小值(图 2d,e,f),θ_{se} 的最小值与近地面层 θ_{se} 的最大值之差在 −14～−22℃。说明 500 hPa 以下大气强烈的对流不稳定。

不同的是,前两次强降水的对流不稳定能量较高,第三次乳山强降水的对流不稳定能量较低,在 1000 J/kg 以下。在第一次鲁南强降水中,500 hPa 上 θ_{se} 的低值舌从北向南伸,叠置在低层高值舌之上;在第二次鲁西北强降水中,700～500 hPa 上 θ_{se} 的弱低值舌在渤海湾的西部自东北向西南伸展,而在强降水区上空 850～500 hPa 都是从西南向东北伸展的高值舌控制,低值舌位于强降水区的西北部;在第三次乳山强降水过程中 700 hPa 上西南气流伴随着 θ_{se} 的低值舌从南向北伸展,叠加在低层高值舌之上,使得大气对流性不稳定。

4 动力特征的对比分析

距强降水区最近的探空站资料显示(图2a,b,c),在三次强降水前,风随高度都有明显的切变,500 hPa以下都为偏南风,风向随高度顺时针旋转,有暖平流,500 hPa以上为偏西风,500—400 hPa风向随高度逆时针旋转,有冷平流。在925 hPa附近有一风速大值层,850 hPa附近的风速减小,850 hPa以上风速加大。强降水后,在925~850 hPa仍为偏南风,且风速增大,500 hPa以上转为偏西风或偏北风。说明强降水期间,高层有干冷空气影响,一方面使低层不稳定度增大,另一方面,触发低层对流不稳定能量释放。另外,较强的风垂直切变还使得对流有组织地发展。前两次强降水之前低层没有偏南风急流,强降水产生在弱切变线附近,而在第三次强降水中,低层偏南风较大,达到急流的强度。在三次强降水前,中高层都有正涡度平流,850 hPa以下有辐合,高层有辐散,有利于上升运动发展(图3a,b,c),抬升低层的暖湿气流,触发对流不稳定能量释放,产生强对流,造成强降水。

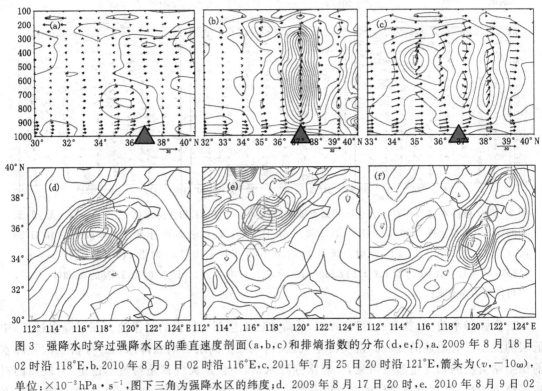

图3 强降水时穿过强降水区的垂直速度剖面(a,b,c)和排熵指数的分布(d,e,f)。a. 2009年8月18日02时沿118°E,b. 2010年8月9日02时沿116°E,c. 2011年7月25日20时沿121°E,箭头为(v,-10ω),单位:×10⁻³ hPa·s⁻¹,图下三角为强降水区的纬度;d. 2009年8月17日20时,e. 2010年8月9日02时,f. 2011年7月25日20时,单位:×10⁻³ hPa·s⁻¹,箭头为(v,-10ω),阴影区为强降水区。

从湿位涡的垂直剖面图(图略)中可以看出,在强降水期间,700 hPa以下的低层为负的湿位涡,500 hPa附近的高层都有正的湿位涡发展,说明低层大气对流不稳定和对称不稳定,高层有高位涡的干冷空气活动,诱发低层中尺度涡旋发展。强降水开始前6 h内和强降水期间,都有负的排熵指数(3d,e,f),说明强降水期间整层大气有负熵流[1~3],也就是低层有暖湿空气的流入,辐合上升,在高层有流出,高层的流出大于低层的流入,有利于对流有组织地发展。在前两次强降水过程中,强降水中心产生在负排熵指数中心的南部(图3d,e),而第三次强降水在负排熵指数中心的东北部(图3f)。

在地面加密自动站观测的风场中,地面上都有偏南风与偏北风的辐合,第一次强降水产生在地面偏北风与东南风的气旋性辐合中心附近,第二次强降水产生在偏北风与东南风的辐合线附近,对流云团在东南风的前部辐合区发展,第三次强降水产生在向岸的偏南风与沿海的偏北风的小尺度辐合区。

在雷达风廓线上,强降水期间,2 km以下的低层都为偏南风,且风向随高度顺时针旋转。在强降水前1~2 h内,中高层4~5 km都有短时的西北风通过强降水区,西北风过后,转为偏南风时降水强度达到最大。说明高空弱冷空气的影响使得对流加剧,降水增强。第一次和第三次强降水期间中低层以南到西南风为主,在第二次强降水的中后期,中低层有东南风和偏东气流的侵入。

5 地面中尺度温、压、湿的对比分析

在地面温度场中(图4),在第一次和第二次强降水前14时前后,在夜间的强降水中心形成小尺度的高温舌,对流云团在较强的温度梯度区发展,向高温舌区移动。第三次强降水产生在沿海的温度梯度区。在地面气压场中,第一次强降水位于中尺度低压倒槽的顶部,低压倒槽强,第二次强降水位于弱低压倒槽的顶部,倒槽弱,降水后期被高压鼻代替,第三次强降水产生在沿海的强气压梯度区,海上气压高,陆地气压低。强降水之前,地面相对湿度较高,都在70%以上,强降水产生在相对湿度的锋区。在前两次强降水前,地面相对湿度的高值中心位于强降水区的北部,向强降水区移动;而在第三次强降水中,相对湿度的高值区位于沿海的海区。

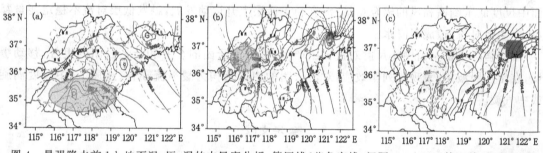

图4 最强降水前1 h地面温、压、湿的中尺度分析,等压线(蓝色实线,间隔0.5 hPa),等温线(红色短虚线,间隔1℃),等相对湿度线(绿色长虚线,间隔10),阴影区为强降水区,a.2009年8月18日01时,b. 2010年8月9日01时,c.2011年7月25日19时

6 对流云团的发展、演变和内部结构的对比分析

在卫星云图中,三次强降水都是由中尺度对流云团影响产生的,对流云团的边缘整齐,移动缓慢,有新老云团的更替,强降水都是产生在新生云团的发展和成熟阶段,最低云顶亮温TBB在−56~−72.2℃。第一次强降水的对流云团在西部发展向东移动,在东移过程中,北部新生对流云团,取代老对流云团。在第二次强降水中,前期有多个小对流云团发展、合并,向南移动,中期两个对流云团合并加强,降水强度增大,对流云团向南偏西移动。第三次强降水由小尺度的对流云团产生,在主对流云团的东北方向新生小尺度的对流云团,迅速发展,造成局地强降水。

在雷达回波中,表现为多个小对流单体的合并、发展,有列车效应。对流云团传播式移动,移速缓慢,最大回波强度在 55～76 dBZ,回波顶高度在 10 km 以上,最高回波达 15 km。在主对流云团的南部不断有新生小对流单体,向主对流云团汇集,使得主对流云团发展。第一次强降水的对流云团回波向北发展传播,主体向东移;第二次强降水的对流云团向西南发展传播,主体向南移;第三次强降水的对流云团向东北发展传播,主体向东移。在雷达回波的经向速度图中,有中尺度涡旋或中气旋生成。第一次强降水的对流云团内部风场结构是暖平流辐合性流场,回波呈涡旋状分布,强回波反气旋式移动;第二次强降水的对流云团风场结构为逆风区,回波呈片状分布,在逆风区的南方,即风速辐合线上存在 γ 中尺度的涡旋,个别时次出现了中气旋;在第三次强降水的对流云团中有中尺度涡旋和中气旋产生。

7　小结

(1)三次强降水都是强度大、持续时间短,产生在夜间时段内,都有一个测站 1 h 最大雨量＞100 mm,总雨量＞200 mm,在一个测站 1 h 雨量＞50 mm 的强降雨在 3 h 之内结束。

(2)三次强降水都是产生在副高边缘,850 hPa 切变线附近,500 hPa 有低槽影响,地面上没有冷锋。在前两次强降水中没有低空急流。

(3)低层大气高温高湿,有较强的对流不稳定能量储存,CAPE(对流有效位能)值和 K 指数都较高,SI 指数为负值,500 hPa 以下 θ_{se} 随高度降低。强降水产生在地面中小尺度高温舌区或沿海较强的温度梯度区。

(4)中高层 500 hPa 附近的弱冷空气和正涡度平流、低层辐合和高层辐散、风垂直切变、地面中尺度低压倒槽和风的辐合相结合,有利于低层上升运动发展,触发低层对流不稳定能量释放,产生强对流,造成强降水。

(5)强降水都是由中小尺度对流云团产生,有对流云团的合并和新老云团的更替,移动缓慢,在雷达回波中,表现为列车效应,对流云团的内部结构为暖平流辐合、逆风区、中尺度涡旋或中气旋。

参考文献

[1]　李任承,符长锋,吴万素,等. 1995,熵的演化与暴雨形成和落区的探讨. 气象,**21**(3):313-220.

[2]　尤凤春. 1994,一次暴雨—大暴雨过程的熵诊断分析. 气象,**20**(8):47-49.

[3]　李春虎,罗哲贤,张颖娴,等. 2008,"麦莎"远距离台风暴雨的排熵指数分析. 南京气象学院学报,**31**(3):381-388.

2011年梅雨期湖北三次暴雨过程对比分析

郭英莲　王继竹　李才媛

（武汉中心气象台，武汉 430074）

摘　要

使用实况和 NCEP 再分析资料等,对 2011 年湖北梅雨期影响最大的三次暴雨过程的不同降水特征进行了分析和对比。结果表明:三次过程均为两槽一脊环流形势;主要受不同的低层切变线和低空急流的影响;三次过程的不稳定层结和能量均不同;与典型梅雨不同,锋生主要在中层;垂直锋生有利于降水强度的加强,水平锋生有利于降水的持续;当过程开始前以垂直锋生为主,不伴有中层水平锋生时,则表现为短时强降水;当中层既有垂直锋生又有水平锋生时,则表现为持续强降水,过程Ⅱ降水强度偏弱与垂直锋消抵消水平锋生有一定关系。

关键词: 暴雨　梅雨期　对比分析　锋生

引言

从 6 月 9 日入梅到 7 月 9 日出梅,2011 年梅雨期湖北省共出现 5 次暴雨过程。前 3 次过程集中在 10 天内(6 月 9—18 日),持续时间长、间隔短、范围大、灾害重;后 2 次持续时间短、间隔长、范围小、灾害轻,本文不作研究。三次过程均达大暴雨量级,但降水特点差异较大:过程Ⅰ持续时间相对较短、降水强度大;过程Ⅱ持续时间长、降水强度明显减小;过程Ⅲ持续时间长,且降水强度大。2011 年梅雨形势表现为单阻型,不同于典型梅雨的双阻型。相近形势下为什么会出现如此不同的降水特征?对单阻型梅雨的非典型特征,已有人从不同角度作过研究。如梁萍等[1]侧重于分析梅雨天气中长期特征;邬锐等[2]、王东海等[3]侧重于分析梅雨天气的大尺度形势特征;隆霄等[4]侧重于分析梅雨锋暴雨的中尺度系统演变。以上研究针对的都是单阻型梅雨期暴雨的共同特征和成因,但单阻型暴雨过程之间的区别尤其是降水量级和持续时间不同的暴雨尚未见分析,而梅雨过程中短期预报最重要的是过程降水量级和持续时间的判断。为此,本文挑选 2011 年 6 月 9—18 日梅雨期湖北省出现的 3 次大暴雨过程,从大尺度环流背景以及动力、水汽不稳定条件等方面,对三次大暴雨过程的异同尤其是降水强度和持续时间的差异进行了详细分析,以期更深入地认识此类天气的形成原因并提供预报参考依据。

1　三次过程降水时空特征

从过程Ⅰ、Ⅱ、Ⅲ湖北省累积降水量分布图(图略)中可见,6 月 9 日 08 时—10 日 08 时鄂西南局部和鄂东南出现特大暴雨。该过程最大累积降水量出现在通城关刀桥(282.4 mm),小时最强降水 106.9 mm·h^{-1}。过程Ⅰ的特点是降水强度大,持续时间短。6 月 13 日 08 时—15 日 08 时鄂西局部、江汉平原南部以及鄂东南出现大暴雨。该过程最大累积降水量出现在黄石堤防管理局(252.8 mm),小时最强降水 47.8 mm·h^{-1}。过程Ⅱ的特点是降水强度偏弱,持续时间较长。6 月 17 日 08 时—19 日 08 时一条大暴雨带从鄂西南一直延伸到鄂东北。该过程最大累积降水量出现在麻城百果(281.2 mm),小时最强降水 95.7 mm·h^{-1}。过程Ⅲ的特点是小时降水强度大,持续时间较长,范围广。

2 天气形势对比分析

从过程Ⅰ、Ⅱ、Ⅲ的 08 时 500 hPa 平均高度场(图略)可见,三次强降水过程欧亚中高纬地区均为"两槽一脊"环流形势,一高压脊位于 50°～70°N 贝加尔湖附近,与朱乾根等[5]指出的江淮梅雨中第三类单阻型相似,而与典型的"两脊一槽"梅雨形势有所区别。过程Ⅰ,6月9—10日高压脊位置偏西,强度偏弱。低层受冷空气影响明显,700 hPa 为冷性切变线,850 hPa 为变性切变线。过程Ⅱ,随系统略向偏东方向移动,在贝加尔湖上空形成稳定的阻塞高压。低层700、850 hPa 均表现为暖切变,东北冷涡尾部的冷性切变线位置偏东偏北,对湖北没有直接影响。过程Ⅲ,500 hPa 受巴尔喀什湖以西冷槽快速东移南下影响,阻塞高压东移加强,伴随西南涡加强。17 日 20 时—18 日 08 时西南涡东北移并加强,18 日 08—20 时,西南涡与东北冷涡尾部混合[6],持续影响湖北。

另外,过程Ⅰ、Ⅲ均对应副高略向东撤,过程Ⅱ副高位置则稳定少变。三次过程 850 hPa 低空急流轴最大风速分别为 26、20、16 m·s^{-1};过程Ⅰ西南急流轴偏东,急流轴宽度相对较窄;过程Ⅱ急流轴位于湖北南部,宽度较大,有利于鄂南大范围降水;过程Ⅲ强降水时段急流强度偏弱,强降水后急流明显增强,相对前两次过程偏东急流明显加强。

3 暴雨成因对比分析

选通城关刀桥代表过程Ⅰ,主要降水时段为 10 日 02—07 时。黄石堤防管理局代表过程Ⅱ,主要降水时段为 14 日 04—19 时。麻城百果代表过程Ⅲ,主要降水时段为 18 日 02—18 时。

3.1 水汽条件

暴雨的形成首先要有充足的水汽供应。三次过程水汽通量散度辐合区与暴雨分布基本一致,但强降水位置不对应。辐合区位置从湖北省南部逐渐向北抬,暴雨区北侧偏东方向的水汽通量逐渐加大。过程Ⅱ、Ⅲ的水汽通量辐合中心明显强于过程Ⅰ。结合降水实况,水汽通量的辐合可能与降水持续时间有关,与雨强的对应不明显。另外从中水汽通量的方向还可以发现过程Ⅰ、Ⅲ的水汽通量均来自东南方向的一支水汽通道,过程Ⅱ则主要来自西南方向。因此,水汽的来向可能和雨强有一定关系。

3.2 不稳定层结条件

过程Ⅰ在降水发生前中低层存在对流不稳定,降水结束后暴雨区上空基本受高能舌(高温高湿区)控制。过程Ⅱ则在降水前后中低层均表现为对流稳定。过程Ⅲ在降水过程中均受高能舌控制,对流不稳定性较弱。当 K 指数越大,表示不稳定性越强。过程Ⅰ暴雨区与>40 K 范围基本一致,过程Ⅱ暴雨区与>34 K 范围基本一致,过程Ⅲ暴雨区与>36 K 范围基本一致。即强降水的 K 指数大,弱降水对应的 K 指数小。

3.3 动力作用

梅雨期过程主要用锋生来代表动力作用。下面分别从锋生的水平、垂直分布以及锋生各项的作用进行分析。从锋生函数的水平分布(图略)可见,过程Ⅰ中 700 hPa 锋生函数与雨区对应较好。从 10 日 02 时到 10 日 08 时锋生区东移经过暴雨区上空,西南风逐渐加大、对应锋生的加强。强降水发生前锋生中心为 100×10^{-10} K·m^{-1}·s^{-1},范围较小。强降水结束后锋生强度加强为 120×10^{-10} K·m^{-1}·s^{-1},范围扩大。过程Ⅱ从 14 日 02 时到 14 日 14 时锋生区稳定维持在鄂东南。降水发生前已有明显的锋生位于暴雨区上空,08 时锋生发展加强,14 时急流轴南落锋生明显减弱降水结束。过程Ⅲ从 18 日 02 时到 18 日 20 时与雨区对应较好的为 925 hPa 锋生中心。强降水发生前暴雨区附近已有明显的锋生中心,随着南风和偏东风的明显加强,18 日 08 时低层锋生中心南移的同时,中层 700 hPa 也有锋生发展,18 日 08 时—14 时锋生中心持续加强。随后风速减小,锋生减弱,降水结束。

从锋生函数的垂直分布图(图1)则可以发现三次过程与强降水中心对应较好的锋生函数大值区均位于 700 hPa 附近[6,7],与 1998 年主要位于低层不同[8]。如图 1(a)在过程Ⅰ降水发生前,过程强降水中心略偏北 700 hPa 有 $>100\times10^{-10}$ K·m^{-1}·s^{-1} 的锋生中心,过程发生后锋生中心下降到低层 925 hPa 左右,且锋生强度增强。过程Ⅱ发生前(图 1b),降水区上空 700 hPa 已经有 $>60\times10^{-10}$ K·m^{-1}·s^{-1} 的锋生中心。在 14 日 02—08 时过程中层锋生加强同时低层锋生发展后期锋生减弱,低层锋生南移。过程Ⅲ降水发生前与暴雨区对应较好的为低层的锋生[9],降水过程中(18 日 08 时图 1c)中层(700 hPa)明显发展加强。降水结束后,锋生减弱消失。

从锋生函数中水平项和垂直项的剖面图(图略)可以发现,过程Ⅰ降水发生前主要为中层垂直锋生,降水发生后主要为低层水平锋生。过程Ⅱ降水发生前中层水平和垂直锋生均存在,过程中暴雨区上空的中低层水平锋生与垂直锋消叠加从而造成锋生主要表现在中层,且以垂

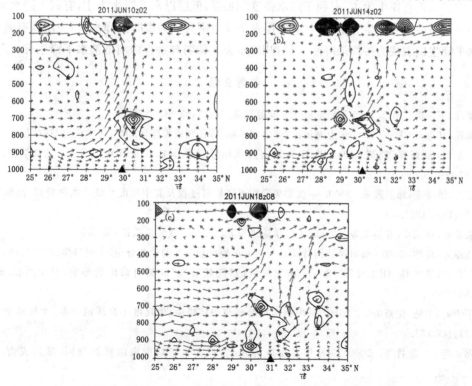

图 1　锋生函数(等值线,单位:10^{-10} K·m^{-1}·s^{-1})及风场(矢量箭头)
沿强降水点的经向剖面(图中黑三角为强降水位置)

直锋生作用为主。过程Ⅲ降水前期既有垂直锋生又有水平锋生,后期则以整层水平锋生为主,且水平锋生明显加强。

三次过程存在一个共同的特征是先出现中层锋生(包括垂直和水平项)后出现低层水平锋生。高守亭等[10]提到低层锋生一般与高层波动、质量调整有关,因此降水过程中或结束后的低层水平风速受垂直上升运动影响而加大,对应低层水平锋生加强。低层锋生有利于低层水汽的辐合,因此,低层锋生有利于降水的持续。当过程开始前以垂直锋生为主,不伴有中层水平锋生则表现为短时强降水,而过程开始前中层既有垂直锋生又有水平锋生则表现为持续强降水。过程Ⅱ降水强度偏弱与垂直锋消抵消水平锋生有一定关系。

4　结论

本文通过对2011年湖北梅雨期三次不同降水特征暴雨过程的形势场、水汽、不稳定和动力条件分析得出:三次过程均发生在两槽一脊的环流形势下,过程Ⅱ为暖切变降水,过程Ⅰ、Ⅲ为变性切变降水,其中过程Ⅰ以冷切影响为主,过程Ⅲ以暖切影响为主。低空急流轴的宽窄对应降水范围的大小。三次过程中水汽通量散度辐散区均与暴雨区有较好的对应,但数值大小与雨强无关。来自东南方向的水汽可能更有利于强降水的发生。短时强降水对应明显对流不稳定和高K指数。长时间降水对应对流稳定和K指数较低。当存在弱对流不稳定、K指数也偏高则为长时间强降水。

三次过程在降水开始前或降水过程中均存在中层锋生的加强,且存在中层锋生向下扩展的特征。中层以垂直锋生为主,有利于降水强度的加强,低层以水平锋生为主,有利于降水的持续。当过程开始前以垂直锋生为主,不伴有中层水平锋生则表现为短时强降水,当中层既有垂直锋生又有水平锋生则表现为持续强降水。过程Ⅱ降水强度偏弱与垂直锋消抵消水平锋生有一定关系。

参考文献

[1] 梁萍,丁一汇. 2011. 2009年是空梅么? 高原气象. **30**(1):53-64.

[2] 邬锐,甘惠泉. 2008. 2007年上海地区"非典型梅雨"特征和成因探讨. 大气科学研究与应用. (1):18-28.

[3] 王东海,夏茹娣,刘英. 2011. 2008年华南前汛期致洪暴雨特征及其对比分析. 气象学报. **69**(1):137-149.

[4] 隆霄,潘维玉,邱崇践等. 2009. 一次非典型梅雨锋暴雨过程及其中尺度系统的数值模拟. 高原气象. **28**(6):1335-1347.

[5] 朱乾根,林锦瑞,寿绍文等. 2000. 天气学原理与方法. 北京:气象出版社,50-360.

[6] 陈丽芳,高坤. 2007. 梅雨锋结构特征及与锋上涡旋扰动关系的诊断分析. 大气科学. **31**(5):863-875.

[7] 何金海,吴志伟,江志红等. 2006. 东北冷涡的"气候效应"及其对梅雨的影响. 科学通报. **51**(23):2803-2809.

[8] 丁治英,王慧,沈新勇等. 2010. 一次梅雨期暴雨与中层锋生、中尺度小高压的关系. 大气科学学报. **33**(2):142-152.

[9] 郭英莲,王继竹等. 2009. 2008年冬季准静止锋与1998年夏季梅雨锋的异同. 暴雨灾害. **28**(4):349-356.

[10] 徐娟. 2004. 低层梅雨锋结构及锋生中冷空气的分析. 科技通报. **20**(6):506-511.

[10] 高守亭,陶诗言. 1991. 高空急流加速和低层锋生. 大气科学. **15**(2):11-21.

2011 年北京两次夏季强降水成因对比分析

寿亦萱[1,2]　覃丹宇[1,2]　许健民[1]　李　博[1,2]

(1.国家卫星气象中心,北京 100081;2.中国气象局中国遥感卫星辐射测量和
定标重点开放实验室,北京 100081)

摘　要

利用常规观测资料、卫星云图以及卫星反演资料等,从大尺度环流背景、中尺度热力和动力条件等角度,对 2011 年 6 月 23 日和 7 月 24 日两次北京午后强降水(以下分别简称"06.23"和"07.24"暴雨)过程中的中尺度对流系统发生发展的成因进行了对比分析。结果表明,两次过程均具有较好的大尺度动力条件、低空水汽供应和不稳定能量储备,并与地面中尺度切变线、副热带高空西风急流活动和湿急流具有密切关系。不同点主要表现在:"06.23"大暴雨过程中地面中尺度切变线上发展出中尺度对流涡旋,这可能是此次暴雨过程中出现瞬时强降水的重要的动力因素;"06.23"暴雨的低空存在两条水汽通道,而"07.24"暴雨只有一条水汽通道;另外,"06.23"暴雨的湿急流更为深厚,湿斜压性更强。

关键词:暴雨　中尺度对流涡旋　副热带高空急流　湿急流　湿斜压

引言

华北夏季暴雨是我国夏季 3 类大陆暴雨类型之一,主要出现在 6—8 月。与华南前汛期暴雨和江淮暴雨相比,它普遍具有降水次数少、强度大、时间集中的特点[1]。由于近 20 年以来,北方尤其是华北地区相对处于少雨期,因此,对这类暴雨的研究相对较少[2]。

北京地处华北平原北端,三面环山、地形复杂,加上近 10 年城市发展迅速,因此北京暴雨除了具有华北暴雨的一般特点以外,暴雨的局地性和短历时的特点显得尤为突出[2,3]。有些暴雨过程雨量或瞬时降水强度甚至不亚于南方夏季暴雨。

为此,本文分别选取 2011 年北京夏季两次影响较大的强降水过程,分别是 2011 年 6 月 23 日以及 7 月 24 日暴雨,尝试利用常规观测资料、FY2 卫星云图和反演资料以及 ECMWF 再分析资料,从大尺度环流背景、局地发展的热力和动力条件以及中小尺度特征等方面对这两次过程进行对比分析,以加深对北京夏季暴雨的认识。

1　大尺度环流背景

1.1　天气实况

1.1.1　2011 年 6 月 23 日北京特大暴雨

2011 年 6 月 23 日午后,北京出现了一场区域性强降水天气过程,部分地区还遭受了雷暴

资助项目:自然科学基金资助项目(41005027,41175023);气象灾害省部共建教育部重点实验室开放课题(KLME0905);人事部留学人员科技活动项目择优资助。

大风以及冰雹等强对流天气。此次降雨,全市平均降水 48 mm,市区平均降水 72 mm,降水量在 100 mm 以上的地区超过 120 km²。降水量最大的气象站点位于市西南的石景山区模式口村,据统计,至 6 月 24 日 08 时,该地的最大累计降水达到 214.9 mm,17 时前后 1 h 瞬时降水达到 129 mm(图 1a),阵风 8～9 级。

就其特点而言,"06.23"暴雨具有降水集中、持续时间长、雨强大的特点。为北京近 10 年以来最大的一次降雨,部分地区降水量甚至达到百年一遇的标准。

1.1.2 2011 年 7 月 24 日北京暴雨

7 月 24 日 14 时前后,北京地区再次遭到暴雨袭击,部分地区伴有雷电等强对流天气。截至 25 日 6 时,北京降雨量超过 100 mm 的站点有 19 个,涉及范围 2250 km²。是北京 13 年以来的最大一场降雨。

与"06.23"暴雨相比,除具有持续时间长、局地雨强大的特点以外,"07.24"暴雨还具有降水范围广的特点(图 1b)。

从上述降水实况来看,两场暴雨各有特点,且中小尺度系统的活动在这两次强降水过程中都具有不可忽视的作用。

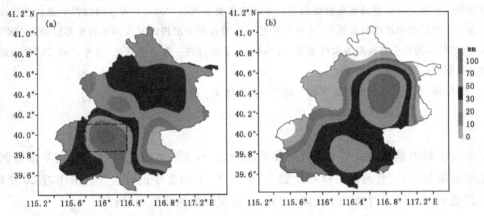

图 1 北京的两场暴雨 14—20 时 6 h 降水量(mm)分布图

(a) 2011 年 6 月 23 日;(b) 2011 年 7 月 24 日

1.2 大尺度环流背景

中尺度系统的发生发展离不开有利的大尺度条件和环境场的支持。从环流形势演变看,"06.23"暴雨发生前,高空环流为经向型特征,南北向表现为两高夹一低,即北京以西为一个典型的蒙古冷涡。在该冷涡南北两侧分别存在两个高压,北侧高压在贝加尔湖上空呈阻塞形势,南侧副热带高压的脊线位于 28°N 附近,以上形势特征符合姜学恭等[4]总结的蒙贝低涡阻塞型的特点。降水发生前 12 h,蒙古冷涡中心位于 44°N,110°E 附近。此后,该系统向南向东缓慢移动。23 日 08 时,低涡主体位于内蒙古中部。从 11 时开始,受该系统的影响,北京以西地区开始出现分散性的弱降水。造成北京强降水的对流云团就是在冷涡后部的无云区内形成的。

与"06.23"暴雨不同,"07.24"暴雨是由高空槽后不断东移南压的冷空气与副高西侧偏南暖湿气流交汇的结果。从环流形势演变看,高空环流为纬向型特征,降水发生前 6～12 h 内,在暴雨区以西的高纬度地区蒙古国以北存在一个宽广的低涡系统,它与河套附近的高空槽同相叠加,与此同时,在暴雨区以东的中纬度地区西风带的高压脊与副高叠加,这种形势有利于高空槽移速减慢并不断加深。此后,河套地区高空槽伴随着蒙古国以北的低涡缓慢东移至华北西部,东侧的高压脊不断加强,至 24 日 14 时(图略),850 hPa 附近低涡生成并发展,降水也随之产生。至 25 日 08 时,随着副高西伸加强与西侧的高压系统打通,西风带高压脊减弱,高空槽东移北缩以及低层偏南气流减弱,降水过程逐渐趋于减弱。

从上述内容来看,两次暴雨过程的环流背景有明显不同,"06.23"暴雨属于高空低涡类暴雨,而"07.24"暴雨则属于低槽冷锋类暴雨。下面我们就来进一步分析在不同的环流背景下,这两次暴雨过程产生发展的动力和热力条件方面的异同点。

2 局地发展的动力和热力条件

2.1 动力条件

由两次过程的高低空散度场分析发现(图略),降水区都处在高空辐散低空辐合的地区,表明两次过程均具备产生强降水的有利的大尺度动力条件。此外,从高空急流与降水区的位置关系来看,"06.23"和"07.24"暴雨在降水产生前 12 h,降水区都处于高空急流入口区右侧(图略),由急流入口区激发的直接热力环流对降水的产生起到了强的次天气尺度的动力强迫作用。从急流的演变规律看,降水产生前 12 h,两次过程中的高空急流都经历了一个快速加强的过程。结合叠加的相对湿度场分析发现,急流的加强似乎与西南方向输送的一股接近饱和的湿空气有关,当这股携带着大量水汽的气流高速注入副热带西风急流,就使得原来的西风急流中心风速明显加强,急流的正曲率也明显加大。这与陶祖钰在研究华北夏季暴雨过程时发现的规律是一致的。作者分析认为,这与"湿急流"的存在和发展有关。"湿急流"产生使得降水区上空湿斜压性增强,这对两次暴雨的产生和维持具有重要作用。比较而言,与"06.23"暴雨有关的湿急流更为深厚,湿斜压性更强。

从上述动力条件分析来看,造成两次暴雨的大尺度动力条件总体上是一样的,下面进一步分析造成两次暴雨的中小尺度动力条件。结合地面观测资料分析发现,两次暴雨过程的中尺度对流系统的发生发展还与地面中尺度切变线有关。在对流产生初期,在蒙古低涡云系后部的干舌上有一条近南北走向的中尺度切变线(图略)。此时在对应的可见光云图上可以观测到沿切变线发展的由一连串的 γ 中尺度对流云团构成的积云云线。此后,切变线北端向东南方向移动。14 时,该切变线的北端已经移动到距北京市约 10 km 的地方,沿切变线发展的积云云线更加明显。其中切变线北端的对流云团面积膨胀最快,该云团在随后的 4 h 给北京市造成了强降水。进一步分析发现,在"06.23"大暴雨的中尺度对流系统发生发展过程中地面中尺度切变线附近出现了多个中尺度对流涡旋(MCV),此次暴雨中心模式口地区正位于偏东的 MCV 中心附近。相反,在"07.24"暴雨过程中未发现有明显的中尺度涡旋发展,且整个降水过程虽然累积雨量较大,但并未产生与"06.23"暴雨量级相当的局地强降水,因此 MCV 可能是导致"06.23"大暴雨的根本的动力因素。

2.2 热力条件

两次降水过程发生前 500 hPa 以下高空槽都有前倾槽特征(图略)。且在水平风垂直分布上,降水产生前北京站上空也均表现为低层风随高度顺转,高层风随高度逆转的特征。这些事实表明,降水发生前高层干冷空气叠加在低层暖湿空气上,形成温度和湿度的差动平流,给降水区上空造成不稳定大气层结结构。有利于不稳定能量的聚集。

如图 2 所示,两次暴雨过程的水汽均来源于对流层低层。其中,"06.23"暴雨期间对流层低层有两条水汽通道,一条呈纬向分布,由西向东伸至降水区,另一条则位于副高西侧呈经向分布,由南向北伸至降水区,北京市恰位于这两条湿舌的前端等θ_{se}密集带交汇处(图2a);而"07.24"暴雨期间对流层低层只有一条水汽通道,即沿副高西侧呈西南东北走向(图2b)。

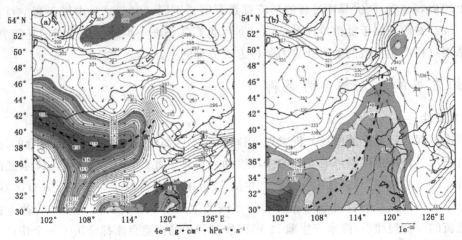

图2 925 hPa假相当位温和水汽水平通量叠合图a.2011年6月23日14时(北京时)(填色部分表示假相当位温>305K);b.2011年7月24日14时(北京时)(填色部分表示假相当位温>345K)

3 小结

本文应用常规气象观测资料与卫星资料相结合的办法,细致分析了2011年6月23日和7月24日两次北京午后强降水(以下分别简称"06.23"和"07.24"暴雨)过程。分析结果表明:

(1)"06.23"暴雨属于高空低涡类暴雨,"07.24"暴雨则属于低槽冷锋类暴雨。

(2)两次过程中均具备产生强降水的有利的动力条件。且两次暴雨都与副热带高空西风急流活动有关。暴雨发生前12 h内都有湿急流注入副热带西风急流,这对暴雨产生和维持具有重要作用。相比较而言,"06.23"暴雨的湿急流更为深厚,湿斜压性更强。

(3)地面中尺度切变线的演变发展与两次暴雨的对流系统的发生发展均具有密切关系。且中尺度对流涡旋可能是导致"06.23"大暴雨的根本的动力因素。

(4)从水汽条件看,两次过程中都有很好的低空水汽供应。比较而言,"06.23"暴雨的低空存在两条水汽通道,一条呈纬向分布,一条呈经向分布。而"07.24"暴雨的低空只有一条经向分布的湿舌。

参考文献

[1] 陶诗言等. 中国之暴雨[M]. 北京:科学出版社,1980:225.

[2] 孙建华,张小玲,卫捷,赵思雄. 20世纪90年代华北大暴雨过程特征的分析研究[J]. 气候与环境研究,2005,10(3):493-506.

[3] 廖晓农,魏东,石增云,轩春怡. 连续少雨背景下北京暴雨的若干特征[J]. 高原气象,2011,Vol.30(3):749-759.

[4] 姜学恭,李彰俊,宫春宁,李新,付辰龙. 蒙贝低涡类环北京暴雨过程分型研究[J]. 大气科学学报,2010,33(4):412-419.

上海地区 2010 年两次台风倒槽暴雨的对比分析

施春红[1]　刘　飞[2]　刘晓波[1]　傅　洁[1]

(1.上海中心气象台,上海 200030;2.上海海洋气象台,上海 201300)

摘　要

针对 2010 年发生在上海地区的两次台风倒槽暴雨过程进行对比分析,结果表明:这两次暴雨过程在环流形势、不稳定能量条件和触发机制方面存在明显差异。9 月 1 日暴雨属强对流性质,边界层局地辐合抬升和中上层干冷空气侵入引发本地对流不稳定能量释放所致;10 月 23 日暴雨则属稳定性降水,冷暖空气交汇导致的斜压不稳定能量释放所致。相对预报和预警难度而言,9 月 1 日倒槽暴雨难度大,短期预报需从寻找风暴发生前期的不稳定能量条件和促使不稳定能量释放的中上层干侵入入手;而 10 月 23 日的倒槽暴雨预报则需从边界层锋区和边界层东北或偏东急流入手,急流增强则降水加强,急流一旦减弱则降水减弱。

关键词:台风倒槽　暴雨

引言

台风倒槽暴雨是上海地区夏秋季节的主要灾害性天气之一,早在 20 世纪 70—80 年代就受到关注[1,2],钱自强等[1]对有无暴雨的倒槽特征及触发台风倒槽暴雨的可能机制进行了分析,并指出:上海地区出现暴雨的台风倒槽,低层大都伴有东北风与东南风的辐合线,且随高度向西北倾斜,暴雨通常就发生在地面和 700 hPa 这两层的辐合线之间,边界层内的东北风急流是触发该地区台风倒槽暴雨的重要机制。

虽然人们早已注意到上海地区不同台风倒槽暴雨特征的显著差异,然而,依据 20 世纪 80 年代资料条件所进行的诊断分析及所概括的预报着眼点是否适用于现代气象业务条件,是值得商榷的。本文旨在通过 2010 年"狮子山"和"鲇鱼"台风倒槽暴雨的对比分析,揭示上海地区"高温高湿型"和"斜压锋区型"两类台风倒槽暴雨的主要成因,为提高台风倒槽暴雨的有效预警积累经验。

1　上海地区两次台风倒槽暴雨成因的对比分析

1.1　个例简介

9 月 1 日 08 时华东沿海同时有两个热带气旋活动(图略):1006 号热带风暴"狮子山"位于台湾西南部近海,受弱环境气流引导缓慢向西北移动;而 1007 号台风"圆规"则位于上海东部海域,受副高西侧偏南气流引导,于 1 日上午越过上海同纬度并沿 125°E 附近北上,逐渐远离上海。1 日 14 时,由于 8 号热带风暴"南川"减弱后的残余云系并入,"狮子山"迅速增强为强热带风暴,其倒槽向北伸展。受"狮子山"倒槽的影响,上海 9 月 1 日 18—21 时出现集中强

资助项目:中国气象局预报员专项课题资助。

降水且空间分布极不均匀。中心城区暴雨如注，19—20时徐家汇公园1 h雨量达62 mm，徐家汇站4 h雨量累积达100 mm(18—21时)。强降水导致大量低洼处积水，适逢下班高峰，对交通造成了较大影响。

无独有偶，2010年10月23日：1013号超强台风"鲇鱼"越过菲律宾进入南海后路径明显北翘，于23日12:55登陆福建南部漳浦沿海。受其台风倒槽影响，23日上海全市普降大雨，东部沿海地区出现暴雨，宝山站的累积日雨量最大达69 mm。

总体而言，9月1日"狮子山"台风的倒槽暴雨，呈现为雨强大、雨时短、时空分布不均匀等对流性降水特征；而10月23日"鲇鱼"台风的倒槽暴雨，则具有雨强弱、雨时长、时空分布相对均匀等稳定性降水特征。

1.2 两次暴雨过程成因对比分析

1.2.1 不稳定能量和垂直速度对比

图1清楚地显示这两次倒槽暴雨降水性质的显著差异：9月1日"狮子山"台风倒槽暴雨，θ_{se}上冷下暖对流不稳定的垂直结构清晰，垂直速度(如图中的蓝色虚框所示)随高度呈直立状，上升运动伸展至200 hPa，对流性降水特征明显；而10月23日"鲇鱼"台风的倒槽暴雨，则呈现出显著的锋面稳定性降水特征，θ_{se}锋区特征清楚，垂直速度随高度呈现出沿锋区斜升的特征，上海地区上空的上升运动仅延伸至约500 hPa。

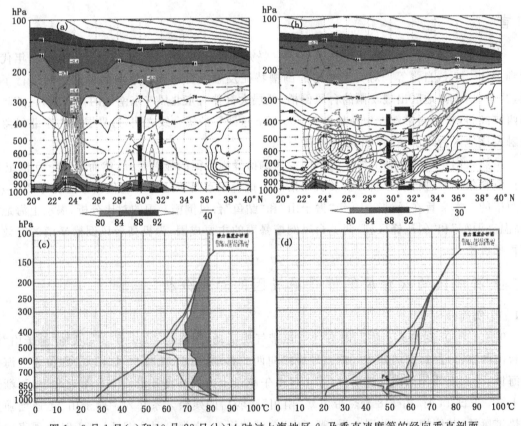

图1 9月1日(a)和10月23日(b)14时过上海地区θ_{se}及垂直速度等的经向垂直剖面
(实线：θ_{se}；虚线(≤0)：垂直速度；箭头：经向速度)和上海宝山9月1日08时(c)和
10月23日08时(d)静力稳定度垂直剖面

伴随上述两次不同性质的倒槽暴雨过程发生前,上海地区大气的层结稳定度显著不同,9月1日大气层结呈现显著不稳定状态、而10月23日的大气层结则相对稳定。对比两次过程当天08时的静力稳定度垂直廓线(图1c、d)可以看出,9月1日08时上海地区对流不稳定能量高,自由对流高度在925 hPa以下,气块平衡高度(Pe)超过150 hPa,整层空气比较潮湿,饱和能差小,大气能量廓线类型属于典型的强对流型[3]。

毫无疑问,寻找到导致上述垂直速度及层结稳定度等物理量分布差异的原因,对于预判台风倒槽暴雨的发生及暴雨所属类别是十分有益的。

对比分析850 hPa的假相当位温(θ_{se})的分布(图2),不难发现:9月1日的倒槽暴雨发生时,上海处在假相当位温的高能舌内,上海的850 hPa θ_{se}高达76℃;而10月23日的倒槽暴雨则发生在能量锋区里,上海的850 hPa θ_{se}仅为48℃。进一步分析不难发现,前者上海地处低层(850 hPa)高温高湿的暖脊内、后者上海附近的低层锋区明显(图略)。事实上,钱自强等[1]正是依据低层的这一不同特征将台风的倒槽暴雨分为"高温高湿"和"斜压锋区"两种类型。

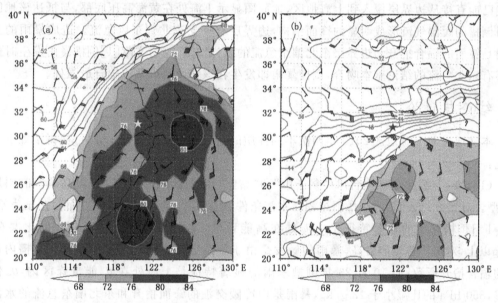

图2 9月1日(a)和10月23日(b)08时假相当位温的分布
(红线:假相当位温的等值线;阴影:68以上的高能区;星号:上海所在地)

1.2.2 水汽条件对比

对比分析这两次暴雨过程的水汽条件(图略)可见,尽管9月1日输送至上海地区的水汽通量十分有限(远不及10月23日),但是,暴雨发生前,上海本地的水汽条件已经具备出现暴雨(850 hPa比湿高达15 g/kg,8 g/kg的等比湿线已经接近600 hPa的高度),且自8月31日起一直维持至暴雨结束。而10月23日暴雨发生前,上海本地的水汽条件并不理想(850 hPa比湿仅为6 g/kg,8 g/kg的等比湿线也仅伸展至900 hPa附近的高度),但是由于有强的水汽输送,上海地区的比湿增加明显,特别是23日14时以后,上海的东部沿海地区出现强的水汽通量辐合区(图略)。然而,无论是低层的比湿大小还是8 g/kg等比湿线的伸展高度均远不及9月1日,这或许也决定了其降水强度远不及9月1日的暴雨过程。

1.2.3 触发机制对比

众所周知,上海地处华东沿海,夏末初秋季节大气总体呈高温高湿的状态,特别是在受台风倒槽等低纬度系统影响时,通常并不乏产生暴雨的湿度条件,也不乏低层辐合抬升条件。因此,相对干冷的北方气流的南下侵入,则往往是触发暴雨的重要机制。而干冷空气的侵入途径,无疑很大程度上取决于大尺度的环流形势(图略)。

9月1日暴雨发生时,500 hPa副高仍较强盛,脊线位于35N以北,西风槽主体位于河套地区,其分裂的短波槽在东移过程中不断北缩,干冷空气无法直接南下影响上海,而地面上上海乃至整个华东地区均处在低压槽内,高温高湿特征显著。9月1日上午越过上海同纬度的1007号台风"圆规"后部的偏北气流无疑促使了中上层干冷空气的侵入,这一点从上海单站的12 h变温和相对湿度的时间剖面图上得到了印证(图略),正是这大气中上层相对干冷空气的侵入和台风倒槽北顶导致的边界层辐合线北抬触发了上海地区9月1日的强对流天气。

而10月23日暴雨发生时,500 hPa上的副高已经南落至3°N以南,西风槽东移频繁,冷空气已能直接从边界层侵入到上海地区,地面图显示上海处在黄海高压底部,与抵达该地区的台风倒槽的暖湿气流形成明显的锋面结构,边界层有一支东北到东风急流。造成暴雨的主要原因是锋面的辐合抬升和边界层东北偏东急流的水汽输送,这与文献[1]倒槽暴雨发生时低层常伴有东北急流的结论基本吻合,倒槽暴雨即发生在该锋面附近急流辐合最强处。

2 结论与讨论

本文通过对上海地区2010年两次不同性质的台风倒槽暴雨的对比分析,获得了如下主要结论:

(1)2010年发生的两次台风("狮子山"和"鲇鱼")倒槽暴雨,分属于"高温高湿"和"斜压锋区"型。对比分析表明:两次暴雨过程在水汽条件、不稳定能量和触发机制方面存在显著差异。9月1日倒槽暴雨的显著特征是上海处在高能舌内,θ_{se}在72℃以上,850 hPa的比湿在14 g/kg以上,对流不稳定能量高,暴雨的触发是由于中高空干冷空气的侵入和台风倒槽内切变线的辐合抬升所致;而10月23日倒槽暴雨的显著特征是上海处在θ_{se}能量锋区内,θ_{se}低于52℃,850 hPa的比湿小于12 g/kg,暴雨是由冷暖交汇的锋面抬升和东北偏东急流的水汽输送引起的。

(2)对比这两次台风倒槽暴雨过程,不难发现:伴随台风倒槽的东南风,是低纬暖湿气流向极输送的重要载体,台风倒槽抵达之地,并不乏发生暴雨所需的暖湿水汽条件,而西风带相对干冷的空气南下入侵则往往是台风倒槽暴雨的触发机制。夏末初秋,冷空气的前缘已从华北推移至包括上海在内的江淮流域,是上海地区的台风倒槽暴雨多发的重要原因。当副高脊线尚未南落至上海以南的纬度带时,冷空气多从中高层侵入上海上空,而低层易受向北伸展的台风倒槽控制,形成典型的上冷下暖的不稳定结构,引发的暴雨便是以短时强降水为主的强对流型;当副高脊线已经南落至上海以南时,冷空气能直接侵入上海的大气低层,在遇上向北伸展至上海附近的台风倒槽时,易形成北冷南暖的锋面结构,此类降水以稳定型降水为主,雨时长则是形成暴雨的关键。

(3)由上述分析可知,两类不同性质的台风倒槽暴雨的预报着眼点不同,"高温高湿"型的倒槽暴雨需从寻找风暴发生前期的不稳定能量条件和促使不稳定能量释放的低层辐合、中上层干冷空气的入侵入手,短时监测则需充分利用雷达、地面自动站、风廓线产品等高时空分辨率的探测资料;而"斜压锋区"型的倒槽暴雨预报则需从边界层锋区强弱以及东北或偏东急流入手,急流增强则降水加强,急流减弱则降水减弱。

参考文献

[1] 钱自强,张德.上海地区台风倒槽暴雨分析[J],大气科学,1985,**9**(4):400-405.

[2] 陈联寿,丁一汇.西太平洋台风概论[M],科学出版社,1979.

[3] 雷雨顺等,用不稳定能量理论分析和预报夏季强风暴的一种方法,大气科学,1978,**4**(2):297-306.

一次暴雨过程中不同区域降水性质的差异分析

何 军 张 勇

(重庆市气象台,重庆 401147)

摘 要

利用常规观测资料、雷达资料和 NCEP/NCAR1°×1°再分析资料,对 2011 年 6 月 13—14 日重庆地区的一次暴雨天气过程及 2 个不同落区的降水性质进行了详细分析,结果显示:暴雨由西南涡和切变线共同作用产生;西南涡主要影响东北部,故东北部暴雨为天气尺度混合性降水;中部暴雨区温度(能量)相对较高,该地区暴雨为中尺度对流性降水所致;垂直速度、散度和热力条件的特征同样显示出,中部降水系统尺度小,辐合时间短,上升运动较强,而东北部则表现为稳定的天气尺度混合性降水的特性;强降水产生在对流层低层暖平流明显减小时段是二地的共性,对实际预报有指示性。

关键词:天气尺度 中尺度 混合性降水 对流性降水

引 言

暴雨出现在强上升速度和非常暖湿的不稳定空气中[1],即暴雨产生需要较长时间地维持强上升运动和水汽供应,而强上升运动既可以在静力稳定条件下由地形强烈抬升维持,也可以在静力不稳定条件下由对流机制所导致。较长持续时间往往由各种地面锋面或低层辐合线、低涡或地形等原因所导致。一次暴雨过程往往既有静力稳定条件下由大尺度天气系统和地形强烈抬升而产生的地区,也可由静力不稳定条件下由对流机制所导致的区域。2011 年 6 月13—14 日重庆地区的一次暴雨天气过程(强降水时段为 13 日夜间到 14 日白天),不同暴雨区表现出明显不同的降水性质,本文拟通过对这次暴雨不同性质降水机制的分析,找到两种降水性质在影响系统、雷达图像和物理量场等方面的差异,以期找到不同的指标特性。

1 天气形势分析

1.1 能量条件分析

重庆地区产生暴雨 850 hPa 温度预报指标在 18℃以上,本次暴雨期间仅西部和东南部偏南区域 850 hPa 温度在 18℃以上(图略),$\Delta\theta_{se(500-850)}$ 值为负值,其余地区 850 hPa 温度均低于18℃,$\Delta\theta_{se(500-850)}$ 为正值,产生大暴雨的东北部偏东区域 850 hPa 温度甚至在 16℃以下,可见暴雨产生在低温(低能)条件下,重庆南部地区温度高于北部地区,层结也更趋不稳定,造成了降水性质上的差异。

1.2 环流背景和主要影响系统

13 日 08 时有高原涡从高原移出(图略),下方为高原波动槽。13 日 20 时高原涡移至陕西汉中,波动槽移至四川盆地北部到重庆西部,700 hPa 在达县附近有西南低涡生成,涡两侧的切变线分别影响重庆西部和东北部,贵阳和恩施的西南风由 13 日 08 时的 10 m·s⁻¹ 和

$8\ \mathrm{m \cdot s^{-1}}$ 分别增至 $14\ \mathrm{m \cdot s^{-1}}$ 和 $16\ \mathrm{m \cdot s^{-1}}$,沿强西南风有正涡度向涡区输送,利于西南涡发展;随着低层辐合运动的增强,200 hPa 河套地区的高空急流也有所东传,抽吸作用增强,重庆自西向东降水逐渐增大。暴雨期间副高脊线维持在 20°N 附近,其位置偏东偏南导致低空急流位置偏东偏南,对重庆暴雨区水汽和热量输送较弱。

14 日 02 时,700 hPa 西南风输送的正涡度达最强,低涡中心涡度值在 $12 \times 10^{-5}\mathrm{s^{-1}}$ 以上。14 日 08 时,500 hPa 低涡移至陕西安康附近,700 hPa 低涡位于重庆东北部,深厚的低涡系统产生的强辐合上升运动使得东北部降水在 14 日上午达最强。14 日 14 时,随正涡度输送迅速减小,700 hPa 低涡消失,切变线也移出重庆,降水随之减弱结束。

1.3　中尺度特征分析

本次过程两个暴雨集中区域分别为位于东北部与中部,选取东北部雨量最大的巫山双龙及附近的金坪,中部选取最大降雨量的丰都南天湖及附近的三建作为分析站点,利用 4 站的逐小时雨量及雷达回波特征,分析暴雨降水性质差异。

丰都南天湖与三建逐小时雨量显示二者强降水时间集中,持续时间短,说明降水系统时间尺度均较小;小时峰值雨量分别为 45.9 mm 和 32.1 mm,相差 13.8 mm,且产生时间相差 1 h,短距离内大的雨量差异说明降水系统空间尺度也小。

重庆雷达在 14 日 00 时 14 分(南天湖最大小时雨量时段)的 0.5°、1.5°、2.4°仰角上的回波强度与平均径向速度的 PPI 图及沿回波移动方向的垂直剖面图,也显示出造成丰都境内的降水是对流性降水,最大回波强度在 PPI 的 2.4°仰角上,最大回波强度在 50～55 dBZ,最大回波强度中心高度在 6 km 左右,回波顶高达 15 km。平均径向速度图(图 1a～d)最明显的特征是 0.5°仰角上,在强回波中心移动方向的右侧存在径向辐合区(图 1c 中白色线框内),从径向速度剖面图(图 1d)上可以看出在 4 km 以下存在明显的径向辐合区(图 1d 椭圆线内)。对比回波强度图与径向速度图可以发现,该对流系统的入流区位于强回波中心低层沿回波移动方向的右前侧,为明显的对流风暴特征。

巫山双龙站与金坪站逐小时雨量相差较小,变化趋势一致,降水持续时间长,都存在两个主要的降水时段。尽管这两个站在暴雨过程中累计降雨量较大,分别达 137.4 mm、133.2 mm,但最大小时降雨量相对于丰都南天湖与三建要小,分别为 22.2 mm、20.9 mm,且同时出现在 14 日 09 时,说明降水范围较大,分布较均匀。

万州雷达(图 2)在双龙站与金坪站产生最大小时降雨量时段内显示,造成 2 站累计降雨量较强的降水系统为混合性降水系统,降水系统回波面积较大,回波强度较均匀,最大回波强度较丰都对流性降水最大回波强度小,在 45～50 dBZ,最大回波强度在 0.5°的低仰角上表现更明显,最大回波中心出现在 3～4 km 高度,较丰都对流性降水最大回波中心高度更低,回波顶高在 9 km 左右,表现出降水较均匀、相对稳定的混合性降水特点。

径向速度图上没有对流系统较小尺度的流场特征,而是低层与中上层的风向切变,在 1～3 km 上主要是向着雷达方向的分量,在 3 km 以上则主要是离开雷达方向的分量,这种较大尺度的上下层风向的切变表现出较大尺度的抬升动力,较大范围的抬升动力相对于局地对流系统的抬升动力较小,造成的垂直速度也较局地对流系统小,雷达回波强度顶高相应也较低,降水较为均匀、稳定。

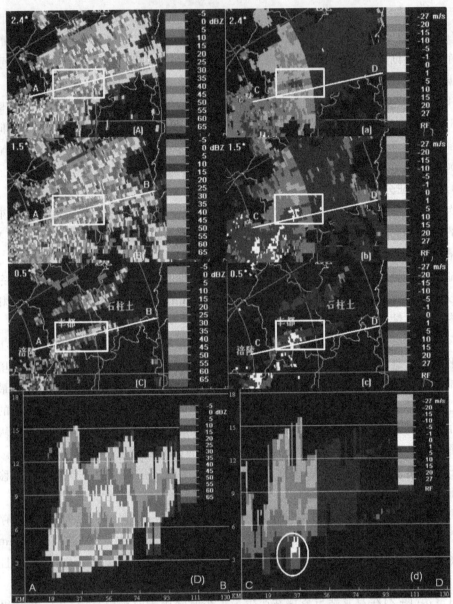

图1 2011年6月14日00时14分重庆雷达回波强度与平均速度图,((A)、(B)、(C)
分别表示2.4°、1.5°、0.5°仰角上的回波强度,(a)、(b)、(c)分别表示2.4°、1.5°、0.5°仰
角上的平均径向速度,(D)、(d)分别表示回波强度图中沿A—B方向与平均径向速度
图中沿C—D方向上的垂直剖面)

2 物理量诊断分析

2.1 动力条件

为进一步分析重庆中部和东北部在降水动力上的差异,作丰都附近(108°E,30°N)和巫山
附近(110°E,31°N)散度和垂直速度高度—时间剖面。丰都上空(图略)13日11时—14日14
时850 hPa层到700 hPa层间散度值$<-2\times10^{-5}\,\mathrm{s}^{-1}$,对流层低层较明显的辐合对应了该区

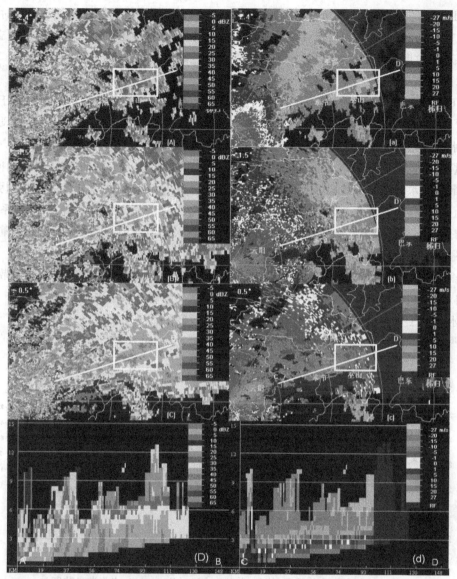

图 2　2011 年 6 月 13 日 20 时 21 分万州雷达回波强度与平均速度图((A)、(B)、(C)
分别表示 2.4°、1.5°、0.5°仰角上的回波强度,(a)、(b)、(c)分别表示 2.4°、1.5°、0.5°仰
角上的平均径向速度,(D)、(d)分别表示回波强度图中沿 A-B 方向与平均径向速度
图中沿 C-D 方向上的垂直剖面)

域的降水时段,其中 14 日 00—03 时,850 hPa 层散度 $-3\times10^{-5}\,s^{-1}$ 值的中心上方 550 hPa 层
叠加有 >-0.8 Pa/s 的垂直上升运动中心,利于较强上升运动产生,对应其强降水时段。而巫
山上空 13 日 08 时—14 日 20 时 800 hPa 层到 600 hPa 层散度值均为负值,期间整层基本全为
负的垂直速度,故降水一直持续。其中 13 日 18—22 时,650 hPa 散度 $-4\times10^{-5}\,s^{-1}$ 最大负值
中心上方 550 hPa 层叠加有 -0.7 Pa/s 最大垂直速度中心,为第一次强降水时段;随后垂直速
度减小,到 14 日 05 时又开始增大,14 日 09—15 时在 700 hPa 附近为 <-0.5 Pa/s 的上升运
动中心,下方在 750 hPa 层为 $-2\times10^{-5}\,s^{-1}$ 辐合区域,对应了第 2 次强降水时段。

丰都上空垂直速度在 13 日 08 时—14 日 20 时负值区域和正值区域夹杂,且负值区域普遍较巫山上空的值小,且散度负值(辐合)中心变化快,说明其降水系统尺度小,辐合时间相对短,但上升运动相对较强,以对流性降水为主。而巫山上空期间几乎为负垂直速度覆盖,但其值普遍偏小,散度值变化均匀,以稳定天气尺度混合性降水为主。

2.2 水汽条件

13日20时850 hPa南海到贵州水汽通道已经建立,但水汽通量散度负值中心位于贵州西北部(图3a),重庆暴雨区水汽条件还偏弱。14日02时,水汽通量值进一步增大,西风分量增加使得水汽通量散度负值中心东移且范围扩大,移至贵州北部,中心值在-12 g/(s·cm^2·hPa),重庆中部、东北部和东南部水汽通量散度值均明显增大,水汽条件明显改善期间,中部暴雨区最强降水和东北部暴雨区第一次强降水产生。14日08时,西风分量进一步增强,水汽辐合中心也东移至湖南西部(图3b),重庆偏东地区水汽通量散度也随之增大,降水系统主体东移,随后东北部产生第2次强降水。到14日14时,水汽辐合中心移至湖南中部,重庆地区的水汽通量辐合值和相对湿度均明显下降。

水汽条件演变显示,低空急流位置偏南使得水汽辐合中心偏南,东北部水汽通量散度值偏小,使得动力辐合中心和水汽辐合中心相置较远,限制了暴雨区域范围和强度的增加。丰都对流性降水产生于水汽通道自南向北增强且东移的短暂经过其上空时段。

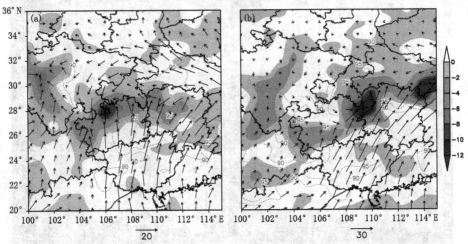

图3 850 hPa水汽通量(箭矢,单位:g/(s·hPa·cm))、水汽通量散度
(阴影,单位:g/(s·cm^2·hPa))和相对湿度(虚线,$\geqslant$90%)(a)13日20时(b)14日08时

2.3 热力条件

丰都附近(108°E,30°N)上空温度平流演变显示,13日08—17时700 hPa层附近均为10℃以上的暖平流,受增温影响,13日16—22时700 hPa层附近形成一θ_{se}的闭合高值中心,达78℃,上方400 hPa层附近受冷平流影响为θ_{se}值70℃的低值中心;随后暖平流上移减小,高层400~300 hPa层冷平流增强,θ_{se}值在13日22时开始减小,丰都强降水在13日22时—14日02时产生。巫溪附近(110°E,31°N)13日12—19时700 hPa层到600 hPa层为8℃以上的暖平流,故600 hPa层附近13日14—23时形成θ_{se}值75℃的高值区,巫山第一次强降水产生在13日20时—14日02时;而巫山第2次强降水发生在其上空850 hPa层附近暖平流结束时,即14日08—10时。上述分析可见,强降水产生在对流层低层暖平流明显减小时段。

分析发现丰都上空暖平流更强,能量也更高(θ_{se}值更高),且400 hPa到300 hPa的冷平流强很多,符合对流性降水低层增暖、中高层干冷入侵的温度差动平流特征。θ_{se}等值线无论是时间上,还是高度上均是丰都比巫溪的变化率要大,同样说明了丰都降水系统尺度小,能量和水汽更充沛的特性。

3　小结与预报着眼点

通过对 2011 年 6 月 13—14 日重庆地区一次暴雨过程及 2 个不同落区的降水性质进行了分析,得到以下结论和预报着眼点:

(1)副高位置偏东偏南使得低空急流位置偏南,动力辐合中心与水汽辐合中心配置较远,限制了暴雨强度和范围的扩大。

(2)西南涡和切变线主要影响东北部,造成其为天气尺度混合性降水,降水持续时间长,雨强变化均匀;雷达图像表现为回波区域较大,最大回波中心高度较低,回波顶高较低,径向速度图表现出较大尺度的抬升作用;中部暴雨区雷达图上中尺度对流性降水特征明显。

(3)垂直速度、散度和热力条件同样显示出,中部降水系统尺度小,辐合时间相对短,上升运动较强,能量和水汽更充沛;而强降水产生在对流层低层暖平流开始减小时段是两地的共性,对实际预报也有指示性。

参考文献

[1]　陶诗言等.中国之暴雨(第 1 版)[M].北京:科学出版社,1980:51-64.

渭河流域 2011 年 9 月 16—19 日致洪暴雨的诊断分析

沈姣姣　徐　虹

(陕西省气象服务中心,西安 710014)

摘　要

利用常规气象观测资料、NCEP/NCAR(1°×1°)再分析资料,对 2011 年 9 月 16—19 日渭河流域致洪暴雨天气过程进行诊断和分析,结果发现:巴尔喀什湖横槽、乌拉尔山阻塞高压、低涡切变和副热带高压为连续暴雨的产生提供有利的环流天气背景条件。低涡切变的维持为大降水的产生提供了充分的动力抬升条件,低层辐合和高层辐散的有利配置加上旺盛深厚的垂直上升运动,将底层高温高湿的水汽抽吸到雨区上空。巴尔喀什湖横槽转竖,引导冷空气大举南下,预示着持续阴雨天气结束。

关键词:渭河流域　致洪暴雨　诊断分析　低涡切变

引言

2011 年 9 月,陕西出现了 4 次连阴雨天气过程,其中 5—7 日、9—14 日和 16—19 日共出现 9 个暴雨日,165 站次暴雨,5 站次大暴雨;区域平均降水量为陕北 99.6 mm,关中 283.5 mm,陕南 312.8 mm。初秋秋淋持续时间长,累计降水量大,是 1961 年以来历史同期最强的秋淋天气。

致洪暴雨是一种严重的灾害性天气,它所造成的灾害大多范围广、损失重。渭河流域致洪暴雨共分成 4 种类型[1]:上游暴雨型、连阴雨暴雨型、本区域暴雨型和上游暴雨叠加本地暴雨型,2011 年 9 月 16—19 日致洪暴雨属连阴雨暴雨型。

利用高空常规观测资料、NCEP(1°×1°)再分析资料计算涡度、散度、水汽通量等物理量并进行综合分析,降水量资料选取陕西省地面常规实况资料和区域自动站资料。

1　天气实况和灾情简述

2011 年 9 月 16—19 日,陕西遭遇了 9 月份第 3 次强秋淋天气过程,关中、陕南连续 3 天出现暴雨,其中 16 日 20 时—17 日 20 时关中和陕南共计 19 站次出现暴雨,17 日 20 时—18 日 20 时关中和陕南共有 43 站次出现暴雨。此次连阴雨期间,关中、陕南部分县(区)共 425 个雨量站降水量超过 100 mm,汉中市的镇巴、南郑、西乡、城固 4 县共 30 个雨量站降水量超过 200 mm,最大为镇巴永乐站(雨量达 356.3 mm)。

受持续阴雨天气和强降雨影响,19 日 08 时,渭河咸阳站出现 3610 m³/s 超警戒洪水流量,临潼站出现 5330 m³/s 接近保证流量洪水(保证流量 6000 m³/s),大于“05.10”渭河洪水;汉江安康站出现 13600 m³/s 洪峰。19 日 00 时渭河杨凌柔谷段近 200 m 堤防出现垮塌,7 m 宽堤防仅余一半,威胁渭河南岸群众生命安全;渭河下游罗夫河、遇仙河等南山支流发生倒灌,威胁堤防安全。

据民政厅消息,本次强秋淋引发关中、陕南多地发生滑坡、泥石流、塌方等灾害,造成多处铁路公路中断、河堤决口、坍毁房屋3.7万多间,农作物受灾面积达11.9万 hm²,并造成多人死伤。其中17日西安灞桥山体滑坡造成10人死亡,5人受伤和22人失踪。17日晚宝鸡金台区、岐山等地发生多起土崖坍塌、房屋倒塌等导致4人死亡,1人受伤;18日商洛柞水发生山体滑坡3人被埋;18日汉中洋县发生滑坡造成1人死亡。

2 天气形势和影响系统分析

9月16日08时500 hPa高空图上(图1),中高纬度为"两槽一脊"型,新疆东部至蒙古国西部有一横槽,槽底部不断有冷空气分裂东移。副高外围584 dagpm线控制长江中下游地区,陕西渭河流域处于副高西北侧的西南暖湿气流控制中。17日20时横槽转竖,18日20时,584 dagpm线北抬到长江以北,高原东部到副高西侧的西南气流加强,高空锋区南压至陕西中北部。

9月16日08时700 hPa高空图上,在甘肃南部有一低涡,陕西中部至甘肃南部有东北—西南向切变。18日,随500 hPa横槽转竖,河套北部形成一小高压,高原东侧至陕西南部西南气流加强,陕西中部至甘肃南部东北—西南向切变维持,低涡切变的维持为大降水的产生提供了充分的动力抬升条件。

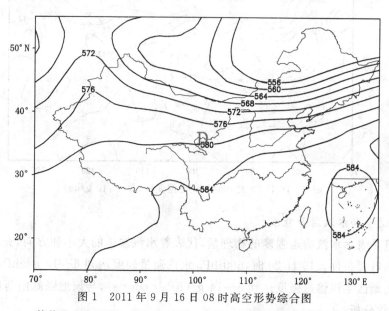

图1 2011年9月16日08时高空形势综合图
(等值线为500 hPa等高线,单位:dagpm;D为700 hPa低涡中心)

根据文献[1]对渭河流域致洪暴雨的分型及其天气学分型,结合以上分析可得出:这次暴雨属于连阴雨中的致洪暴雨,天气学分型属于西风槽类,主要影响系统是西风槽、低涡切变和副热带高压。

3 物理量场诊断分析

3.1 水汽条件分析

3.1.1 850 hPa 比湿场

高原东侧一带地处内陆,地形复杂,通常低层大气比较干燥,水汽条件对于高原东侧持续性暴雨、大暴雨的形成和维持显得尤为重要[2]。15日,850 hPa上位于西藏的比湿大值区向东北方向扩展到陕西省,之后该大值中心就一直盘踞在青海、西藏和四川西部。16日低层850 hPa比湿维持稳定(图2),500 hPa上比湿大值带与西南方向孟加拉湾水汽输送相一致,陕西省比湿达到10~20 g/kg,之后比湿大值带继续东移,16日陕西省水汽通道被打通,关中地区比湿相对较大,强度上达到50~60 g/kg。18日500 hPa在四川省中部生成一比湿大值中心,中心值达到65 g/kg,随后该中心向东北方向扩展到达陕西省南部,为陕南暴雨提供了充足的水分条件。

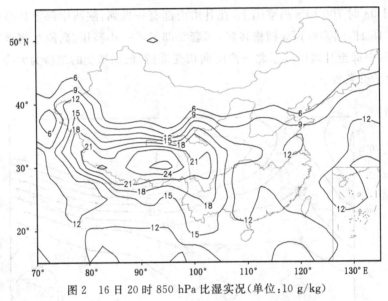

图2 16日20时850 hPa比湿实况(单位:10 g/kg)

3.1.2 水汽通量和水汽通量散度

水汽通量是表示水汽输送强度的物理量,代表着水汽输送的大小和方向,充足的水汽供应是产生暴雨的首要条件。16日20时,500 hPa水汽通量强度达到6~10 g/(hPa·cm·s),18日关中和陕南地区水汽输送强度达到6~14 g/(hPa·cm·s),与该地强暴雨落区相对应。

3.2 热力条件分析

3.2.1 假相当位温

暴雨过程一定伴有强烈的上升运动,上升运动需要有极大的位势不稳定,等θ_{se}线密集区即位势不稳定和斜压不稳定集中的区域,是大气中湿斜压不稳定能量集中的区域,θ_{se}高值区为高能区,θ_{se}场等值线区为能量锋区[3]。

16日500~850 hPa高原东部均为高能区,甘肃中东部能量高度集中,陕西省$\theta_{se(850)}$达到40~70℃,为强降水的发生积累了大量不稳定能量,17日等θ_{se}线大值区略微南压,18日08时关中和陕南$\theta_{se(850)}$位于40~50℃高能带中,降水大值中心开始由陕北南部转向关中和陕南。

3.2.2 位势稳定度

为进一步分析大气的不稳定特征,用 $\Delta\theta_{se(500-850)}$ 来表示位势稳定度,负值越大,表示位势不稳定度越强[4]。从 $\Delta\theta_{se(500-850)}$ 时间演变趋势可以发现(图略),关中陕南降水发生之前,中低层大气稳定度均为负值,处于位势不稳定状态,17 日降雨开始后,不稳定能量得到释放,位势稳定度由负转正。

3.3 动力条件分析

3.3.1 涡度散度场

16 日 08 时涡度剖面图上,103°E 处 700 hPa 有一个正涡度中心,随着辐合加强,20 时正涡度柱伸展到 400 hPa,此时散度剖面图上(图略),负散度中心位于 850 hPa,中心强度达到 $-2\times10^{-5}\,\mathrm{s^{-1}}$,650 hPa 以上为正散度中心,表明降雨区的高低空配置为高空辐散,低空辐合。

17 日 95°E 处 600~700 hPa 高度有一正涡度中心,之后该正涡度区不断东移与 114°E 处另一正涡度中心合并,同时向高层伸展,18 日 08 时其顶端伸展到 400 hPa(图3),涡度中心位于 105°E,此时散度剖面图上(图略),500 hPa 以下为负散度区,800 hPa 处散度值达到 $-15\times 10^{-5}\,\mathrm{s^{-1}}$,高层辐散和低层辐合相配合的形式,为降雨提供了有利动力条件,有利气流的抽吸,有利于降水增强。

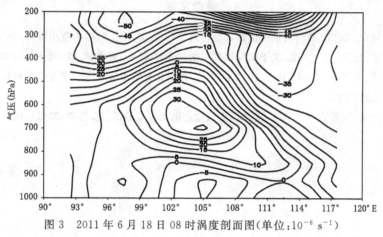

图 3 2011 年 6 月 18 日 08 时涡度剖面图(单位:$10^{-6}\,\mathrm{s^{-1}}$)

3.3.2 垂直速度

此次降雨期间垂直上升气流的最大上升中心一直处于 700 hPa,16 日垂直上升气流顶端到达 300 hPa 附近,20 时 700 hPa 处上升气流强度达到 $-0.4\,\mathrm{Pa\cdot s^{-1}}$,17 日 08 时垂直上升气流达到旺盛阶段,其顶端到达 200 hPa 以上,20 时上升气流中心强度达到 $-0.6\,\mathrm{Pa\cdot s^{-1}}$(图4),至 18 日 08 时,垂直上升气流强度达到最强,恰好对应关中南部和陕南地区的降雨大值中心。

4 小结

(1)此次致洪暴雨,高空为"两槽一脊"形势,低涡切变的维持为降水发生提供了充分的动力抬升条件。横槽转竖,预示着陕西省降雨结束。

(2)副高西北侧的西南暖湿气流为暴雨发生提供充沛的水汽条件。

(3)正涡度缓慢东移同时,其中心强度进一步加强,低层辐合更强盛,高层辐散和低层辐

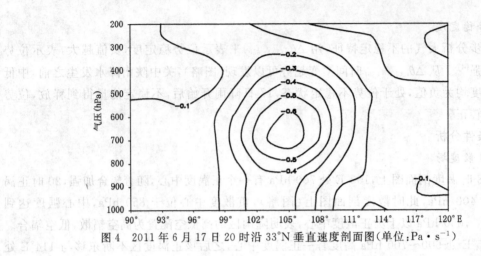

图 4 2011 年 6 月 17 日 20 时沿 33°N 垂直速度剖面图(单位:Pa·s⁻¹)

合相配合的形式,为降雨提供了有利动力条件。此次降雨期间垂直上升气流的最大上升中心一直处于 700 hPa,强度不断增强,有利于将中低层高温高湿气流抽吸到雨区上空,从而增加对流不稳定性,有利于暴雨发生发展。

参考文献

[1] 杜继稳,李社宏. 2007. 渭河流域致洪暴雨分析研究与应用[M]. 北京:气象出版社,58-108.

[2] 杜继稳,张弘,孙伟,等. 2002. 关于突发性暴雨的初步研究[J]. 灾害学,17(增刊):53-58.

[3] 施望芝,高琦,张萍萍. 2007. 基于 T213 的 6—8 月湖北省暴雨落区(点)预报模型和指标研究[J]. 暴雨灾害,26(3):217-222.

[4] 郑仙照,寿绍文,沈新勇. 2006. 一次暴雨天气过程的物理量分析[J]. 气象,32(1):102-106.

广州一次秋季大暴雨成因及对流云团分析

王　刚　梁蕾蕾　刘　峰

(民航中南空管局气象中心,广州 510405)

摘　要

对广州 2011 年 10 月 13—14 日早晨出现的一次秋季大暴雨过程从天气尺度及中尺度角度分析发现,天气尺度系统的合理配置及相互作用,为暴雨过程的发生提供了有利的环流背景条件。925 hPa 超低空水汽输送、槽前上升运动强。低层辐合、高层辐散形成的抽吸效应,暴雨发生前期积累的不稳定能量等因素有利于暴雨的持续维持;中尺度分析表明,β 中尺度对流云团的不断发展与移入是造成大暴雨的直接原因,中尺度对流系统产生的次级环流,导致在上游形成地面辐合线,可能是上游中尺度对流云团发展的触发机制。风廓线雷达探空风场显示,暴雨的增幅与低空风速的脉动及风向的变化有关。

关键词:华南秋季暴雨　中尺度对流云团　地面辐合线　风廓线雷达探空

引言

暴雨是一种严重的灾害性天气,对人民的经济财产和人身安全具有重大影响。华南地处热带低纬地区,其暴雨洪涝发生的频率居全国之首。因而,华南暴雨一直是气象学研究的重点。华南暴雨既受西风系统的影响,又受热带地区天气系统的影响,中小尺度对流活动频繁,加之华南地区复杂的地形、下垫面条件以及海陆热力差异对比等对中小尺度对流系统形成和发展等外强迫作用,使得其预报的难度非常大[1]。

多年来,气象学家们为了弄清华南暴雨的特点及成因,在华南地区开展了多次野外试验,并利用加密期观测资料和数值模拟等手段开展了大量的研究工作[2~8]。已有研究[9~11]指出,华南暴雨是多尺度天气系统相互作用的产物,在有利的大尺度环流背景下,由中小尺度系统引起,尤其是一些持续性大暴雨常常是若干个中小尺度降水系统的不断加强和连续影响所致。统计研究[12]华南前汛期暴雨发现,低空急流是形成暴雨的重要天气系统,75%~80%的暴雨与低空急流(LLJ)有关,而起重要作用的是低层西南风(天气尺度)或偏南风强风带(中尺度),东南风急流也在暴雨中起重要作用。张庆红等[13]基于数值模拟结果提出与中尺度对流系统(MCS)发生有关的中尺度高低空急流的形成机制,认为当 MCS 发生时,潜热释放诱发出的中尺度低压对产生中尺度低空急流起到重要作用。国外有研究将对流初始化过程的强迫机制分为边界层强迫和抬升强迫两类[14]。边界层强迫对于对流形成过程十分重要[15]。同时对流系统产生的下沉气流与地面辐散场的相互作用有利于地面辐合加强,从而触发对流发展[16]。

但是,目前对于华南暴雨的研究主要集中在前汛期和后汛期暴雨,而对于非汛期暴雨的研究还较少。2011 年 10 月 13—14 日早晨,广东省出现了暴雨到大暴雨局部特大暴雨过程。广州、佛山的部分气象站录得超过 250 mm 的特大暴雨降水,广州海珠区录得全省最大雨量 319.8 mm,广州白云机场 13 日 08 时—14 日 08 时共录得 168 mm 的大暴雨。因而,利用再分析资料、卫星云图、自动站资料、风廓线雷达，从天气尺度和中尺度角度入手，分析这次大暴雨过程的成因，旨在加深对华南秋季暴雨的认识，为秋季暴雨过程的预报提供一些思路。

1 资料说明与计算方法

使用的资料包括：常规地面观测和探空资料、每小时 1 次的自动站加密雨量及风场资料、美国国家环境预报中心（NCEP）的 $1° \times 1°$ 再分析资料、FY-2D 静止卫星逐小时 TBB（云顶黑体辐射亮温）资料、广州白云机场多普勒雷达产品、风廓线雷达资料。

2 暴雨过程概述及天气背景

2011 年 10 月 13—14 日早晨，受高空槽和弱冷空气共同影响，清远、韶关、佛山、广州、惠州、河源、湛江、茂名等市出现了暴雨到大暴雨局部特大暴雨，大暴雨以上降水落区主要出现在佛山、广州、清远、茂名、湛江等市的部分镇街。其中，广州、佛山的部分气象站录得超过 250 mm 的特大暴雨降水。根据全省气象站网的监测，13 日 08 时—14 日 08 时，全省约 50% 的站点录得大雨（>25 mm）以上降水，全省平均雨量 35.9 mm，其中，有 8 个气象站录得 250 mm 以上的雨量，广州海珠区录得全省最大雨量 319.8 mm；有 235 个气象站录得 100～250 mm 的大暴雨；有 328 个气象站录得 50～100 mm 暴雨。

这次强降水呈现三个特点，一是特大暴雨出现的季节晚。一般广东的强降水有两个高峰期，一个是 4—6 月份（华南前汛期）；另外一个是 7—9 月份（华南后汛期）。但这次特大暴雨出现在入秋之后，是小概率的极端天气。第二个特点是局地降雨量大。广州特大暴雨主要出现在越秀、海珠、天河区。从 13 日 08 时—14 日 08 时录得全省最大雨量 319.8 mm，是 1951 年有记录以来的最高数值。三是强降水的持续时间长，广州地区的暴雨从 13 日 16 时开始一直持续到 14 日 02 时，整整持续了 10 h。

2.1 环流形势演变特征

在暴雨过程发生前，13 日 08 时 500 hPa 环流形势上蒙古低压中心位于 45°N、106°E。受蒙古低压环流影响，大陆中东部处于宽广的槽前西南气流控制。副高主体在海上，西脊点偏东，位于菲律宾附近。在副高西侧 10 个纬距以内有热带低压活动。13 日 08 时，850 hPa 上受热带低压环流及副高西南侧影响，华南沿海为东南气流控制。北方有冷空气受高空槽的引导南下，切变线位于江南南部至南岭一带。地面形势为冷空气以偏西路径南下，前锋位于江南南部；13 日 20 时，蒙古低压中心东移南压至 44°N、110°E 附近，高空槽随之快速东移。热带低压有所北抬，进一步靠近华南沿海，华南沿海仍受较强的东南风场控制。在高空槽东移的引导下，冷空气快速南下，在浙江中部—福建中部—广东中部一带形成一条东北—西南向的切变线。地面图上，冷空气快速从西路渗透南下，锋面位于广东省中北部。

蒙古低压东移南压，带动深厚的高空槽系统东移。南海热带低压北抬，使华南沿海中低层维持较强的东南风场控制。高空槽引导冷空气快速从西路南下，切变线东移南压，使得广东区域低层辐合加强。地面冷空气与华南沿海地区的东南暖湿气流交汇。这些天气尺度系统的合理配置及相互作用，为暴雨过程的发生提供了十分有利的环流背景条件。

2.2 物理量条件分析

2.2.1 低空和超低空水汽输送

水汽条件是产生暴雨的基本条件之一。分析 850 hPa 和 925 hPa(图 1)风场和水汽通量得出,菲律宾东部海面到广东珠江三角洲一带均位于 ≥10 g/(cm·hPa·s)的较高水汽通量区域内,这条强大而稳定的水汽通道从菲律宾东部的洋面上,一直向西北方向延伸到广东中部地区,这条水汽输送带在超低空(925 hPa)更为显著,水汽通量达到 25 g/(cm·hPa·s)。这说明在发生暴雨前和暴雨过程中,有水汽通道的建立和维持。从 850 hPa 风场可以看出,这条水汽通道的建立和维持,与南海的热带低压环流和西太副高有关,在副高的西南侧与热带低压之间(即菲律宾东部到华南沿海),造成了一个强的水平气压梯度,进而在低层形成了较强的东南气流和强水汽输送带。强大的水汽输送带将来自菲律宾东部、南海北部的水汽,源源不断地输送到珠江三角洲地区,为暴雨的产生和维持提供了良好的水汽条件。

从 13 日 20 时 850 hPa 及 925 hPa 水汽通量散度可见,浙江南部至广东中部为水汽通量辐合区,辐合中心位于广东省中部,850 hPa 水汽通量散度达到 -3×10^{-5} g/(cm²·hPa·s),925 hPa 水汽通量散度达到 -5×10^{-5} g/(cm²·hPa·s),这说明低层东南风将水汽输送到广东省中部,为降水的持续发展提供水汽。另外值得注意的是,925 hPa 的超低空水汽输送的贡献更为显著。

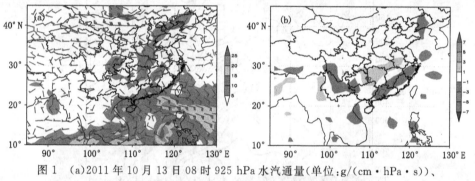

图 1　(a)2011 年 10 月 13 日 08 时 925 hPa 水汽通量(单位:g/(cm·hPa·s))、

(b)10 月 13 日 20 时 925 hPa 水汽通量散度(单位:10^{-5} g/(cm²·hPa·s)

2.2.2 位势不稳定层结与不稳定能量

分析清远(59280 站)10 月 12 日 08 时—13 日 20 时的探空资料(表 1),发现 K 指数都在 36 以上,沙氏指数 SI 为负值,说明在暴雨发生前期有不稳定能量大积累。GCAPE 在 12 日 08 时—13 日 08 时逐渐增加,于 13 日 20 时开始减弱,说明暴雨发生时开始消耗前期积累的不稳定能量。对流抑制能量(CIN)则相反,12 日 08 时—13 日 08 时,CIN 逐渐减小,在 13 日 08 时只有 0.3 J/kg,非常有利于扰动的发展。暴雨发生时,CIN 迅速增加。从上述分析可看出,此次过程前期积累了一定的不稳定能量,有利于中尺度对流系统的发展。

表 1　59280(广东清远站)探空得出不稳定能量条件

时间	K 指数 (K)	沙氏指数 (SI)	强天气威胁 指数(SWEAT)	归一化对流有效 位能(GCAPE)	对流抑制能量 (CIN)	抬升指数 (LI)
12 日 08 时	38	−1.02	240.6	0.2	58.4	−1.14
12 日 20 时	36	−0.02	217.3	0.5	19.0	−1.38
13 日 08 时	37	−0.02	225	0.7	0.3	−0.96
13 日 20 时	37	0.02	225	0.2	71.3	0.51

2.2.3 动力抬升条件

13日20时,850 hPa从浙江南部至广东中部沿850 hPa切变线为一带状的辐合带,辐合中心位于广东省中部及江西南部。200 hPa辐散中心位于广东省中北部地区,基本与低层的辐合区重合。从500 hPa垂直速度可见,广东省中部存在一个强上升区。低层辐合、高层辐散的形势有利于广东地区上空产生的垂直上升运动。这种配置下,中低层大尺度动力抬升与高层强辐散呈现出垂直耦合状态,有利于大范围上升运动的持续发展。随着500 hPa高空槽的东南移动,使得垂直上升大值区主要位于高空槽前,即对水汽的抬升和降水的产生有组织和引导作用。

从沿113°E散度径向剖面图(图2)可见,在广州(113°E,23°N)上空,500 hPa以下为辐合,以上为辐散层,辐散中心在250 hPa,高层的辐散中心值比低层的辐合值大,由于抽吸作用,增强了该地区的垂直上升运动,使得低层的辐合进一步加强。高低层这种配置是强降水产生的重要条件。强上升运动一是增强了低层的辐合,有利于低层暖湿气流快速向高空输送,二是有利于触发锋前不稳定能量释放,导致对流性暴雨发生。图3中上升区向高纬地区倾斜也反映了地面锋面超前于空中锋面。低层冷空气的侵入,使冷锋前暖湿空气被迫抬升,这有利于锋区上空不稳定能量的进一步释放和对流的发展。

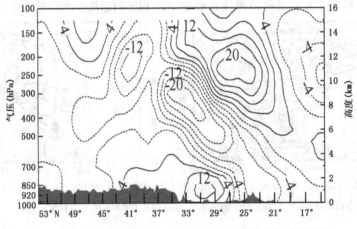

图2　2011年10月13日20时沿113°E径向散度垂直剖面图

3　暴雨过程中尺度特征分析

3.1　中尺度云团活动特征

利用高时空分辨率的卫星资料及自动站降水资料,分析暴雨过程中尺度云团发生发展过程,探讨大暴雨产生的机制。图3是暴雨过程逐时FY2D云顶辐射亮温及降水量,强降雨主要发生在冷云区内或者TBB梯度最大处。13日11时,在广东沿海及广东西部地区,有分散的弱雨区活动,尚没有明显的对流云团活动。12时,在广东西北部及广西地区新生两个云团(A,B)。随着午后热力作用的加强,13时后A和B云团快速加强,出现TBB≤−52℃的区域,并逐渐东移。A云图于15—16时达到强盛阶段,成为β中尺度对流云团,白云机场受其影响,出现强雷雨天气,时降雨量达40 mm/h。B云团于16—17时达到强盛阶段,并移至广东广西交界处。随后A云团东移减弱,在其后部珠三角西侧生成新云团C(09时),C云团迅速加强,给珠江三角洲带来强降水。B云团东移减弱,分裂为两部分,一部分东北向移动,移至粤北地区后减弱消失,一部分东南向移动与C云团合并。C云团与19—20时达到强盛阶段,之后进入逐渐减弱。14日00时在C云团的上游珠三角西侧又有一个新云团D发展加强,给珠江口地区又带来一次降水过程。影响广州的强降水主要是3个β中尺度对流云团(A,C,D)造成的,其中两个(C,D)是在前对流云团的上游珠三角西侧发展起来的。影响白云机场的降水是由两个β中尺度对流云团造成的,其中以A云团为主。对流云团上游产生新的对流云团,再次移入造成广州形成大暴雨。

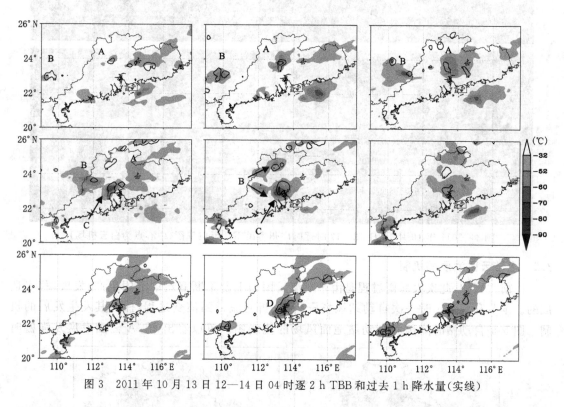

图3 2011年10月13日12—14日04时逐2h TBB和过去1h降水量(实线)

图4是10月13日11—19时每小时雷达反射率,11—12时,A云团的发展阶段,本场偏西30～50 km内,A1单体逐渐发展,开始影响白云机场的航班进近过程。13时,A1云团进一步加强壮大,移至本场西北方向,同时本场南面20～30 km处有若干小单体(A2)开始生成。14时,这些若干小单体迅速加强并合并,形成一个较大单体,北移影响本场,产生强雷雨天气。15时,本场仍受A2云团影响,同时在A云团的上游(西南方面)开始有孤立的单体开始生成并发展,16—18时,C云团发展、壮大,形成β中尺度对流云团,在云团东北移动过程中,本场也连续受到雷雨影响,导致多个航班的备降和延误。可以看出,这次过程是由前后两次对流云团引起的,A1单体的强盛时期,其南部有新单体生成,然后迅速发展壮大,影响本场,形成强雷雨天气。A2单体发展壮大后,在西南侧又有新的单体C生成,并逐渐发展形成带状,最终形成β中尺度对流云团,移动过程中,再一次影响本场。因此,对流单体强盛时期,上游产生新的单体,发展并移入,导致白云机场长时间受雷雨影响,对飞行产生了较大的影响。

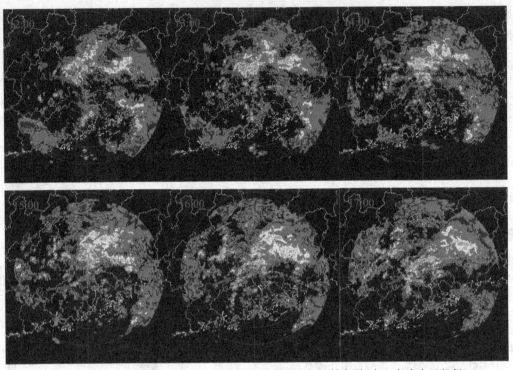

图 4 2011 年 10 月 13 日 12—17 时逐时广州番禺雷达反射率图(中心点为白云机场)

3.2 上游云团发展的机制

由前文可知,此次大暴雨过程是由于对流云团的上游不断有新的云团生产、发展、移入造成的。本节利用每小时一次自动站风场资料,分析对流云团演变过程,探讨其发生发展的机制。图 5 是自动站时降雨和自动站地面风场的流线图。可以看出,在 A 云团发展及强盛时

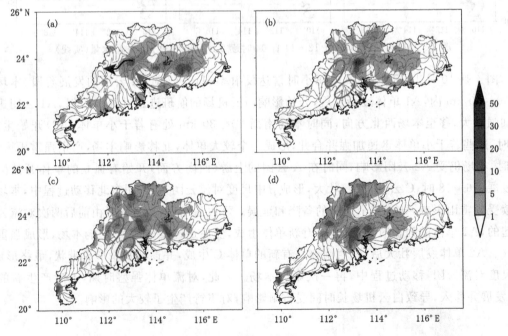

图 5 2011 年 10 月 13 日(a)12 时、(b)14 时、(c)16 时、(d)18 日逐时降雨量(单位:mm/h)及自动站风场流线图

期,来自海上的强东南气流被卷入云团前部,东南气流为对流云团输送水汽,有利于云团的发展与维持。对流云团后部则为向外出流,这种出流可能是由于强降水产生的下沉气流引起的。我们注意到,气流向上游流出时,在上游(粤中偏西地区和珠江口西部)形成辐合,产生中尺度辐合线,C云团正是在珠江口西部发展起来的。可以推测,这种低层扰动可能会激发上游云团的发展,产生新的对流云团的发展。上游对流云团的再次移入导致降雨的持续增幅,导致大暴雨天气。如图6所示,中尺度对流系统产生的次级环流,导致在上游形成地面辐合线,可能是上游中尺度对流云团发展的触发机制。

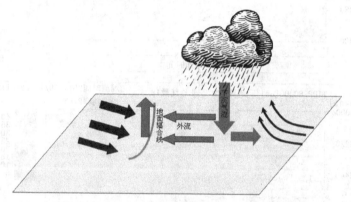

图6　上游云团发展的机制示意图

3.3　风廓线雷达特征

广州白云机场风廓线雷达图显示(图7),广州上空自低层到高层由东南偏东风转为西南偏西风,风向随高度作顺时针旋转,整层大气为暖平流,说明广州处于锋前暖区中,积累了相当的不稳定能量。强降雨发生(14—17时)前,低层由弱的东南偏东风转为较强的偏东风,风向产生逆时针偏转,同时风速增大。这说明暴雨的增幅可能与低空风速的脉动及风向的变化有关。从14日00时00分开始,850 hPa以下逐渐转为东北风,风向随高度出现逆转,为冷平流,表明低层有冷空气向下渗透,说明冷锋已经开始影响广州。

4　总结与讨论

(1)天气形势分析表明,蒙古低压东移南压,带动深厚的高空槽系统东移,南海热带低压北抬,使华南沿海中低层维持较强的东南风场控制。高空槽引导冷空气快速从西路南下,切变线东移南压,使得广东区域低层辐合加强。地面冷空气与华南沿海地区的东南暖湿气流交汇。这些天气尺度系统的合理配置及相互作用,为大暴雨过程发生的提供了十分有利的环流背景条件。500 hPa槽的东移,槽前上升运动强。850 hPa辐合与200 hPa辐散,形成抽吸效应。抽吸效应与垂直上升运动互相耦合,有利于上升运动的维持。副高的西南侧与热带低压之间形成强的水平气压梯度带,低层形成了较强的东南气流和强水汽输送带,其中925 hPa超低空水汽输送贡献更大。过程前期积累了一定的不稳定能量,有利于中尺度对流系统的发展。

(2)中尺度分析表明,β尺度对流云团的不断发展与移入是造成大暴雨的直接原因,强降雨主要发生在冷云区内或者TBB梯度最大处。影响广州地区的大暴雨是3个β尺度对流云团引起的。中尺度对流系统产生的次级环流,导致在上游形成地面辐合线,可能是上游中尺度对流云团发展的触发机制,风廓线雷达探空风能够探测到暴雨的一些中尺度特征,暴雨的增幅

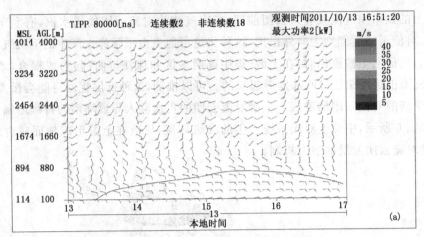

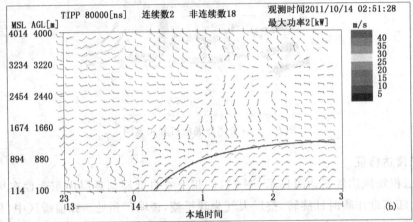

图 7 广州白云机场风廓线雷达探空风场时序图

(a)13 日 13—17 时;(b)13 日 23 时—14 日 03 时

可能与低空风速的脉动及风向的变化有关。

参考文献

[1] 薛纪善.1994 年华南夏季特大暴雨研究.北京:气象出版社,1999.

[2] 陈红,赵思雄.海峡两岸及邻近地区暴雨试验(HUAMEX)期间暴雨过程及环流特征研究.大气科学,
    2004,**28**(1):32-47.

[3] 汪永铭,苏百兴,常越.1998 年试验期间华南暴雨的系统配置和环流特点.热带气象学报,2000,**16**(2):
    123-130.

[4] 倪允琪,周秀骥,张人禾等.我国南方暴雨的试验与研究.应用气象学报,2006,**17**(6):690-704.

[5] 孙建华,周海光,赵思雄.2003 年 7 月 4—5 日淮河流域大暴雨中尺度对流系统的观测分析.大气科学,
    2006,**30**(6):1103-1118.

[6] 王立琨,郑永光,王洪庆等.华南暴雨试验过程的环境场和云团特征的初步分析.气象学报,2001,**59**(1):
    115-119.

[7] 蒙伟光,王安宇,李江南.华南前汛期一次暴雨过程中的中尺度对流系统.中山大学学报(自然科学版),
    2003,**42**(3):73-77.

[8] 蒙伟光,张艳霞,戴光丰,等.华南沿海一次暴雨中尺度对流系统的形成和发展过程.热带气象学报,

2007,**23**(6):521-530.

[9] 陈敏,陶祖钰,郑永光等.华南前汛期锋面垂直环流及其中尺度对流系统的相互作用.气象学报,2007,**65**(5):785-791.

[10] 陈敏,郑永光,王洪庆等.一次强降水过程的中尺度对流系统模拟研究.气象学报,2005,**63**(3):313-324.

[11] 柳艳菊,丁一汇,赵南.1998 年南海季风爆发时期中尺度对流系统的研究Ⅱ:中尺度对流系统发生发展的大尺度条件.气象学报,2005,**63**(4):431-442.

[12] 张庆红,陈受钧,刘启汉.台湾海峡中尺度对流系统的数值研究Ⅱ:MCS 的中尺度特征//周秀骥.海峡两岸及邻近地区暴雨试验研究.北京:气象出版社,2000.

[13] Chen G T,Yu C C. Study of Low-Level Jet and Extremely Heavy Rainfall over Northern Taiwan in the Mei-yu Season. *Mon Wea Rev*,1988,**116**:884-891.

[14] Wilson J W,Roberts R D. Summary of convective storm initiation and evolution during IHOP: Observational and modeling perspective. *Mon Wea Rev*,2006,**134**:23-47.

[15] Weckwerth T M, Parsons D B. A review of convection initiation and motivation for HOP_2002. *Mon Wea Rev*,2006, **134**:5-22.

[16] Xue M,Martin W. A high-resolution modeling study of the 24 May 2002 case during IHOP. Part I:Horizontal convective rolls and convective initiation. *Mon Wea Rev*,2006,**134**:172-191.

北京 623 暴雨过程的诊断分析及加密探测资料的应用

李 靖　郭金兰　孙秀忠　熊亚军　贺 赟

（北京市气象台，北京 100089）

摘 要

本文利用 NCEP1°×1°格点资料对北京 623 暴雨过程发生的大尺度环流背景进行了诊断分析，并就卫星、自动站、风廓线等探测资料的应用情况进行了探讨。分析得出：500 hPa 高空槽、700 hPa 和 850 hPa 低涡、华北倒槽是造成这次强降水过程的主要影响系统。暴雨过程中北京上空伴有强烈的高层辐散、低层辐合，强且较深厚的上升运动中心位于北京西部。造成强降水的水汽主要来源于贝（加尔湖）蒙（古）低涡自身携带的充足水汽。强降水发生在高能锋区附近，同时，θ_{se} 剖面图上可以清楚看到冷空气入侵路径。自动站要素的分布与强降水发生的时段和落区有很好的对应关系，对短时预报有一定的指示性，但提前的时效有限。

关键词：贝蒙低涡　自动站　辐合中心　风廓线

引言

暴雨是北京地区的主要灾害性天气之一，目前已有一些针对北京地区暴雨的分析[1~6]，有研究者对北京地区的强对流天气进行了研究[1~4]，还有关于北京地区夏季降水天气的统计研究[5~6]，近年来随着各种加密探测资料的应用也为暴雨研究提供了新的方法和手段[7~10]。

2011 年 6 月 23 日下午到夜间北京地区出现了强雷雨天气，短时间内局部雨量十分集中，个别地区降雨量达到了大暴雨标准。暴雨造成本市部分立交桥严重积水，交通中断。这次降雨过程全市平均降雨量为 50 mm，城区平均为 73 mm，最大降雨出现在石景山区模式口，雨量为 214.9 mm。雨强最强时段为 16—17 时，模式口 1 h 降水量达到了 129 mm。

本文利用 NCEP1°×1°格点资料对这次暴雨过程发生的大尺度环流背景进行了诊断分析，并就卫星、自动站、风廓线等探测资料在这次降水过程中的应用情况进行了探讨，从而对降水过程的成因和发生发展有了进一步的认识。

1 大尺度环流条件分析

1.1 环流形势分析

在此次过程中高空 500 hPa 贝（加尔湖）蒙（古）低涡东移、东北横槽南下，随后两者合并，北京位于横槽前部，横槽后有明显冷空气配合。700 hPa 22 日 20 时在内蒙古中北部至河套地区北部为一浅槽，并可分析出 300 dagpm 低涡环流；23 日 08 时，低涡东移，与东北地区横槽趋于合并，20 时合并后的横槽携带冷空气加强南压，本市位于槽前。850 hPa 相应位置仍有低涡及切变配合，本市处于低涡东部，受低涡环流控制。地面图上华北中北部处于低压倒槽中，冷高压自蒙古中部和东北地区缓慢南压。

通过分析得出（图略），500 hPa 高空槽、700 hPa 和 850 hPa 低涡、华北倒槽是造成这次强降水过程的主要影响系统。本市上空 500 hPa 为冷平流、850 hPa 以下为明显的暖平流,为强对流的发生提供了有利的热力不稳定条件。

1.2 物理量诊断分析

1.2.1 动力条件

6 月 23 日 14 和 20 时北京上空均伴有强烈的高层辐散、低层辐合(图略)。降水过程伴有整层上升运动,上升运动强且较深厚;上升区与低槽和低涡系统相对应,14 时和 20 时达到最强,且强中心位于北京西部。

1.2.2 水汽条件

850 hPa 比湿场说明造成强降水的水汽主要来自贝蒙低涡自身携带的充足水汽,随着低涡东移,大值区到达北京上空。700 hPa 的西南暖湿气流并没有给北京地区输送水汽,该层的水汽也主要由冷涡携带。

23 日 08 时贝蒙低涡位于北京上游,与冷涡相对应水汽通量散度为明显的负值区,说明 850 hPa 冷涡附近有明显的水汽通量辐合;14 时,水汽通量散度负值区移至北京,而华北南部、东部的水汽并没有北上西进,进一步说明造成强降雨主要水汽来源于冷涡自身。

1.2.3 能量条件

23 日 08 时 500 hPa 冷空气主体位于东北地区,北京地区附近处于相对的 θ 高值区。14 时冷空气主体南压,北京地区上空 θ 值也开始降低。20 时冷空气主体明显南压,北京上空已处于低值区,说明北京地区已经转受冷空气控制。24 日 02 时 θ 低值区已完全控制北京上空。

23 日 08 时 700 hPa 冷空气主体略偏南,北京地区上空为暖区。14 时冷空气主体继续加强,中心值达 300 K,并南压,河套—山西高原东部为一暖舌,北京地区处于暖舌东侧,也是高能区(图略)。20 时冷暖空气在华北中部交汇,暖舌南移,冷空气逐渐占据北京上空。

从 θ_{se} 分布图可见,23 日 08 时,高能区位于华北中北部,东北地区是低值区,表示冷空气在此聚集,北京地区未处于高能舌区。14 时从高能区向东南移动,且强度明显增强,位于北京西部,中心处于 115°E、38°N 附近,最强值达 346 K,高低层 θ_{se} 差值的中心(图略)与高能区中心重叠,垂直结构非常明显。与此同时,东北地区的低值区向高能区扩散,在华北中部形成高能锋,从而在高能锋区附近产生强降水,而北京地区最强的降水也是产生于石景山,在北京西部。20 时 θ_{se} 高值区完全控制华北中部,但高低层 θ_{se} 的差值已降低,北京地区已非高差值区,说明冷空气已侵入低层,高低层温差已有所降低。到 24 日 02 时,θ_{se} 低值区控制北京上空,冷空气完全控制北京高低空(见图 1)。

θ_{se} 剖面图上(图 2)可以清楚地看到冷空气入侵路径。23 日 08 时,冷空气主体位于 43°N 附近,约在 500 hPa,锋区此时不明显。14 时冷空气侵入至 600 hPa,主体位于 4°N 附近,锋区位于 850 hPa、39°N 附近,冷暖空气在此交汇,产生强降水。20 时北京上空已是低值区,冷空气已侵入北京,24 日 02 时冷空气继续南压,北京高低空已完全受低 θ_{se} 控制。

1.2.4 探空资料分析

54511 站 14 时 K 指数为 31,SI 为 -2.02℃,$CAPE$ 为 367.2 J/kg,CIN 为 0,对流温度为 28.9℃,与 08 时相比,14 时探空条件更有利于对流发展。23 日 08 时,700 hPa 以下,风随高度顺转,为暖平流;700 hPa 以上,风随高度逆转,为冷平流。14 时低层暖平流层次加厚,下层增暖明显,且 500 hPa 以上高空风速增大,上层变冷,上冷下暖的层结有利于对流的发展。

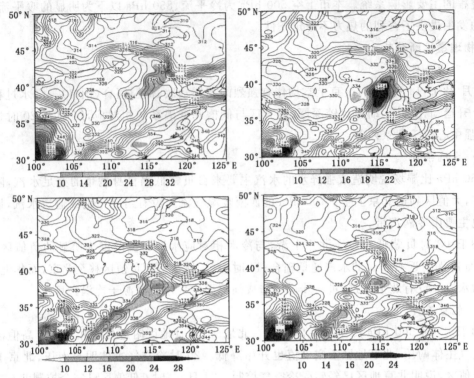

图1 2011年6月23日08、14、20时、24日02时850 hPa假相当位温(θ_{se})分布

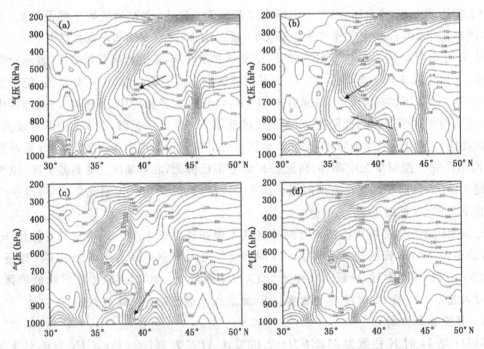

图2 2011年6月23日08(a)、14(b)、20时(c)、24日02时(d)假相当位温经向剖面
（箭头表示冷空气入侵路径，横线表示锋区，单位：K）

2 加密探测资料的应用

2.1 卫星云图分析

从卫星云图上看(图3),6月23日12时位于横槽西侧、低涡东南侧的对流云团开始发展,进入河北西北部,此后云团继续强烈发展,14:30位于北京西北界附近,随着贝蒙低涡的旋转,低涡底部位于山西东北角的对流云团开始强烈发展。16—17时对流云团主要影响北京城区及北部地区,16时北京正处于TBB低中心(−41℃)以南的梯度区内,17时TBB中心强度不变,北京的西北、城区及南部地区位于TBB大梯度区内,此时城区西部的雨强最大,17:30南北两对流云团打通,合并后强烈发展,造成北京大范围的强降水,对流云团19时前后达到最强,20时云顶亮温为−48℃。雨强最强的时次与TBB大梯度区的南压相对应,而当TBB大值中心控制北京大部分地区时,雨强已明显减弱。

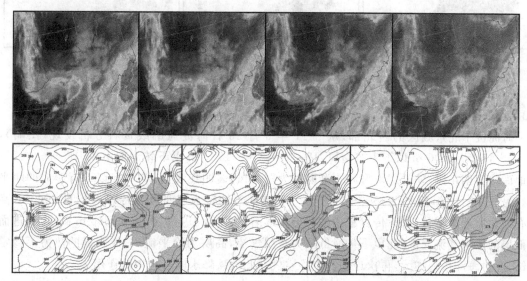

图3 2011年6月23日14:30、16:00、17:30、19:00红外卫星云图(上排左起)
和16:00、17:00、20:00TBB等值线图(下排左起)

2.2 自动站资料分析

自动站要素的分布情况对强降水的发生有一定的指示性,但提前的时效非常有限。以降水最大的模式口为例,雨强最强的时段为16—17时,降水16:10开始,之后雨强迅速增大。从自动站要素分布来看(图4),15:45自动站风场上出现了明显的地面辐合线,其产生于昌平、门头沟、海淀交界处出现的强降水产生的冷出流与城区一致的东南风之间。从散度分布看,16:05城区西侧风场有明显的辐合,这一位置恰好处于温度大梯度区内靠近城区一侧,且位于露点锋上,总温度的大梯度区也位于城区西部,在石景山与门头沟交界处有正涡度中心存在,自动站各要素有很好的对应关系,预示着在城区西部将有明显的降水产生,而模式口16:10降水开始,且雨强迅速增大,但对强降水落区的预报时效较短。15:55在石景山与海淀、门头沟交界处有明显的辐合中心存在,此后向东南方向移动,影响城区西部和南部,其提前量优于其他要素。

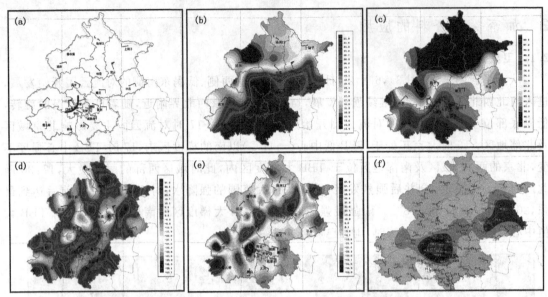

图 4 北京地区自动站 2011 年 6 月 23 日 16:05 风(a)、露点(b)、总温度(c)、涡度(d)分布图，
15:55 散度(e)分布图和 17 时 1 h 降水量(f)分布图

2.3 风廓线资料分析

海淀位于北京城区的西北部，从 2011 年 6 月 23 日海淀风廓线资料分析发现(图略)，
16:00—17:00:1500 m 以下为东南风，17:00—18:00:1200 m 以下转为偏南风，18:00—19:30
近地面转为偏东风，随着层次升高逐渐顺转为东南风，表明在大约 1500 m 以下有明显的暖平
流。另外，16:12 海淀上空 1500～2000 m 为西南风逐渐转为偏西风，16:35 开始自 3500 m 高
空有西北风逐渐下传，且下传过程中偏北分量逐渐增大，至 19:18 下传至 1800 m 高度上，进而
与低层的东南气流交汇，北风下传时低层为暖湿气流，高层为冷平流，形成明显的热力不稳定
层结，此时海淀雨强增大，再次说明高空冷空气在此次强降水的过程中的作用。

3 小结

(1)500 hPa 高空槽、700 hPa 和 850 hPa 低涡、华北倒槽是造成这次强降水过程的主要影
响系统。暴雨过程中北京上空伴有强烈的高层辐散、低层辐合，上升运动强且较深厚，中心位
于北京西部。造成强降水的水汽主要来源于贝蒙低涡自身携带的充足水汽。

(2)强降水开始前北京地区上空为暖区控制，高低层 θ_{se} 差值的中心与高能舌的中心重叠，
垂直结构非常明显；东北冷空气侵入对强降水的发生作用显著，θ_{se} 剖面图上可以清楚地看到冷
空气入侵路径。

(3)自动站要素的分布与强降水发生的时段和落区有很好的对应关系，对短时预报有一定
的指示性，但提前的时效非常有限；地面辐合线(辐合中心)的提前时效略优于其他物理量。

(4)风廓线反映了层结的不稳定状况及冷空气的影响时刻，对强降水的短时临近预报有一
定的指示意义。

参考文献

[1]　孙继松，王华，王令，等. 2006. 城市边界层过程在北京 2004 年 7 月 10 日局地暴雨过程中的作用[J].

大气科学，**30**（2）：221-234.

[2] 郭虎，段丽，杨波等. 2008.0679 香山局地大暴雨的中小尺度天气分析[J].应用气象学报，**19**（3）：265-275.

[3] 魏东，杨波，孙继松. 2009.北京地区深秋季节一次对流性暴雨天气中尺度分析[J].暴雨灾害，**28**（4）：289-294.

[4] 雷蕾. 2008.2008 年 7 月 4 日北京一次大暴雨过程的强对流分析[J].气象，**34**：100-104.

[5] 孙继松，舒文军. 2007.北京城市热岛效应对冬夏季降水的影响研究[J].大气科学，**31**（2）：311-320.

[6] 毕宝贵，李泽椿，李晓莉，等. 2004.北京地区降水的特殊性及其预报方法[J].南京气象学院学报，**27**（1）：79-89.

[7] 王令，李晓艳. 2005.北京短时局地暴雨多普勒天气雷达观测分析[J].气象科技，**33**：53-57.

[8] 刘淑媛，郑永光，陶祖钰. 2003.利用风廓线雷达资料分析低空急流的脉动与暴雨关系[J].热带气象学报，**19**（3）：285-290.

[9] 廖晓农，俞小鼎，王迎春. 2009.北京地区一次罕见的雷暴大风过程特征分析[J].高原气象，**27**（6）：1350-1362.

[10] 丁青兰，王令，卞素芬. 2009.北京局地降水中地形和边界层辐合线的作用[J].气象科技，**37**（2）：152-155.

广东前汛期暴雨与 500 hPa 关键区准双周振荡的关系

纪忠萍[1]　谷德军[2]　吴乃庚[1]　谢炯光[1]　罗秋红[1]

(1 广州中心气象台,广州 510080;2 中国气象局广州热带海洋气象研究所,
热带季风重点实验室,广州 510080)

摘　要

采用小波分析、功率谱、Lanczos 滤波等方法探讨了近 48 年广东省前汛期暴雨的变化及与影响广东前汛期降水的 500 hPa 关键区准双周振荡的关系。结果表明,20 世纪 90 年代以来,广东 6 月发生暴雨的日数明显增多,强度增强;但 1990 年代后期以来,前汛期暴雨的总日数却减少;前汛期暴雨总日数具有较明显的准 6~7 年周期振荡。广东前汛期降水与 500 hPa 关键区在大多数年份均存在显著的准单周、准双周振荡。虽然它们也存在 30~60 d 的振荡,但不显著。统计近 48 年 4—6 月 500 hPa 关键区准双周振荡波谷前后 3 天(个别 4 天)广东暴雨出现的几率为 79%。采用典型个例的合成分析,得到 500 hPa 关键区准双周振荡波谷附近有、无暴雨出现的大气环流场演变具有明显的差异,它们可为广东前汛期暴雨的中期预报作参考。

关键词:前汛期暴雨　500 hPa 关键区　准双周振荡　中期预报

引言

自 20 世纪 70 年代初 Madden 和 Julian 首先发现热带大气纬向风和气压场存在 40~50 天周期的低频振荡以来,降水及其主要影响系统的低频振荡情况引起了气象学家的普遍重视,国内学者在大气低频振荡与降水的关系方面也做了大量的研究工作[1~9],这些研究工作多集中在探讨我国东部降水或暴雨与大气低频振荡的关系,尤其是与江淮或长江流域旱涝的关系,而对华南特别是广东暴雨过程与大气低频振荡之间关系的研究相对较少,且以典型年份的个例分析为主,缺乏对近几十年它们之间逐年低频变化关系的整体研究。

由于华南前汛期降水是在一定的中高纬和低纬环流背景下生成的,每次降水过程,在 500 hPa 上中高纬和低纬几乎都有低槽活动,二者结合可产生较强的降水。那么,影响广东前汛期降水变化的 500 hPa 关键区及其低频特征如何?它的低频变化与广东前汛期暴雨的关系如何?本文首先对近 40 多年广东前汛期暴雨的变化特征进行了分析,寻找了影响广东前汛期降水变化的 500 hPa 关键区,分析了近 40 多年广东前汛期降水及 500 hPa 关键区逐年低频振荡的变化特征,统计了 500 hPa 关键区准双周振荡低频波谷的变化与广东前汛期暴雨的关系,并利用典型个例的合成分析,分析了 500 hPa 关键区准双周振荡波谷附近广东有、无暴雨出现的大气环流场演变特征,以便在实际业务预报中参考 500 hPa 关键区低频波谷的变化并结合数值预报产品,做好广东前汛期暴雨的中期预报,更好地为广东的防汛抗洪减灾及社会和经济的发展服务。

1　资料与方法

1961—2008 年广东省 86 站逐日降水资料及广东省逐日雨型分布图;NCEP/NCAR 逐日

再分析资料,分辨率为 2.5°×2.5°。

采用的方法主要有:墨西哥帽(Mexican hat)子波分析[10]、相关分析、功率谱、Lanczos 滤波器、合成分析等方法。

2 广东省前汛期暴雨的变化特征

图 1 为 1961—2008 年 4—6 月广东省逐月暴雨(具体定义见文献[11])日数分布。可见,在大多数年份,4 月的暴雨日数少于 5 月或 6 月。4 月的暴雨日数最多为 10 d(1980 年),最少为 0 d(1962,1968,1991,1995 年);5 月最多为 12 d(1989 年),最少为 0 d(1963 年);6 月最多为 15 d(1998 年),最少为 2 d(1969 年)。计算表明,4—6 月各月出现暴雨的平均日数分别为 3.8 d、6.4 d、7.2 d。因此,每年 5—6 月是广东前汛期暴雨的集中阶段,而 6 月则为前汛期暴雨日数出现最多的月份。这也说明 5 月中旬以后,由于夏季风的到来,降水量明显增大,降水过程的对流活动强,暴雨常发生于这段时期[12]。

另外,从图 1 还可见,6 月暴雨日数在 20 世纪 60 年代、1990—2008 的大多数年份比 5 月多,而在 20 世纪 70—80 年代 6 月暴雨日数大多比 5 月少,从逐年 6 月暴雨日数与 5 月暴雨日数之差及其高斯 9 点平滑曲线(图略)也可看出这种明显的年代际变化。另外还可见,进入 20 世纪 90 年代以来,6 月发生暴雨的次数明显增多,强度增强。几次致洪暴雨如"94.6"、"98.6"、"05.6"及 2008 年广东最强的龙舟水均发生在 6 月,这是否由全球变暖引起,仍需做进一步的深入研究。

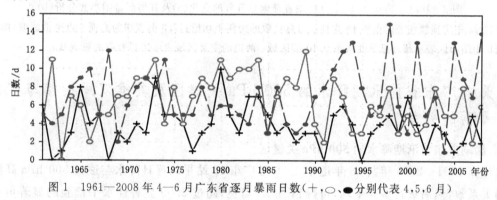

图 1 1961—2008 年 4—6 月广东省逐月暴雨日数(十,○、●分别代表 4,5,6 月)

图 2 为 1961—2008 年 4—6 月广东省暴雨总日数的变化及其小波分析。由图 2(a)可见,4—6 月出现暴雨的平均总天数为 17.3 d,最多为 28 d(1973 年、1998 年),最少为 6 d(1963 年)。另外从图 2a 中高斯 9 点平滑滤波还可见,20 世纪 70 年代前期,20 世纪 70 年代末—80 年代前期、1992—1994 年广东省前汛期暴雨总日数处于年代际变化的偏多期,而 60 年代、80 年代后期、90 年代后期—2007 年处于年代际变化的正常～偏少阶段。这说明 90 年代后期以来,广东前汛期暴雨总日数并未随着全球变暖而增加,而是具有减少的特征。这与彭丽英等[13]的研究结果一致。

由图 2b 可见,广东省前汛期暴雨总日数具有明显的准 4～8 年及 30～40 年左右的周期振荡。其中 4～8 年左右的周期振荡主要存在于 1961—1979 年、1992—1999 年;从年代际小波系数值的变化可知,1961—1970 年、1995—2007 小波系数为负,反映暴雨总日数偏少,70 年代—1990 年小波系数为正,反映暴雨总次数以偏多为主,这与图 2a 高斯 9 点平滑滤波曲线反映的年代际变化基本一致。从其小波功率谱图(略)可见,主要周期为 37.8 年、6.7 年,虽然它们没有通过 0.10 的显著性水平检验,但仍是序列中的主要周期。另外,由于资料长度的原因,37.8 年的周期并不可靠。故广东省的前汛期暴雨总日数具有较明显的准 6～7 年左右的周期振荡。

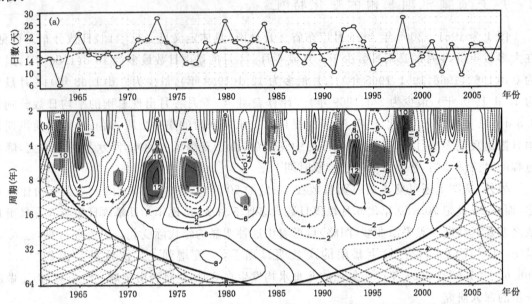

图 2　1961—2008 年 4—6 月广东省暴雨总日数的变化(a)及其墨西哥帽小波分析(b)

(图 2a 中实横线代表广东省 4—6 月暴雨总日数的历年平均值:17.3 d,虚线为高斯 9 点平滑滤波;图 2b 中阴影区表示超过显著性水平 0.10 的区域,两边的交叉区域表示边界效应的影响域)

3　影响广东省前汛期降水的 500 hPa 关键区及其准双周振荡与广东暴雨的关系

3.1　影响广东前汛期降水的 500 hPa 关键区

计算 1961—2008 年共 48 年逐年 4—6 月广东 86 站平均逐日降水与逐日 500 hPa 高度场的相关系数,然后进行多年平均,可得到图 3。可见,超过 0.05 显著性水平检验的显著负相关区主要位于长江中下游流域—华南,即位于(20°～30°N,102.5°～120°E)的区域,超过 0.01 显著性水平检验的高负相关区主要位于湖南—江西—广西—广东中西部。这反映了江南—华南上空的高空槽是影响广东前汛期降水的主要系统。因此我们选取(20°～30°N,102.5°～120°E)的高负相关区作为广东前汛期降水的 500 hPa 关键区研究,取关键区内各格点位势高度值的累加平均值作为 500 hPa 关键区指数,并定义为"500 hPa 关键区"。

3.2　广东前汛期降水与 500 hPa 关键区的低频振荡特征

为了研究近 48 年 4—6 月广东前汛期降水与 500 hPa 关键区的低频振荡特征,首先将逐年 3 月 31 日—7 月 1 日的逐日资料参照文献的处理方法消除季节变化,即先求序列的逐日气候平均值以消除日变化,再求序列长度范围内的季节平均值来消除季节变化,并对每序列做 3 天滑动平均以削弱高频波的影响。对上述经过处理的广东前汛期降水、500 hPa 关键区逐年 4—6 月逐日资料进行功率谱分析(样本数 $N=91$,最大滞后长度 $M=30$),结果见表 1(略)与

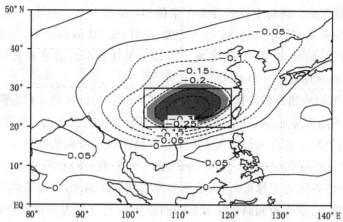

图 3 1961—2008 年 4—6 月广东 86 站平均逐日降水与 500 hPa 高度场逐年相关系数的多年平均分布
(浅色阴影:超过 0.05 显著性水平,深色阴影:超过 0.01 显著性水平;矩形区:本文定义的 500 hPa 关键区)

表 2(略)。

在近 48 年中,广东前汛期降水有 42 年含有 10～20 d 的振荡,其中有 33 年能通过 0.05 的显著性水平检验;有 36 年含有 5～7 d 的振荡,其中有 34 年能通过 0.05 的显著性水平检验。有 32 年含有 30～60 d 的振荡,其中只有 1977 年通过 0.05 的显著性水平检验。因此,广东前汛期降水在大多数年份存在显著的准单周、准双周振荡。虽然也存在 30～60 d 的振荡,但不显著。

500 hPa 影响关键区能通过 0.05 显著性水平检验的主要周期也主要为准单周(5～8.6 d),准双周(10～20 d),虽然大多数年份 500 hPa 影响关键区也存在 30～60 d 的振荡,但只有少数年份(1965,1968,1988,1990,1995 年)能够通过 0.05 显著性水平检验。

因此,由上面的分析可见,广东前汛期降水与 500 hPa 关键区在大多数年份均存在显著的准单周、准双周振荡。虽然它们也存在 30～60 d 的振荡,但不显著。

3.3 500 hPa 关键区准双周振荡与广东省前汛期暴雨的关系

为了更进一步了解 500 hPa 关键区准双周振荡与广东省前汛期降水的关系,我们统计 1961—2008 年 4—6 月 500 hPa 关键区准双周振荡(10～20 d)滤波曲线的波谷、波峰与广东省前汛期暴雨的关系,得到如下结果:1) 位于低频波谷附近前后 3 d(个别 4 d)广东省前汛期暴雨出现的几率为 258/328≈79%;较深的低频波谷也可能无暴雨与之对应,几率为 70/328≈21%;2)每年低频波峰附近出现暴雨约 2 次。因此 500 hPa 关键区准双周振荡的低频波谷对广东省暴雨的中期预报有较好的参考作用。

4 500 hPa 关键区准双周振荡波谷附近有、无暴雨的大气环流场演变特征

为了在实际业务预报中更好地结合数值预报产品做好广东省前汛期暴雨的中期天气预报,我们通过选取 500 hPa 关键区准双周振荡波谷附近有、无暴雨的典型个例,利用合成分析方法分析了 4—6 月 500 hPa 关键区准双周振荡波谷附近有、无暴雨大气环流场的演变特征,寻找二者的差异。

首先,选取了 1961—2007 年 4—6 月波谷附近有暴雨(非热带气旋引起)的准双周振荡过

程共 47 次,无暴雨 5 次。将每个循环分为 5 个位相,位相 1、5 为波峰、位相 3 为波谷、位相 2 (4)为由波峰(谷)向波谷(峰)的转换位相。其次,将有(无)暴雨的 47 次(5 次)的所有典型个例 1~4 个位相对应日期的 500 hPa 高度场、850 hPa 风场及水汽通量矢量与水汽通量散度场分[14]别进行合成,得到图 6~图 8(略)。

从图 6~图 8 不同位相环流场的演变可见,当 500 hPa 关键区准双周振荡低频波谷附近有暴雨时,由于东亚槽的明显加深,引导冷空气南下,同时孟加拉湾的低槽明显加深变宽,广东上空为加深的高空槽控制。来自孟加拉湾不断增强的西南风带来强盛的暖湿气流与来自北方的冷空气在江南—华南形成明显的水汽通量辐合,造成广东明显的暴雨过程;而当 500 hPa 关键区准双周振荡低频波谷附近无暴雨时,由于北方冷空气活动偏北,孟加拉湾为反气旋性环流控制,无明显的水汽输送,华南为副高边缘较强的西南风场控制且为水汽通量的辐散区,不利于降水特别是暴雨的发生。

5 结论

(1)每年 5—6 月是广东前汛期暴雨的集中阶段,而 6 月则为前汛暴雨日数出现最多的月份。进入 1990 年代以来,6 月发生暴雨的日数明显增多,强度增强;但 1990 年代后期以来,广东省前汛期暴雨的总日数却减少;广东省前汛期的暴雨总日数具有较明显的准 6~7 年左右的周期振荡。

(2)广东前汛期降水与(20°~30°N,102.5°~120°E)范围内 500 hPa 高度场具有显著的高负相关,定义此高相关区为影响广东前汛期降水的 500 hPa 关键区;广东前汛期降水与 500 hPa 关键区在大多数年份均存在显著的准单周、准双周振荡。虽然它们也存在 30~60 d 的振荡,但不显著。

(3)统计近 48 年 500 hPa 关键区准双周振荡波谷前后 3 天(个别 4 天)广东省前汛期暴雨出现的几率约为 79%。因此,500 hPa 关键区准双周振荡的波谷对广东省前汛期暴雨的中期预报具有较好的参考作用。

(4)利用典型个例的合成分析,分析了 500 hPa 关键区准双周振荡波谷附近广东有、无暴雨出现的环流场演变特征,二者具有明显的差异,可为暴雨的中期业务预报作参考。

参考文献

[1] 陈隆勋,朱乾根,罗会邦等. 东亚季风. 北京:气象出版社,1991:62-68.

[2] 谷德军,王东晓,纪忠萍等. 墨西哥帽小波变换的影响域和计算方案新探讨. 2009. 应用气象学报,**20**(1):62-69.

[3] 琚建华,孙丹,吕俊梅. 东亚季风涌对我国东部大尺度降水过程的影响分析. 2007. 大气科学,**31**(6):1129-1139.

[4] 黄菲,黄少妮,张旭. 中国降水季节内振荡的气候特征分析. 2008. 中国海洋大学学报,**8**(2):173-177.

[5] 缪锦海,刘家铭. 1991. 东亚夏季降水中 30—60 天低频振荡. 大气科学,**15**(5):65-71.

[6] 陆尔,丁一汇. 1991 年江淮特大暴雨与东亚大气低频振荡. 1996. 气象学报,**54**(6):730-736.

[7] 毛江玉,吴国雄. 1991 年江淮梅雨与副热带高压的低频振荡. 2005. 气象学报,**63**(5):762-770.

[8] 彭丽英,王谦谦,马慧. 华南前汛期暴雨气候特征的研究,2006. 南京气象学院学报,**29**(2):249-253.

[9] 史学丽,丁一汇. 1994 年中国华南大范围暴雨过程的形成与夏季风活动的研究. 2000. 气象学报,**58**

(6):666-678.

[10] 谢炯光,纪忠萍,谷德军等.广东省前汛期连续暴雨的气候背景及中期环流特征.2006.应用气象学报, **17**(3):354-362.

[11] 信飞,肖子牛,李泽椿.1997年华南汛期降水异常与大气低频振荡的关系.2007.气象,**33**(12):23-30.

[12] 杨广基.中国东部降水和风场的低频振荡特征.1992.大气科学,**16**(1):103-110.

[13] 周兵,文继芬.1998年夏季我国东部降水与大气环流异常及其低频特征.2006.应用气象学报,**17**(3):129-136.

[14] 张腾飞,鲁亚斌,张杰.2000年以来云南4次强降雪过程的对比分析.2007.应用气象学报,**18**(1):64-72.

重庆地区"8.4"双雨带暴雨过程分析

李　强[1]　陈贵川[1]　王　中[2]　廖　峻[1]　张　焱[1]

(1. 重庆市气象台,重庆 401147；2. 重庆市人工影响天气办公室,重庆 401147)

摘　要

利用地面和高空观测资料、卫星云图、NCEP 再分析资料分析了 2011 年 8 月 4—5 日发生在重庆地区一次区域性暴雨过程的大气环流背景,水汽和动力条件条件。研究表明:此次降水是在高层中高纬度为"两槽一脊"环流型下,高空槽东移与中低层西南低涡系统相耦合产生的此次强降水天气过程,暴雨过程中,"梅花"台风起到了阻塞作用,低值系统东移缓慢,且向南伸展,造成了不同区域的强降水带;在有利水汽辐合以及有利动力辐合条件下,东北部和偏南地区不断有中小尺度对流系统生成;不同物理量空间配置上,对于东北部降水,第一个阶段具有明显的水汽辐合和辐合上升运动,第二个阶段降水各个物理量指示意义并不明显,主要是由于后期降水是稳定性的降水;对于偏南地区强降水带,不同物理量对强降水时段具有较好的指示性。

关键词: 西南低涡　水汽通量　散度　涡度

2011 年 8 月 4 日 02 时—5 日 20 时,重庆东北部、中部部分、西部偏南及东南部部分地区普降大到暴雨,局部达大暴雨。据区县气象局灾情直报统计,截至 8 月 7 日 12 时,此次暴雨过程已造成城口、开县、巫溪、万州、忠县、丰都、彭水、黔江等 8 个区县的 42.4 万人受灾,紧急转移安置 2502 人;农作物受灾 24796.6 hm²,成灾 4185.6 hm²,绝收 2315.6 hm²;损坏房屋 3855间,倒塌 877 间;直接经济损失 15148 万元。

1　降水实况

从 8 月 4 日 02 时—5 日 20 时累计降水空间分布上,重庆大部分地区均有降水产生,主要有两个强降水带,一个位于四川东北部至重庆东北部地区(蓬安—营山—达州—开县—云阳—巫溪),另一个降水带位于重庆偏南地区(江津—南川—武隆—黔江),而重庆西部偏西地区至中部(大足—铜梁—渝北—长寿—丰都—忠县)为降水相对较弱地区。

从东北部云阳农坝站和东南部武隆文复自动站 4 日 00 时—5 日 20 时逐小时雨量变化上,云阳农坝站代表了东北部地区的降水情况,东北部降水持续时间较长,从 4 日 06—10 时为第一主要降水阶段,而从 FY2E 卫星云图上,存在明显对流云团,即主要降水以对流性降水为主,而后有一个短暂的降水量减弱过程,而从 4 日 15 时—5 日 08 时,东北部为长时间的持续性降水,而从卫星云图上,并没有很强的对流云团存在,即以稳定的层状云降水为主。从南部武隆文复自动站雨量逐小时变化上,可以看到降水发生在 4 日 20 时—5 日 12 时这段时间内,

---

资助项目:重庆市气象局 2010 年科技计划项目(ZL-201003)资助;重庆市气象局 2012 年业务科技攻关项目(ywgg-201201;ywgg-201205)。

主要降水时段发生在 5 日凌晨附近,逐小时降水强度上大都较农坝站偏强,从卫星云图上分析,存在明显的对流云图,即以对流性降水为主。

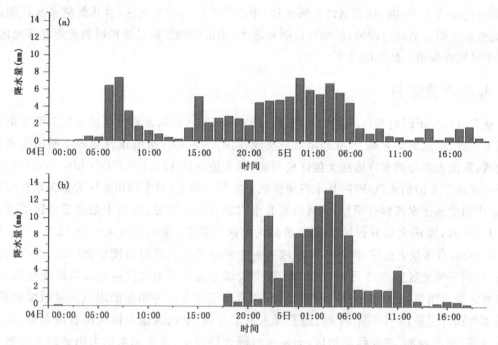

图 1   2011 年 8 月 4 日 00 时—5 日 20 时(a)云阳农坝和(b)武隆文复自动站逐小时雨量变化(单位:mm)

从卫星云图上分析(图略),8 月 4 日 04 时四川东北部有一对流云图生成,而后逐渐东移发展为 β 中尺度对流云图,影响着整个重庆东北部的降水;8 月 4 日 07:00 时,重庆东北部被明显的 β 中尺度对流云图所覆盖,造成了重庆东北部大范围区域性强降水,同时在重庆潼南地区有一 γ 中尺度对流云图生成,影响着重庆潼南地区的降水,只造成潼南地区的强降水,该 γ 中尺度对流系统而后逐渐向东北方向移动,且进一步发展;8 月 4 日 14 时,该对流系统中心已位于梁平北部、万州西部,开县南部,而后继续向东北方向移动,且进一步发展成为一 β 中尺度对流云图,造成了整个东北部的持续性的降水;8 月 4 日 20 时,巴南南部、南川北部地区有一 γ 中尺度对流云图生成,而后逐渐东移发展造成了重庆偏南地区的降水,同时,东北部也存在一定对流云系,但强度明显较前期弱,但此时东北部仍为持续性强降水,即主要是由于稳定的层状云降水;8 月 5 日 02 时,重庆中部偏南地区,以及东南部,存在一明显 β 中尺度对流云图,即位于重庆西部偏南 γ 中尺度对流云图东移发展而成,而此时该地区为持续性的强降水。

2   大气环流背景特征

500 hPa 中高纬度为"两槽一脊"环流型,3 日 20 时,青海西部至四川西部川西高原地区为一高空低槽,4 日 08 时,高空槽东移位于甘肃南部—四川盆地—四川南部地区,此后高空槽缓慢东移位于陕西南部—四川东北部—重庆上空,5 日 20 时高空槽已东移出重庆,同时,东海以东洋面上,"梅花"台风缓慢向西偏北方向移动,对高空槽东移产生明显的阻塞作用,导致了高空槽的东移缓慢。

4 日 08 时 700 hPa 低值系统生成于四川东北部,而在华南地区为一个高压系统,由于在

"梅花"台风作用下,高压系统对低值系统产生明显的阻塞作用,低值系统东移缓慢,4日20时低值系统东移位于四川东北部与重庆东北部交界地区,系统中心有所东移,低值中心位势高度为3050 gpm;5日08时,低值系统有所南移,中心位于重庆梁平地区,且从低值系统控制范围上,低值系统明显的向南伸展,影响区域明显增大,南部影响区域已经扩展到贵州北部地区,重庆整个区域在低值系统影响之下。

3 水汽通量条件

从700 hPa不同时刻水汽变化上(图略),8月4日08时从云贵地区至重庆为明显的水汽大值带,水汽通量矢量表现上,在西南低空急流作用下,孟加拉湾的水汽源源不断的输送到重庆地区,重庆大部分被水汽输送大值区所覆盖,最大值达到12×10^3 g/(s·hPa·cm)以上,这为降水准备了充沛的水汽条件;从水汽通量辐合空间分布上,整个四川地区大都为水汽辐合区域,重庆偏北地区水汽辐合明显,尤其以东北水汽辐合较为明显,有利于东北部地区的降水;8月4日20时,重庆大部分区域为水汽通量大值区所覆盖,东北部出现一个12×10^3 g/(s·hPa·cm)水汽通量大值区,同时在该区域为一个明显的水汽通量散度负值区域,即水汽辐合区域,有利于该地区降水;8月5日02时,重庆大部分地区仍为水汽通量大值区所包围,尤其偏东地区较为明显,且从水汽辐合情况上,从西南部至东北部为明显的水汽通量散度负值区,表明水汽辐合明显;8月5日08时,随着降水系统东移,水汽通量大值区也有所东移,位于重庆东南部、湖南西部、湖北西部地区,而从水汽辐合情况上,重庆偏东仍为明显的水汽辐合区域,即有利于偏东地区的降水。

4 动力条件

从不同时刻700 hPa流场和涡度场空间叠加上分析,8月4日08时,低涡位于四川境内,重庆主要为低值系统前偏南气流,而从涡度空间分布上,四川东北部为涡度正中心,即明显的辐合区,中心最大值为10×10^{-5} s^{-1},此辐合对流系统有利于对流系统生成、发展,而后东移,造成重庆东北部的强降水;8月4日20时,低涡系统中心已东移到四川东北部,涡度大值区仍位于四川境内,但重庆大部分地区,尤其偏北地区被正涡度值所覆盖,即为明显的辐合上升区域;8月5日02时,低值系统已南移位于重庆西北部与四川交界处,而涡度空间配置上,重庆偏北地区仍维持正涡度值,但最强辐合中心位于重庆西北部(10×10^{-5} s^{-1});8月5日08时,从流场上,从重庆东北部偏南地区到重庆偏南地区为明显范围宽广的低值系统,而从涡度空间分布上,重庆整个区域为明显正涡度区,尤其中部以及偏南地区达到8×10^{-5} s^{-1}以上,有利于对流系统生成和发展。

从不同强降水区的不同物理量空间剖面时间变化上,图2(a)是$31° \sim 32°$N,$108° \sim 110°$E平均,即重庆东北部平均,而从垂直速度,散度和涡度空间剖面时间变化上,4日02—20时为600 hPa到200 hPa为明显的垂直上升运动区,300 hPa到100 hPa为明显的散度负值区,即为明显的辐射区域;而4日08时以后中低层辐合才有所变现,尤其在20时,辐合上升运动从850 hPa到300 hPa,即中低层辐合上升运动强烈;从4日20时—5日02时,垂直上升运动明显减弱,而从涡度和散度垂直空间分布上,中低层仍维持辐合,高层仍维持辐散,这种垂直空间结构的维持,有利于稳定性的持续性降水;5日02—14时,中低层仍维持辐合,高层仍维持辐散的

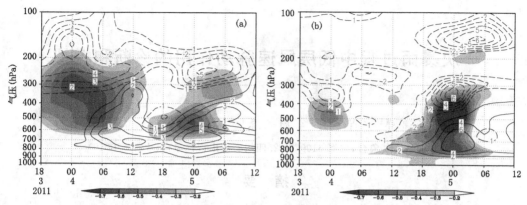

图 2 2011 年 8 月 4 日 02 时—5 日 20 时不同区域不同物理量垂直空间剖面变化(a) 31°~32°N,
108°~110°E 平均; (b) 29°~30°N,107°~109°E 平均阴影表示垂直速度,单位:Pa/s;虚线表示≥
1.0×10⁻⁵ s⁻¹散度,单位:10⁻⁵ s⁻¹;实线表示≥1.0×10⁻⁵ s⁻¹涡度,单位:10⁻⁵ s⁻¹)

空间结构仍接续维持,垂直速度上,5 日 08 时,700 hPa 到 300 hPa 为明显的上升运动区,但散
度空间分布上,已下降到 200 hPa 以下,即抽吸作用有所减弱,而此时东北部的降水也趋于
减弱。

从偏南地区(图 4b:29°~30°N,107°~109°E 平均)不同物理量空间剖面时间变化上,4 日
20 时以前,中低层涡度和垂直速度空间上表现并不明显,这段时间也并没有产生强降水,4 日
20 时以后,重庆偏南地区降水逐渐趋于增强,尤其 5 日 02 时—5 日 14 时,900 hPa 到 500 hPa
为为明显的正涡度区,500 hPa 至 300 hPa 存在一个正散度区,同时在高层 200 hPa 到 100 hPa
也存在一个正散度区,这种涡度和散度高低空的空间配置有利于强降水发生,同时 900 hPa 到
300 hPa 为垂直速度正值区,中心最大值达到 0.7 P a·s⁻¹以上,即为存在明显的垂直上升
运动。

5 小结和讨论

通过分析此次降水的实况,大气环流背景,以及动力条件和水汽条件,主要结论如下:

(1)在高层中高纬度为"两槽一脊"环流型,高空槽东移耦合了中低层西南低涡系统,以及
在"梅花"台风阻塞作用下,低值系统东移缓慢,且在西南低涡东移过程中,前期低值系统主要
位于重庆东北部地区,产生了偏北地区的强降水带,而后在台风系统阻塞作用下,低值系统维
持且向南伸展,导致了偏南地区也产生较强降水带。

(2)在有利水汽辐合以及有利动力辐合条件下,东北部和偏南地区不断有中小尺度系统生
成,不同物理量空间配置上,对于东北部强降水带,前期降水指示意义较好,水汽具有明显的辐
合,且具有明显的垂直上升运动,后期降水指示意义并不理想,主要是由于后期降水是稳定性
的降水;对于偏南地区的强降水带,不同物理量对强降水时段具有较好的指示意义。

通过分析此次降水过程的大气环流背景,水汽条件和动力条件,对造成此次降水过程双雨
带特征进行了研究,而就此次降水过程中,造成不同降水带的影响系统主要机制,两个强降水
带之间为何出现一个弱降水带,同类型的降水过程具有什么样的物理和动力机制,这需要进一
步深入研究。

一次暴雨过程中低层风速脉动作用的诊断和模拟

肖递祥[1]　肖　丹[2]　周长春[1]　周春花[1]　谌贵珣[1]

(1.四川省气象台,成都 610072;2.四川省眉山市气象台,成都 620010)

摘　要

利用常规观测资料和 NCEP 再分析资料,对 2010 年 7 月 22—25 日四川盆地西部出现的一次暴雨过程进行了诊断分析,结果表明:暴雨与低层偏南气流风速演变密切相关,低层风速脉动是暴雨的主要动力触发因子,在暴雨强盛时刻,暴雨区东南侧存在一个 8~12 m·s^{-1} 的大风速中心,暴雨区为风速辐合的负散度中心,从而形成了强烈的垂直上升运动。WRF 数值模拟试验进一步表明:850 hPa 层 3 h 风速脉动对中尺度对流系统的发展具有很好的指示意义,在 3 h 风速增大区域的下风方,未来 3 h 对流云团将迅速发展。

关键词:暴雨　风速脉动　动力学诊断　数值模拟

引言

西南涡是造成四川盆地产生暴雨的主要天气系统之一,多年来,广大气象工作者对四川盆地由西南涡所造成的暴雨过程进行了大量研究[1~4],得到了很多对四川盆地暴雨预报十分有益的成果。而事实上,一些无西南涡影响或在西南涡形成前所出现的暴雨过程,低层风速脉动也是暴雨的重要触发因子之一[5,6]。2010 年 7 月 22—25 日,四川盆地西部出现了一次连续性的暴雨过程(以下简称"10.7.22—25"暴雨过程),多个站点日雨量突破历史极值,连续出现的强降雨导致多处出现山体滑坡和泥石流等地质灾害,嘉陵江流域四川段出现超警戒洪水,灾害造成 17 人死亡、17 人失踪,紧急转移 11 万多人,直接经济损失超过 22 亿元。此次暴雨过程出现在低层自南海至四川盆地维持偏南气流的环流形势下,强降雨与低层南风风速演变密切相关,为加强低层风速脉动对四川盆地暴雨的动力触发机制研究,本文利用常规观测资料、NCEP 再分析资料对暴雨过程中低层风速脉动对暴雨的动力触发作用进行了诊断分析,并通过 WRF 数值模拟实验,探讨了低层风速脉动与中尺度对流系统演变的关系以及偏南风风速减弱对盆地降雨强度的敏感性影响,以期为今后此类暴雨过程的预报提供有益的参考。

1　过程概况

"10.7.22—25"暴雨过程按暴雨落区可分为两个强降雨时段:第一个时段是 22—23 日,暴雨主要集中在盆地西北部的绵阳、广元、巴中等地,暴雨范围虽小、但降雨强度却极大,广元和梓潼日雨量分别达 222.5 mm 和 273.4 mm,均创本站历史新高。第二个强降雨时段是 24—25 日,暴雨范围由盆地西北部扩大至整个盆地西部,共有 9 个市降了区域暴雨,其中有 16 县(市)达大暴雨,仁寿日雨量达 284.5 mm,创本站历史新高。广元、剑阁、梓潼等县(市)22—25日过程累计雨量达 400 mm 以上。

2 环流形势

7月21日08时:500 hPa欧亚中高纬地区为两槽一脊形势,巴尔喀什湖至我国新疆地区和鄂霍次克海至我国东北地区各有一冷涡,贝加尔湖地区经蒙古国至我国河套地区为暖高压控制;青藏高原东部曲麻莱附近有一低涡生成;副高呈东北—西南向的带状分布,20°~30°N区域内588 dagpm西脊点位于111°E附近,110°~120°E区域内588 dagpm脊线位于27°E附近;2010第3号台风"灿都"位于113.3°E,18.4°N。

暴雨过程期间(图1):欧亚中高纬环流稳定,副高与贝湖高压和青藏高压逐渐打通形成了一稳定的"η"型高压坝,曲玛莱高原低涡在"η"型高压坝的南侧维持,但低涡中心位置均偏北,基本维持在35°N附近;台风"灿都"沿副高南侧东南气流向西北方向移动,于22日13时45分在广东吴川登陆,登陆减弱形成的气旋23—24日继续向偏西方向移动。7月26日08时,台风"灿都"减弱形成的气旋性环流在云南南部消失,副高588线西伸控制着整个四川盆地,暴雨过程结束。

由于副高与贝湖高压和青藏高压所形成的"η"型高压坝以及"1003"号台风"灿都"登陆后继续西行,"10.7.22—25"暴雨过程期间对流层中低层从我国华南至四川盆地上空维持台风(低压)和副高外围的偏南气流,有利于南海上空的暖湿空气不断向四川盆地上空输送,为暴雨的产生提供充足的水汽和不稳定能量。

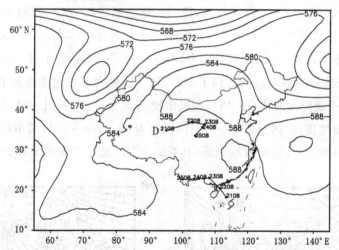

图1 2010年7月21—25日500 hPa平均高度场(dagpm)及高原低涡和台风"灿都"移动路径
(其中24日08和25日08时台风已停止编号,中心位置为低压中心位置)

3 低层风速动对暴雨的触发作用

3.1 低层风速脉动与暴雨的关系

分析暴雨过程期间低层风速变化及降雨强度演变,发现二者存在明显的对应关系。图2给出的是2010年7月22—25日暴雨中心广元东南侧格点(107°E,30°N)的风速时间—高度演变(a)及同期广元(105.85°E,32.59°N)的逐小时降雨量(b),由图可见:广元的降雨强度与其东南侧格点(107°E,30°N)低层的风速变化趋势基本同步,降雨随风速的加大而显著增强;在暴雨过程期间,(107°E,30°N)格点在低层共出现了4个风速达10~12 m/s的时段,其中3个时段相对应在广元均出现了强降雨。

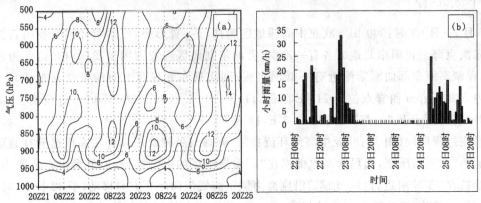

图2 2010年7月22—25日107°E、30°N格点风速(单位：m·s⁻¹)时间—高度演变(a)
及广元逐小时雨量(b,单位：mm·h⁻¹)

3.2 低层风速脉动对暴雨的触发作用

"10.7.22—25"暴雨过程与低层偏南风的风速脉动密切相关,为进一步分析其对暴雨的
动力触发作用,本文选取两个暴雨时段降雨最强的两个时次,沿这支偏南气流经暴雨中心做垂
直环流剖面(图3),由图可见：在第一个强降雨时段(图3a),从台风外围到四川盆地的偏东南
气流存在两个风速中心,一个是台风外围,径向风速达到了16 m·s⁻¹以上,一个位于暴雨区
东南侧,径向风速达到了8~12 m·s⁻¹,而在暴雨中心附近(106°E,32°N)为4~8 m·s⁻¹,较
其东南侧风速要小4 m·s⁻¹,形成气流辐合,对应出现了一支辐合上升气流,垂直速度<−20
×10⁻² Pa·s⁻¹所达到的最大高度达到了200 hPa层,最大垂直速度达到了−60×10⁻² Pa·
s⁻¹以上。在第二个强降雨时段(图3b),台风倒槽西移至广西、贵州一带,从其外围到四川盆
地为偏南到偏东南气流,广西至贵州一带径向风速为8~12 m·s⁻¹,四川盆地<4 m·s⁻¹,与
第一个强降雨时段类似,气流在盆地西部(104°E,30°N)也存在着明显辐合,从而形成了一支

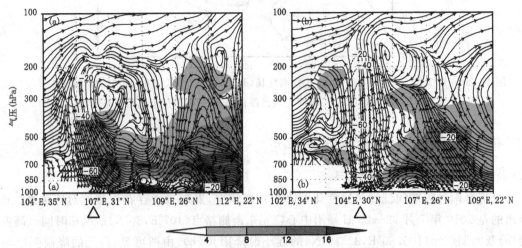

图3 2010年7月23日08时(a)和25日02时(b)沿台风(倒槽)外围偏南气流经暴雨中心
(三角形处)垂直环流(阴影：沿剖面径向风速,单位 m·s⁻¹;虚线：垂直速度,单位：10⁻² Pa·s⁻¹)

较强上升气流,垂直速度<－20×10⁻² Pa·s⁻¹以上所达到的最大高度超过了 200 hPa,最大垂直速度也达到了－60×10⁻² Pa·s⁻¹以上。

综上所述,对流层低层的这支偏东南气流在向四川盆地输送的过程中,由于风速脉动的形成,即暴雨区东南侧,存在一个 8～12 m·s⁻¹的大风速中心,从而在暴雨区形成明显的风速辐合,产生强烈的垂直上升运动,充分表明造成暴雨产生的动力抬升条件主要由低层风速脉动所触发。从两个强降雨时段的暴雨中心广元和仁寿的散度时间—高度演变(图 4)也可以看出,暴雨过程期间,低层存在着明显的辐合,而且与暴雨有很好的对应关系。广元在 22 日 08 时—23 日 20 时和 24 日 20—25 日 20 时及仁寿在 24 日 20 时—25 日 20 时出现暴雨的时段,900～700 hPa 层均为－2～－4×10⁻⁵·s⁻¹的辐合中心。

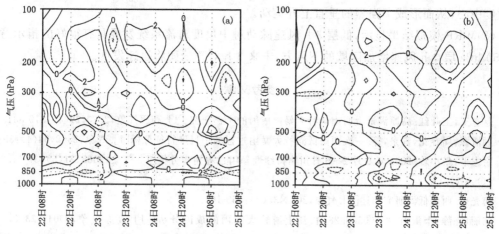

图 4 2011 年 7 月 22—25 日暴雨中心广元(a)、仁寿(b)散度(单位:10⁻⁵·s⁻¹)时间—高度剖面

4 WRF 数值模拟

为分析此次暴雨过程中低层风速脉动与中尺度系统的演变关系,本文利用 WRF 中尺度模式对此次过程进行了数值模拟。通过分析逐小时的低层风场和中尺度对流云团演变,发现二者具有较好的对应关系,850 hPa 层 3 h 风速脉动对中尺度对流系统的发展具有很好的指示意义,即 3 h 风速增加区域的下风方,未来 3 h 内将有对流云团发生和发展(图略)。第一个强降雨时段:23 日 00 时,重庆至四川东北部为一支 6～8 m·s⁻¹的东南气流,3 h 全风速增量为 2～4 m·s⁻¹,存在明显的风速脉动,广元位于风速脉动的下风方,对应在 3 h 后(即 24 日 03 时),广元附近的对流云团开始发展,TBB 值低于－52℃,对应开始出现 10 mm·h⁻¹以上的强降雨,而且在随后的 5 个小时,风速脉动一直存在,重庆西部至盆地中部 3 h 风速增量维持在 2～6 m·s⁻¹,使得 23 日 04～08 时盆地西北部(广元、梓潼一带)的对流云团不断发展,TBB 值达到了－62℃以下,强降雨维持。第二个强降雨时段:24 日 23 时—25 日 00 时,重庆西部至盆地东部的东南气流中 3 h 风速增量也达到了 2～6 m·s⁻¹,使得位于其下风方的盆地西部的对流云团迅速发展,25 日 02～03 时出现了大片 TBB 值低于－62℃的区域。25 日 01 时,在仁寿附近还出现了一中尺度的低涡环流,低涡环流直至 25 日 07 时一直维持,而且低涡右侧 3 h 风速增速维持 2～6 m·s⁻¹,对应 25 日 04 时—07 时,盆地西北部的对流云团开始向西南部移动,并且 TBB 值低于－62℃的区域由椭圆形逐渐变成了圆形,仁寿位于低涡云系中心,最小

TBB 值低于-72℃,对流云团的发展增强导致仁寿出现了特大暴雨。

5 小结

(1)暴雨过程出现在副高与贝加尔湖高压和青藏高压所形成的"η"型高压坝以及"1003"号台风"灿都"登陆后继续西行的背景下,有利的环流形势使得暴雨过程期间对流层低层自南海至四川盆地维持较强偏南气流。

(2)暴雨与低层偏南气流风速演变密切相关,暴雨中心的降雨强度与其东南侧低层风速变化趋势基本同步,降雨随风速的加大而显著增强;低层风速脉动是暴雨产生的主要动力触发因子,在暴雨强盛时刻,暴雨区东南侧有一个 $8\sim12\ m\cdot s^{-1}$ 的大风速中心,暴雨区为风速辐合的负散度中心,从而形成了强烈的垂直上升运动。

(3)WRF 模拟结果显示,低层 3 h 风速脉动对中尺度对流系统发展具有很好的指示意义,在 850 hPa 层 3 h 风速增加区域的下风方,未来 3 h 对流云团将迅速发展。

参考文献

[1] 赵春玉,王叶红.高原涡诱生西南涡特大暴雨成因的个例研究 [J].高原气象,2010,**29**(4):819-831.

[2] 顾清源,周春花,青泉,等.一次西南低涡特大暴雨过程的中尺度特征分析[J].气象,2008,**34**(4):39-47.

[3] 宗志平,张小玲.2004 年 9 月 2~6 日川渝持续性暴雨过程初步分析[J].气象,2005,**31**(5):37-41.2009,(1):8-13.

[4] 何光碧.西南低涡研究综述[J].气象,2012,**38**(2):155-163.

[5] 汪丽,陈静,李淑君." 2003.8.28"长江上游特大暴雨的成因分析 [J].高原气象,2004,**23**(增刊):31-36.

[6] 肖递祥,顾清源,祁生秀.2008 年 7 月 14—15 日川西暴雨过程的温度层结变化分析 [J].暴雨灾害,郁淑华.四川盆地大范围强暴雨过程的合成分析[J].高原气象,1984,(3):58-67.

一次台风远距离暴雨中尺度对流系统的多尺度分析

张雪晨 郑媛媛 姚 晨 卢逢刚

（安徽省气象台,合肥 200031）

摘 要

利用多种资料对 2011 年 8 月 27 日发生在安徽省一次台风远距离暴雨中尺度对流系统 (MCS)进行了细致分析。结果表明:1)低层台风外围偏东气流向暴雨区输送水汽和热量,造成暴雨区上空大气增温增湿及不稳定;中纬度西风槽提供有利暴雨发展大尺度背景。2)强降水主要由两个 β 尺度的 MCS 造成,MβCS 的新生维持是强降水维持较长时间的重要原因。3)过程主要由两次短时强降水过程组成,β 中尺度对流系统强回波内伴随着 γ 中尺度的强对流单体发展,造成局地降水峰值。4)两段强降水都表现出中纬度系统和台风外围气流的相互作用。5)雷达速度场中 β 对流系统加强与低层暖湿气流加强息息相关,γ 中尺度对流系统生成发展由小尺度的风速辐合造成。

关键词:台风远距离暴雨 中尺度对流系统 西风槽 弱冷空气

引言

台风是造成特大暴雨的主要天气系统之一,很多强烈的持续性强降水都和台风有关。安徽近 10 年中的多数致灾严重的暴雨基本都是受台风影响产生的。如 2005 年 13 号台风"泰利"在安徽省大别山区造成的特大暴雨,24 h 降水量最大达到 492 mm;2008 年 8 月 1 日在减弱的"凤凰"台风和冷空气的共同作用下,安徽江淮东部普降特大暴雨,24 h 雨量极值为 428.5 mm。陈联寿[1-3]认为台风暴雨有两种,一种是由台风环流本身造成的暴雨,还有一种是台风远距离暴雨区。并将台风远距离降水定义为:降水发生在台风范围之外,同时降雨与台风存在着内在的物理联系。清楚地将台风远距离暴雨与台风环流暴雨区分开。许多研究表明,台风远距离暴雨是台风与中纬度系统相互作用的结果,具有较强的对流不稳定,易触发强对流天气。降水特征上表现为突发性强、强度大以及时段集中。

更多的观测事实则显示,造成这些突发强降水的是中尺度对流系统(MCS)。自 Maddox[4] 给出 MCC 定义之后,很多学者在此基础上对 MCC 和 MCS 进行了进一步的研究改进。对 MCS 较大的改进是 1998 年 Anderson 等[5]提出持续拉长的中尺度对流系统(PECS)概念,2003 年 Jirak 等将这种分类扩展到中 β 尺度的对流系统上。国内马禹等[6]在对我国 MCS 普查的基础上,将 MαCS 的标准定义为云顶亮温≤−32℃的短轴超过 3 个纬距,偏心率为 0.5,未规定云顶亮温≤−54℃或≤−52℃的面积,云顶亮温≤−32℃的短轴长度在 1.5~3 个纬距的为 MβCS,没有规定时间。

同时国内很多学者也认为,台风远距离暴雨的中尺度系统明显,常在西风槽和台风之间有中尺度对流系统生成,中尺度特征突出,有其独有的特征和规律。多与 α、β 尺度的 MCS 相对应,地面多出现中尺度锋区、中尺度辐合线、中尺度气旋和中尺度低压。本文运用多种资料对 2011 年 8 月 26—27 日发生在安徽的一次台风远距离暴雨 MCS 产生的环境背景和内部结构进行了多尺度分析,意在找出此次强降水的形成原因、中尺度特征和发展演变过程。

1 降水实况

2011 年 8 月 26 日 08 时—27 日 08 时(图 1)安徽沿淮中部降水量普遍超过 50 mm,其中怀远、固镇、和淮南等地有 23 个乡镇超过 200 mm,300 mm 以上降雨均位于怀远境内,最大为怀远河溜(395.9 mm)。强降水落区呈东北—西南向带状分布,雨带狭窄,超过 50 mm 的雨带宽度不足 80 km。而降水量超过 200 mm 的强降水位置则更为集中,基本都位于怀远县内,宽度约为 30 km,长度 90 km,降水区域相当集中。此次过程还有一个特点就是降水强度大,单站小时雨量极大值达到 89.9 mm,累计降水量超过 200 mm 的乡镇基本上都伴随了 1 h 60～70 mm 的集中强降水。以上的这些特点都决定了此次过程的预报难度相当大,而省气象台晚间预报的最大量级也只是大雨到暴雨,实况降水量远远超出了这个预报量级。

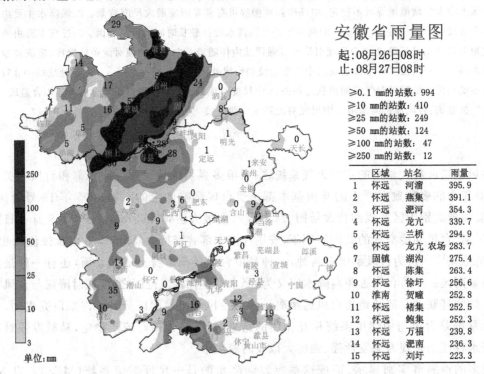

安徽省雨量图

起:08月26日08时
止:08月27日08时

≥0.1 mm的站数:994
≥10 mm的站数:410
≥25 mm的站数:249
≥50 mm的站数:124
≥100 mm的站数:47
≥250 mm的站数:12

	区域	站名	雨量
1	怀远	河溜	395.9
2	怀远	燕集	391.1
3	怀远	涡河	354.3
4	怀远	龙亢	339.7
5	怀远	兰桥	294.9
6	怀远	龙亢 农场	283.7
7	固镇	湖沟	275.4
8	怀远	陈集	263.4
9	怀远	徐圩	256.6
10	淮南	贺疃	252.8
11	怀远	褚集	252.5
12	怀远	鲍集	252.3
13	怀远	万福	239.8
14	怀远	涡南	236.3
15	怀远	刘圩	223.3

单位:mm

图 1 2011 年 8 月 26 日 08 时—27 日 08 时安徽省实况 24 h 降水量(单位:mm)

2 环流背景

26 日 08 时,500 hPa 河套至湖北一带有深厚的低槽存在,安徽位于低槽前部的西南气流中,江苏东部为副高控制,11 号强台风"南玛都"位于台湾南部洋面上。26 日 20 时(图 2a),台风北行,西风带系统受影响北缩,台风外围深厚的暖湿舌向北延伸至安徽沿淮一带,暖区一侧开始出现明显的增湿增温。850 hPa 和 925 hPa 上倒槽自安徽大别山区向东北方向延伸至沿淮一带,强降水区位于倒槽顶部。从水汽通量和涡度分布图可见(图 2c),26 日 14 时 850 hPa 台风西北侧的东南气流将低层水汽从东部沿海输送至苏皖一带,在淮北东部有强水汽通量辐合中心生成,低槽前部大片正涡度区也有利于上升运动的发展。中层 500 hPa 槽前西南气流带来了明显的水汽输送。安徽大部分地区位于湿不稳定能量区 $\theta_{se500}-\theta_{se850}\leq 0$ 内(图 2d),其中淮北西部更有 $\theta_{se500}-\theta_{se850}\leq -10$ 湿不稳定中心发展。

从 26 日 20 时阜阳探空站 $T-\ln p$ 图可发现,湿层深厚,近饱和层从地面向上至 600 hPa 风随高度强烈顺转,有强的暖平流,有利于对流性降水产生。因为位势不稳定层结的建立主要决定于高低空水汽和热量平流的差异,强的暖平流输送使得阜阳上空附近的大气层结变得非常不稳定。暖湿气流另一作用是促使抬升凝结高度很低,接近 1000 hPa,造成此次暴雨过程的暖云层深厚,有利于高效率降水产生。综合以上分析,在这次中尺度对流系统发生前的大尺度背景场上,高低空急流、强暖平流输送造成的位势不稳定层结、低层强的水汽辐合都为强降水的发生提供了有利条件。

此次暴雨产生的天气学背景可理解为:低层台风外围的偏东气流向暴雨区输送水汽和热量,造成中纬度暴雨区上空大气的增温增湿,进而使得大气层结不稳定度增强;而中纬度西风槽则提供有利于台风远距离暴雨发展的大尺度背景,暴雨区位于西风槽前,有利于低层辐合的加强和垂直运动的发展和维持,进而触发和加强暴雨的发生和发展。

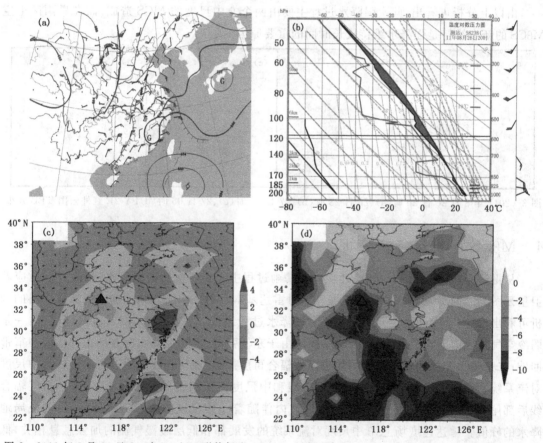

图 2　2011 年 8 月 26 日 20 时 500 hPa 形势场和 850 hPa 风场叠加图(a)、26 日 20 时南京站 $T-\ln p$ 图(b)、26 日 14 时 850 hPa 水汽通量和涡度叠加图(c)、26 日 20 时 $\theta_{se500}-\theta_{se850}$ (d)分布图

3 MβCS 的触发条件及结构演变

发生发展阶段：8月26日14时大别山区北部有弱的对流云系生成，并伴随着当地的降水。26日20时(图3a)，对流云团移至淮北中部，受当地有利辐合条件的影响有所发展，出现−32℃的云顶亮温中心。成熟阶段：26日23时(图3b)，对流云团进一步发展，云顶亮温<−32℃的区域长轴约为2个纬距，短轴约为1个纬距，覆盖面积达到2万km²。27日02时，对流云团发展成为β中尺度MCS，云顶亮温<−32℃的区域长轴增大至3个纬距以上，短轴长度亦超过2个纬距，其中更有−50℃的上冲云顶出现。27日03时(图3c)，在第一个中尺度对流系统A靠近暖区的南侧有新的对流云团B被激发并迅速发展壮大，至27日06时(图3d)在A原有的位置上新的对流云团B云顶亮温−32℃的区域覆盖面积已超过2万km²，发展成为第二个MβCS。从环境风场上判断，承载层的平均风向为西南风，MβCS的平流方向为东北向，而新生MβCS位于原MβCS西南象限，平流和传播矢量和基本为零，使得暴雨区上空一直有较强的MβCS维持。消亡阶段：27日09时，冷云盖变暖，云顶亮温<−32℃的区域逐渐变小，对流云团边缘TBB等值线变得均匀，梯度减小，MCS逐渐减弱消亡。

由以上分析可看出，此次强降水过程主要由两个β中尺度的MCS造成，而在暴雨区上空MβCS的新生维持是强降水维持较长时间的重要原因。

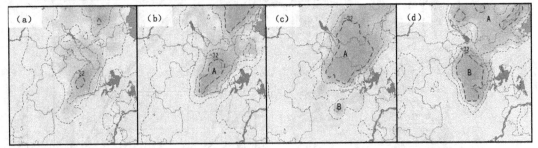

图3 2011年8月26日20时(a)、26日23时(b)、27日03时(c)、27日06时(d)FY-2E红外云图TBB分布

4 MβCS 的雷达特征分析

从雷达资料(图4)的分析看，此次特大暴雨过程主要由两次短时强降水过程组成，对应着卫星云图上的两个MβCS的活跃发展。从对雷达基本反射率因子和地面加密要素场资料的分析可看出，此次特大暴雨主要由两次短时强降水过程组成，均由β中尺度对流系统引起：一是弱冷空气扩散南下导致的中尺度锋生，同时由于东侧强的入流，在降水回波的东部形成强窄带回波；二是热力差异和暖湿气流的加强促使辐合再度加强，在辐合线的附近再次形成β中尺度对流系统。对流的发展与地面中尺度辐合线和中尺度低压的发展加强有关，地面中尺度辐合线后部尾随中尺度高压。β中尺度的强回波内伴随着γ中尺度的强对流单体发展，造成局地降水的峰值。雷达速度场上，β中尺度对流系统的发展都和低层暖湿气流的加强息息相关，低层风速的增大伴随着对流风暴的发展，低层风速的减小伴随着对流风暴的消亡。γ中尺度对流系统的生成发展则是由速度场上小尺度的风速辐合造成。

两段强降水的出现都表现出中纬度系统和台风外围气流的相互作用，第一次是台风外围偏东气流和低层冷空气之间的相互作用，因此辐合的位置主要位于中低层；西风槽前的西南气流、中层的辐合的触发在第二次降水过程中起了重要作用,台风外围暖湿气流的加强则使降水有明显的增幅。

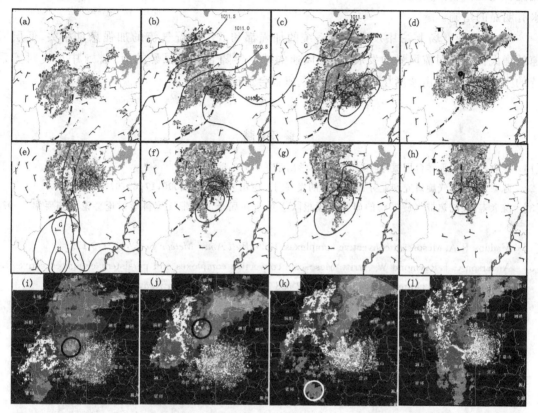

图4 2011年8月26日—27日蚌埠雷达2.4°仰角17:22(a)、19:08(b)、21:50(c)、00:38(d)、03:31(e)、04:15(f)、05:22(g)、06:52(h)基本反射率因子和地面要素场叠加图以及21:17(i)、00:38(j)、03:03(k)、05:06(l)速度场图

5 结论

本文对安徽省一次台风远距离暴雨中尺度对流系统的环流背景、内部结构及其演变进行了细致地分析。结果表明:

(1)低层台风外围的偏东气流向暴雨区输送水汽和热量,造成中纬度暴雨区上空大气的增温增湿,进而使得大气层结的不稳定度增强;而中纬度西风槽则提供有利于台风远距离暴雨发展的大尺度背景,暴雨区位于西风槽前,有利于低层辐合的加强和垂直运动的发展和维持,进而触发和加强暴雨的发生和发展。

(2)强降水过程主要由两个β中尺度的MCS造成,而在暴雨区上空MβCS的新生维持是强降水维持较长时间的重要原因。

(3)此次特大暴雨主要由两次短时强降水过程组成,均由β中尺度对流系统引起。对流的发展与地面中尺度辐合线和中尺度低压的发展加强有关,地面中尺度辐合线后部尾随中尺度高压。β中尺度的强回波内伴随着γ中尺度的强对流单体发展,造成局地降水的峰值。

(4)两段强降水的出现都表现出中纬度系统和台风外围气流的相互作用,第一次是台风外围偏东气流和低层冷空气之间的相互作用,因此辐合的位置主要位于中低层;西风槽前的西南气流、中层的辐合的触发在第二次降水过程中起了重要作用,台风外围暖湿气流的加强则使降水有明显的增幅。

(5)雷达速度场上,β中尺度对流系统的加强都和低层暖湿气流的加强息息相关,低层风速的增大伴随着对流风暴的发展,低层风速的减小伴随着对流风暴的消亡。γ中尺度对流系统的生成发展则是由速度场上小尺度的风速辐合造成。

参考文献

[1] 陈联寿.西太平洋台风概论[M].北京:科学出版社,1979:8.

[2] 陈联寿.热带气旋研究和业务预报技术的发展[J].应用气象学报,2006,17(6):673-681.

[3] 陈联寿.登陆热带气旋暴雨的研究和预报[C].第十四届全国热带气旋科学讨论会论文摘要集.2007:3-7.

[4] Maddox R A. Mesoscale convective complexes. 1980,*Bull Amer Meteor Soc*,6(11):9-17.

[5] Anderson C J,Raymond W Arritt. Mesoscale convective complexes and persistent elongated convective systems over the United States during 1992 and 1993. 1998,*Mon Wea Rev*,126(3):578-599.

[6] 马禹,王旭,陶祖钰.中国及其邻近地区中尺度对流系统的普查和时空分布特征.1997,自然科学进展,7(6):701-706.

一次区域大暴雨 β 中尺度对流涡旋系统特征分析

东高红

（天津市气象台，天津 300074）

摘　要

利用常规观测资料、加密自动站资料及多普勒雷达资料，对 2011 年 7 月 29 日发生在华北东部的区域大暴雨过程进行分析。得出以下结论：高空槽是此次区域大暴雨天气过程的影响系统，但第二阶段的强降水是由低空 β 中尺度对流涡旋直接造成的，而且强降水发生和维持的水汽主要来源于低层东南沿海。此次降水强回波的回波高度较低，钩状回波及中尺度气旋均在低层发展，造成的天气为强降水和短时大风，这有别于典型的钩状回波。地面自动站风场呈现出明显 β 中尺度涡旋的特征，单站温压湿风等气象要素也清楚地反映了中尺度涡旋的移动变化特征。

关键词：大暴雨　β 中尺度对流涡旋系统　钩状回波

引言

暴雨是我国主要的灾害之一，对暴雨的分析和预报历来是气象工作者关注的焦点。暴雨是一种中尺度现象[1]，它的形成与中尺度对流系统的发生发展有着密切关系，国内有关暴雨中尺度对流系统的研究已经做了很多，并得出不少研究成果[2-4]。但鉴于暴雨系统及其结构的多样性，对暴雨个例系统的结构分析和认识还需继续加强，对暴雨中尺度对流系统结构的分析研究仍十分必要。

天津市位于渤海西岸，暴雨是影响天津的重要灾害性天气之一。已有的统计结果表明，天津平均每年发生两次区域暴雨天气，造成暴雨的天气系统一般分为低槽切变型[5~6]、高空冷涡型[7]、台风型[8]和中尺度低涡型[9]几种。通过对天津地区多年的区域暴雨过程进行统计看到，中尺度低涡造成的暴雨占天津区域暴雨总次数的 33.3%[10]。虽然已有很多研究者对中尺度低涡造成的暴雨天气进行分析研究[9,10~12]，但这些研究多以南方及江淮等地暴雨为重点，针对其发展北上造成华北地区暴雨的研究还不多。

为了探讨发展北上低空中尺度涡旋对天津地区暴雨产生的影响以及低空东南水汽对暴雨的作用，本文从发展北上中尺度涡旋直接影响造成天津地区区域大暴雨个例的分析入手，利用常规观测资料、地面自动站资料及多普勒雷达资料，分析暴雨产生的环流形势、中尺度结构、水汽来源和动力、热力条件，以便取得这类暴雨的预报着眼点。

1　降水实况和天气形势分析

1.1　降水实况

2011 年 7 月 29 日白天到夜间华北东部地区出现强降水，其中天津 234 个雨量观测站中

资助项目：气象行业专项《华北地区大气水循环及空中水资源的潜势研究》（GYHY20090625）。

有 75 个站出现 100 mm 以上降水、135 个站降水量在 50~100 mm,过程最大雨量出现在宁河的大北镇,为 181.5 mm(图 1)。从单站降水量随时间演变看,降水分两个阶段,强降水主要集中在后一阶段的 30 日 00—05 时(北京时,下同)。强降水时段连续 4 个小时自动站单站降水强度在 65 mm/h 以上,其中单站最大雨强为 80.5 mm/h,且强降水区自西南向东北方向移动、降水强度随时间逐步加强。

从两个阶段降水的强度及落区范围对比来看,第二阶段降水的强度(80.5 mm/h)明显强于第一阶段的(25.2 mm/h)、而且强降水落区仅在天津中南部及河北的东部一带,同时第二阶段降水伴随强烈的雷电和多个站的短时大风(最大瞬时风速达到 37.1 m/s)。对比看到第二阶段降水呈现出明显的 β 中尺度强对流降水特征,

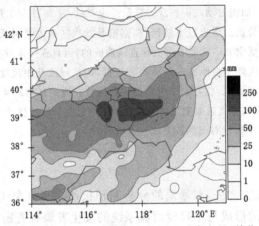

图 1　2011 年 7 月 29 日 08 时—30 日 08 时降水量(单位:mm)

1.2　天气形势

从降水前的高低空天气形势看到,7 月 28 日 20 时华北东部地区处于大陆高压脊控制,西太平洋副高脊线位于 31°N 附近,河套附近有一高空槽;随后副热带高压东退南撤,高空槽东移发展,同时在低层有中尺度切变生成。到 29 日 20 时高空槽移到 112°E 附近,500 hPa 槽落后于 700 hPa 槽,华北东部处于槽前西南暖湿气流里,此时 700 hPa 高度有西南急流建立(风速 18~20 m/s);对应 850 hPa 中尺度切变进一步发展东移,逐步形成一 NE—SW 向与 W—E 向的人字形切变,并在 113°E、38°N 附近有中尺度涡旋环流形成(图略)。随高空槽进一步东移,低层 850 hPa 中尺度涡旋迅速发展并向东北方向移动,到 30 日 08 时 850 hPa 中尺度涡旋正好位于天津上空,此时 700 hPa 槽已过北京,500 hPa 槽正好压在北京上空。

2　物理量参数分析

2.1　北京探空资料对比

对比 29 日 08 时与 20 时北京探空图看(图略):08 时 850 hPa 以下为暖平流、空气湿度接近饱和,850—600 hPa 为冷平流、空气湿度小,表现为上干冷下暖湿的大气不稳定层结;到 20时 850 hPa 以下为弱冷平流、以上为暖平流,而且 850 hPa 以下大气相对湿度较小、850 hPa 以上大气湿度接近饱和,表现为上暖湿下干冷的大气相对稳定层结。对比各物理参数值的变化也看到,K 指数没有明显变化,对流有效位能从 1517.6 J/kg 减小到 281.1 J/kg,对流抑制和风暴强度指数略减小,沙氏指数由 -2.17 升高至 0.92,抬升凝结高度略有下降。这说明 29 日

白天不稳定能量已经得到释放,这应是造成该地第一阶段对流性降水的原因。而造成第二阶段强降水的直接影响系统,从天气形势分析看应是随高空槽东移迅速发展北上的低空中尺度涡旋。

2.2 动力、热力及水汽条件

从假相当位温的分布来看,从 29 日 08 时开始,华北地区一直处于高能区里,有一能量锋区压在 117°E 附近,从其垂直分布看,08 时 850 hPa 与 1000 hPa 假相当位温的差值为 -30℃,大气处于明显的位势不稳定,到 20 时只在 925 hPa 以下还存在位势不稳定。从动力条件看,08 时华北大部处于高空槽前,有明显的正涡度平流,且正涡度平流区有明显的辐合上升。对于天津地区,到 20 时涡度由之前的负涡度转为 400 hPa 高度以下均为正涡度,垂直速度也由之前的下沉转为一致的上升。而从散度随高度的变化看,到 20 时从之前的 600 hPa 以下为辐散转为 850~700 hPa 之间为辐合,同时在近地层也出现辐合,而且随时间近地层的辐合迅速加强以及辐合区厚度加大,对应高度上涡度场也出现一涡度大值中心(图 2)。从水汽条件看,29 日 08 时水汽通量散度场 700 hPa 以下有一西南—东北的水汽辐合带,到 20 时转为一 SSE—NNW 的水汽辐合带,我们从水汽通量与水汽通量散度时间剖面图上也能清楚看到,29 日 20 时在 700 hPa 高度有一水汽通量中心,对应的水汽辐合中心位于 850 hPa 高度,20 时以后,在近地层逐渐形成一水汽辐合中心,高度位于 850 hPa 以下,正好与辐合上升大值区相对应(图 2)。这说明 29 日白天降水的水汽来源为西南暖湿气流,而夜间的强降水的水汽主要来源于低层东南沿海。

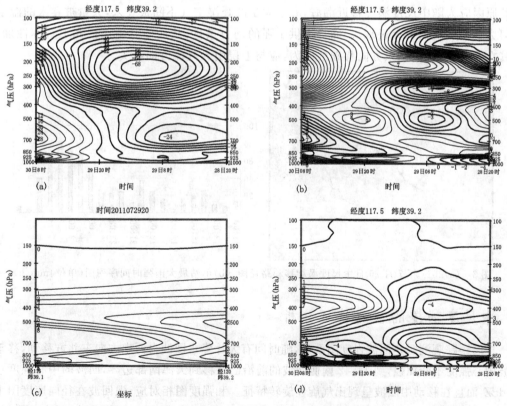

图 2 2011 年 7 月 28—30 日华北东部上空的温度、散度和水汽等分布图。(a)、(b)、(d)分别为涡度、散度和水汽通量散度的时间剖面图,(c)为 29 日 20 时沿纬度 39.1°N 的水汽通量剖面图

3 中尺度涡旋的地面风场特征

分析 AWS 资料看到,29 日 20 时在 115.3°E、37.8°N 附近有一中尺度涡旋新生发展,空间范围大约为 80 km×100 km,其风场的气旋性特征非常明显。随时间中尺度涡旋向 NE 方向移动,移动速度大约为 45 km/h,移动过程中其中心气压值不断降低(降幅达 2.5 hPa/h),风速有所加强。到 30 日 00 时其中心已经移到 116.5°E、38.4°N 附近,天津的西南部正好位于中尺度涡旋的前方,此处自动站降水强度开始加大、风向基本为东南—东北风,并有测站风速达到 10 m/s。随后中尺度涡旋继续向东北方移动,移速明显减慢(速度大约为 30 km/h),强度却迅速加强,到 03 时其中心气压值为 999.7 hPa,最内侧风场环流的范围仅有 30 km×40 km 左右,自动站最大风速达到 14 m/s,而且其前方及右下方测站的风速明显大于后侧的,强降水也出现在其中心及其移动的前方位置,说明中尺度涡旋存在明显的斜压性和不对称性。随后中尺度涡旋继续向东北方向移动(图 3a),但在 04 时后其移动方向发生明显偏转,转向近似偏东方向移动,强度仍然维持;06 时以后逐渐远离天津渤海沿岸。

从自动站观测实况看到,中尺度涡旋过境前后,其前方及右下方测站的风速明显大于后侧的,共有 27 个自动站出现短时大风,单站最大瞬时风速为 37.1 m/s,达到台风或龙卷过境的风速。而且从各自动站随时间先后监测到的短时大风风向看呈现出明显的气旋式旋转:S-SE-E-NE-N-NW。而且中尺度涡旋带来的强降水主要集中在 30 日 01—05 时的 5 h 时间内,单站最大雨强为 80.5 mm/h(图 3b)、强降水落区基本出现在其中心附近及其移动的前方位置。分析其原因应为随中尺度涡旋移近渤海,海上大量的暖湿空气不断被卷入,大量被卷入的湿空气不但为其发展提供了大量水汽,而且提供了强的动力条件,从而使其斜压性和不对称性加强。而其在 04 时后转向偏东方向移动的原因,应与上层引导气流方向有关。

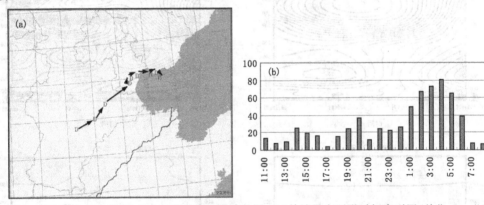

图 3　(a)2011 年 7 月 29 日中尺度涡旋移动路径图、(b)单站最大雨强时间序列图(单位:mm/h)

4 中尺度涡旋的雷达特征分析

连续跟踪观测雷达回波强度图看到,随时间有大片降水回波自西南方向东北方移动,移动中回波中心强度不断加强,到 14:42 南侧回波的前沿已经移到天津南部边界,回波的中心强度达到 45 dBZ,而且在移动中回波呈现出气旋性旋转特征。和强度图相对应,强回波在径向速度图上表现为负速度大值区,其中心径向速度出现速度模糊。到 18:12 对应 45 dBZ 强回波处在 2.4°仰角径向速度图上出现强的气旋性切变(切变值为 15.5),而且气旋性切变随时间迅速向上发展,并在三个体扫后发展为中尺度气旋。对应位置的强度图上,强回波的右后侧出现一入流缺口,并逐渐发展为一钩状回波(图略)。对比同一时刻不同仰角强度回波图看到,钩状回波只发生在低层,从回波顶高图上也看到,钩状回波的高度基本维持在 5 km 附近,从前面分析的北京探空资料知,29日零度层高度大约为 4.6 km,所以雷达上虽然观测到了中尺度气旋和钩状回波,但此次天气过程仅以强降水和地面短时大风为主,这有别于典型的钩状回波。将雷达组合反射率资料和地面自动站风场相叠加看到(图略),随时间出现气旋性旋转的回波与地面观测到的中尺度涡旋风场结构对应非常好,这也进一步说明中尺度涡旋是造成第二阶段强降水的直接影响系统。

5 结论

(1)高空槽是此次区域大暴雨天气过程的影响系统,但第二阶段的强降水是由低空 β 中尺度对流涡旋直接造成的,而且强降水发生和维持的水汽主要来源于低层东南沿海。

(2)强降水回波的回波高度较低,钩状回波及中尺度气旋均在低层发展,所以造成强度很强的降水及多站的短时大风,这有别于典型的钩状回波。

(3)地面自动站风场呈现出明显中尺度涡旋的特征,移动过程中,中尺度涡旋前方及右下方测站的风速明显大于后侧的,强降水也出现在其中心及其移动的前方位置。从风场分布看,中尺度涡旋存在明显的斜压性和不对称性,随其旋转不断被卷入的湿空气不断为中尺度涡旋的发展提供了充足的水汽,而且提供了强的动力条件。

参考文献

[1] 陶诗言等. 1980. 中国之暴雨[M]. 北京:科学出版社,1-225.

[2] 丁一汇. 1994. 暴雨和中尺度气象学问题[J]. 气象学报,**52**(3):274-283.

[3] 袁美英,李泽椿,张小玲. 2010. 东北地区一次短时达暴雨 β 中尺度对流系统分析[J]. 气象学报. **68**(1):125-136.

[4] 孙建华,张小玲,齐琳琳,等. 2004. 2002 年中国暴雨试验期间一次低涡切变上发生发展的中尺度对流系统研究[J]. 大气科学. **28**(5):675-691.

[5] 刘还珠,王国维,邵明轩,等. 2007. 西太平洋副热带高压影响下北京区域性暴雨的个例分析[J]. 大气科学. **31**(4):722-734.

[6] 吴彬贵,姚学祥,王庆元,等. 2007. 京津冀大暴雨个例中尺度诊断分析[J]. 气象科技. **35**(3):368-373.

[7] 易笑园,李泽椿,李云,等. 2010. 长生命史冷涡影响下持续对流性天气的环境条件[J]. 气象. **36**(1):17-25.

[8] 于玉斌,姚秀萍. 2000. 对华北一次特大台风暴雨过程的位涡诊断分析[J]. 高原气象. **19**(1):111-120.

[9] 东高红,李胜山,张桂荣. 2007. 天津地区暴雨天气过程分型查询系统[C]. 天津市气象学术论文集. 2007(上):45-47.

[10] 赵玉春,王叶红. 2010. 高原涡诱生西南涡特大暴雨成因的个例研究[J]. 高原气象. **29**(4):819-831.

[11] 傅慎明,赵思雄,孙建华,等. 2010. 一类低涡切变型华南前汛期致洪暴雨的分析研究[J]. 大气科学. **34**(2):235-252.

[12] 池再香,杜正静,赵群剑,等. 2010. 中尺度西南涡、切变线对"07.7"贵州西部暴雨影响的分析与数值模拟[J]. 高原气象. **29**(4):929-938.

2008年广西致洪暴雨过程的位涡诊断分析

邓 飞 葛晶晶 宋书民

(中国人民解放军72517部队,济南 250022)

摘 要

2008年华南前汛期6月11—13日的广西特大暴雨过程是与位于广西的中尺度涡旋系统(广西涡)密切相关的。本文采用MM5模式对此次暴雨进行了数值模拟,很好地再现了实况天气过程。利用高分辨率的模式输出资料对本次暴雨过程中的正值位涡进行诊断分析,结果表明,位涡输送能很好地反映天气系统的演变特征,位于广西涡四周的位涡中心不断向其输送不同性质的位涡团,有利于致洪暴雨的形成和加强。等熵位涡分析表明:315 K等熵面上高值位涡带的位置和强度能较好地反映暴雨的落区和强度,等熵面上等熵位涡团的输送,也是强降水得以维持的一个重要因素。345 K等熵面上的高值等熵位涡区集中在高纬度,且随着气流向东传播,其南部的等熵位涡团存在下传的现象,有利于暴雨区位涡的增长。

关键词:致洪暴雨 位涡诊断 等熵面位涡

引言

位涡是一个既包含热力因子又包含动力因子的物理量,它在绝热、无粘的斜压大气中沿气块轨迹守恒,故此可以作为跟踪气块移动的物理量。早在1940年代,Rossby[1]和Ertel[2]就提出了位涡的概念并证明其具有守恒性。80年代,Hoskins等[3]重新评估和阐明了位涡应用的重要意义并提出了等熵位涡IPV(isentropic potential vorticity)的概念,这种位涡理论因易于和大尺度动力学理论结合,既能描述气块轨迹,又能有效地显示出大尺度运动的动力学性质,因此位涡理论得到了广泛的应用。例如,Wu等[4]利用位涡对飓风的运动进行了诊断研究,Bresky等[5]借助于位涡对一次气旋生成过程进行了诊断和预报。王建中等[6]应用位涡对暴雨落区和强度进行了深入的分析。于玉斌等[7]应用位涡和等熵面位涡对一次华北台风暴雨过程进行了诊断。陆尔等[8]应用等熵面位涡研究了1991年江淮特大暴雨过程中的冷空气活动。寿绍文等[9]对暴雨中尺度气旋发展的湿等熵位涡进行了分析。范可等[10]对云南夏季强降水个例进行分析,探讨位涡诊断在低纬高原的应用前景。

葛晶晶等[11]用中国南方暴雨科学试验的观测资料和较高分辨率的模式大气资料分析表明,2008年华南前汛期暴雨过程中的6月11—13日阶段的降水具有持续时间长、强度大、集中于广西东北部的特征,造成该地区的致洪暴雨。影响此次致洪暴雨过程的系统包括西太平洋副高西侧的低空急流、对流层高层的高空急流、对流层中层的低槽、准静止锋、地形以及一个准静止于广西(36 h内仅移动了约800 km)的中尺度低涡(下面简称其为"广西涡")。为了深入了解广西涡发生发展的物理机制及其与此次广西致洪暴雨的关系,本文利用MM5非静力模式对此次暴雨过程进行36 h的数值模拟,并借助于高分辨率的模式结果对位涡进行诊断分析。

1 雨情介绍及模式结果

1.1 雨情介绍

分析地面加密资料可以得出,6月11—13日广西致洪暴雨过程中的降水最强时段在12日00时—13日00时UTC(世界时,以下未出现特别标注的均为世界时),且基本位于广西境内,以广西北部地区为主(图1a)。分析6 h雨量可以发现,12日00时(图略),东兰降水中心、桂林—永福降水中心的6 h雨量约为70 mm;12日06时(图1a),降水中心主要还是位于桂林—永福,6 h雨量约为60 mm;12日12时(图略),降水中心位于宜州—永福,6 h雨量约50

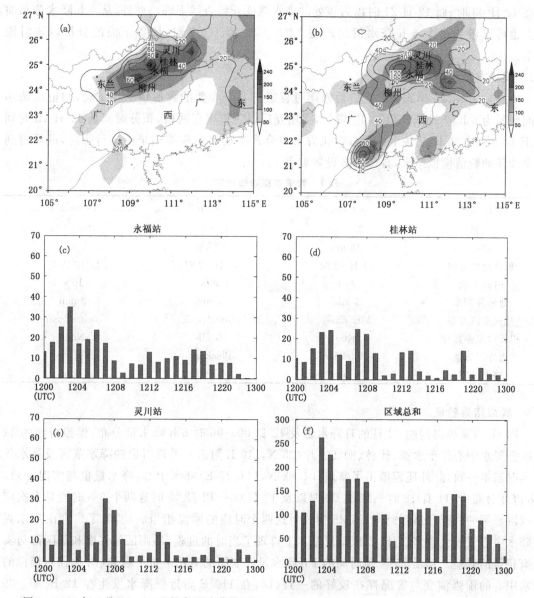

图1　2008年6月11—13日的广西致洪暴雨:(a)实况,(b)模拟12日00时—13日00时的24 h降水分布(阴影区,单位:mm),12日00—06时6 h降水分布(等值线,单位:mm),(c)永福站,(d)桂林站,(e)灵川站,以及(f)(24.5°～25.5°N,109.5°～110.5°E)区域内降水量的总和(单位:mm)

～60 mm;12 日 18 时(图略),降水中心南移,位于柳江周围,6 h 雨量为 70 mm;13 日 00 时(图略),雨团已经部分移出了广西,降水中心位于广西东部边缘的富川,6 h 雨量约 60 mm。由于最强降水中心位于永福—桂林—灵川区域内,所以我们选取这 3 个站作 1 h 降水分布图(图 1c—e),从图中可以看到这 3 个站具有相似的降水分布,即,强降水集中在 12 日 00 时—08 时,12 时附近有一个小的雨峰,以永福站的降水最为持续,12 时以后仍然有 10 mm 左右的降水。我们将永福—桂林—灵川区域(24.5°～25.5°N,109.5°～110.5°E)内的雨量求和,作该区域内 1 h 雨量随时间的变化图(图 1f):降水最大时刻在 12 日 03 时,经历了 3 个雨峰,分别是 12 日 03 时、12 日 06—08 时、12 日 18—19 时,且这 3 个雨峰的雨量极值是减小的,1 h 最强雨量出现在 12 日 03 时;而 12 日 21 时以后该处的降水强度开始直线下降。此外,从 6 h 降水分布曲线上也可以看到最大 6 h 降水值出现在 12 日 00—12 日 06 时,所以下面的分析以该时段为主。

1.2 模式方案设计

本文采用 MM5 模式对此次广西暴雨过程进行各个参数的数值敏感性试验,初值场选用时间间隔为 6 h 的 NCEP (1°×1°)资料,采用互反馈三重嵌套网格,积分时间从 11 日 12 时到 13 日 00 时,共 36 h,从各个可行参数化方案组合产生的不同模拟结果中进行筛选,最后得到一个较佳的数值模拟结果,具体参数设置如表 1。

表 1　数值模拟参数设定

模拟区域	Domian 1	Domian 2	Domian 3
X、Y 向格点数	130×130	193×193	193×196
格距	45 km	15 km	5 km
积分初始时间	11 日 12 时	11 日 12 时	11 日 12 时
时间步长	90 s	30 s	10 s
地形分辨率	5 min	5 min	2 min
显式水汽方案	Mix phase	Graupel(gsfc)	Graupel(gsfc)
积云对流参数化	Kuo	Grell	None
边界层方案	Blackdar	Blackdar	Blackdar
辐射方案	Cloud	Cloud	Cloud

1.3 模拟结果验证

图 1b 为模拟得到的 12 日的日降水量及 12 日 00—06 时 6 h 降水量分布,模拟得到的 12 日的强降水中心位于永福、桂林、柳江一片(25°N,110°E 附近),模拟得出的降水落区及降水量与实况基本一致,此外还模拟出了富川(24.82°N,111.27°E)降水中心,降水量也与实况一致。6 h 降水分布中,11 日 18 时—12 日 00 时以及 12 日 00—12 日 06 时这两个 6 h 时段是本次广西致洪暴雨的较强和最强时段,MM5 模式对这两个时段的模拟相当成功,除了广西南部东兴的降水中心值偏大较多以外,模拟结果基本上再现了当时的过程,暴雨区的强度和落区都与实况有很好的对应。从沿 25°N 随时间的 1 h 降水量演变图的对比上也可看到(图 2a、b),模拟的降水中心的雨强演变与实况存在较好的一致,即,在 110°E 附近强降水发生在 12 日 00—09 时。对比实况和模拟得到的形势场(图 2c、d),我们也可以看到模拟的结果与实况非常符合。对比实况和模拟得出的广西涡的路径,可以看到模式结果再现了广西涡的移动过程,两者的路径匹配度较大(图 2e、f),即 11 日 12 时—12 日 12 时广西涡向东南方向缓慢移动,12 时之后折

向东北方向移动。因此,可以用模式输出的高分辨率的资料进行下面的研究。

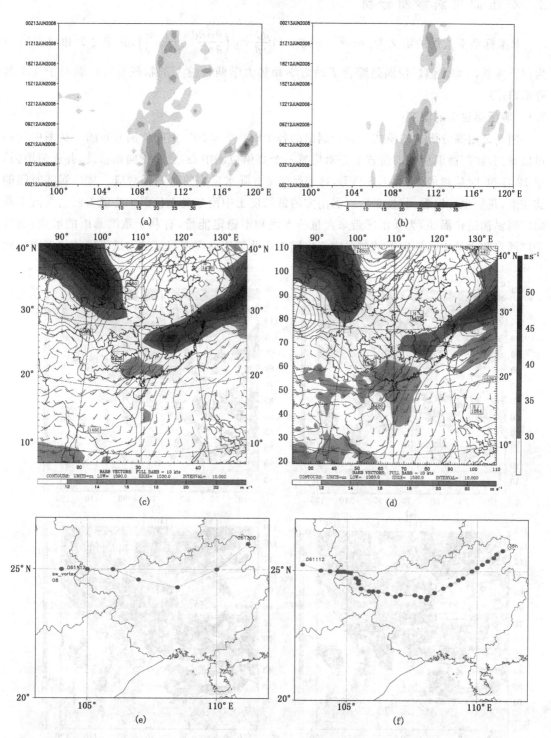

图2　2008年6月广西暴雨模拟与实况的对比:(a)实况,(b)模拟得到的 沿25°N的1 h降水的时间—经度分布图(阴影区,单位:mm);(c)实况,(d)模拟得到的形势场图,850 hPa低空急流(单位:m/s),200 hPa高空急流(单位:m/s),850 hPa风场(单位:m/s),850 hPa位势高度场(单位:dagpm);(e)实况,(f)模拟的广西涡移动路径。

2 等压面位涡诊断分析

P 坐标系下位涡的定义为：$pv = -g(\zeta + f)\dfrac{\partial \theta}{\partial p} + g\left(\dfrac{\partial v}{\partial p}\dfrac{\partial \theta}{\partial x} - \dfrac{\partial u}{\partial p}\dfrac{\partial \theta}{\partial y}\right)$，其中 ζ 为相对涡度，f 为柯氏参数，θ 为位温。位涡是综合了动力学和热力学两种意义的物理量。位涡对于气块具有示踪作用。

2.1 等压面位涡的演变

图 3 是用高分辨率的模式资料绘制出的各个时次 500 hPa 上的位涡分布图。从图中我们可以看到，在广西涡所处的位置总是对应着一个高值位涡中心，它缓慢向东移动，并逐渐增强，于 12 日 06 时达到最强，达 1.8PVU，这与最强 6 h 降水发生的时刻相对应。从位涡随时间的演变上，我们也可以看到，位于广西涡南方的低纬度上中南半岛上位涡中心随着西南气流不断向广西涡输送位涡团，为暴雨区带来大量的水汽和不稳定能量，有利于致洪暴雨的形成；而位于广西涡北方的中高纬度上的位涡中心也随着东北气流向广西涡区域输送干冷的位涡团。此

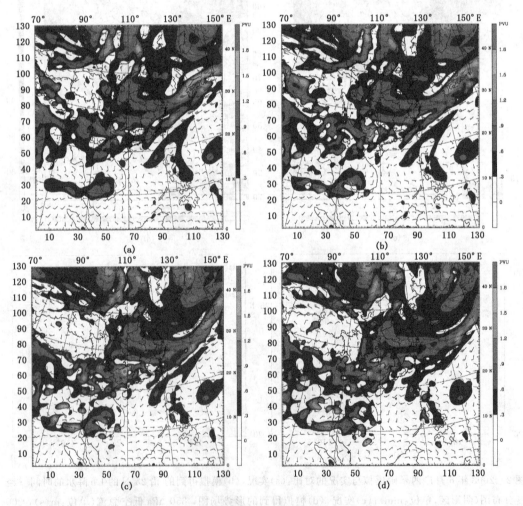

图 3　500 hPa 位涡分布(阴影，单位：PVU)，风场(蓝色风羽，单位：5 m/s)　(a)2008 年 6 月 11 日 18 时　(b)12 日 00 时　(c)12 日 06 时　(d)12 日 12 时

外,位于广西涡正西边的位涡中心也不断向其输送位涡团。广西涡将其南方的暖湿气流及其北方的干冷气流一起卷入,使得降水增强。

2.2 等压面位涡水平平流输送分析

图 4 是 500 hPa 和 700 hPa 上位涡水平平流分布图,结合相应层次上的风矢量分布,我们可以清楚地看到位涡平流输送的情况:在中高层 500 hPa 上,西北干冷气流将高纬度的位涡团向位于其东南方向的广西涡平流,而西南暖湿气流则一方面通过中南半岛的气旋性环流直接向广西涡输送位涡,另一方面通过中南半岛气旋性环流向西北输送,这支输送带与北部的位涡输送带在 20°N 附近汇合后一起向东运动,向广西涡区域输送。在对流层中低层 700 hPa 上,我们可以清楚地看到中路的向东的位涡输送带以及南路的沿西南暖湿气流的位涡输送带,它们随着气旋性环流将位涡团卷入到广西涡中。上述三路位涡输送带验证了我们在位涡的传播演变图(图 3)中分析的结果。

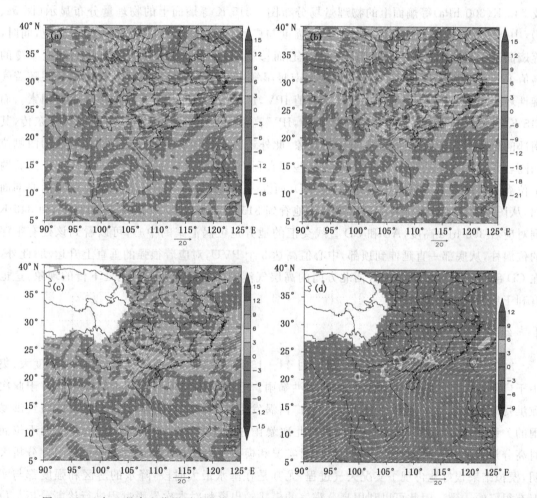

图 4 2008 年 6 月高空位涡平流分布图:(a)11 日 18 时,700 hPa;(b) 12 日 00 时,700 hPa;
(c)11 日 18 时,500 hPa;(d)12 日 00 时,500 hPa

3 等熵面位涡分析

等熵面位涡(IPV)可以描述气块的轨迹,又能有效地显示出大尺度运动的动力学性质,它是一个很好的示踪量。Hoskins[3]曾指出:绝热无摩擦大气有沿着等熵面做二维运动的趋势。IPV 不仅在绝热无摩擦大气中是守恒的,而且根据位涡运动场和质量间可逆性原理,即使有如摩擦和动力波拖曳的非守恒效应或非绝热加热存在时,IPV 概念依然适用。等熵面上的 IPV分布对应着一定的气流结构,高 IPV 对应着气旋性环流,低 IPV 对应着反气旋环流。Ertel 位涡定义在等熵面上为:$PV = -\frac{1}{\rho}(\zeta + f) \cdot \nabla_3 \theta \approx -g\left(\frac{\partial \theta}{\partial p}\right)(\zeta_\theta + f)$ 其中,ζ_θ 为等熵面上的相对涡度的垂直分量。

图 5 是由 15 km 水平格距的模式资料绘制的 12 日 00 时和 06 时的 315 K(600～700 hPa)及 345 K(300 hPa)等熵面上的物理量场分布图。315 K 等熵面上的物理量分布显示(图 5a、b),中低纬度上的等熵面位涡带的位置和强度与广西暴雨的落区和强度有较好的对应,同时,等熵面气压高值中心也总是追随着位涡中心而移动的;等熵面上的西风气流将高纬度干冷的高值 IPV 团向暴雨区输送,而低纬度的西南暖湿气流将低纬度潮湿的 IPV 向东输送并随着气旋性环流卷入暴雨区,使得降水区维持高值 IPV,这也是强降水得以维持的一个重要因素。而345 K 等熵面上的位涡分布显示(图 5c、d),IPV 高值区集中在高纬度,且随着气流向东传,其南部的位涡团逐渐向南伸展,有下传的现象,此外还可以看到很明显的高纬度位涡区的西侧位涡随着西北气流向低纬度输送的现象,这些都有利于广西涡区位涡的增长。图 5e、f 是沿着两个位涡输送路径 AB(西南—东北向)和 CD(西北—东南向)所作的以位温为垂直坐标的剖面图,从图中的气压分布上我们可以更明显地看到 315 K 对应着 550 hPa 左右的高度,而 345 K则对应着 300 hPa 高度,AB 和 CD 直线交汇的地方是位涡汇聚的中心,可以看到该处有很深的位涡柱,从底部一直延伸到顶部,中心值高达 3 个 PVU,对应着很强的垂直上升运动;此外,在 CD 剖面上还可以看到来自西北方向的高层气流向东传播并在广西涡处下传的现象,这也有利于后者位涡的增长。

4 结论

2008 年华南前汛期暴雨过程中的 6 月 11—13 日阶段的降水具有持续时间长、强度大、集中于广西东北部的特征,造成该地区的致洪暴雨。已有的研究表明准静止的广西涡对于此次致洪暴雨的发生意义重大,为了深入了解广西涡发生发展的物理机制及其与此次广西致洪暴雨的关系,本文利用 MM5 非静力模式对此次暴雨过程进行 36 h 的数值模拟,并借助于位涡对高分辨率的模式结果进行诊断分析。对实况和模拟所得的降水和天气形势进行对比分析表明,模拟结果很好地再现了实况天气过程,尤其是在降水最大时段,降水的落区和强度都与实况有很好的一致。因此可以利用高分辨率的模式输出资料对本次暴雨过程进行诊断分析。位涡诊断分析表明,位涡能很好地反映天气系统的演变特征,位于广西涡南方的低纬度中南半岛上的位涡中心沿着西南气流不断向广西涡输送位涡团,为暴雨区带来大量的水汽和不稳定能量,有利于致洪暴雨的形成;而位于广西涡北方的中高纬度上的位涡中心也随着东北气流向广西涡区域输送干冷的位涡团。此外,位于广西涡正西边的位涡中心也不断向其输送位涡。

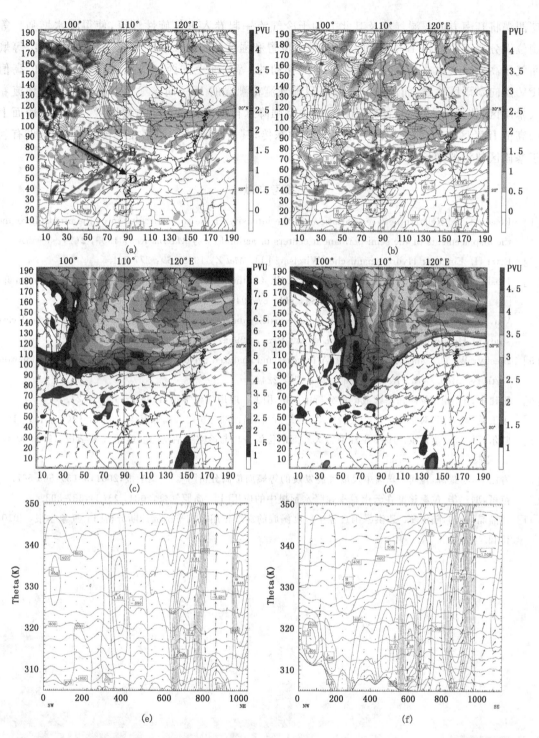

图 5　2008 年 6 月广西暴雨的等熵面位涡分析：(a)12 日 00 时 (b)12 日 06 时 315 K 等熵面上位涡
分布(红色阴影,单位：PVU),位势高度场(绿色等值线,单位：dagpm),风场(蓝色风羽,单位：m/s)
(c)12 日 00 时 (d)12 日 06 时 345 K 等熵面上的位涡分布(阴影,单位：PVU),风场(红色风羽,单位：
m/s)12 日 00 时沿直线,(e) AB(f)CD 所作的随位温变化的垂直剖面图,位涡(红色曲线,单位：
PVU),垂直风场(蓝色箭头,单位：cm/s),气压场(深绿色曲线,单位：hPa),底边空白处是地形广西涡将其南方的暖湿气流及其北方的干冷气流一起卷入进气旋性环流,使得降水增强。等熵位涡分析表明:315 K 等熵面上位涡带的位置和强度较好地反映了暴雨的落区和强度,等熵面气压高值中心也总是追随着位涡中心而移动的;等熵面上的西风气流将高纬度干冷的高值IPV 团向暴雨区输送,而低纬度的西南暖湿气流将潮湿的 IPV 向东输送并随着气旋性环流卷入暴雨区,使得降水区维持高值IPV,这也是强降水得以维持的一个重要因素。而高等熵面上的高值 IPV 区集中在高纬度,且随着气流向东传,其南部的 IPV 团存在下传的现象,这也有利于暴雨区位涡的增长。

参考文献

[1] Rossby C G. Relation between variations in the intensity of the zonal circulation of the atmosphere and the displacements of the semi-permanent centers of action [J]. *J Marine Rev*, 1939, **2**(1): 38-55.

[2] Ertel H. Einneuer Hydrodynamischer Wirelsatz [J]. *Met Z*, 1942, **59**: 277-281.

[3] Hoskins B J, Mclntyre M E and Robertson A W. On the use and significance of isentropic vorticity maps [J]. *Quart. J. Roy Meteorol Soc.*, 1985, **111**: 877-946.

[4] Wu, C.-C., and K. A. Emanuel. Potential vorticity diagnostics of hurricane movement. Part I: A case study of Hurricane Bob (1991). *Mon. Wea. Rev.*, 1995a, **123**: 69-92.

[5] Bresky, W. C., and S. J. Colucci. A forecast and analyzed cyclogenesis event diagnosed with potential vorticity. *Mon. Wea. Rev.*, 1996, **124**: 2227-2244.

[6] 王建中,丁一汇.位涡在暴雨成因中分析中的应用[J].应用气象学报,1996,**7**(1): 19-27.

[7] 于玉斌,姚秀萍.对华北一次特大台风暴雨过程的位涡诊断分析[J].高原气象,2000,**19**(1): 111-119.

[8] 陆尔,丁一汇,李月洪.1991 年江淮特大暴雨的位涡分析与冷空气活动[J].应用气象学报,1994,**6**(3): 266-274.

[9] 寿绍文,李耀辉,范可.暴雨中尺度气旋发展的等熵面位涡分析[J].气象学报,2001,**59**(5):560-567.

[10] 范可,琚建华.位涡诊断在云南夏季强降水预报中的应用[J].高原气象,2004,**23**(3):387-393.

[11] 葛晶晶,钟玮,陆汉城.致洪暴雨过程中尺度涡旋的涡散作用及准平衡流诊断分析[J].气象学报,2010,待刊.

浙江 2011 年梅汛期一次暴雨过程的数值模拟研究

周玲丽

(浙江省气象台,杭州 310017)

摘 要

结合常规观测资料、TBB,利用 WRF 模式对 2011 年浙江梅汛期一次暴雨进行了模拟。结果表明,本次过程属"低涡切变"型,具有典型的江淮梅雨天气形势。低涡是导致暴雨的直接影响系统,在东移时伴随有低空西南急流的多次加强,配合高空急流入口区的流出气流,构成低层辐合、高层辐散的耦合"抽吸"结构,再加上地形抬升导致强烈的上升气流。较强的正涡度中心则使系统得以维持发展。地形和弱冷空气嵌入暖湿气流底层的强迫抬升是本次暴雨过程前期降水形成的主要因素,近地面冷暖中心之间的相当位温锋区是该阶段降水主要落区;后期低层暖湿西南气流的加强构成"上冷下暖"的不稳定层结是强对流天气的发生发展的有利条件。

关键词:梅雨 暴雨 中尺度低涡 西南急流

引言

梅雨一般发生在 6 月中旬到 7 月上旬,是出现在江淮流域的连阴雨天气,常引发洪涝灾害,造成人员伤亡和财产损失。因此我国对梅雨的研究一直都很关注[1~8]。本文利用常规观测资料和 TBB 云图资料,结合 WRF 模式的结果对 2011 年 6 月的一次浙江梅汛期暴雨过程进行分析,了解本次过程中小尺度系统的产生发展机制,研究暴雨形成的动力、热力结构,为梅汛期暴雨的研究和暴雨提供一定的参考。

1 天气过程和形势分析

2011 年 6 月 3—19 日浙江省遭遇了 10 年来最强的梅汛期暴雨,其中发生在 6 月 14—15 日的第三轮强降水是最强的一次,暴雨强度特强,区域集中,受灾影响严重。全省平均累计雨量为 75 mm,23 个县市区累计雨量在 100 mm 以上,其中最单站最大为衢州市柯城区七里乡,为 330 mm。

1.1 高低空形势场

降水发生初期 200 hPa 南亚高压东伸,500 hPa 呈"单阻"形势,阻高位于我国西北地区,小股冷空气从高压前部南下;副高脊线从日本南部西伸至我国华南,20°E 处的脊线位置稳定在 22°N 左右;华中地区有一稳定的低槽,低槽和副高北侧间构成较强的西南气流,并与中纬西北气流构成大范围汇合区。随 500 hPa 低槽东移,700 hPa 上有多个西南涡与之配合沿切变线东移(图略)。一次次的低涡发展活动产生一次次的暴雨,连续的低涡使本次过程降水持续时间长、强度大并连续不断自东向西推移,属于"低涡切变"型,是较为典型的江淮梅雨天气形势之一。

1.2 TBB云图

逐小时降水(图略)显示本次过程由三场短时降水组成。第一场发生在14日03—16时,降水集中在浙北;第二场降水发生在14日20时—15日17时,降水出现在浙中的西部,也是降水最集中的时段;第三场降水从15日19时—16日05时,是整个降水过程的尾声,雨强相对较弱。

TBB云图(图1)显示,雨量最集中的第二场降水期间,浙赣交界有多个强中尺度对流云团先后发展,并沿浙中经历了加强—东移—减弱—消亡或出海的过程:14日20时浙赣交界有一较强γ中尺度MCS1形成,亮温达−80℃。14日21时,MCS1东移进入浙中西部并开始减弱;同时赣东北有一新生的MCS2发展,约为β中尺度,在MCS1后向东移动。14日22时—15日01时,MCS2继续加强东移进入浙中。期间MCS分裂成两个较小的γ中尺度小云团MCS2A和MCS2B;MCS1则在MCS2前方迅速减弱,亮温上升到−60℃,从浙中沿海移出消亡。15日02—03时,MCS2也进入衰减期,亮温减弱到−70℃;MCS2后部赣东北到浙西边界又有两个强γ中尺度的MCS3和MCS4发展,亮温加强到−80℃。15日04时,MCS4快速东移追上MCS3,合并成MCS5;MCS2继续减弱东移到浙中沿海,开始向海上移出。接下来几个小时,MCS5东移减弱;MCS5后部又出现新生MCS6,强度比较弱,亮温仅为−60℃,很快就和MCS5一起减弱。这些MCS源源不断地从西面发展东移,是产生暴雨的直接影响系统。

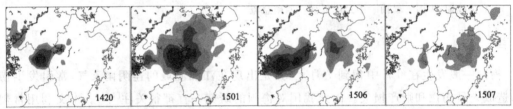

图1　2011年6月14日20时—15日07时FY2d卫星TBB云图(℃)。
图中阴影部分为TBB低于−60℃的区域

2 数值模拟方案设计和验证

本文采用WRF模式对本次暴雨过程进行了模拟。模式采用双向三重嵌套,第一重网格为70×74,格距27 km;第二重网格为109×109,格距9 km;第三重网格为154×172,格距3 km。初始场采用NCEP GRIB2资料,参数化方案见Lin等[9~11],Betts-Miller-Janjic[12~14](第三重不使用),YSU[15]。

模拟和实况雨带的走向、分布和最强降水中心的位置基本一致:呈西南—东北走向,主要雨区分布在浙江的中部和北部,其中最强降水中心集中出现在浙中西部地区,并且雨带由有多个小的强雨团组成,呈现出中尺度特征。虽然模拟降水中心比实况的量级略偏强了一些,但模拟降水中心的落区与实况对应得很好(图略)。本文认为模式的描述基本符合实况,效果理想。

3 中尺度系统分析

3.1 中尺度低涡

图2显示,浙江省的西面925 hPa有2~3个中尺度涡度在西南气流引导下快速向东北方向移动,穿越浙北从杭州湾口移出。低涡东移过程中非常活跃,出现合并、加强、分裂和减弱等

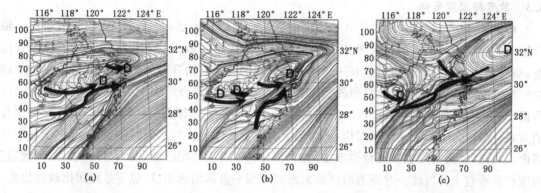

图 2　925 hPa 流场(a)2011 年 6 月 15 日 14 时,(b)15 日 20 时,(c)16 日 08 时

变化。低涡东移过后,后方还有新的低涡不停生成发展,向东北方向推进。由于围绕每个低涡都有气流呈逆时针旋转,其右后方的西北气流与南侧暖湿西南气流之间会形成多个中尺度气流汇合区,并随着低涡传播到浙东沿海,提供了利于暴雨的水汽通道和动力条件。实况每小时雨量(图略)的分布也证明,本次暴雨正是发生在低涡南侧的辐合气流中。

3.2　高低空急流

据统计 70%～80%的暴雨发生与低空急流有关[16]。在暴雨最强的衢州站上空(图 3),600～750 hPa 上有 4 个大风速中心出现,最强在 24 m·s⁻¹ 以上。说明连续有低空急流经过衢州上空,对应暴雨发生最集中的时段。700 hPa 低空急流轴不断从浙江西南进入,沿着东北方向向下游传播,最后从浙江北部沿海移出。在低空急流轴上的最大风速中心前方有利于产生水汽和质量的辐合,提供抬升动力,这对强对流活动的连续发展提供了有利条件。高空 250 hPa 风场(图略)显示,浙江位于急流入口区右侧,是高空辐散区。其下方为低空急流辐合区。这样的配置产生"抽吸"作用,有利于上升气流的维持和发展。

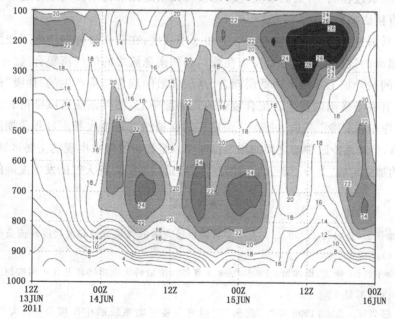

图 3　2011 年 6 月 13—16 日衢州站水平风速的时间—高度剖面图

3.3 散度和涡度条件

垂直剖面(略)显示暴雨区700 hPa以下不断有强辐合形成;辐合上方有弱辐散对应。辐合辐散的形成和高低空急流及地形影响有关。低层辐合一般出现在山区的迎风坡和山谷位置,空气质量堆积对辐合的形成有一定的贡献。地形的强迫抬升加上高层辐散、低层辐合的耦合结构形成"抽吸"作用,导致强烈的垂直上升运动,因此在耦合结构中对应有很强的垂直速度负值中心。上升气流到达高层以后向四周流出会进一步加强辐散,反馈到低层又会促使辐合的发展。与辐合辐散耦合结构对应,涡度场上有垂直正涡度柱与之同时出现,中心强度和辐合强度成正比,发展高度也和辐合辐散结构相当,有利于对流结构的稳定和维持。辐合、辐散、正涡度柱和垂直上升气流一起随着时间从剖面的西端一直移动到东段,也正是雨团出现的位置。

3.4 热力条件

降水初期东侧700~800 hPa上有一个垂直环流C,下沉支位于剖线东段600~700 km处;下方有冷舌自东而来,中心值<320 K,伸至剖线西段200 km处。剖线西段0~200 km近地面有一暖中心,中心值约354 K。冷暖中心温差达到34 K,形成强相当位温锋,从近地面向冷空气一侧倾斜上伸至600 hPa。垂直环流C的下沉支和近地面偏东气流一起嵌入暖中心前方气流底部,暖湿气流强迫抬升形成降水。降水后期,随着低层西南气流的加强,暖湿空气的势力压过冷空气,800 hPa以下开始被350 K以上的暖湿气流控制,形成"上冷下暖"的不稳定层结。地形的抬升和气流的扰动很容易触发对流的发展,产生强降水。

4 结论

本文利用WRF模式对2011年浙江梅汛期一次暴雨过程进行了数值模拟,模拟效果较为理想,基本反映了实况过程。结合常规观测资料、TBB和模拟的高分辨率结果进行分析,得出以下结论:

(1)本次降水过程属于"低涡切变"型,是较为典型的江淮梅雨天气形势之一。低涡是导致暴雨发生的直接影响系统。

(2)导致暴雨发生的低涡尺度介于β中和γ中尺度,在东移过程中经历了加强—东移—减弱—消亡或出海的过程。暴雨主要发生在低涡和西南急流之间的气流辐合区。

(3)地形的抬升加上暴雨区内低层辐合、高层辐散的耦合结构产生的"抽吸"作用导致强烈的上升气流,有利于暴雨的发生。配合较强的正涡度中心,使得系统得以维持和发展。

(4)地形作用和弱冷空气嵌入暖湿气流底层的强迫抬升是本次暴雨过程前期降水形成的动力和热力因素,近地面冷暖中心之间的相当位温锋区是该阶段降水出现的主要区域;后期低层暖湿西南气流的加强构成"上冷下暖"的不稳定层结则是后期强对流天气的发生发展的有利条件。

参考文献

[1] 陶诗言,张庆云,张顺利. 1998. 1998年长江流域洪涝灾害的气候背景和大尺度环流条件. 气候与环境研究. 3(4):290-299.

[2] 黄荣辉,徐予红,王鹏飞,周连童. 1998. 1998年夏长江流域特大洪涝特征及其成因探讨. 气候与环境研究. 3(4):300-313.

[3] 贝耐芳,赵思雄. 2002. 1998年"二度梅"期间突发强暴雨系统的中尺度分析. 大气科学. 26(4):526-540.

[4] 刘黎平,阮征,覃丹宇. 2004. 长江流域梅雨锋暴雨过程的中尺度结构个例分析. 中国科学:D辑. **34** (12):1193-1210.

[5] 孙建华,张小玲,齐琳琳,张高英,赵思雄,陶诗言. 2004. 2002 年 6 月 20—24 日梅雨锋中尺度对流系统发生发展分析. 气象学报. **62**(4):423-438.

[6] Spreen W C. 1947. A determination of the effect of topography upon precipitation. *Trans Amer. Geophys. Union*. **28**:285-290.

[7] Danard M A. 1977. A simple model for mesoscale effects of topography on surface winds. *Mon. Wea. Rev.* **105**:572-581.

[8] 高坤,翟国庆,俞樟孝,屠彩虹. 1994. 华东中尺度地形对浙北暴雨影响的数值模拟. 气象学报. **52**(2):157-164.

[9] Lin Y L, Farley R D, Orville H D. 1983. Bulk parameterization of the snow field in a cloud model. *J. Climate Appl. Meteor.* **22**:1065-1092.

[10] Rutledge S A, Hobbs P V. 1984. The mesoscale and microscale structure and organization of clouds and precipitation in midlatitude cyclones. XII: A diagnostic modeling study of precipitation development in narrow cold-frontal rainbands. *J. Atmos. Sci.* **41**:2949-2972.

[11] Tao W K. 1989. An ice-water saturation adjustment. *Mon. Wea. Rev.* **117**:231-235.

[12] Betts A K. 1986. A new convective adjustment scheme. Part I: Observational and theoretical basis. *Quart. J. Roy. Meteor. Soc.* **112**:677-691.

[13] Betts A K, Miller M J. 1986. A new convective adjustment scheme. Part II: Single column tests using GATE wave, BOMEX, ATEX and arctic air-mass data Sets. *Quart. J. Roy. Meteor. Soc.* **112**:693-709.

[14] Janjic Z I. 1994. The step-mountain eta coordinate model: Further developments of the convection, viscous sublayer, and turbulence closure schemes. *Mon. Wea. Rev.* **122**:927-945.

[15] Hong S Y, Dudhia J. 2003. Testing of a new nonlocal boundary layer vertical diffusion scheme in numerical weather prediction applications. *20th Conf. on Weather Analysis and Forecasting/16th Conf. on Numerical Weather Prediction*. Seattle, WA, Amer.: Amer. Meteor. Soc. 1-200.

[16] 陆汉城等. 2000. 中尺度天气原理和预报. 北京:气象出版社,60-61.

地形影响一次福建省低涡大暴雨的数值模拟研究

石纯芳　葛晶晶　高　艺

(72517 部队,济南 250022)

摘　要

利用 MM5 模式以 NCEP 资料为初值对 2006 年 6 月 5—7 日的一次福建暴雨过程进行数值模拟,在模拟结果可以较好地再现实况的基础上,利用高分辨率的模式输出资料结合实况资料对影响本次暴雨过程的背景天气形势进行分析,从而得出影响本次暴雨的几个主要因素。为了研究地形对于本次暴雨的具体作用,本文在地形敏感性试验中将福建省地形变为"平台",试验结果表明:地形作用的减弱使得局地低涡以及西南涡强度减弱,从而对降水的减小有间接作用,同时,地形抬升的减弱对降水的减小有直接作用。

关键词:地形　中尺度低涡　福建暴雨

引言

2006 年 6 月 3 日以来,继台风"珍珠"之后,福建省普降大到暴雨,局部特大暴雨,以建瓯 445 mm 为最大。据统计,6 月 3 日 00 时—7 日 00 时(世界时),福建省内总雨量超过 50 mm 的共有 37 个县市,其中南平、宁德两市的大部分地区和三明北部的局部地区(共 22 个县市)总雨量超过 100 mm;总雨量超过 200 mm 有 15 个县市,以屏南县 371.5 mm 为最大。6 月 8 日以后,闽西北雨势减弱,持续暴雨向闽中南转移(并逐渐移出福建省)。福建属于致洪暴雨的多发地带,地形高低起伏,几乎全部被山脉覆盖,在其西侧一线是著名的武夷山脉,这种特殊的地形对福建暴雨发生发展有着重要的影响,研究地形的作用对于福建暴雨的发生发展机理意义重大。

由于中尺度模式可以深刻地揭示中尺度系统的结构、特征和发展机制[1],借助于数值模式人们已经对暴雨(包括闽江致洪暴雨)作了不少研究且取得较多成果,然而对于福建省具体地形对闽江暴雨的影响研究尚不多见。本文针对此次降水过程,以数值模拟为方法对本次地形影响下的降水的发生发展机理进行分析研究。

1　控制试验

应用中尺度模式 MM5 第 3.6 版本,采用双重嵌套网格,粗、细网格格距分别为 24 km 和 8 km,模式中心取在(26°N,117°E),粗网格区域覆盖了我国东部的大部分地区,细网格第一个格点对应于母区域的(25,28)点,细网格区域主要覆盖了福建省及其周边省市,模式在垂直方向上分 23 层,积分时间步长为 60 s。采用分辨率为 1°×1°,时间间隔为 6 h 的 NCEP 资料为初值进行数值模拟,模式积分起始时间为 2006 年 06 月 05 日 0000UTC(世界时),积分 72 h,模式物理过程如表 1 所示。

表 1 模式物理过程

	积云参数化方案	显式湿物理过程	行星边界层方案	大气辐射方案
区域 1	Grell	Simple Ice	MRF PBL	云辐射 Cloud
区域 2	无	Mixed-Phase	MRF PBL	云辐射 Cloud

通过对比降水实况与模式结果,发现模拟出的降水分布情况、高度场、流场、物理量场等均与实况基本一致(图略),利用 NCEP 资料结合模式输出结果,分析了天气尺度系统以及福建地形对本次福建暴雨发生发展的影响(图略)。从流场以及降水量的分析(图略),以及对西南涡涡度的水平、垂直结构分析(图略)表明可知,影响本次暴雨的主要有以下几个因素:(1)西南涡在高空槽的引导下东移发展,并随高空槽的发展成低涡而强大,再随低涡的填塞而衰弱,而降水强度也随之发生变化。而后,西南涡在高空槽的引导下东移入海,福建省降水随之减小并东移;(2)准静止锋在福建附近停滞,锋面上时有中尺度扰动产生,有的合并入西南涡,使西南涡增强;(3)暖湿的西南低空急流带为降水区输送水汽和热量;(4)垂直速度场与降水分布之间存在着对应,而垂直运动与地形地势之间存在紧密的联系,说明了地形对降水的重要影响。低层水汽强辐合,中高层水汽强辐散,这种水汽的分布有利于低层将水汽补充给降水区,而上方水汽及时输送出去,形成抽吸,从而促进低层水汽的向上输送,有利于降水的持续和增强。

但是西南涡及福建省特殊地形对福建省降水的具体影响是什么,是如何影响的?以及与西南涡相合并的局地低涡是地形作用产生的,还是单纯地由气流辐合产生的?为了明确上述两个问题,下面对福建省地形进行敏感性试验。

2 地形敏感性试验

地形敏感性试验的区域是 $24.5° \sim 28.5°N$ 以及 $114° \sim 121.5°E$ 的一个斜矩形范围,它覆盖了整个福建省,将在此区域范围内模式地形中高度 >500 m 的所有地形降低为 500 m,其余地方均不作改变。这样福建省的地势基本相当于一个高度为 500 m 的平台(图 1b),试验所采用的模式物理过程与控制试验相同。以下为方便起见,控制试验记为 CTRL,地形敏感性试验记为 TER。

2.1 降水量分布

从 72 h 过程降水量差值(CTRL－TER)图以及 TER 中的 72 h 降水分布上看,地形没有作改变的地方降水量变化不大,而地形变为"平台"后的福建省降水发生了明显改变:降水带分布在 $25.5° \sim 26.5°N$ 之间的条形区域内,雨量降低为 $200 \sim 300$ mm。福建省内降水范围较地形变化前明显缩小,降水主要发生在福建省中部地区,而北部降水明显减少,南平中心 $(26.75°N, 118.55°E)$ 的降水量减少幅度最大,达 200 mm,而该降水中心上降水变化最为明显的时刻是 6 日 21 时,且以非对流性降水为主(图 1c)。对于两者共有的降水区,TER 比 CTRL 明显偏北。福建区域平均 3 h 降水量分布显示(图 1d),TER 降水量明显减小了,其降水过程也可以分为和控制试验一样的 3 个阶段,雨带走向与原来的基本一致,在第二阶段雨量减小幅度较大,第三阶段雨团分布与地形改变前相比差异较大,降水落区向北偏移。以上降水量的变化说明了地形对降水的强度有着重要的影响,对降水落区也有影响,但是影响程度不如降水量那么大。

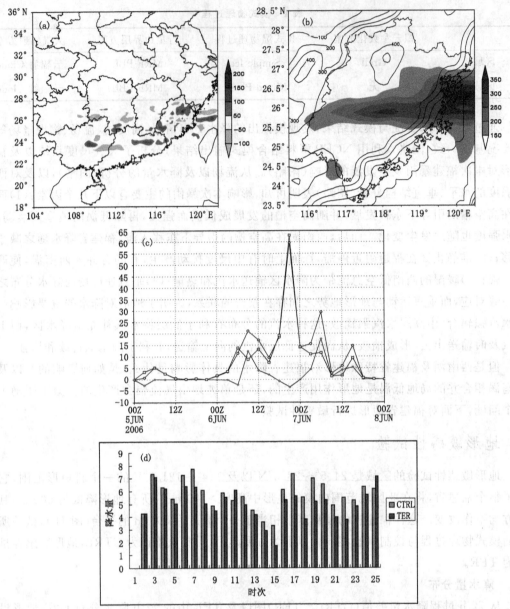

图 1 (a)过程雨量差值图(CTRL−TER),(b)福建省 TER 中的过程降水量分布(等值线是地形高度),(c)南平降水中心的降水量时变差值图(CTRL−TER)(空心圆—总雨量,空心方—非对流性降水,实心圆—对流性降水),(d)福建省区域内 CTRL 和 TER 的 3 h 平均降水量直方图

2.2 流场分布

图 2a 显示,在进行地形敏感性试验后,6 日 06 时准静止锋上(28°N,117.5°E)附近的中尺度低涡还存在,这说明该局地低涡不是单纯由地形引起的,但其气旋性弯曲程度不如有地形时大,这说明地形对中尺度低涡的辐合有影响;从图 2b 上可以看到,地形阻碍该局地涡旋向东北方向移动,但地形有明显的增强局地低涡在地形处辐合的作用。从图 2c 可以看出,26°N 以南是西南气流,以北是东北气流,地形使得气流在 26°N 附近形成中尺度气流辐合带,这说明 26°N 处的地形迎风坡对西南气流有阻挡作用,使得水汽和热量在迎风坡辐合形成降水,故 3 h 降

水差值图上（图 2c）显示，地形产生的降水主要集中在地形迎风坡前。7 日 03 时，西南涡移动到 116°E 附近，从图 2d 可以看出，地形有使西南涡强度增大的作用，在地形改变后西南涡对应的涡度中心较原始地形下偏向北，即地形对于西南涡的向北移动有阻碍作用。

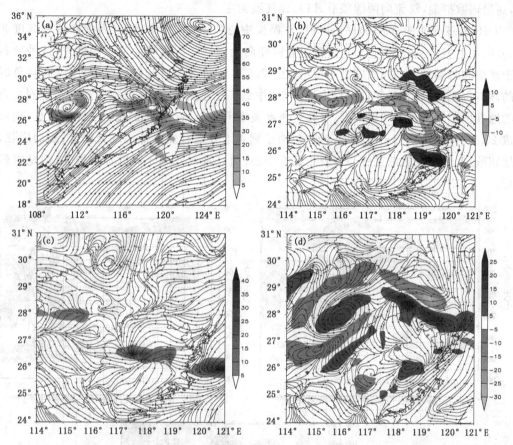

图 2 （a）6 日 06 时 TER 的流场以及 3 h 降水（阴影，单位：mm）分布图，（b）6 日 06 时 CTRL－TER 的流场，涡度（阴影，单位：$10^{-5}\ s^{-1}$）分布差值图，（c）6 日 15 时 CTRL－TER 的流场，3 h 降水分布（阴影，单位：mm）差值图，（d）7 日 03 时 CTRL－TER 的流场，涡度（阴影，单位：$10^{-5}\ s^{-1}$）分布差值图

2.3 南平降水中心物理量分析

为了分析地形对于降水的具体作用，我们沿南平降水中心所在的 118.55°E 作经向剖面图，分析各物理量场的垂直分布及其随地形改变所产生的变化。从上面的降水量变化上可以看出，6 日 21 时降水量变化最为明显，下面就以该时刻为研究对象进行分析。

2.3.1 涡度，散度以及垂直速度变化分析

CTRL 涡度时变分布（图略）显示，经向剖面上存在正涡度柱东传的现象。6 日 21 时，即南平降水中心降水强度最大的时刻（图 3a），涡度柱正好位于降水中心所在的山顶，中心强度为 $20\times10^{-5}\ s^{-1}$，且伸展高度达 350 hPa，在正涡度柱的上方是一个负涡度中心，这样的涡度结构使得由低层向高层扰动逐渐减小，近地面层的扰动最为强烈，有利于扰动的上传。散度分布显示，降水中心 600 hPa 以下是较强的负散度中心，350 hPa 以上是较强的正散度中心，无辐散层在 550 hPa 高度上，因而，气流在 600 hPa 以下强辐合，350 hPa 以上强辐散。低层有暖湿的

偏南气流不断向北输送水汽和热量,在 26.75°N 附近受到地形的抬升作用,再加上该处的强辐合中心作用,气流垂直向上输送,垂直上升运动又反过来促进低层的辐合。垂直速度中心位于 550 hPa 附近,与无辐散层高度相当,中心速度为 1 m/s,垂直速度柱伸展到 250 hPa 高度上,高层辐散抽湿,气流向两端辐散,以偏北气流为主。

  TER 涡度分布图(图 3b)显示,低层正涡度中心位于 27°N 附近,且涡度柱伸展高度非常低,并向北倾斜,正涡度中心的上方覆盖着同样向北倾斜的强度较大的负涡度柱,这种分布不利于扰动的向上发展。而散度分布显示,在 27.5°N 附近有一支倾斜的负散度柱,它与负涡度柱的倾斜角度相似,其强度较 CTRL 中稍弱;中低层也是偏南气流,但气流在原本强烈垂直上升的地方呈相对平缓的倾斜上升,且垂直速度强度不大,只有 0.6 m/s。从图 3c 可见,地形是形成 26.75°N 强烈垂直上升运动的原因,由于垂直上升运动促进低层气流辐合,扰动增强,且高层辐散,低层对应负散度中心以及正涡度中心;而且地形有利于涡度柱的增强,但是阻碍其东传。

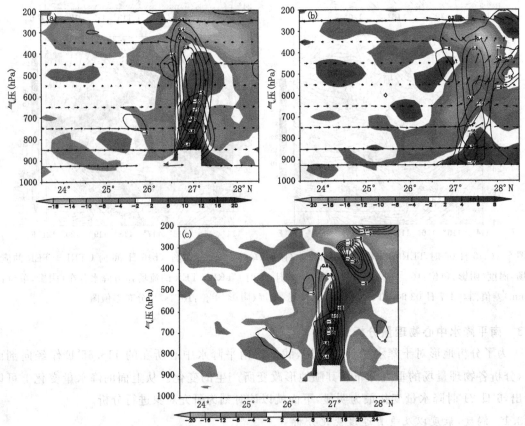

图 3 (a)CTRL (b)TER6 日 21 时沿 118.55°E 的垂直剖面图 (c)CTRL-TER 涡度(阴影),
散度(虚线),垂直速度(实线)以及垂直风矢量(u;w×10)

2.3.2 假相当位温分析

  3 h 降水量分布显示,CTRL 试验 6 日 21 时的降水中心位于 26.75°N 的山顶附近,且以非对流性降水为主;从假相当位温的经向剖面垂直分布来看,降水中心的南侧近地面层全部是高值区且 550 hPa 以下是条件性不稳定的,降水中心所在低层呈弱的条件性不稳定,中层近似为中性,高层是条件性稳定的,即该时刻是以非对流性降水为主,这与前面的结论一致。TER 试验的降水中心转移到 27.5°N 附近,θ_{se} 分布显示,其南侧低层也是 θ_{se} 的大值区,550 hPa 以下条件性不稳定,而降水中心所在的近地面层 θ_{se} 随高度向上是递增的,所以条件稳定从降水中心 θ_{se} 以及层结稳定度随时间的演变图上可以看到,850~750 hPa 左右条件性不稳定,中间有一个过渡的中性层结,500 hPa 以上条件性稳定。

从图 4(c、d)上看,CTRL 试验中的 θ_{se} 在 6 日 06 时之前相对较小,之后在近地面层常出现大值中心,且逐渐向中层减小,500 hPa 以上又逐渐增大;对应的层结稳定度分布显示,6 日 06时以后低层几乎全部是层结不稳定的,但是其量值相对较小。TER 中的的 θ_{se} 在 6 日 15 时以后才出现大值区,而层结稳定度分布显示 6 日 06 时—7 日 00 时的近地面层层结稳定,在其上方覆盖着层结不稳定区,7 日 00—12 时对应的 650 hPa 以下均是层结不稳定的,这段时间内的降水是以对流性降水为主。

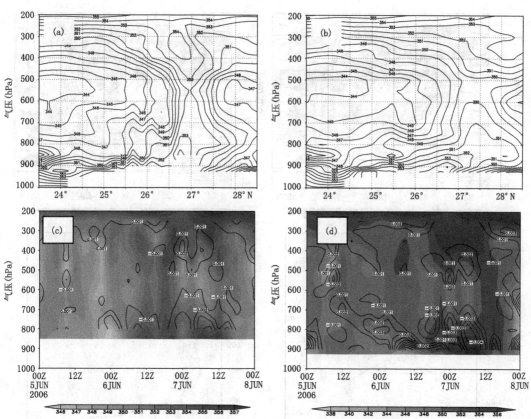

图 4 6 日 21 时(a)CTRL 假相当位温分布 (b)TER 假相当位温分布 (c)CTRL(26.75°N,118.55°E) (d)TER 试验(27.5°N,118.55°E)θ_{se}(阴影)以及层结稳定度(等值线)随时间的演变图

2.3.3 湿位涡及垂直环流分布

对湿位涡(MPV)进行诊断,可以寻求各热力、动力及水汽条件与降水之间的关系,从而揭示降水发生发展的物理机制。MPV 分为两个部分,MPV1 和 MPV2,MPV1 代表惯性稳定性和对流稳定性的作用,MPV2 表示湿斜压性和水平风垂直切变。

图 5 显示的是降水最大时刻,即 6 日 21 时湿位涡及其分量的分布:在 CTRL 试验中,近地

面层几乎全部是对流不稳定的,降水中心所在的 580 hPa 以下 mpv<0,mpv1<0,但 mpv 的绝对值很小,只有 -0.1 pvu(1 pvu $= 10^{-6} \cdot m^2 \cdot s^{-1} \cdot K \cdot kg^{-1}$)左右,因此低层是弱对流不稳定,中高层 mpv>0,mpv1>0,mpv2<0,对流稳定且惯性稳定,因此低层对流不稳定的作用较微弱,虽然有利于对流的启动和发展,但是效果不显著,而中高层是抑制对流的发展的;从气流的分布来看,中低层气流平缓地向北流动,到达 26.5°N 时,受到地形强迫抬升作用产生强烈的垂直上升运动,垂直气流到达 300 hPa 高度方向改变向南流动,这一偏北气流在达到 24.5°N 时下沉至 550 hPa,与中低层偏南气流汇合,在垂直速度柱南侧形成了一个位于中高层的垂直环流圈,该环流圈有利于气流的抽吸和循环,从而增强了垂直运动,对应的降水增强。综合而言,低层降水是由大量的非对流性降水和少量的对流性降水组成,而中高层对流稳定,对流性降水不能发展,但是垂直上升运动显著,再加上高层配合辐散出流以及垂直环流圈的作用,促进气流上升,降水发展,高层降水是非对流性降水构成的。

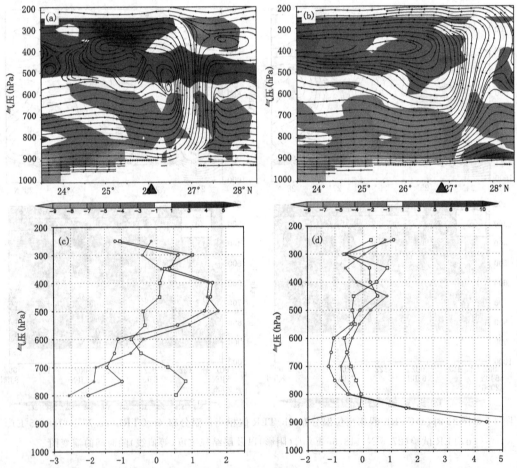

图 5 (a)CTRL 试验(b)TER 试验 6 日 21 时沿 118.55°E 的湿位涡(阴影,单位:10^{-1} PVU)以及垂直速度(等值线,单位:m/s)的经向剖面图(c) CTRL 试验(26.75°N,118.55°E)降水中心(d)TER 试验(27.5°N,118.55°E)降水中心的 mpv(空心圆),mpv1(实心圆),mpv2(空心方),单位均为 10^{-1} PVU

TER 试验中,经向剖面图上显示 600 hPa 基本上是对流不稳定的,但是 27°N 以北的近地面层上对流非常稳定,所对应的 mpv 值达到 1 PVU,极其不利于对流的启动和发展;6 日 21 时的湿位涡及其分量垂直结构显示,800 hPa 以下 mpv>0,且 mpv1>0,mpv2<0,呈典型的对流稳定、惯性稳定,会抑制对流的启动和发展,而 800~550 hPa mpv<0,且 mpv1<0,mpv2<0 是弱的对流不稳定,惯性稳定,中高层有利于对流的发展,但是作用不大;从气流的分布来看,由于原来凸出的地形变为了"平台",气流在 26.5°N 处的地形抬升作用减弱消失,垂直速度明显减弱,且气流是倾斜上升的,在其南侧高层也有一个垂直环流圈,但是其范围较小,下沉气流不明显,不利于高低层气流的循环。综合而言,近地面层对流稳定,惯性稳定,对流发展受到抑制,中高层虽然是对流性不稳定,但是不稳定度绝对值较小,再加上垂直上升运动的减弱,降水强度减弱,且低层对应的非对流性降水,中高层以非对流性降水为主,以对流性降水为辅。

从以上分析可知,地形强迫抬升作用是雨峰时刻内降水产生及发展的主要机制,降水以非对流性为主。

3 结论

本文以数值模拟为方法对本次地形影响下的降水的发生发展机理进行分析研究。在模式输出结果与实况基本一致的基础上,利用高分辨率的模式输出资料对影响本次暴雨过程的背景天气形势进行分析,结果表明,影响本次暴雨的主要有以下几个因素:(1)西南涡在高空槽的引导下东移发展,并随高空槽的发展成低涡而强大,再随低涡的填塞而衰弱,而降水强度也随之发生变化。而后,西南涡在高空槽的引导下东移入海,福建省降水随之减小并东移;(2)准静止锋在福建附近停滞,锋面上时有中尺度扰动产生,有的合并入西南涡,使西南涡增强;(3)暖湿的西南低空急流带为降水区输送水汽和热量;(4)垂直速度场与降水分布之间存在着对应,而垂直运动与地形地势之间存在紧密的联系,说明了地形对降水的重要影响。低层水汽强辐合,中高层水汽强辐散,这种水汽的分布有利于低层将水汽补充给降水区,而上方水汽及时输送出去,形成抽吸,从而促进低层水汽的向上输送,有利于降水的持续和增强。将福建省地形变为"平台"后,其降水量显著减小、降水范围缩小。通过与控制试验之间物理量的比较分析,结果显示:准静止锋上的中尺度低涡受地形的影响,但不是由地形单独作用引起的,地形有利于低涡的辐合,但是阻碍其向东北方向移动;地形由使西南涡增强的作用,但是也有阻碍其向北移动的作用;地形是形成强上升运动的原因,同时,地形有利于涡度柱的增强,但是阻碍其东传;地形变化前后的南平降水中心雨峰时刻的降水均以非对流性降水为主,即地形强迫抬升作用是时刻内降水产生及发展的主要机制,随着地形强迫抬升作用的减弱,降水减小。

参考文献

[1] 程麟生,中尺度大气数值模式和模拟,气象出版社,1994,13-22.

海南岛后汛期非台特大暴雨环流特征分析

冯 文 符式红 吴 俞 陈有龙

(海南省气象台，海口 570203)

摘 要

利用实况日降水资料和 NCEP/NCAR 的再分析资料，分析了近 40 年海南后汛期非台风特大暴雨的气候分布特征及 3 个极端降水过程的环流特征差异。研究结果表明：暴雨的强降水落区和特大暴雨日数分布，呈一致的自西向东逐渐增加的态势，这与海南岛地形有关；南海北部地区秋季处冬夏季风交替时期，天气尺度冷暖系统交汇激烈，是区域性特大暴雨频频出现的主要气候背景；在后汛期极端降水个例中，北半球亚洲区内 ICTZ 异常活跃，南海季风槽和印度季风槽比常年平均异常偏北偏强，东亚槽、副热带高压的强度也比常年明显偏强；后汛期极端降水事件中，来自西南季风支流和偏南越赤道气流水汽输送也较常年异常偏强。

关键词：后汛期 暴雨 季风 偏东低空急流

引言

海南岛从地理位置上隶属华南区，但汛期降水分布特征差别甚大。广东、广西等地区汛期降水的主峰期在 4—6 月(前汛期)，降水占全年总量的 50% 左右[1]，而海南汛期降水的主峰期出现时间较晚，为 9 月中下旬—10 月中旬。海南岛汛期强降水发生频繁，是一个受暴雨灾害影响十分严重的地区，近 40 年年均特大暴雨站次为 18.6 次，其中 9—10 月后汛期出现的特大暴雨站数占全年总站次达 49%，且近 10 年出现频率有进一步增加的趋势。后汛期特大暴雨过程中，除了个别过程由热带气旋直接引发强降水外，其他暴雨过程主要是由天气尺度冷暖系统相互作用形成的偏东低空急流所引发。近 40 年来海南岛受灾最严重的 3 次洪涝事件均由该类过程引起。该类暴雨形成条件复杂，降水强度大，暴雨特征远不如单一热带气旋带来的暴雨明显，给预报带来了巨大的困难，其造成的危害甚至比热带气旋直接影响造成的危害更大。

1998 年的国家攀登计划专项"华南暴雨实验"整合各种常规和非常规气象观测手段，对华南前汛期暴雨进行了详细的研究发现冷暖季节交替期间华南绝大多数的非热带气旋暴雨都与南下冷空气有关[2]。相似的天气形势也出现在秋季，进入 9 月份，副热带高压减弱南落，地面冷空气势力加强，东北季风在 9 月底开始出现，10 月中旬影响区域到达南海中北部，华南沿海在这段时间处于季风交替季节，冷暖空气在这里交汇频繁，造成华南沿海一带秋季暴雨十分活跃。

目前我国对低纬地区汛期强降水的研究主要聚焦于华南前汛期及登陆热带气旋的影响[3~5]，且影响区域多限于广东、广西等区域，对海南岛本区的强降水，尤其是 9—10 月主峰期(后汛期)的致洪暴雨过程缺乏系统的研究。据统计，约 50% 的大范围极端降水过程都出现在

资助项目：2011 年中国气象局预报员专项项目"海南 10.10 秋季特大暴雨过程诊断分析"资助

9月下旬—10月中旬这短短的一个月内,为什么这一时期的强降水发生率如此高? 特大暴雨过程发生时,其环流特征与气候背景存在何种差异性? 为了加强对后汛期非台特大暴雨气候特征及环流形势的了解,同时提高科研人员及一线预报业务工作者对海南岛后汛期强降水的关注。本文将深入分析海南岛汛期非台风特大暴雨的分布气候特征和环流差异。希望能为海南岛后汛期特大暴雨过程的研究及预报提供一定的线索。

1 资料

(1) 国家气候中心整编的 1971—2010 年海南 18 个市县测站 08 时—08 时降水资料。

(2) 1971—2010 年美国 NCEP/NCAR 2.5°×2.5°再分析资料中的平均高度场、风场、比湿场、温度场。

2 海南岛后汛期非台特大暴雨分布气候特征

2.1 定义

通过对 1971—2010 年这 40 年 9—11 月的特大暴雨过程个例进行普查,发现这期间共出现 41 次特大暴雨过程。经过对这 41 个个例进行分析,确认其中 19 次降雨的性质为热带气旋降水,另外 22 次降雨则具有冷暖系统相互作用的降水性质。根据对上述 22 个非台风特大暴雨个例的天气形势演变分析,发现该类暴雨的天气尺度系统配置特点非常相似。暴雨发生时:海南岛以南,115°E 以西的南海海域有热带扰动或热带气旋活动,我国大陆有冷空气南下,冷锋南压到我国华南沿海地区,此时热带扰动或热带气旋东部及东北部的偏南或东南暖湿气流与南下的冷空气在华南沿海地区相遇,形成带状偏东低空急流,由此造成大范围的暴雨。

由于该类暴雨受季风交替期间冷暖系统相互作用影响,形成条件复杂,并非完全由热带气旋造成,甚至大多数情况下暴雨过程开始时间先于热带气旋生成时间,所以海南省气象台把这类暴雨定义为后汛期非台风特大暴雨。

2.2 后汛期非台风特大暴雨分布特征

在 9、10、11 月这三月份中,10 月份出现的频次最多,达 12 次,约占总数 59.1%;其次是 9 月份,有 6 次;11 月份出现的次数最少,仅有 3 次。海南岛后汛期非台风特大暴雨月际分布特征符合华南秋季暴雨发生机制的研究结果。该类特大暴雨落区分布特征也非常明显,整体呈一致的自西向东逐渐增加的态势,见图 1。整个东部地区(含文昌,琼海,万宁)共出现 24 个秋季特大暴雨日站次,占总数的比率高达 44.4%左右;其次是中部地区(含五指山,琼中,屯昌)共出现秋季特大暴雨日 17 个,约占总数的 31.5%;北部地区的秋季特大暴雨日数为 7 个,约占总数的 13%。特大暴雨日最大降水量极值分布特征与特大暴雨落区分布特征十分相似,其分布形式也呈较为一致的自西向东逐渐增加的态势(图略)。这样独特的落区分布态势与海南岛中间高四周低的特殊地形可能有较大关联。海南岛的北部、中部、东部地区处于五指山的迎风坡,由沿海、丘陵到山地,地势逐渐增高,暖湿空气的地形抬升,利于暴雨增幅。当偏东气流受五指山阻挡会产生爬山运动,并导致迎风坡和背风坡雨量分布出现不同变化,因此暴雨中心主要在海南岛的北部、中部、东部地区。此外有研究表明,华南沿海海陆风效应显著,在某些特殊的海岸地区容易形成辐合中心,从而使降水加强,导致沿海降水出现日变化[6]。海南岛四周环海,夜间由于陆地降温幅度比海洋大,陆风效应明显。海南岛内陆向周围海洋吹陆风,其中东部地区的偏西陆风与偏东背景风场交绥在东部沿海地区,形成中尺度辐合线,这也是后汛期非台风特大暴雨过程在夜间常常出现强降水增幅的原因之一。

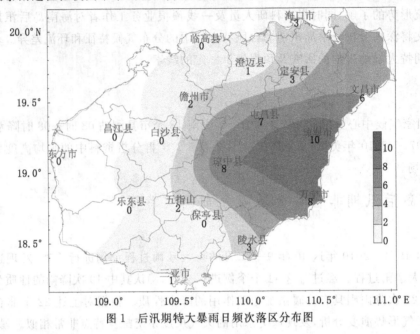

图1 后汛期特大暴雨日频次落区分布图

3 海南岛后汛期非台特大暴雨个例形势距平场特征

大气环流异常是造成极端天气出现的最主要原因。以下将对近40年来最强的三次后汛期非台风特大暴雨过程(2000年10月11—14日,2008年10月12—14日,2010年10月1—8日)的环流距平特征进行综合分析,从而为后汛期非台风特大暴雨过程的研究及预报提供一些物理背景。

3.1 500 hPa 高度距平场

上述三次极端降水过程所处时段的候平均500 hPa高度距平场,呈现出非常一致的特征(见图2)。由图可见,我国东北地区(东亚槽所在位置)均出现50~90 dagpm的负距平,而我国东部地区至西北太平洋的带状区域(副热带高压所在位置)上,均出现20~40 dagpm的正距平。这说明在后汛期特大暴雨过程的高空天气系统配置上,东亚槽强度及副热带高压强度较常年同期更强。强的东亚槽所引导的槽后冷空气南下力度比常年同期加大,利于冷空气前缘越过海峡与夏季风前部交汇于南海西北部地区,使得南海西北部地区斜压性增大,冷暖交绥更强烈。呈带状增强的副热带高压,其西脊点位置比常年同期偏西,向我国内陆西伸,使得其南侧的偏东气流更强,利于水汽及东风波动向西传播,出现强烈的上下游效应,使海南岛地区降水增幅显著。

降水观测事实也证明,东亚槽和带状副高的强度到达一定值域,对后汛期特大暴雨过程的降水强度有增幅作用。图2(a,b,c)显示,2000年和2010年的两次极端降水过程,副高区的正距平及东亚槽区的负距平均比2008年过程的距平值大。与之相对应的是,2000年和2010年的两次过程的降水强度和暴雨持续时间要远大于2008年的过程。

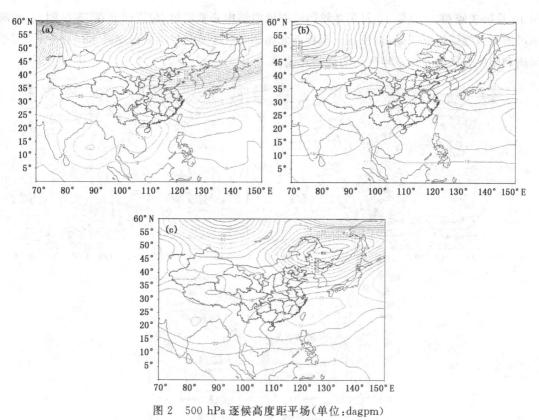

图2　500 hPa 逐候高度距平场(单位:dagpm)

(a.2000 年 10 月第 3 候；b.2008 年 10 月第 3 候；c.2010 年 10 月第 2 候)

3.2　850 hPa 风场距平特征分析

三次过程对流层中低层的候平均风矢量距平场,也存在较为相似的特征。后汛期极端降水出现时,我国大陆上有自北向南的风分量,南海中北部洋面则有明显的涡旋结构(见图3)。这表明后汛期极端降水过程中,南下冷空的强度比常年同期平均值偏强,南海上的涡旋也比常年同期平均更强烈,甚至达到热带低压以上级别。2000 年和 2010 年的两次过程中,南海中北部、菲律宾东部洋面和孟加拉湾海面均有气旋活动,辐合带异常活跃,辐合带南侧偏西风分量比常年同期平均显著加强(图 3a,c)。而暴雨强度较弱的 2008 年过程,仅南海中北部有气旋活动,北纬 20°N 以南至赤道附近,相比常年同期平均甚至出现了大范围的正东风距平(图 3b)。这说明,除了冷空气的强度外,辐合带的活跃程度对后汛期特大暴雨过程的降水强度有明显的影响。

辐合带内涡旋的强度与季风槽的强度是相互对应的。图 3(a,c)中孟加拉湾的涡旋结构对应的是印度季风槽,南海中北部的涡旋结构对应的则是南海季风槽,图中可明显看到南海中北部的涡旋相比更加强烈,而图 3(b)中,甚至只有南海出现了涡旋结构。这说明后汛期极端降水个例中,南海季风槽发展更为强烈,起主导作用。就季风的气候变化特征而言,这个推论是合理的。有研究表明,南海夏季风槽撤退缓慢,维持到 10 月份才出现明显的南撤;而印度夏季风槽在 9 月份就撤退到 10°N 以南,撤退十分迅速。总的来说,南海夏季风槽爆发早且突然,撤退缓慢,维持时间长;印度夏季风槽则是渐进式的爆发,撤退迅速,维持时间较短[7]。但这只是气候平均态,在有气象记录以来最强的两个后汛期特大暴雨个例中,气候距平场显示,2000

年 10 月第 3 候和 2010 年 10 月第 2 候印度季风槽结构非常明显,位置仍然在 15°N 附近,南海季风槽的涡旋结构更明显,且位置甚至接近北纬 20°N,这说明后汛期极端降水过程中,南海季风槽和印度季风槽要比常年平均明显偏北偏强。

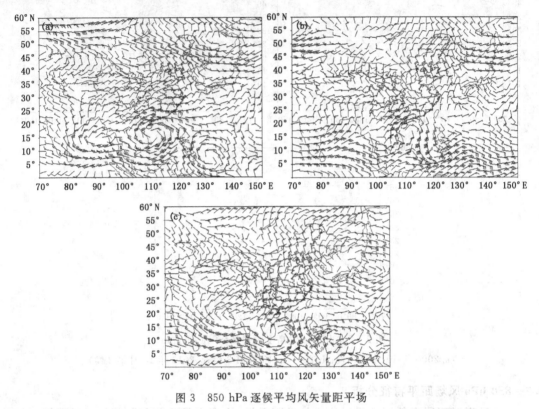

图 3 850 hPa 逐候平均风矢量距平场

(a.2000 年 10 月第 3 候;b.2008 年 10 月第 3 候;c.2010 年 10 月第 2 候)

3.3 850 hPa 水汽通量距平场特征分析

三次极端降水个例中,海南岛附近都出现了一个水汽通量模的候平均正距平中心。在 2000 年和 2010 年的个例中(图 4a,c),水汽通量模距平值出现了孟加拉湾东南部—南海南部—南海北部的带状中心,综合 3.2 节对流场距平场的分析可以发现,由于来自印度洋的西南季风支流和澳大利亚—印尼一带的偏南越赤道气流水汽输送较常年异常偏强,导致更加充沛的水汽从不同的方向向南海北部输入,使得海南岛上空在极端降水过程中始终维持源源不断的水汽供应,为极端降水的出现提供了条件。

4 结论

(1)1971—2010 年期间,后汛期非台风特大暴雨过程共出现了 22 次,其中 10 月份出现的频次最多,超过总数的一半。后汛期非台风特大暴雨落区和降水强度分布非常有规律性,整体呈一致的自西向东逐渐增加的态势,这与海南岛地形有关。

(2)在后汛期极端强降水个例中,北半球亚洲区内 ICTZ 异常活跃,南海季风槽和印度季风槽南撤速度缓慢,比常年平均异常偏北偏强。此外东亚槽,副热带高压的强度也比常年明显偏强。

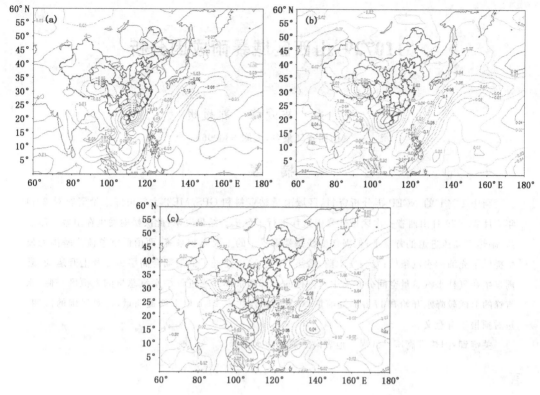

图4　850 hPa逐候水汽通量模距（单位：kg·s^{-1}·hPa^{-1}·m^{-1}）

(a.2000年10月第3候；b.2008年10月第3候；c.2010年10月第2候)

（3）后汛期南海北部丰富的水汽由不同分支的气流输送而来。这四支不同来向的气流分别为：来自印度洋的西南季风支流，澳大利亚—印尼一带的偏南越赤道气流，大陆冷高压东南侧的东北气流和副高南侧的偏东气流。在极端降水事件中，西南季风支流和偏南越赤道气流水汽输送往往较常年异常偏强。

参考文献

[1] 黄士松,李真光,包澄澜,等. 1986. 华南前汛期暴雨[M]. 广州:广东科技出版社:1-7.

[2] 周秀骥,薛纪善,陶祖钰. 2003. 98年华南暴雨科学试验研究[M].北京:气象出版社:1-228.

[3] 薛纪善. 1999. 1994年华南夏季特大暴雨研究.北京:气象出版社:1-185.

[4] 林爱兰,吴尚森. 1996. 近40年华南汛期旱涝变化及趋势预测[J].热带气象学报.12(2):160-166.

[5] 徐桂玉,杨修群. 2002. 我国南方暴雨一些气候特征进行的统计分析[J].气候与环境研究.7(4):447-456.

[6] 朱乾根,林锦瑞,寿绍文,等. 2007. 天气学原理和方法(第四版).北京:气象出版社:350-351.

[7] 潘静,李崇银. 2006. 夏季南海季风槽与印度季风槽的气候特征之比较[J].大气科学.30(3):377-390.

"110729"山西区域暴雨成因分析

杨 东 苗爱梅 郭媛媛

(山西省气象台,太原 030006)

摘 要

利用 1°×1°的 NCEP 再分析资料、区域雨量站资料和 GPS/MET 大气可降水量资料对 2011 年 7 月 28—29 日山西省一次区域性暴雨过程进行了分析。结果表明:此次暴雨发生在阻塞高压崩溃、副热带高压进退的背景下;低涡切变线是暴雨发生的主要影响系统;西南低空急流为暴雨的发生提供了充沛的水汽条件;暴雨发生前,潜热的向上输送促进了低层辐合高层辐散及上升运动;暴雨发生在气柱水汽总量空间分布图中水汽锋的南部和东部及靠近气柱水汽总量的大值区一侧,水汽锋的形成较降水开始有 17 h 的提前量,对暴雨的发生有 24 h 以上的提前量,这对暴雨的短期、短时预报很有意义。

关键词:副热带高压 低涡 地表潜热通量 水汽锋

引言

山西位于东亚季风区的西北边缘地带,天气气候特征与东亚季风环流有着密切的关系。因此山西只在夏季和过度季节才有较强的高低纬天气系统之间的相互作用发生。山西地形复杂,全省山脉沟壑交错,地形起伏异常显著,特殊的地形与不同尺度天气系统之间的非线性作用,使得山西的暴雨天气具有明显的地方性特征。虽然对于山西暴雨的发生已有很多研究[1-6],但建立在精细化监测资料基础上的分析还需更深入的研究,应用精细化监测资料的预报指标和预报着眼点还需更多的预报个例去总结。

1 资料来源

1.1 NCEP1°×1°再分析资料

本文针对 2011 年 7 月 28—29 日山西南部局地大暴雨过程,利用 NCEP1°×1°的每天 08 时,14 时,20 时,02 时共 4 个时次的再分析格点资料,试图对局地大暴雨过程前后的环流背景、要素和形势的配置进行分析,并对一些物理量进行诊断。

1.2 GPS/MET 大气可降水量资料

山西省 GPS/MET 监测网目前由 63 个 GPS 站点组成,基本覆盖山西全省范围,可提供全天候时间分辨率为 1 h 的大气可降水量时空分布数据,相对于常规观测资料和探空资料,其具有连续、高精度、高时空分辨率的特点。本文选取 2011 年 7 月 27 日 08 时—30 日 08 时逐小时的大气可降水量数据进行诊断分析。

资助项目:山西省科技攻关项目"基于 GIS 的极端气象灾害预警与评估集成系统",中国气象局行业公益项目"华北东北暴雨的发生发展特点及预报技术研究","CMAYBY20121-007"中国气象局预报员专项等共同资助。

2 降水概况

2011年7月28日20时—29日20时,山西出现区域性暴雨、局部大暴雨天气,24 h降雨量介于0.1~128.6 mm。其中,17个县市、160个乡镇出现了暴雨,10个乡镇降水量超过100 mm。暴雨主要分为两个时段,第一个时段在29日06—12时,造成了山西南部临汾大部分地区的暴雨天气,暴雨中心为乡宁关王庙,24 h降水量为128.6 mm(见图1a),1 h最大降水量为49.6 mm,强降水主要出现在9~11时,3 h降水量达到了97.0 mm(见图1b);第二个时段在29日12—20时,造成忻州东部、太原和阳泉的局部地区的暴雨天气。

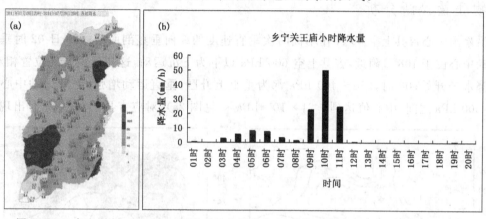

图1 2011年7月28—29日24 h降水量空间分布(a)及乡宁关王庙降水量随时间变化(b)

3 环流背景及影响系统

3.1 大尺度环流背景

21日20时,500 hPa上,55°~65°N、45°~55°E附近阻塞高压形成,对应50°~55°N、60°~70°E附近切断低压形成。22日20时,阻塞高压稳定维持,由于冷空气的不断补充,切断低压不断加强。受强大的海上副热带高压的阻挡,22—24日阻塞高压和切断低压稳定维持。25日20时,阻塞形势开始崩溃,切断低压强度减弱并开始东移,26日20时与西伯利亚补充南下的冷空气结合形成深厚的低槽。

27—28日,低槽东移,副热带高压西伸,5880 gpm特征线西脊点伸至110°E附近,28日20时,5880 gpm副高特征线突然北抬至山西省和河北省的南部边缘,北边界位于30°~37°N,5840 gpm线北抬至山西省北部。29日08时副高迅速南退,5840 gpm线南退至山西省南部,在此期间,山西省均处于副高边缘的西南暖湿气流控制中,为暴雨的产生提供了水汽和能量条件。

3.2 影响系统分析

低涡是山西夏季出现暴雨天气的重要影响系统之一[7]。分析资料发现,在暴雨产生前期,27日08时700 hPa上青海省北部36°~39°N、93°~97°E区间内产生一低涡,随着西路冷空气的移动,28日08时低涡东移南压至33°~37°N、103°~107°E区间,受副高西进北抬的阻挡,此低涡在28日基本稳定少动。29日随着副高的迅速南退,低涡开始东移(图略),29日08时东移至陕西省中部34°~38°N、107°~112°E的区间内,并且低涡南部西南风迅速加强形成西南低空急流,急流出口正好位于山西省南部(图略),造成了29日上午山西南部区域性的暴雨天气。29日14时,低涡有所北上,到达山西省中部,同时急流轴有所东移北抬(图略),20时低涡继续东移,东移至山西与河北的交界处(图略),在这段时间内,造成了山西省北中部的暴雨天气。随着低涡移出山西省,山西省的降水也趋于结束。由此可见,西南低空急流将水汽源源不断地输送到山西省上空,为暴雨的产生提供了充沛的水汽条件,低涡切变线附近产生强烈的辐合上升运动,使水汽进一步抬升、聚集。暴雨发生时段和落区与系统配合较好,暴雨中心主要出现在低涡切变线南侧和西南低空急流出口区左侧。

4 物理量诊断分析

沿暴雨中心吉县上空36°N作不同时次垂直速度的纬向垂直剖面图。29日02时垂直上升运动中心位于108°E附近,吉县上空600 hPa以下为下沉运动,这与低涡所处位置相对应,此时降水未开始;08时,950~400 hPa都为垂直上升区,垂直运动增强,上升运动中心位于700~500 hPa之间,中心值达到 -21×10^{-3} hPa/s(见图2a),对应吉县在09—10时出现强降

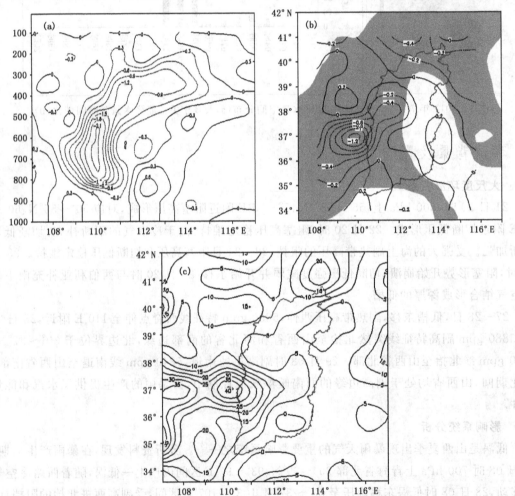

图2 (a)2011年7月29日08:00沿36°N垂直速度剖面图 (b)29日08:00 700 hPa散度(等值线)与相对湿度(阴影,≥80%) (c)28日20:00地表潜热通量

水,2 h 降水量达到 50.5 mm;14 时,垂直上升运动已经减弱,吉县降水趋于结束。

29 日 02 时,700 hPa 山西省南部为弱的辐散区,东北—西南走向的带状辐合区位于河套地区,与此对应的高湿区(相对湿度≥80%的区域)位于河套地区(图略);29 日 08 时,随着低涡的东移,东北—西南走向的辐合区进入山西,但中心依然位于河套东部,辐合中心强度达 $-1.2×10^{-3}$ s^{-1},高湿区扩展到山西西部地区,吉县上空相对湿度达 90%以上(见图 2b);14 时,山西省南部转为下沉气流,辐合上升区出现在山西省北中部,辐合中心位于吕梁东部—忻州东部(图略),对应吉县降水结束,山西中东部和忻州东部开始出现强降水。与低层相对应,500 hPa 以上一直维持强的辐散,低层辐合、高层辐散,以及强烈的上升运动,为暴雨的产生提供了有利的动力条件。

从地表潜热通量分布来看,降水前期,28 日 08 时山西省上空为一潜热通量的大值区,说明有较强的潜热向上输送,为暴雨的产生积聚了一定的能量条件,但由于没有充沛的水汽条件,并未产生降水。28 日 20 时—29 日 02 时,与垂直速度场和散度场相对应,潜热通量大值区出现在陕晋交界处(见图 2c),与低涡所处的位置相一致。由于潜热的向上输送,增强了低层辐合高层辐散和中低层正涡度的发展,这是低涡能够维持发展的原因之一。29 日 08 时潜热通量的大值区出现在山西省南部,此时山西省南部开始出现强降水。14 时之后,山西省上空虽然还有潜热向上输送,但强度已明显小于暴雨发生前,山西省北中部的暴雨范围和降水量级也小于南部。

5 GPS/MET 资料的应用

从山西省 PWV 整体分布演变来看(图略),27 日山西省上空 PWV 呈南高北低,分布较均匀。随着山西省南部西南风的建立,水汽开始不断向山西省上空输送,山西省西南部的 PWV 开始增大。28 日 10 时,临汾北部出现了东—西走向的 PWV 密集带即水汽锋,水汽锋强度达 40 mm/°N(°E),表明有不同属性的气团相互作用,29 日 03 时,暴雨中心开始出现有效降水,水汽锋的形成较降水的开始有 17 h 的提前量(见图 3a 和图 1b)。随着降水的开始,临汾区域性暴雨期间,水汽锋南部水汽增量减小,水汽锋北部水汽增量加大,导致水汽锋的强度不

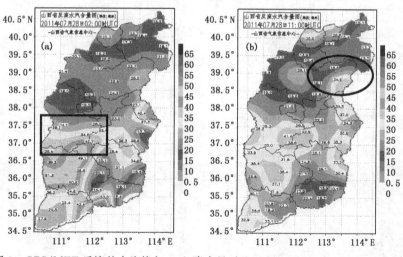

图 3 GPS/MET 反演的水汽锋与 24 h 降水量对比 (a)28 日 10 时 (b)28 日 19 时

断减弱。28 日 19 时，近似南北走向的另一条水汽锋在忻州东部—太原阳泉交界处生成，水汽锋强度为 30 mm/°N(°E)(见图 3b)，29 日 12 时，忻州 太原一线开始出现降水，29 日 12—20 时，暴雨形成。水汽锋的形成较降水开始时间提前 17 h，较暴雨发生时间提前 25 h。临汾的区域性暴雨出现在水汽锋及其以南 1 个经纬度的范围内，忻州、阳泉的暴雨则出现在水汽锋的东部 1 个经纬度的范围内，及暴雨出现在水汽锋靠近气柱水汽总量的大值区一侧。

6 结论

(1)此次暴雨发生在阻塞高压崩溃、副热带高压进退的背景下；低涡切变线是暴雨产生的主要影响系统；西南低空急流为暴雨的发生提供了充沛的水汽条件。

(2)低层辐合和高层辐散，以及强烈的上升运动是暴雨发生的动力条件。

(3)暴雨发生前，潜热的向上输送促进了低层辐合高层辐散及上升运动。

(4)此次暴雨发生气柱水汽总量空间分布图中水汽锋的南部和东部及暴雨发生在靠近气柱水汽总量的大值区一侧，水汽锋的形成较降水开始有 17 h 的提前量，对暴雨的发生有 24 h 以上的提前量，这对暴雨的短期、短时预报很有意义。

参考文献

[1] 苗爱梅,武捷,赵海英,等. 2010. 低空急流与山西大暴雨的统计关系及流型配置[J]. 高原气象, 29(4): 939-946.

[2] 苗爱梅,贾利冬,郭媛媛,等. 2008. 060814 山西省局地大暴雨的地闪特征分析[J]. 高原气象. 27(4): 873-881.

[3] 苗爱梅,吴晓荃,薛碧清. 1997. 1996 年 8 月 3—5 日晋冀特大暴雨中尺度分析与预报[J]. 气象. 23(7): 24-29.

[4] 赵桂香,程麟生. 2006. 2001 年 7 月山西中部一次罕见暴雨过程的诊断分析[J]. 高原气象. 25(6): 1083-1091.

[5] 赵桂香,李新生. 2002. 低涡与晋中暴雨[J]. 气象,. 28(12):40-42.

[6] 郑坤. 2011. 利用 NCEP 资料分析一次雷暴大风过程[J]. 安徽农业科学. 39(5):2749-2751.

梅雨期两场大暴雨过程对比分析

王啸华　王　易　宗培书　曹舒娅

(江苏省气象台,南京 210008)

摘　要

利用高分辨率的加密自动站资料、FY2D 卫星资料、多普勒雷达资料、常规观测资料以及 6 h 一次的 NCEP 再分析资料等,对 2011 年 6 月 18 日和 2011 年 7 月 18 日江苏地区分别在梅雨期开始阶段和结束阶段发生的两场暴雨进行观测对比分析。结果表明:(1)6 月 18 日的天气形势是典型的梅雨期降水形势,在梅雨锋附近产生了区域性暴雨。水汽输送主要是对流层中低层的西南暖湿气流,7 月 18 日的局地暴雨则是出现在低压倒槽顶端右侧的偏东气流中。水汽输送的主要贡献者是底层来自南海和东海的东南急流。(2)两次暴雨过程中强降水区都出现在地面辐合系统附近的东北气流中,且随着地面辐合系统移动。6 月 18 日地面中尺度辐合系统比较稳定,生命期较长,7 月 18 日地面中尺度辐合中心与倒槽型辐合线发生合并,辐合得到迅速增强。(3)6 月 18 日与多个线性排列的"逆风区"对应的强回波中心依次通过形成的"列车效应"和 7 月 18 日对流回波带上单体不断流入,在低空急流左前端合并成团状强对流区,分别是形成两次暴雨的重要原因。

关键词:暴雨　地面辐合系统　对比分析

引言

暴雨作为当今天气预报领域内的难题,一直是气象学者研究的重要课题之一。经过气象学者几十年来持续的努力,我国对暴雨的研究不断深入,尤其在季风与暴雨、暴雨产生的环境条件与系统、高低空急流与暴雨、水汽收支与能量输送等方面取得了一系列成果[1~7]。近年来利用高时空分辨率的非常规观测资料对不同天气背景形势下形成的暴雨进行对比分析的研究逐渐开展。赵玮等[8]对 2006 年夏季北京地区河套槽东移过程中不同发展阶段形成的暴雨进行分析,提出低层偏东风和近地面东南风的出现以及地面辐合线的形成是产生暴雨的关键。胡燕平[9]等对不同天气系统影响下产生在沙澧河流域的两场大暴雨过程进行对比分析,从垂直螺旋度的配置和"干侵入"的作用方面得到了降水增强的原因。2011 年 6 月 18 日和 7 月 18 日的两场暴雨作为 2011 年江苏梅雨期的首、末两场大暴雨过程,各自具有一定的典型性。本文应用加密地面自动站、雷达、卫星以及 NCEP 再分析资料分别对发生在江苏南部的这两场大暴雨过程进行分析。期望通过较为细致的对比分析,揭示在梅雨期的不同阶段,导致两次强将水过程的大尺度环境条件及其差异,分析暴雨中小尺度系统特征及其演变过程,并尝试为综合探测资料在暴雨预报预警中的应用提供着眼点。

资助项目:江苏省气象局科研开放基金项目"中尺度分析技术方法研究"、江苏省气象局青年基金项目"城市边界层过程对南京市夏季强降水的影响"共同资助。

1 降水实况和天气尺度环流背景

2011年梅雨期的开始和结束阶段,6月18日和7月18日分别在江苏南部下了两场暴雨。6月18日的暴雨是发生在江苏沿江和苏南地区的一次区域性大暴雨过程,整个强降水雨带呈东西走向,30站暴雨,7站大暴雨,金坛站24 h雨量达162.4 mm。7月18日的暴雨则是发生在南京中北部地区的一次局地大暴雨过程,整个强降水雨带呈南北走向,暴雨在短时间内袭击了南京市区,市区大面积被淹,玄武湖自动站24 h雨量达到225.8 mm,降水最强的时段15—16时,1 h降水达94.8 mm。(图略)

两次暴雨过程所发生的天气背景形势有着明显的差别。6月18日的暴雨是典型的梅雨形势,500 hPa河套有中纬度低槽东移,副热带高压增强北抬,冷暖空气交汇在江苏的沿江和苏南地区,随着冷空气的南下,850 hPa原位于江淮之间的切变线南压至沿江一带,同时切变线两侧的东北风和西南风都有所增强(图1a)。地面东西向的梅雨锋位于江苏的苏南地区。7月18日的暴雨过程,副热带高压势力偏弱,中心东退到海上130°E以东,500 hPa华北冷涡不断向南加深发展,形成南北向深槽,当500 hPa华北冷涡后部冷空气南下时,槽前正涡度发展,形成闭合低压系统。850 hPa在华南也有一低涡存在,由于500 hPa闭合低压叠置在850 hPa低涡之上,导致850~500 hPa垂直涡度增大,14时低压北部顶端扩展到江苏西南部地区(图1b)。地面上,江苏的西南部地区位于地面倒槽的右侧东风气流中。

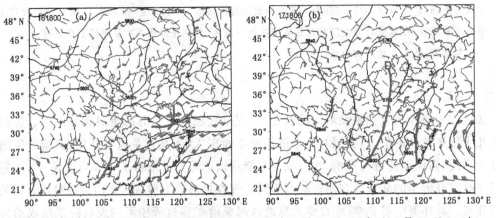

图1 500 hPa高度场与850 hPa风场叠加 (a)2011年6月18日08时 (b)7月18日14时

2 水汽条件对比分析

强降水的发生是在一段时间内持续的过程,需要周边不断的水汽输送和聚集。6月18日08时,925 hPa江苏受东北气流控制,东北气流与西南暖湿气流的水汽辐合区位于浙江北部和江苏南部,辐合中心水汽通量散度值低于-1×10^{-3} g/(cm²·hPa·s)。700 hPa与925 hPa相似,只是辐合区位置偏北,同时水汽辐合强度略小。7月18日14时,925 hPa江苏西南部地区位于水汽通量辐合区的顶端,来自东海和南海的暖湿气流在此聚集,辐合中心的水汽通量散度值在-0.6×10^{-3} g/(cm²·hPa·s)左右,而700Pa江苏西南部则位于水汽通量辐散区和弱的辐合区中(图2)。对比分析表明:6月18日暴雨的水汽来源主要是来自孟加拉湾的西南暖湿气流,而造成7月18日暴雨的水汽主要是来自南海和东海的东南暖湿气流。6月18日700

hPa 的水汽输送也是整个暴雨区水汽输送的重要组成部分,而 7 月 18 日水汽输送主要集中在底层 925 hPa 附近。

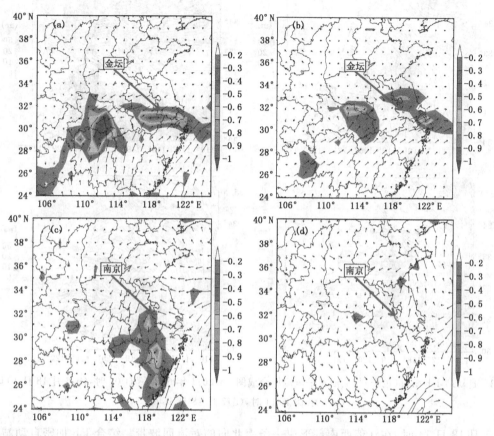

图 2　水汽通量散度(色斑)与水汽通量(矢量箭头)合成图(单位:g/(cm² · hPa · s))(a)2011 年 6 月 18 日 08 时 925 hPa,(b) 6 月 18 日 08 时 700 hPa,(c) 7 月 18 日 14 时 925 hPa,(d) 7 月 18 日 14 时 700 hPa

3　地面中尺度系统演变对比分析

6 月 18 日 04 时,江苏淮河以南为大片层状云所覆盖,在全椒附近的层状云中逐渐有 45 dBZ 以上的对流回波生成。与对流性回波区域相对应的位置,有雨强大于 20 mm 的中尺度雨团生成。结合 1 h 加密自动站观测的地面实况,强降水发生的区域位于中尺度地面辐合中心附近的东北象限内(图 3a)。之后,虽然回波整体向东北方向移动,但 45 dBZ 以上对流性回波则随中尺度地面辐合中心向东偏南方向移动。08 时在地面辐合中心的右侧形成一条东西向的地面辐合线,在其北侧张家港—常州—金坛—高淳一线形成了强度大于 45 dBZ 的对流会回波带,强降水区呈东西带状位于沿江苏南地区,雨强>20 mm 的中尺度雨团东移到了苏南地区中部(图略)。10 时,地面辐合中心进一步东移,在其两侧形成一条东西向的地面辐合线,强降水区进一步南压,降水强度有所减弱,但东西向雨带上多个雨强>10 mm 的中尺度雨团依次东移造成苏南地区强降水的持续(图 3b)。13 时以后随着中尺度地面辐合中心东移南压,强降水雨带南压移出江苏。

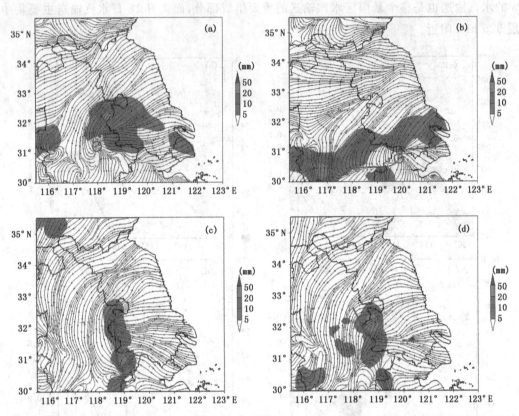

图3　自动站1 h雨量(色斑)与地面水平风流场合成图 (a)2011年6月18日04时,(b)6月18日10时,
(c)7月18日14时,(d)7月18日16时

7月18日14时,在江苏西南部形成一条南北向的对流回波带。结合1 h加密自动站观测的地面实况,降水回波带的发展是与地面倒槽型辐合线和地面辐合中心相联系的(图3c)。回波带上的两块强回波区分别位于倒槽型辐合线的顶端和地面辐合中心附近。在地面辐合中心北侧出现了雨强大于20 mm的中尺度雨团。14—15时,地面辐合中心北移与倒槽型辐合线合并,合并后辐合线附近的辐合加强(图略)。在雷达回波上,辐合线的顶端,南京的中北部地区形成了回波强度＞45 dBZ的团状对流回波区,随着对流回波带上的对流回波块不断并入,整个中尺度对流回波带呈现出逗点状,团状对流回波区位于"逗点"的头部,雨势增强。15—16时,地面倒槽型辐合线逐渐西移,其形态也由南北向转变为西北—东南向,右侧由原先偏东风转为东北风。在此期间,中尺度对流回波带上回波单体发展迅速,原先镶嵌其中的45 dBZ以上强回波块逐渐连接成片。随着强回波单体的持续并入,团状对流回波区中对流增强,出现50 dBZ以上的强回波中心,地面中尺度雨团明显加强,南京市区的降水进入最强阶段(图3d)。17时以后,地面倒槽型辐合线进一步西移,南京中北部逐渐远离地面倒槽型流场的顶端,该区域内降水强度明显减弱。

对比两次暴雨过程,相同之处:强降水区都出现在地面中尺度辐合中心和地面辐合线附近的东北气流中,且随着地面辐合系统移动。不同之处:6月18日的中尺度辐合系统生命期较长,暴雨覆盖的区域较大,持续时间较长;7月18日的中尺度辐合系统生命期较短,中尺度系统的合并使得局地辐合迅速加强,暴雨覆盖的区域较小,雨强极大。

4 雷达径向速度场对比分析

6月18日的暴雨,08时04分低层为一致的东北风,1.5 km 高度处存在12~15 m/s 的急流,2.5~3 km 高度转为西南风,风速随高度增加,5 km 高度左右形成20 m/s 的西南急流。中低层负速度区明显大于正速度区,表明低层存在大范围的辐合,降水将持续并增强。在5 km 高度,除了在与负速度中心相对应的兴化附近存在正速度中心外,在其南侧还存在着两个正负速度中心,表明对流层中层的风向沿急流方向逐渐向右偏(如图4a中箭头 K 所示),层积混合云降水回波将随着中层的引导气流逐渐南压。沿江和苏南地区存在多个逆风区成线型向东北方向移动,逆风区的位置与对流回波的强中心的位置对应。多个强回波中心依次通过苏南地区形成的"列车效应"是造成该区域内大暴雨的重要原因。

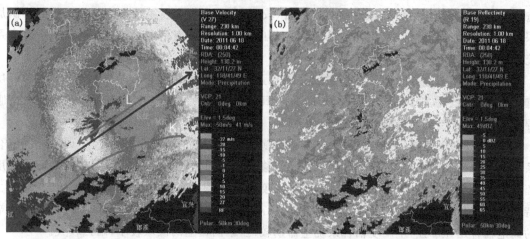

图4 2011年6月18日8时4分:(a)1.5°径向速度图,(b)1.5°回波反射率因子

7月18日的暴雨过程中,南北向回波带上的对流单体沿回波带移动,在南京市区上空堆积,同时在丹阳和常州附近有对流单体向西北方向移动,并入南京上空。结合回波的移动情况,根据径向速度图上表现的特征可以推断出南京地区低层的流场如图5(a)中箭头 L 所示,

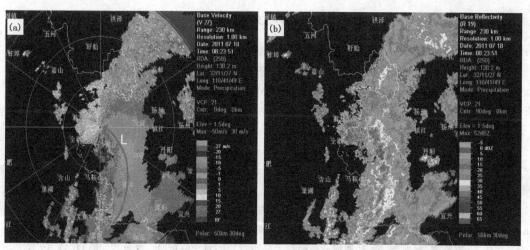

图5 7月18日16时23分 (a)1.5°径向速度图 (b)1.5°回波反射率因子

在句容附近的风速方向指向雷达。此推断与图5a中南京和句容之间出现的径向速度大值区相符。该径向速度大值区高度在1.2 km左右,速度值>12 m/s,达到低空急流标准。从以上分析可以看出,南京中北部地区位于低空急流的左前端,低层强烈的辐合上升造成了此次局地大暴雨。

5 小结

本文通过对6月18日和7月18日发生在梅雨期不同阶段的两场暴雨过程进行细致的观测对比和诊断对比分析,得到以下结论:

(1)6月18日的暴雨是典型的梅雨形势,500 hPa东移的西风槽和加强北抬的副热带高压是主要天气尺度系统。苏南地区的区域性暴雨是沿850 hPa切变线东移的中小尺度系统直接造成的。7月18日的暴雨过程中副热带高压较弱,主要天气尺度系统是500 hPa华北冷涡加深形成的南北向深槽和850 hPa位于江南东部的倒槽。造成南京中北局地暴雨的中小尺度系统出现在倒槽的右侧,偏东气流中。

(2)6月18日暴雨的水汽来源主要是来自孟加拉湾的西南暖湿气流,对流层中层和低层有相当大小的水汽输送和辐合。造成7月18日暴雨的水汽主要是来自南海和东海的东南暖湿气流,水汽输送主要集中在底层925 hPa。

(3)比较两次暴雨过程的地面中尺度系统演变特征,相同之处:强降水区出现在地面辐合系统附近的东北气流中,且随着地面辐合系统移动。不同之处:6月18日的暴雨,地面中尺度辐合中心沿着稳定的中尺度辐合线东移,中尺度辐合系统生命期较长,暴雨覆盖的区域较大,持续时间较长;7月18日暴雨,中尺度辐合中心与地面倒槽型辐合线的合并使得辐合线顶端的局地辐合迅速加强,中尺度辐合系统生命期较短,暴雨覆盖的区域较小,雨强较大。

(4)6月18日暴雨发展旺盛阶段,江苏沿江和苏南地区存在大范围的高空西南急流和低空东北急流。多个与"逆风区"对应的对流单体依次通过,所形成的"列车效应"是造成该区域大暴雨的重要原因。7月18日暴雨,南京中北部地区位于低空急流的左前端,低层强烈辐合上升,该区域上空不断有回波带上的对流单体并入,形成团状强回波区,造成了此次局地大暴雨。

参考文献

[1] 陶诗言、陈隆勋. 夏季亚洲大陆上空大气环流的结构[J]. 气象学报,1957,**28**(3):234-247.

[2] 孙淑清、马廷标、孙纪改. 低空急流与暴雨相互关系的对比分析[J]. 气象学报,1979,**37**(30):36-44.

[3] 丁一汇. 1991年江淮流域持续性特大暴雨研究[M]. 北京:气象出版社,1993,1-25.

[4] 吴国雄、张永生. 青藏高原的热力和机械强迫作用以及亚洲季风的爆发 I 爆发地点[J]. 大气科学,1998,**22**,470-480.

[5] 陶诗言、卫捷. 夏季中国南方流域性致洪暴雨与季风涌的关系[J]. 气象. 2007,**33**(3):10-18.

[6] 尹东屏、胡洛林、曾明剑,等. 梅汛期中的暴雨和大暴雨环流特征及物理量诊断分析[J]. 气象科学. 2007,**27**(1):42-48.

[7] 唐润昌、张欣、陶玫,等. 三次梅雨锋大暴雨过程的数值模拟分析,气象科学,1997,**17**(3):221-229.

[8] 赵玮、王建捷. 北京2006年夏季连两场暴雨的观测对比分析[J]. 气象. 2008,**34**(8):1-14.

[9] 胡燕平、田秀霞、赵规划,等. 沙澧河流域两场大暴雨过程的对比分析[J]. 气象. 2008,**34**(8):95-103.

[10] 陈晓红,胡雯,周扬帆等 2007年汛期淮河流域连续性大暴雨TBB场分析 气象,2009,**35**(2):57-63.

纬向切变线暴雨落区的精细化分析

孙兴池　　王西磊　　周雪松

(山东省气象台,济南 25003)

摘　要

应用常规观测资料、NCEP1°×1°再分析资料,对纬向切变线的暴雨落区进行精细化分析。结果表明:虽然低层切变线的位置对暴雨落区很重要,但不是判断暴雨落区的唯一依据。影响系统的空间结构及冷暖空气的相互作用对暴雨落区的精细化预报至关重要。

关键词:切变线　暴雨落区　空间结构　冷暖空气相互作用

引言

切变线是指 700、850 hPa 上气旋性的风向不连续线,大部分降水过程都有低层切变线存在,考虑到天气系统的空间结构,山东把低层为切变线、地面为静止锋或与地面锋面无关的天气系统划归为切变线过程。由于切变线影响过程地面形势复杂,尤其当切变线影响与地面锋面无关时,地面可能为高压后部、低压前部,甚至为均压场等,这时地面往往不存在明显的中尺度辐合线,暴雨落区预报难度大,空、漏报概率高,近几年山东多次空、漏报及落区报错的暴雨过程都与切变线有关,切变线暴雨的预报是实际预报业务中的难点。

山东切变线暴雨的概念模型[1]为:纬向切变线对鲁南影响较大,经向切变线主要影响鲁西北,但大量个例证明,按模型做出的预报往往出现很大偏差,仅按切变线位置预报暴雨落区远远不能满足精细化预报的需求,应对既有模型改进完善,以满足日益增长的精细化预报的需求。

2010 年 9 月 7 日(简称 20100907 过程),受纬向切变线影响,分别在鲁西北西部和鲁南出现两片暴雨区。其中,鲁南暴雨区与切变线位置相对应,而另一片则位于地面静止锋后的鲁西北西部(聊城),且雨量更大,过程最大降水量东阿为 183.7 mm,而 24 h 预报仅报出了鲁南暴雨,聊城暴雨漏报。同样受纬向切变线影响,2003 年 7 月 12 日(简称 20030712 过程),鲁南地区降大到暴雨,局部大暴雨,聊城一带雨量较小。对比这两次过程,研究在纬向切变线影响时,由于系统的空间结构、冷暖空气的配置不同,所造成的暴雨落区的差异,从而为切变线暴雨的落区预报提供依据。

1　环流形势分析

1.1　环流形势

两次过程 500 hPa 形势皆为副高边缘和高空槽前西南气流共同影响(图略),588 dagpm

资助项目:国家气象局预报员专项"山东暴雨影响系统的空间结构特征与落区研究"、全国暴雨团队北方暴雨项目资助。

线在 110°E 以西,且在暴雨过程中缓慢北抬。不同的是,20100907 过程河套以西为深厚低涡,涡前西南气流经向度大,而 20030712 过程 500 hPa 中纬度环流平直,山东上空为偏西风。由于 20100907 过程引导气流为西南气流,初生云团向东北方向移动,而 20030712 过程引导气流为偏西气流,云团向偏东方向移动。

两次过程 850 hPa 低涡、切变线位置相似,但暴雨落区却有明显差别。由图 1(a、b)可见,850 hPa 低涡都位于河南境内。涡前都有纬向切变,20100907 过程纬向切变从苏、皖北部穿过,而 20030712 过程纬向切变位于鲁南,虽然 20100907 过程纬向切变线更偏南,但造成的大暴雨区更偏北。

850 hPa 上,20100907 过程我国东北地区为冷高压,高压前部为 >12 m/s 的强劲东北风,且与等温线垂直,为冷平流,这支强劲东北风经渤海入侵山东省西部,低涡北侧东北、东南气流较强(>12 m/s),由于冷空气从低涡后部侵入,冷暖空气交汇在低涡顶端并在鲁西辐合。虽然涡前有纬向切变存在,但切变南侧西南气流较弱,动力和热力辐合中心都不在纬向切变附近。而 20030712 过程的纬向切变线是中心位于黄海北部的西风带高压和带状副高之间形成的,东北地区为暖低压,盛行南风,西风带弱冷空气盘踞山东省,冷暖空气交汇在 850 hPa 纬向切变线上,切变线南侧西南暖湿气流强盛。

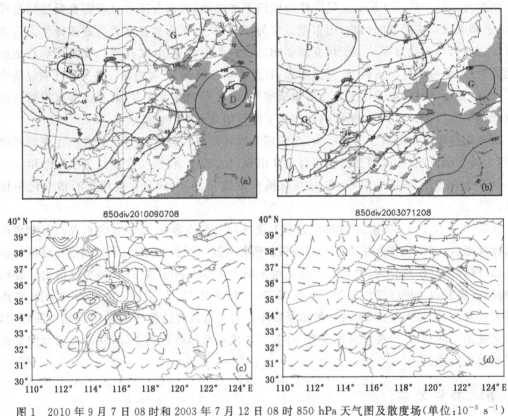

图 1　2010 年 9 月 7 日 08 时和 2003 年 7 月 12 日 08 时 850 hPa 天气图及散度场(单位:10^{-5} s^{-1})

850 hPa 形势的显著差异反映在散度场上(图 1c、d),20100907 过程辐合中心位于聊城附近,中心值为 -6×10^{-5} s^{-1},涡前暖切变附近为弱辐合区;而 20030712 过程的辐合区与纬向切变线对应较好,-4×10^{-5} s^{-1} 的纬向辐合带覆盖鲁南地区。

1.2 地面形势与暴雨落区

图 2 为暴雨时地面形势,两者共同点是苏、皖北部有低压存在,鲁南地区都处在地面静止锋之后。但地面冷空气的路径、位置、强度有显著不同,在 20100907 过程中,东北为强大高压,其与皖北低压之间等压线密集,山东省为一致东北风,除了地面倒槽顶端的暴雨区外,在相距 200 km 左右的聊城一带出现另一个雨量中心,该雨量中心出现在静止锋后的锋区上。而 20030712 过程中,东北地区为低压,盛行南风,并无冷空气从东北入侵山东省,山东省为海上高压西伸的高压坝控制,鲁南为倒槽顶部东北风,鲁中及以北地区为东到东南风,两支气流在聊城地区形成辐散场,强降水位于倒槽顶端后部的东北气流中,即鲁东南地区。

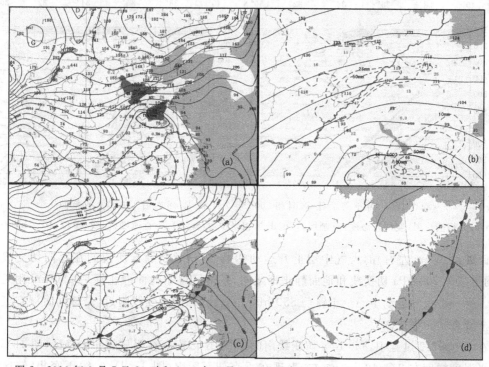

图 2 2010 年 9 月 7 日 20 时和 2003 年 7 月 12 日 14 时地面形势(b.d 虚线为 6 h 等雨量线)

2 影响系统的空间结构差异

为了揭示暴雨落区与影响系统空间结构的关系,制作聊城(116°E,36°N)两次过程经向垂直剖面图,两次过程均为有地面静止锋配合的纬向切变线影响。从图 3 可见,从地面到高空都有随高度向冷区倾斜的 θ_e 密集区,锋区内等温线下凹,但水平梯度较小,两次过程均为弱冷空气影响。虽然 20100907 过程地面等压线较为密集,但从 850 hPa 等温线(图 1a)稀疏,表现在空间剖面上,锋区内等温线平缓下凹,等 θ_e 线也较稀疏,锋区较弱,因而在实际预报中易忽视锋区的存在。但 850 hPa 以下东北风和东南风均较强,说明低层辐合较强。地面锋面到达 35°N 附近,锋区位于 35°～36°N,在 35°N 以南的暖湿空气沿锋面爬升,在地面锋后 36°N 附近的 700～600 hPa 高度上形成了 -21×10^{-3} hPa·s^{-1} 的上升运动中心(图 3b),恰位于聊城上空。

从 θ_e(图 3a、c)分布可见,锋前 345 K 线沿锋面上凸,代表暖湿空气沿锋面爬升,在锋后 1

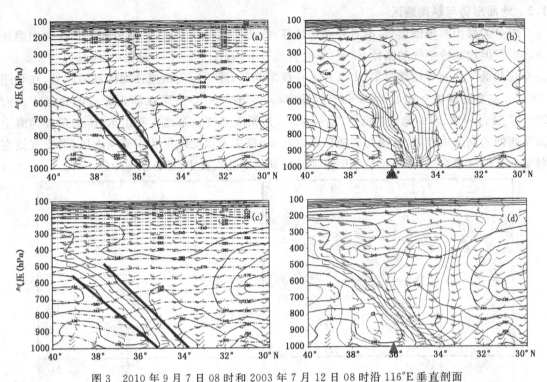

图 3　2010 年 9 月 7 日 08 时和 2003 年 7 月 12 日 08 时沿 116°E 垂直剖面

(a,c)为相当位温(实线)、温度(点画线);(b,d)为相当位温(实线)、垂直速度(虚线,单位:10⁻³ hPa/s)

个纬距处(110 km 左右)的大气中层上升运动达最强,这就是通常所说的在纬向切变线过程中,雨带位于 700 hPa 切变线和地面静止锋之间,暴雨区位于地面静止锋后 150 km 附近[1]的情况。另一个上升运动中心位于锋前 850 hPa 左右,在纬向切变线附近,是锋前暖湿空气在切变线上辐合抬升形成。

在 20030712 过程中,850 hPa 切变线南侧即 35°N 以南存在明显的纬向锋区(图 1b),南北向水平温度梯度在 2℃/100km 左右,表现在垂直剖面图上(图 3c、d),θ_e 线更密集,锋区位于 34°～35°N,锋区内等温线下凹更为明显,虽然地面上(图 2c)等压线梯度稀疏,但由于 20030712 过程切变线南侧西南暖湿气流旺盛,造成了较强的湿度锋区(图略),可见由于锋区内温度和湿度梯度都比 20100907 过程强,因而 θ_e 线更密集。

两次过程均为后倾槽结构,500 hPa 以上为西南气流,锋面坡度均较小,属第一型冷锋,锋前暖湿空气均沿锋面爬升,但 20030712 过程锋面明显偏南,锋区北界在 35°N,暖湿空气在锋前抬升,同样在锋后 1 个纬距处上升速度达到最强,在对流层中低层形成了 −7×10⁻³ hPa/s 的上升运动中心(图 3d),只是由于锋区较 20100907 过程偏南,较强上升运动区也随之偏南了 1 个纬距。

两次过程暖湿气流强度有明显差异,20030712 过程切变线南侧有大范围西南气流北上,低空急流轴上有 28 m/s 的风速中心,而 20100907 过程仅在低涡中心附近有 >12 m/s 的偏南风,华南沿海西南风较小。表现在空间剖面图上,20030712 过程锋前有 $\theta_e \geqslant 350$ K 的暖湿气流沿锋面向北向上爬升到 850 hPa,而 20100907 过程锋前暖湿舌的相当位温在 345 K。

即 20030712 过程暖湿条件更好,而 20100907 过程低层辐合明显偏大(图 1c、d),垂直速度也大得多,即动力作用更显著。

总之,锋面抬升往往在锋面之后1个纬距(在锋面坡度小时,也可能在锋后2个纬距)左右的对流层中层达到最强,也就是锋面以北1~2个纬距左右处存在暴雨区,当东北地区有冷空气入侵山东省时,干冷和暖湿空气在山东省交汇,当温度梯度不明显时,可能表现为湿度锋区,即θ_e线较密集,即便锋面到达了鲁南(35°N附近),锋面抬升作用恰恰在36°~37°N达到最强,鲁中、鲁西的多次暴雨过程都与由东北经渤海入侵山东省的冷空气有关。

3 850 hPa 水汽通量和水汽通量散度

两次过程均发生在副高边缘,除了大气本身高温高湿外,由于500 hPa高空槽和低层切变线的存在,大范围西南气流从华南经长江流域伸向鲁南,对流层中低层(400 hPa)以下建立了明显的水汽通道,由850 hPa水汽通量可见(图4a,b),20100907过程西南急流范围小,仅鲁西、鲁西南出现>12 g·(cm·hPa·s)$^{-1}$的水汽通量大值区,伴随低涡东移,水汽通量大值区向鲁东南扩展。而20030712过程,纬向切变线南侧为大范围西南急流,>12 g·(cm·hPa·s)$^{-1}$的水汽通量大值区位于在纬向切变线南侧呈带状分布,水汽通量与急流有很好的对应关系。

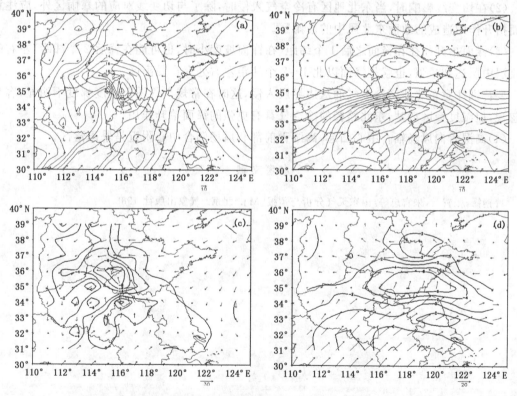

图4 2010年9月7日08时和2003年7月12日08时850 hPa物理量

a.b为水汽通量,单位:g·(cm·hPa·s)$^{-1}$;c.d水汽通量散度,单位:10^{-7}g·cm^{-2}·hPa^{-1}·s^{-1}

从850 hPa的水汽通量散度和水平风场(图4c,d)可见,20100907过程西南气流较弱,低涡前东南风与东北路径冷空气在鲁西、鲁西南汇合,造成了-8×10^{-7}g·cm^{-2}·hPa^{-1}·s^{-1}

的水汽通量辐合中心。20030712 过程,由于纬向切变线南侧强盛的西南暖湿气流,与其北侧弱东南气流之间形成沿切变线分布的带状水汽辐合区, $-6 \times 10^{-7} g \cdot cm^{-2} \cdot hPa^{-1} \cdot s^{-1}$ 的强水汽辐合覆盖鲁南大部,鲁西北和半岛北部为水汽通量辐散,两次过程水汽辐合中心都比水汽通量中心略偏北,与风场辐合中心一致(图 1c、d),水汽辐合主要由风场的辐合造成。

4　比湿的水平和垂直分布

在 20100907 过程中,东北风和东南风在聊城一带辐合,高湿舌向辐合中心凸起;850 hPa比湿在 12~13 g/kg,700 hPa 比湿达 10 g/kg;在 20030712 过程中,切变线南侧西南气流强,西南气流在纬向切变线上辐合,切变线南侧为东西向带状高湿区,高湿区同样向辐合区凸起。处于切变线北侧的聊城 850 hPa、700 hPa 比湿在 10 g/kg 以下。

两次过程高湿舌(区)都向辐合中心凸起,风场辐合对水汽集中起重要作用。

5　结语

(1)仅根据低层切变线位置来判断暴雨落区是不够的,暴雨落区的精细化预报更依赖于对冷暖空气的相互作用、影响系统的空间结构的细致分析。

(2)在切变线影响时,当东北地区有冷空气入侵时,除了与切变线对应的暴雨区外,应注意锋面抬升作用造成的地面东北风中的暴雨区。

(3)锋面抬升往往在锋面之后 1 个纬距(在锋面坡度小时,也可能在锋后 2 个纬距)左右的对流层中层达到最强,也就是锋面以北 1~2 个纬距左右处存在暴雨区。

要特别注意东北地区冷空气的从边界层入侵,这时在常规天气图上温度梯度不明显,容易被忽视,但湿度锋区清楚,东北路径的冷空气具有更强的锋面抬升作用。

(4)高湿舌向风场辐合中心凸起,高湿舌前部和风场辐合中心附近是暴雨落区。

参考文献

[1]　曹钢锋,张善君,朱官忠等.山东天气分析与预报[M].北京.气象出版社 1988.

第二部分 强对流、暴雪、台风

"米雷"台风路径东折的成因分析

梁　军[1]　张胜军[2]　张黎红[1]　蒋晓薇[1]

(1.大连市气象台,大连 116001；2.中国气象科学研究院灾害天气国家重点实验室,北京 100081)

摘　要

1105 号台风米雷(Meari)在东海南部和黄海北部出现了东折,对这两次转向的预报,国内外各家数值预报的误差都较大。为了认识这种预报偏差的原因,利用 1°×1°NCEP 再分析资料和 0.1°×0.1°FY-2D 云顶亮温资料,对 Meari 台风东移的可能原因进行探讨。分析结果表明,副高与台风之间等值线疏密所产生的非对称结构不同,台风的路径不同。台风西侧冷涡的吸引使台风加速向西北方向移动。中纬度冷空气的侵入,加大了台风南部的西风,台风转向东北方向移动。台风外围螺旋波状的中尺度云系与台风路径密切相关。台风动力场和热力场的分布不同,其移动路径不同。台风路径与其外区中低层的强辐合中心、水汽大值区和强上升运动区相对应。

关键词: 天气学　台风路径　成因分析　东折　非对称结构

引言

热带气旋(TC)沿我国东部海面偏北移的过程中,由于大尺度环流背景、中尺度涡旋、台风的非对称结构及下垫面地形和海温等的作用,常导致 TC 路径急剧变化。TC 路径转折点一直是台风研究和预报的重点和难点问题之一。

TC 北上过程中路径发生偏折的分析和研究已取得一些有意义的成果,这些研究对北上 TC 的路径预报具有重要意义。但 1949—2011 年在我国东部沿海北上至黄海北部的 TC 每年仅 0.2 个,北上强度减弱的台风路径预报海上可应用的高空间分辨率的资料又具有一定的局限性,而台风路径的可预报性又仅为 2 天左右,所以,有必要通过更多的个例分析,对北上至黄海的台风路径偏折的原因进行深入的探讨。

本文采用 NCEP 全球格点资料(1°×1°)和每小时一次的 FY-2D(0.1°×0.1°)云顶亮温资料,对 1105 号台风米雷(Meari)两次东折期间的环流特征、中尺度特征进行诊断分析,主要讨论环流演变、环境要素和台风结构的变化与台风转向的关系,希望能为北上台风路径的预报提供一些参考。

资助项目:国家自然科学基金项目(40675033,40730948);大连市科技计划项目(2009E12SF—167);中国气象科学研究院基本科研业务专项(2007Y006)。

1 台风概况

Meari 台风于 2011 年 6 月 22 日 14 时(北京时,下同)在菲律宾东部洋面生成,先西行后再向西北偏北方向移动,于 25 日 16 时到达温州东部约 270 km 的海面,强度为强热带风暴,开始转向东北,此后的 23 h 内基本向北移动,26 日 16 时,到达山东东北部成山头东部约 50 km 的海面,强度减弱为热带风暴,开始转向西北,穿过成山头,于 27 日 02 时再次转向,向东北偏东方向移动,27 日 05 时在黄海北部海域停编(图 1a)。受其影响,辽东半岛地区从 6 月 26 日凌晨开始至 27 日 10 时,普降暴雨和大暴雨(图 1b)。

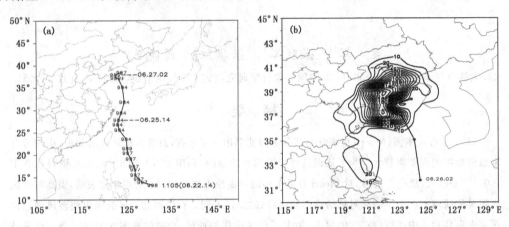

图 1   1105 号台风最低海平面气压(a,单位:hPa,图中数字为每 6 h 一次的台风中心海平面气压)
和 2011 年 6 月 25 日 20 时—27 日 08 时降水量(b,单位:mm)

2 大尺度环流背景

2011 年 6 月 25 日 08 时,叠置在青藏高压北部的中高纬度高压脊由贝加湖地区东移至东北上空,Meari 台风进入东海北上时,东北地区已维持高压脊,高压脊的东移抑制了东北地区低涡的发展,主体稳定在日本海附近的副高向北发展与高压脊靠近,但两个高压之间有一支高空急流(图略)。随着台风的北上,其外围靠近东北高压南部,东北高压脊向北加强发展,近于纬向的副高脊线顺转,副高与东北高压脊形成西北—东南向的混体高压带(图略),这种环流形势有利于台风在东南气流的引导下向西北方向移动,但为什么移动路径却转向东北呢? 这与青藏高压南部的环流调整密切相关。台风在东海转向之前,高原高压与其北侧叠置的高压脊位相产生偏移,在蒙古国西部(40°~45°N,100°E)出现分支点,高原高压北侧前方的西北气流逐渐加强,25 日 08 时,与台风西南侧的西北气流连通,台风南侧的西风由 10 m/s 增至 18 m/s,台风开始向东北偏北方向移动。之后,分支点南侧的西北气流不断向东南输送,台风南侧始终维持着偏西气流(图 2a),台风转向东北方向移动。26 日 20 时台风南侧由东风转为弱西风,27 日 02 时西风带连通,台风南侧的西风风速已达 18 m/s(图 2b),台风东北象限稠密、西南象限稀疏的东北—西南向的非对称结构转为东南象限稠密、西北象限稀疏,台风再次转向东北偏东方向移动。

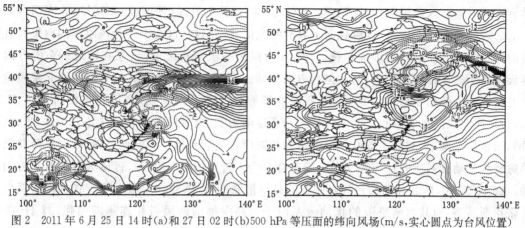

图 2　2011 年 6 月 25 日 14 时(a)和 27 日 02 时(b)500 hPa 等压面的纬向风场(m/s,实心圆点为台风位置)

3　中尺度系统与台风路径

不同尺度系统之间的相互作用也是影响台风移动的一个重要因子。为了分析中尺度系统对台风路径的作用,采用 Shuman-Shapiro 九点滤波算子(平滑系数取 0.5),T_{BB} 进行 6 次平滑,提取波长约为 500 km 的中尺度场。

由 Meari 台风北上期间的扰动 T_{BB} 分布可以看出(图 3,仅给出负值区),围绕台风眼区,扰

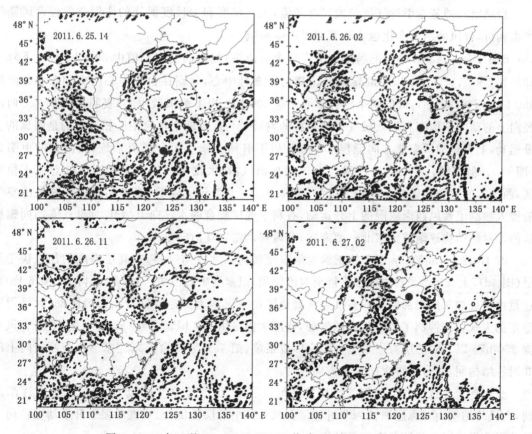

图 3　2011 年 6 月 25—27 日 FY-2D 扰动 T_{BB} 演变图(单位:℃)

动云带逆时针转入台风中心,扰动 T_{BB} 正直区(空白)和负值区(等值线)相间排列,表明台风云带上的强弱分布并不均匀,台风径向上具有明显的波动结构,这与围绕台风眼区的雨带具有明显的螺旋波动特征的观测事实相符。Meari 台风第一次东折之前,云系在西北—东南方向的螺旋结构明显,台风沿此方向向北偏西方向移动。25 日 14 时开始(图 3a),台风西北象限位于华北的螺旋云带趋于松散,台风东北象限的螺旋状扰动云系加强,台风向东偏折。25 日 20 时,台风西北象限在安徽和江苏南部扰动云系逐渐密实,逆时针卷入台风中心,26 日 02 时(图 3b),云带接近圆形,与高空 500 hPa 的低涡相对应。之后台风中心向西北偏折,台风西北象限的螺旋状扰动云系逆时针旋转与涡旋云系合并卷入台风中心(图 3c),台风继续向西北方向移动。26 日 20 时,西北移动的台风与东移的高空槽靠近,台风西北象限的螺旋状扰动云系向外扩张逐渐断裂,而其西南象限的扰动云系由于与高空槽前西风带相连逐渐加强,27 日 02 时(图 3d),西南—东北向螺旋云系的波动结构增强,台风第二次转向偏东方向移动。

扰动 T_{BB} 的分析表明,台风的中尺度云系具有明显的螺旋波特征,并在径向上具有显著的非对称结构,这种螺旋状的非对称性对台风的移向具有指示意义。当螺旋状的波动结构在西北—东南方向增强时,台风向北偏西方向移动。当台风西北象限的螺旋状扰动云系趋于零散、消失,东北象限波动特征明显时,台风转向偏东方向移动。

4 台风结构与路径

台风路径的基本引导气流是大尺度环流,天气尺度和中尺度涡旋的作用会促使台风路径产生偏折,台风的结构变化也会对其路径产生影响。

6 月 25 日 14 时,尽管正涡度仍贯穿整个对流层,但正涡度中心值由 $36 \times 10^{-5} \, s^{-1}$ 下降至 $18 \times 10^{-5} \, s^{-1}$,850 hPa 以下的辐合层出现两个辐合中心,分别在台风中心西南和东北方向的 950 hPa 附近(图 4a),低层两个辐合中心上空 300 hPa 以上为辐散中心,表明台风东北—西南径向上的动力结构有利于低层气旋性涡旋的发展。与低层两个辐合中心相对应的是明显的上升运动,上升运动区东北方向低层 850 hPa 以下有两个垂直闭合环流系统,西南方的更明显(图 4b)。低层辐合中心同时还对应着比湿高值区,在大比湿区的低层是明显的对流不稳定区,西南方的不稳定区在 850 hPa 以下,东北方的在 925 hPa 以下(图 4c),这说明高原冷空气的侵入加剧了台风西南象限的上升运动,有利于低层辐合的水汽向上抬升,西北—东南向螺旋状的非对称结构逐渐转为东北—西南向,台风移动路径逐渐向东偏折。

27 日 02 时,500 hPa 以上的正涡度随高度转向东北方向倾斜,中高层涡度的加强快于低层(图 4d),上升运动虽然由低层维持至对流层顶,但速度中心值由 $-1.1 \, Pa/s$ 降为 $-0.6 \, Pa/s$,这是由于贝加尔湖南部的弱冷空气经河套地区由台风西南部逆时针侵入台风内部,台风周围稳定的大气层结抑制了台风扰动的发展,比湿大值区由 700 hPa 降至 850 hPa(图 4f)。台风东侧 850 hPa 以下的低层有一个垂直闭合环流系统(图 4e),表明台风东北东—西南西径向上的非对称结构明显,台风再次向偏东方向移动。

分析 Meari 台风北上期间的结构特征可以看出,由于冷空气的流入,台风的强度逐渐减弱,台风的结构由对称逐渐转为非对称。台风外区中低层强辐合、水汽和强上升运动在径向上的非对称发展对台风路径有显著的影响。

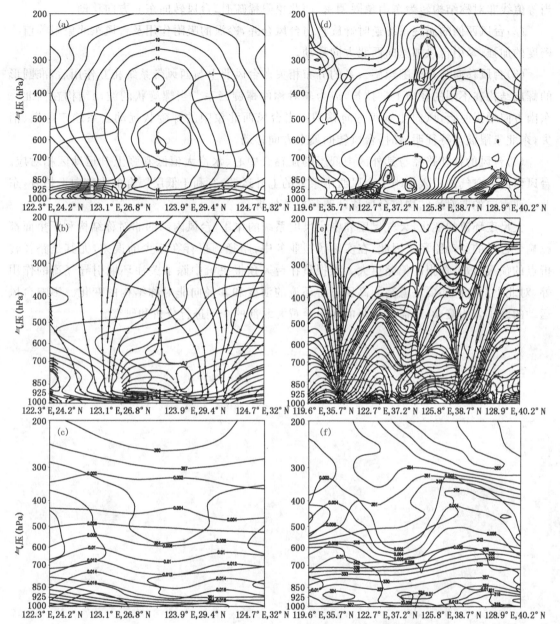

图 4 2011 年 6 月 25 日 14 时（a～c）和 27 日 02 时（d～f）沿台风中心连线的垂直剖面（a、d）正涡度（实线，单位：$10^{-5}s^{-1}$）和散度（虚线为辐合，单位：$10^{-5}s^{-1}$）；（b、e）水平风与垂直速度（放大 100 倍）的流线和垂直速度（单位：Pa/s）；（c、f）相当位温（实线，单位：K）和比湿（虚线，单位：g/kg）

5 结论与讨论

本文对 Meari 台风两次东折期间的大尺度环流、中尺度环流及其结构特征进行了诊断分析，结果表明：

（1）副高与台风之间等值线疏密所产生的非对称结构不同，台风的路径不同。等值线在台风东北象限稠密、西南象限稀疏，表明台风东北部的风速大于西南部的，台风向西北方向移动。

当等值线非对称结构转为东南象限稠密、西北象限稀疏时,台风转向东北方向移动。

(2)台风西侧的涡旋系统逆时针旋转与台风合并,冷涡的吸附作用及台风东北象限等值线密度的加强,牵引台风加速向西北方向移动。

(3)台风移向与其外围螺旋云系的分布相关。台风北上与西风带系统相互作用后,准圆形的螺旋结构在不同的径向上被拉长,成为非对称的螺旋云系。当螺旋状的波动结构在西北—东南方向增强时,台风向北偏西方向移动。当台风西北象限的螺旋状扰动云系趋于零散、消失,东北象限波动特征明显时,台风转向偏东方向移动。

(4)台风的移动路径与其外区中低层的强辐合中心、水汽大值区和强上升运动区相对应。台风西侧冷空气的侵入加剧了台风西南象限的上升运动,有利于低层辐合的水汽向上抬升,东北—西南向的非对称结构使台风移动路径向东偏折。

大尺度环流的变化,天气尺度和中小尺度系统的作用,台风内部的非对称结构和下垫面都影响着台风的移动路径。因此,在实际预报业务中,路径预报存在不少的误差,尤其是路径转折点的预报,数值预报的偏差更大。预报员在台风预报决策中除了关注环境引导气流的作用外,对北上的台风还要注意高原高压下游环流的演变和其径向非对称结构的变化。影响台风运动的因子较为复杂,还需要更多的北上至黄海北部的个例进行分析和研究。

1109 超强台风"梅花"强度及路径异常的分析

余丹丹 李 就 聂 锋 关 皓 张芳苒

(61741 部队,北京 100094)

摘 要

利用常规观测资料、NCEP1°×1°格点资料以及 AVHRR 卫星遥感海温资料,从能量场、湿度场、辐散场、高度场以及西南季风和越赤道气流等多方面对超强台风"梅花"的强度及路径进行分析。结果表明:充沛的水汽供应是"梅花"生成初期快速增强的重要原因;暖洋面、弱纬向风垂直切变、涡度场和散度场上下层配置关系等对"梅花"强度维持起到重要作用;西南季风和越赤道气流引发的低空引导气流的增强是"梅花"在生成初期路径突变的直接原因;西太平洋副热带高压的位置变动和形态变化与"梅花"路径改变有很好的对应关系,"梅花"的移动和移速主要受副高引导气流的影响,尤其在近海转向中表现更为明显。

关键词:超强台风"梅花" 路经异常 西太平洋副热带高压 引导气流

引言

近年来,随着数值天气预报模式的发展和卫星资料的应用,热带气旋强度和路径的研究取得了很多的成果。热带气旋的强度和路径变化既与其自身的特征有关[1],也与环境场天气系统[2]、上下层气流[3]、下垫面状况[4]以及不同尺度运动相互作用[5]相联系,具有复杂而显著的非线性变化特征[6],一直是热带气旋研究和业务预报的重点和难点问题。

然而对疑难路径的预报,现有数值预报和动力统计方法往往很难奏效。1109 号超强台风"梅花"虽未在我国登陆,但其一路北上,对我国东部沿海和华东地区造成严重影响。"梅花"强度强,曾两度加强为超强台风,并以强台风强度长期维持;"梅花"路经多变,在到达我国近海后转向,擦过浙江舟山群岛、山东半岛,继而向辽宁南部沿海靠近,最终在朝鲜西北沿海登陆。各数值预报产品对登陆点的预报一直向东修正,鉴于此,有必要对"梅花"近海转向路径作深入的分析。

本文用气象常规资料、NCEP/NCAR 再分析资料、AVHRR(先进甚高分辨率辐射仪)卫星遥感海温资料,对"梅花"强度变化以及移动路径出现的 4 次转向原因进行天气和动力学诊断分析,以期为今后的台风预报提供一些有益的参考。

1 "梅花"特点及影响

1109 号超强台风"梅花"(Muifa)是今年第 2 个北上影响我国的热带气旋,也是今年第 3 个超强台风,它具有生命史长、强度强、移速慢、移动路径多变、影响范围广、风大雨小等特点。

(1)生命史长且强度强

"梅花"的生命周期长达 13 天,是热带气旋平均生命周期的 2 倍左右。

"梅花"强度强而多变,先后经历了"增强减弱再增强再减弱"的过程。统计"梅花"达到强台风以上级别的天数为 7 天,占到整个生命周期一半以上。

(2)移速慢且移动路经多变

"梅花"平均移动速度为每小时 10~15 km,只达到热带气旋平均移动速度的一半左右。

"梅花"的移动路径总的来说先北上后西行再北上,共经历 4 次大的转向过程。"梅花"进入东海以后,路径出现的第 3 次、第 4 次转向,各家数值预报均有失误,预报结论也略有不同。

(3)影响范围广

"梅花"虽然没有在我国登陆,但其影响范围很广,"梅花"的外围 7 级风圈半径达到了 400 km,影响整个华东沿海及东部沿海海域,其中东海、黄海出现 5~9 m 的巨浪到狂浪区,浙江、上海沿岸海域出现 4 m 以上的巨浪。

(4)风大雨小

"梅花"对我国东部沿海地区的影响,呈现"风大雨小"的特点。"梅花"的不对称性导致强降雨区主要位于东侧,而西侧的我国东部沿海地区风力可达 10~13 级。

2 "梅花"强度分析

"梅花"自生成到消失强度变化经历了 3 个阶段:分别是(1)7 月 28 日 14 时—7 月 31 日 14 时,生成初期迅速加强阶段;(2)7 月 31 日 20 时—8 月 6 日 14 时,强台风维持阶段;(3)8 月 6 日 15 时—8 月 9 日 7 时,强度逐渐减弱阶段。充沛的水汽供应是"梅花"第一阶段快速增强的重要原因,宽广的暖洋面、弱纬向风垂直切变以及对流层上层的辐散流场均有利于"梅花"第二阶段强度维持。

2.1 充沛的水汽供应是"梅花"生成初期快速增强的重要原因

"梅花"发生于热带辐合带,从"梅花"生成时的卫星云图(图略)可以看到位于 10°N 附近热带辐合带异常活跃,对流云系极其旺盛,云图上成片的亮白云区为台风发展和强度维持提供了大量的水汽和能量。从 850 hPa 水汽通量和流场分析可知:"梅花"的水汽通道主要来自南海南部的西南气流,其次是南半球的越赤道气流。对比 7 月 29 日 8 时(图 1a)和 7 月 31 日 8 时(图 1b)的 850 hPa 水汽通量分布可知,"梅花"从"热带风暴"发展为"超强台风"的过程中,水汽通量的极值中心始终位于其中心的东南侧,且最大中心值随着西南季风和越赤道气流的加大明显增大,31 日 8 时中心值达到 0.24 g/(s·cm·hPa)。因此水汽供应量不断增强是"梅花"发展为超强台风的有利保证。

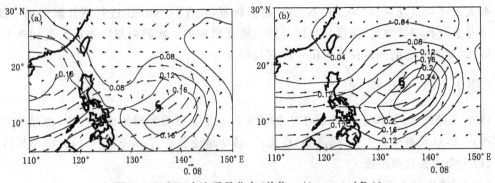

图 1   850 hPa 水汽通量分布(单位:g/(s·cm·hPa))

(a)2011 年 7 月 29 日 8 时,(b)7 月 31 日 8 时

2.2 暖洋面、弱纬向风垂直切变以及对流层上层的辐散流场均利于"梅花"的发展加强

图2给出了强台风维持阶段(7月31日—8月6日)海温场(图2a)以及850 hPa和200 hPa之间纬向风垂直切变分布(图2b)。图2a中我国东海、南海、台湾以东和菲律宾以东大部海域维持28℃以上的高温区,"梅花"自生成后,所经海域皆为暖洋面,从中不断获得热量补充和水汽输送。这是"梅花"强度得以长时间维持的能量来源。

图2(b)中"梅花"第二阶段的移动路径几乎与0等风速线重合,这说明台风中心附近区域的风速垂直切变很小,低层风速与高层风速变化不明显,这对"梅花"暖心结构的维持十分有利,也是"梅花"进一步维持和加强的必要条件。

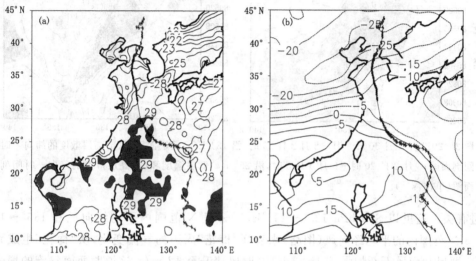

图2 2011年7日31日—8月6日海温场分布(a,单位:℃),以及850 hPa和200 hPa之间
纬向风垂直切变分布(b,单位:m/s)

对流层上层有无明显辐散气流是热带气旋能否继续发展的重要标志。为此,从7月31日—8月6日200 hPa位势高度和散度的分布(图略)来看,南亚高压东进明显,1250 dagpm特征线已伸展到130°E以东,高空反气旋环流扩展到西北太平洋地区,形成有利于"梅花"发展的高层辐散条件,从移动路经来看,"梅花"正是位于高层辐散流场的下方,才一路发展加强。

由7月30日8时—8月2日20时,沿134°E低层涡度(图3a)和高层散度(图3b)的纬向—时间剖面图以及8月2日20:00至8月6日8时,沿25°N低层涡度(图3c)和高层散度(图3d)的经向—时间剖面图可知。台风中心、低层涡度中心以及高层散度中心有很好的配置关系。"梅花"上层辐散流场的叠加对其强度迅速发展起到重要作用。

3 "梅花"移动路径四次转向的原因分析

纵观超强台风"梅花"移动路径的四次转向,都伴随着大尺度环境基本气流的调整和突变。"梅花"在生成初期的第一次转向主要受低空引导气流的影响,而后几次转向则与副高的变动有密切的关系。

3.1 低空引导气流的加强引起了"梅花"路径的突变

7月29日20时,"梅花"由西行转向北上,对比转向前后850 hPa流场分布(图略),发现"梅花"东南侧的西南气流明显增强,一方面受西南季风和越赤道气流的影响,另一方面也与副

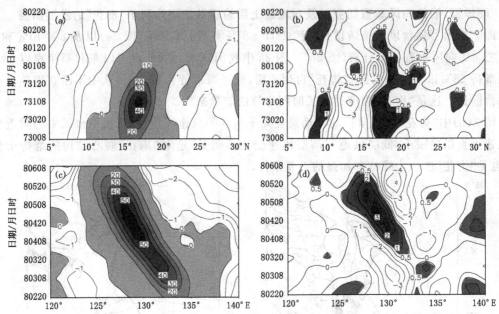

图 3　2011 年 7 月 30 日 8 时—8 月 2 日 20 时,沿 134°E(a)低层涡度和(b)高层散度的纬向—时间剖面图;8 月 2 日 20 时—8 月 6 日 8 时,沿 25°N(c)低层涡度和(d)高层散度的经向—时间剖面图(单位:s⁻¹)。

高西进有关。这里以 850 hPa 125°～135°E,5°～15°N 范围内平均纬向风和 135°～145°E,10°～15°N 范围内的平均经向风(图略)来表征"梅花"周边的气流变化,从"梅花"生成到第一次转向,西风和南风不断加强,7 月 29 日 20 时风速升至 12 m/s,这说明西南气流的增强阻止了"梅花"的继续西行,使其移速减慢,而其南侧偏南气流的汇入则驱使台风向北移动,两者的作用使"梅花"在 7 月 29 日 20 时发生转向,由西北行转向北上。

3.2 "梅花"近海转向原因分析

从 500 hPa 环流形势场来看,8 月 4 日,东亚沿海有一长波槽维持,河套地区有短波槽生成,副高偏北,长轴呈东西向分布,脊线位于 35°N 附近,"梅花"位于副高南侧,受偏东气流操纵向西移动(图 4a);8 月 5 日,东亚沿海长波槽东移减弱,其槽后的高压脊并入副高(图 4b),卫星云图(图略)上位于东亚沿海的晴空区与日本附近的晴空区连成一片,使得副高明显加强,高压轴线呈西北—东南向,其西部脊线在 35°N 以北,"梅花"受其东南气流操纵转向西北行,与此同时,河套地区长波槽发展,槽底达 30°N 以南,槽前的西南气流也有利于"梅花"北上;8 月 6—7 日,我国东部沿海为长波脊控制,中心位于日本海的副高正处在稳定的长波脊南侧,不断地有暖平流补充,强度加强,高压轴线几乎呈南北向,位于副高西面的"梅花"由西北行逐渐转向北上,同时河套地区长波槽继续发展加强,也加速了"梅花"的转向(图 4c、d)。

副高引导气流的改变直接导致"梅花"在近海转向。在此期间,副高是不断加强的,这一点各家数值预报都做出了准确的预报,但登陆点预报一直向东修正,究其原因,是过高地估计了副高强度再度加强的能力,也没有考虑到河套地区长波槽槽前西南气流的影响。

4　结论

(1)充沛的水汽供应是"梅花"生成初期快速增强的重要原因;

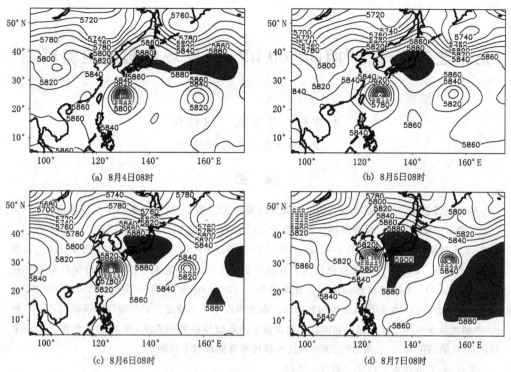

图 4 2011 年 8 月 4—7 日不同时间 500 hPa 高度场分布(单位:gpm)

　　(2)暖洋面、弱纬向风垂直切变、涡度场和散度场上下层配置关系等对"梅花"强度维持起到重要作用;

　　(3)西南季风和越赤道气流引发的低空引导气流的增强是"梅花"在生成初期路径突变的直接原因;

　　(4)西太平洋副热带高压的位置变动和形态变化与"梅花"路径改变有很好的对应关系,"梅花"的移动和移速主要受副高引导气流的影响,尤其在近海转向中表现更为明显;

　　(5)数值预报的偏差,主要是过高估计了副高强度再度加强的能力,也没有考虑到河套地区长波槽槽前西南气流的影响,这方面有待今后进一步完善。

参考文献

[1]　雷小途.热带气旋的结构对其路径偏折的分析[M].第 11 届全国热带气旋科学讨论会论文摘要文集,中国气象科学研究院,1999:58-60.

[2]　徐祥德,陈联寿等.环境场大尺度锋面系统与变性台风结构特征及其暴雨的形成[J].大气科学,1998,22(5):744-752.

[3]　陈联寿,孟智勇.我国热带气旋研究十年进展[J].大气科学,2001,25(3):420-432.

[4]　陈光华,黄荣辉.西北太平洋暖池热状态对热带气旋活动的影响[J].热带气象学报,2006,22(6):527-532.

[5]　Yumoto, Tomonori. Interdecadal variability of tropical cyclone activity in the Western North Pacific[J]. *Journal of the Meteorological Society of Japan*,2001,**79**(1):23-35.

[6]　姚才,金龙,黄明策等.遗传算法与神经网络相结合的热带气强度预报方法试验[J].海洋学报,2007,**29**(4):11-19.

光流法对"梅花"期间 500 hPa 高度场预报的检验释用

朱智慧　黄宁立　浦佳伟

(上海海洋气象台,上海 201300)

摘　要

利用光流技术,对台风"梅花"期间 ECMWF(简称 EC)和 T639 两个数值天气预报模式的 500 hPa 高度场预报进行了检验和释用。结果发现,EC 的 24 h, 48 h, 72 h 预报具有稳定的误差。EC 的 24 h 预报强度误差比观测低 2~9 gpm;它的 24 h 预报角度误差在 180°~240°(极坐标系),也就是西到西南向。EC 的 48 h 预报强度误差比观测低 8~18 gpm,它的 48 h 预报角度误差同样在 180°~240°。EC 的 72 h 预报强度误差比观测低 8~26 gpm,它的 72 h 预报角度误差在 180°~290°。作为比较,T639 的预报强度和预报角度误差则没有那么稳定。对预报位移误差而言,EC 和 T639 的预报误差都比较稳定。利用基于光流技术的数值预报释用方法,将 24 h 的预报误差用来订正 48 h 的预报,结果表明,订正预报场比预报场本身更近似于观测场。

关键词:光流技术　台风　检验　释用

引言

光流是计算机视觉领域中的重要概念,在图像处理领域,光流技术已经被很好地研究[1]。在空间中,物体的运动是通过图像序列中强度的变化来描述的,空间中的运动场转移到图像上就表现为光流场。

数值天气预报模式产生的预报要素空间场是二维的格点场,站点观测数据通过插值可以处理为二维的格点场,因此,应用于图像处理领域的光流技术也可以用来进行数值模式检验。Marzban 等[2]利用光流技术检验了华盛顿中尺度集合预报系统的海平面气压预报,通过将光流场分解为强度误差、角度误差和位移误差 3 种误差,他们发现,此中尺度模式在亚热带地区有明显的强度偏差,在陆地上有一个 50 km 的系统性偏差。

在 2011 年第 9 号超强台风"梅花"的路径预报中,全球各大机构的数值模式都出现了较大的偏差。由于数值模式的初始场、参数化等因素的影响,目前数值模式结果还存在一定的偏差。如果一个模式的预报误差相对稳定,那么它的预报结果就有较高的参考价值,有效分析和利用这些误差是提高预报能力的一个重要手段,因此,本文利用光流技术分析了"梅花"期间 EC 和 T639 的预报误差,并利用这些误差进行了数值预报的释用,改进了预报结果。

1　资料与方法

1.1　资料

本文使用的资料为:

(1)中国气象局 MICAPS 系统中 EC 和 T639 的 500 hPa 位势高度 24、48 和 72 h 预报场和对应时次的分析场,时间为 2011 年 8 月 1 日 20 时至 8 日 20 时。其中 EC 资料空间分辨率为 2.5°×2.5°经纬距,T639 资料为 1°×1°经纬距。

(2)中央气象台台风"梅花"定位资料,时间为 2011 年 8 月 1 日 20 时至 8 日 20 时。

1.2　光流场计算方法及光流订正释用技术

对光流场的计算,本文使用的是 LK 方法[2]。对数值模式检验而言,用 I_o 和 I_f 分别代表观测场和预报场,且场强不为常数时,Marzban 等[2]将 LK 方程改进为:

$$I_o(x,y) \simeq I_f(x+dx,y+dy)+A(x,y)$$

其中 $A(x,y)$ 代表预报场相对观测场的强度误差。将上式进行泰勒展开并省去高阶项得:

$$I_o(x,y) \simeq A(x,y)+I_f(x,y)+\frac{\partial I_f}{\partial x}dx+\frac{\partial I_f}{\partial y}dy$$

每个格点上(dx,dy)所构成的矢量场就是光流场。这样求得的光流场就可以表征预报场相对于观测场的偏移。这时需要求解的参数变为 $dx,dy,A(x,y)$。将 dx,dy 转化为极坐标系表示,其中的极径和角度就分别代表位移误差和角度误差。

利用光流技术,我们已将预报误差分解为强度、位移和角度三种误差,本文提出了一种基于光流检验技术的订正方法,用 24 h 的预报误差来订正 48 h 的预报:

$$I'_{48}(x,y) \simeq A_{24}(x,y)+I_{f48}(x,y)+\frac{\partial I_{f24}}{\partial x}dx_{24}+\frac{\partial I_{f24}}{\partial y}dy_{24}$$

式中,$I'_{48}(x,y)$ 代表 48 h 预报场的订正场,$A_{24}(x,y)$ 代表 24 h 预报场的强度误差,$I_{f48}(x,y)$ 代表 48 h 预报场,dx_{24},dy_{24} 分别代表 24 h 预报在 x,y 方向的位移误差。

2　EC 和 T639 模式一次 24 h 预报的误差对比分析

从图 1 中可以看到,在强度误差方面,EC 对"梅花"预报略偏强,对副高和西方槽的预报略偏弱,T639 对"梅花"和西风槽的预报都偏强,对副高的预报同样偏弱。在位移误差方面,EC 对"梅花"的预报位移误差小于 0.5 个经纬距,对副高和西方槽的预报位移偏差也比较小,在 0.5 个经纬距左右,而 T639 对"梅花"的预报位移误差在 0.5 个经纬度左右,对副高和西风槽的预报则有较大误差,为 1.5～3 个经纬距。在角度预报误差方面,EC 对"梅花"的预报偏西,对副高的预报以偏西到西南为主,对西风槽的预报以偏西为主,T639 对"梅花"的预报误差也主要是偏西,对副高的预报则主要是偏西。

3　"梅花"影响期间 EC 和 T639 模式预报误差对比分析

取台风中心附近 4 个格点的误差平均代表数值模式对台风区域的预报误差,计算 8 月 1 日 20 时—8 日 20 时两个模式的 24 h、48 h 和 72 h 预报强度、位移和角度误差,如表 1 所示。

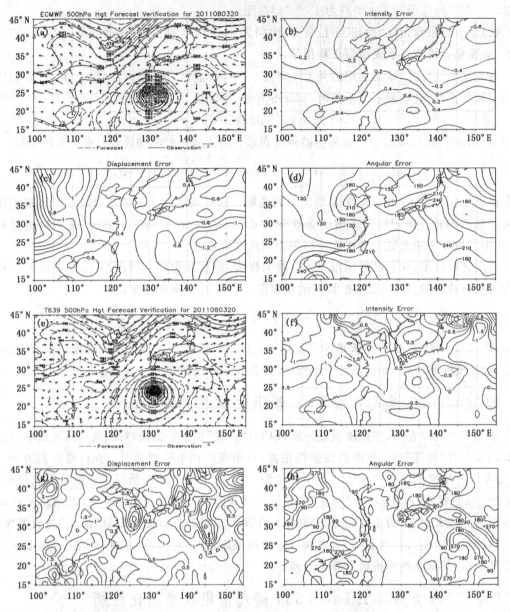

图1　EC(a)实线是分析场,虚线是预报场,箭头场是光流场,(b)强度误差场,(c)位移误差场,(d)角度误差场和 T639(e)(f)(g)(h)的 500 hPa 24 h 预报光流检验场。时间是 2011 年 8 月 3 日 20 时。

表 1(a)　EC 和 T639 模式 24 h、48 h、72 h 预报强度误差(单位:10 gpm)

时间(日/时)	EC 模式			T639 模式		
	24 h	48 h	72 h	24 h	48 h	72 h
1/20	0.8	1.8	1.4	1	0.8	1.8
2/20	0.5	1.8	2.3	0	0.6	−1
3/20	0.5	1.4	2.6	0.6	0.8	−0.6

时间(日/时)	EC 模式			T639 模式		
	24 h	48 h	72 h	24 h	48 h	72 h
4/20	0.3	1.3	2.2	−0.7	−0.1	−0.9
5/20	0.3	0.8	1.4	1.9	−0.5	−0.3
6/20	0.6	1	0.8	1.9	2.9	0.4
7/20	0.7	1.8	0.9	2.2	4.6	−0.8
8/20	0.9	1.5	−2.5	2.9	−4.5	−8.6
标准差	0.2	0.4	1.5	1.1	2.5	2.9

表 1(b)　EC 和 T639 模式 24 h、48 h、72 h 预报位移误差(单位:1 经纬距)

时间(日/时)	EC 模式			T639 模式		
	24 h	48 h	72 h	24 h	48 h	72 h
1/20	0.4	1.1	0.2	0.7	1.2	1.4
2/20	0.8	0.9	1.3	1	1	1
3/20	0.7	1.6	1	0.6	1.7	0.8
4/20	0.7	1.1	1.8	0.2	0.9	1.5
5/20	0.8	1.2	1.5	0.3	0.4	0.9
6/20	0.6	2.2	2.6	0.3	0.5	0.6
7/20	0.2	1.5	1.8	1	0.8	0.6
8/20	1.1	1.4	1.3	0.9	1.1	2.5
标准差	0.3	0.4	0.6	0.3	0.4	0.6

表 1(c)　EC 和 T639 模式 24 h、48 h、72 h 预报角度误差(°)

时间(日/时)	EC 模式			T639 模式		
	24 h	48 h	72 h	24 h	48 h	72 h
1/20	202	188	257	332	288	340
2/20	213	198	193	344	345	314
3/20	186	204	170	214	4	23
4/20	238	198	210	124	318	12
5/20	201	234	209	227	36	353
6/20	189	239	235	124	236	300
7/20	214	197	246	220	214	244
8/20	203	202	288	195	317	316
标准差	15.1	17.4	35.4	76.4	122.4	130.9

从表1(a)看到 EC 的 24 h，48 h，72 h 预报具有稳定的强度误差，它的 24 h 预报强度误差比观测低 2~9 gpm，48 h 预报强度误差比观测低 8~18 gpm，72 h 预报强度误差比观测低 8~26 gpm，随着预报时效的增加，误差也相应地在增大。作为比较，T639 的强度误差表现不稳定，24 h，48 h 和 72 h 预报强度误差分别为 −7~29 gpm、−45~46 gpm、−86~18 gpm，变化都较大。从标准差也可以看出，EC 的预报强度误差稳定性更好。

从表1(b)中可以看到，对预报位移误差而言，EC 和 T639 的 24 h 预报表现都比较稳定，EC 为 0.2~1.1 个经纬距，T639 为 0.2~1 个经纬距。EC 的 48 h 和 72 h 预报位移误差也比较稳定，基本在 1~2 个经纬距之间。T639 的 48 h 和 72 h 预报位移偏差相对对应时次的 EC 预报表现要更好一些，但误差为 0.4~1.7 以及 0.6−2.5 个经纬距，变化较大。

从表1(c)中看到 EC 的 24 h 预报角度误差在 180°~240°，48 h 预报角度误差同样在 180°~240°，72 h 预报强度误差在 180°~290°，也就是说，EC 的 24 h、48 h 和 72 h 预报角度误差主要是偏向西到西南向。在预报角度误差方面，T639 同样表现不稳定，其 24 h 预报角度误差在 1 日和 2 日主要是偏向西北到北，3−8 日则主要偏向西南；48 h 预报角度误差 1−5 日主要偏向西北到偏北方向，而在 6 日、7 日则主要偏向西南，8 日偏向西北；72 h 预报角度误差 1−8 日主要偏向西北到偏北方向。从标准差也可以看出，EC 的预报角度误差稳定性更好。

4 数值预报订正释用结果分析

相似离度[4]综合考虑了形相似和值相似，因此可以用来检验数值模式预报场和实况观测场的相似程度。计算 8 月 1−8 日 EC 和 T639 模式的 24 h、48 h 和 72 h 500 hPa 预报场与分析场的相似离度（图略），结果表明，EC 和 T639 的 24 h 预报与实况的相似度最好，两个模式 24 h、48 h 和 72 h 预报尽管存在误差，但相似离度变化不大，可见，两个模式对整个高度场的预报比较稳定。另外，EC 的 24 h、48 h 和 72 h 预报都要比 T639 表现更好。

利用前面介绍的订正方法，本文用模式的 24 h 预报误差来订正 48 h 预报，并计算了 48 h 预报场和订正后的 48 h 预报场与对应时次分析场的相似离度，结果如图 2(a)、(b)所示，从图 2 中可以看到，对 EC 和 T639 两个模式，2−8 日，订正后的 48 h 预报场与分析场的相似离度比订正前基本都有所减小，这说明，用光流技术计算的 24 h 预报场误差来订正 48 h 预报场是一种有效的方法。

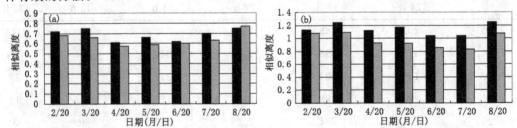

图 2　2011 年 8 月 2−8 日 EC(a)和 T639(b)的 48 h 预报场（黑色）与订正场（灰色）的相似离度比较

5 结论与讨论

利用光流技术对"梅花"期间 EC 和 T639 模式的 500 hPa 高度场预报进行了检验和释用，主要得出以下几点结论：

（1）在预报误差方面，光流技术提供了两个数值预报模式对台风区域预报的有用信息。EC 的 24 h，48 h，72 h 预报具有稳定的误差。EC 的 24 h 预报强度误差为 2～9 gpm，角度误差在 180°～240°，也就是西到西南向。EC 的 48 h 预报强度误差为 8～18 gpm，角度误差同样在 180°～240°；EC 的 72 h 预报强度误差比观测低 8～26 gpm，预报角度误差在 180°～290°。作为比较，T639 的预报强度和预报角度误差不稳定。

（2）两个模式 24 h，48 h，72 h 的预报场与对应的分析场的相似离度表明，EC 比 T639 有更好的表现。用光流技术得到的 24 h 预报误差来订正 48 h 预报，订正预报场更近似于观测场。

参考文献

[1] McCane B，Novins K，Crannitch D，*et al*. 2001. On benchmarking optical flow. *Computer Vision and Image Understanding*. **84**：126-143.

[2] Marzban C，Sandgathe S. 2010. Optical flow for verification. *Weather and Forecasting*. **25**：1479-1494.

[3] Lucas B D，Kanade T. 1981. An iterative image registration technique with an application to stereo vision. *Proc. Imaging Understanding Workshop*. DARPA. 121-130.

[4] 李开乐. 1986. 相似离度及其使用技术. 气象学报. **44**(2)：174-182.

强台风"纳沙"路径及强度特点分析

李天然　舒锋敏　杨才文　林良勋

(广州中心气象台，广州 510080)

摘　要

　　总结了强台风"纳沙"的路径、强度及影响的 3 个特点。分析了强台风"纳沙"生成的气候背景，发现赤道东太平洋地区进入 La Niña 期是 2011 年 9 月份西太平洋和南海地区热带气旋频发主要原因之一。对其移动 3 个阶段的路径特点、强度变化、结构变化、影响因素及预报着眼点等进行了分析，并对台风路径的主、客观预报作了对比分析。"纳沙"整体的移动路径属于一个正常的台风，但是"纳沙"在南海的路径短时摆动较大。其他热带气旋和弱冷空气的活动给预报带来了干扰。各家客观、主观预报，基本上能够预报出路径和强度的变化。风雨及预报特点：降水落区预报很好，量级偏大；大风预报与实况基本相符。

　　关键词：强台风"纳沙"　移动路径　引导气流　不对称结构

引言

　　台风路径及强度预报是台风预报的重点与难点，其准确性对于防灾减灾，减轻台风灾害的影响具有十分重要的意义[1~3]。

　　2011 年 9 月 24 日 08 时，今年第 17 号热带风暴"纳沙"（"Nesat"，名字来源于柬埔寨，意为"渔夫"）在西北太平洋形成，25 日 05 时加强为强热带风暴，同日 20 时快速加强为台风，26 日 23 时加强为强台风。"纳沙"生成后，稳定向西北偏西方向移动，27 日 14 时左右进入南海，29 日 14 时 30 分以强台风的强度（42 m/s，14 级）在海南文昌翁田镇沿海地区登陆，以后移入琼州海峡，于 21 时 15 分在徐闻县角尾乡沿海地区以台风强度（35 m/s，12 级）再次登陆，30 日 05 时"纳沙"在北部湾北部海面减弱为强热带风暴，11 时 30 分在越南北部登陆，并于 14 时在越南北部减弱为热带风暴（23 m/s，9 级）。

　　根据《广东省气象灾害应急预案》，广东省于 27 日 9 时启动气象灾害（台风）Ⅲ级应急响应，28 日 11 时升为Ⅱ级应急响应，29 日 8 时升为Ⅰ级应急响应。由于"纳沙"已远离广东省且强度减弱，对广东省的风雨影响减小，广东省于 30 日 15 时终止气象灾害（台风）Ⅰ级应急响应。

1　强台风"纳沙"特点

1.1　路径稳定、移速较快

　　"纳沙"生成后，一直稳定向西北偏西方向移动，并一直维持在 20～25 km/h 的移速。受副高为主的环境引导气流的影响，平均移速为 20～25 km/h。但是在两个阶段，其移动速度减慢：

　　（1）过菲律宾之前，移速减慢；同时强度在加强。

　　（2）副热带高压逐渐南落，环流形势发生调整时，移速减慢。

1.2 强度强、影响范围广

"纳沙"是 2011 年严重影响广东省的最强热带气旋。"纳沙"造成的强风、暴雨、大浪和风暴潮给广东省中西部沿海地区的种植业、水产养殖业、民房、水利设施、养殖业、交通、电力电信设施等带来较大影响。根据热带气旋灾害评估模式计算,评估台风"纳沙"对广东省的影响程度较重。

据湛江市三防办初步统计,全市 11 个县(市、区)115 个乡(镇)受灾,受灾人口 52.465 万人,转移人口 42945 人,直接经济总损失 12.16 亿元。其中,农林牧渔业损失 5.29 亿元,水利设施损失 4.07 亿元,工业交通运输业损失 2.8 亿元。

1.3 风急雨猛、浪大潮高

粤西出现了暴雨到大暴雨局部特大暴雨,其中阳春八甲镇录得 24 h(29 日 10 时—30 日 10 时)373.1 mm 的特大暴雨;粤西沿海出现了 11～14 级的阵风,其中电白县电城镇录得 46.4 m/s(14 级)的最大阵风;茂名海洋气象浮标站测得最大浪高 11.6 m。由于"纳沙"造成的风暴潮恰遇天文大潮叠加,粤西沿海地区潮位上涨,增水严重。

"受"纳沙"影响,广东省沿海出现了 8～10 级阵风、11～14 级的大风,其中电白县电城镇录得 46.4 m/s(14 级)的最大阵风,粤西、珠江三角洲和粤东沿海市县普降暴雨到大暴雨局部特大暴雨。根据全省气象站网的监测,9 月 28 日 20 时—10 月 1 日 8 时,全省平均雨量 39.2 mm。全省有 65% 的站点录得超过 25 mm(大雨量级)的累积雨量,其中,阳春八甲镇和信宜钱排镇分别录得 462.2 和 341.2 mm 的过程累积雨量;共 199 个站点录得 100～250 mm(大暴雨量级)的累积雨量,共 571 个站点录得 50～100 mm(暴雨量级)的累积雨量,有 414 个站点录得 25～50 mm(大雨量级)的累积雨量。

2 热带气旋频发的气候背景

2011 年 9 月份,先后有 7 个热带气旋在西太平洋和南海生成:奥鹿、玫瑰、洛克、桑卡、海棠、纳沙、尼格。其中,后 3 个严重影响华南地区。该月热带气旋频发的最主要气候背景是,赤道东太平洋地区进入 La Niña 期。此时期,其 Nino3 的 SSTA(海面温度距平)为 −0.63,进入 La Niña 期。同时从海温距平场可以看到,在赤道东太平洋地区,SSTA 为负距平;而在赤道西太平洋地区,SSTA 为正距平。赤道西太平洋偏暖的下垫面,有利于 Walker 环流的上升支在此加强[4−6]。这个也是 9 月份西太平洋和南海地区热带气旋频发主要原因之一。

3 台风路径和强度的天气背景分析

"纳沙"从生成、西移、登陆、减弱消失,其移动路径基本上可以分为 3 个阶段:

(1)生成、西移、过岛、进入南海阶段;

(2)在南海西北行阶段;

(3)登陆海南、广东,进入北部湾,西移登陆越南减弱消失。

3.1 生成、西移、过岛、进入南海阶段

在第一阶段,预报侧重点与难点主要有两个:(1)副高的变化;(2)"纳沙"与"海棠"的相互影响;

在第一阶段,从 500 hPa 位势高度场上(图略)可以清楚地看到,副高在明显地加强西伸,副高逐渐加强西伸成东西带状。在这个阶段,"纳沙"西行最主要的影响系统就是副热带高压

的西伸加强。同时"海棠"已经西移到中南半岛,两者之间的距离相隔在 2000 km 以上,相互之间的影响不明显。

3.2 南海西北行阶段

第二阶段预报侧重点与难点如下:

(1)副高的变化,先呈东西带状,后逐渐南落,呈方头块状;

(2)"尼格"对"纳沙"路径和强度的影响;

(3)不对称结构带来的路径摆动;

(4)临近海南时,再次加强为强台风;

(5)弱冷空气变化带来预测的不确定性。

下面,将从以下 5 个方面分别详细分析探讨"纳沙"路径和强度的变化特点。

1)副高的变化

副高在这个阶段最主要的变化是:先呈东西带状;后逐渐南落,呈方头块状;

同时,从引导气流也可以清楚地看到,在这个阶段,副高先东—西向、后西北—东南向引导气流的变化。

2)"尼格"对"纳沙"路径和强度的影响

"尼格"的生成和移动对"纳沙"的影响相对较小。从图 1 可以看到,随着副高的南落成方头块状,副高将"纳沙"和"尼格"两者隔离,同时两者之间的外围螺旋云带也是较清晰独立的,没有相互影响。

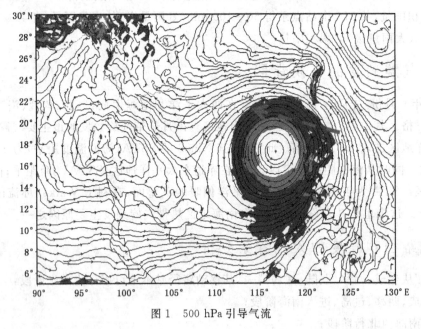

图 1   500 hPa 引导气流

3)不对称结构带来的路径摆动

云图(略)反映了"纳沙"的立体结构和水平不对称结构。为何形成这种不对称结构。下面分别用沿 115°E 和 110°E 的风场 V 分量的剖面图(图 2)的时间变化来揭示不对称形成的原因。可以看到,在"纳沙"的北侧,干冷空气的不断卷入,同时在其南侧,暖湿气流的不断输送,是造成"纳沙"不对称结构形成的主要原因[7]。

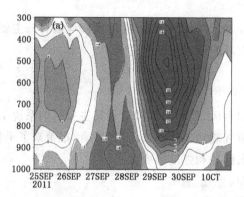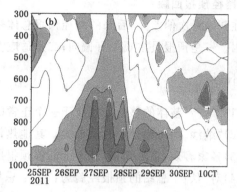

图 2 风场 V 分量随时间的变化

（a:20°～30°N 沿着 115°E 剖面;b:0°～10°N 沿着 110°E 剖面）

4)临近海南时,再次加强为强台风

原因主要有以下几个:

(a)前期东西带状、南落转为方头块状的副高;

(b)西南暖湿气流的动能和热量的输送;

(c)有利的下垫面条件(海温)。

5)路径摆动的主要原因

从台风"纳沙"的引导流矢量图上(图略)可以看到,在"纳沙"西北行的过程中,中间伴随着路径的不断摆动。路径摆动的主要原因在于,"纳沙"在西行加强过程中,其结构的不对称性变化。

3.3 登陆海南、广东,西行进入北部湾,最后在越南减弱消失

在第三阶段,预报侧重点与难点:

(1)副高南落为块状;

(2)"纳沙"和"尼格"之间为南落的副高隔离,相互影响弱;

(3)台风北部冷空气形成高压坝,"纳沙"西行为主。

4 客观预报与主观预报的对比分析

4.1 路径误差

由表 1 可见,广州、北京、日本、美国 4 家主观预报在"纳沙"的预报中,均表现良好,路径预报误差 24 h 均小于 100 km,48 h 约为 150 km,72 h 约为 250 km。

表 1 "纳沙"预报路径误差统计

发布中心	24 h(km)	48 h(km)	72 h(km)
广州	81	147	221
北京	99	149	235
日本	82	166	269
美国	79	137	247

4.2 路径预报回顾

在开始时次偏差大,后来的路径预报总体较好。广州的预报,路径预报均偏右。主要有两个原因。一是预报员主观上有偏向;二是适应实际的预报服务上的需求。

5 小结

(1)"纳沙"整体的移动路径属于一个正常的台风,移动的不同阶段其主要影响系统不同。

(2)"纳沙"南海路径短时摆动大。其他热带气旋和弱冷空气的活动给预报带来了干扰。

(3)各家客观、主观预报,基本上能够预报出路径和强度的变化。

(4)对"秋台"总结的预报经验为:3忌:忌早、忌死、忌窄。

参考文献

[1] 薛纪善,王康玲. 1994. 多个热带气旋相互作用对南海热带气旋异常路径影响的数值模拟研究[J]. 广东气象,**16**(1):5-7.

[2] 陈联寿. 1997. 对非对称结构及移速突变台风的预报[J]. 广东气象,**19**(3):12-13.

[3] 李天然. 2006. 强台风"珍珠"异常路径的特点、成因及预报[J]. 广东气象,**28**(3):18-22.

[4] 何敏,宋文玲,陈兴芳. 1999. 厄尔尼诺与反厄尔尼诺事件与西太平洋台风活动[J]. 热带气象学报,**15**(1):17-25.

[5] 吴迪生,白毅平,张红梅等. 2003. 赤道西太平洋暖池次表层水温变化对热带气旋的影响[J]. 热带气象学报,**19**(3):253-259.

[6] 黄荣辉,陈光华. 2006. 西北太平洋热带气旋移动路径的年际变化及其机理研究[J]. 气象学报,**64**(5):683-694.

[7] 李英,陈联寿,徐祥德. 2005. 水汽输送影响登陆热带气旋维持和降水的述职试验[J]. 大气科学,**29**(1):91-98.

超强台风"梅花"路径特点分析及空军 T511 模式预报效果评价

张友姝 王廷芳 洪 凯

(空军气象中心,北京 100843)

摘 要

超强台风"梅花"于 2011 年 7 月 28 日 14 时在菲律宾以东洋面生成,期间在自身内力作用及副高等大尺度环流等多种因素影响下,强度多变,路径多折,8 月 8 日 14 时在朝鲜登陆后进入我国境内消失,共历时 12 天。通过对比分析空军 T511 与欧洲中心(EC)、日本等模式对 2011 年第 9 号超强台风"梅花"移动路径、强度变化的预报能力,结果表明,T511 对该台风路径和中心气压的预报效果优于其他两个模式,预报能力较好。

关键词:台风 "梅花" T511 EC 日本 预报效果

引言

台风是中低纬度地区一种最严重的灾害性天气系统,它所带来的狂风、暴雨等常常会产生很严重的危害,而我国又是世界上台风登陆最多、受灾最重的国家之一,因此能否对其路径移动、强度变化以及带来的大风、降水等做出及时准确的预报,对防灾减灾至关重要。

2011 年第 9 号台风"梅花"也是今年的第 3 个超强台风,于 7 月 28 日 14 时(北京时间,下同)在菲律宾以东洋面生成,由此该台风开始编号,8 月 9 日 8 时停止编号,生命史长达 12 天。从生成到消失,其强度经历了热带风暴(持续 42 h)—强热带风暴(持续 6 h)—台风(持续 6 h)—强台风(持续 6 h)—超强台风(持续 18 h)—强台风(持续 54 h)—超强台风(持续 18 h)—强台风(持续 67 h)—台风(持续 30 h)—强热带风暴(持续 20 h)—热带风暴(持续 9 h)—热带低压(持续 5 h)的变化,路径也经北—西—北—东北多次转变,登陆朝鲜后进入我国,在吉林境内消失。消失前虽未在我国登陆,但仍为浙江、上海、江苏、山东、辽宁等沿海省市带来雷暴、大风、强降水等天气,对当地居民生活、渔业生产、交通运输、电力输送以及军事设施安全带来极大影响。"梅花"生命史长、强度和路径多变、移速前后不均,增加了预报的难度。

1 影响"梅花"路径的要素分析

台风的移动受大尺度环流、β 效应、台风环流结构和外源强迫等诸多因子的综合作用[1-3],其中大尺度环境引导气流的作用是最主要的。大尺度环流从一种状态向另一种状态的转变将引起热带气旋周围环境引导气流的突然变化,从而导致热带气旋的运动发生突变[4]。同样,"梅花"的移动即受其内力作用,也受大尺度环流变化的影响。在整个生命史期间,其路径可分为 3 个阶段:北上阶段(7 月 28 日—8 月 2 日)、西进阶段(8 月 3—5 日)、二次北上阶段(8 月 6—8 日),以下针对各阶段对影响"梅花"移动路径的环流因素做简要分析。

7 月 28 日"梅花"生成之时,500 hPa 高度场上,亚洲东部地区经向环流形势十分明显,一强大的高压系统位于鄂(霍次克)海附近,在其西侧为宽广的槽区,高压东侧、在日本岛以东的西北太平洋上有一低涡系统存在,中低纬度上,副高位于我国近海附近,其西伸脊点在115°E左右,此时的"梅花"系统较弱,在此层面上没有体现。

北上阶段(7月28日—8月2日)。7月29—31日,强大的鄂海高压和其东侧的低涡系统稳定少动,低涡南端不断向西南方向延拓,高压西侧槽区东移、加深,副高先是在我国近海处分裂成两部分,后又迅速东退,至31日20时,其西伸脊点位于155°E附近。这期间,"梅花"与副高及北方强大的系统相距均很远,8月1日,鄂海高压及东侧低涡开始东移,强度开始减弱,高压西侧槽继续东移、加深,副高588线迅速西进,但此时距离"梅花"中心仍有10个经距之遥。8月2日12时,低涡消失,鄂海高压略北抬形成一西北-东南向的阻塞。高压西侧槽已在贝湖东南部形成一闭合低涡。副高588线继续西移,在日本岛南部、我国东部近海处和南沙群岛附近出现了多个范围较小的高压系统。在这北上期间,"梅花"距离副高始终较远,最近距离也在10个经度以上,受其影响很小,在其自身内力作用下,"梅花"向北移动,因这一期间北方系统比较强大,"梅花"的移速较慢。

西进阶段(8月3—5日)。8月3日12时,几个小高压系统的范围均有所扩大,"梅花"处于这几个小高压体的"包围"之中,副高的主体位于日本岛以东的太平洋上,贝湖东南部低涡减弱并北移。4—5日,日本岛南部的小高压与其东侧副高主体合并且略有西移,此时"梅花"位于其西南侧,在副高的阻挡及牵引之下,"梅花"的移动路径由北上转为西折,逐渐向我国近海领域靠近。

二次北上阶段(8月6—8日)。北方系统一直较弱,副高主体位于日本岛,其南部不断向南或西南方向拓展,这种环流形势有利于"梅花"的快速北移。8日14时,"梅花"在朝鲜登陆,随后进入我国境内消失。

2 T511同欧洲中心、日本模式的预报效果对比

对于"梅花",空军航空中期数值天气预报系统T511模式(以下简称T511模式)、欧洲中心(文中简称EC)模式、日本模式等都进行了连续的预报,本文欲对T511模式对"梅花"移动路径、强度变化及其所带来的大风、降水等天气现象的预报能力进行检验,并同欧洲中心模式、日本模式作比对分析,以期对T511模式预报能力能有更加客观的评价。

2.1 对"梅花"移动路径预报的对比

对比分析T511、EC和日本模式7月28日—8月6日每天20时对"梅花"移动路径的24～120 h预报情况(图1,本文缺少日本模式海平面气压预报结果,但鉴于台风系统具有正压性,所以文中日本模式预报路径采用与地面距离相对较近的1000 hPa高度场上的低压中心位置的连线来替代)。不难看出,随着预报时效的延长,各家模式预报的路径均偏离实际路径越来越远。24 h对于25°N以北的路径,三家模式预报效果均较好,而对于特别是25°N以南的路径,则是T511模式报的最好,EC和日本模式报的均偏离150 km左右。48 h与24 h相比,各家预报的路径略有偏离,但仍具有一定的可用性。72 h之后偏离程度加大,特别是到了96 h和120 h,EC和日本模式的路径还伸入到或擦过我国内陆,这与实况显然不符,此外这两家预报的路径还出现了左右大幅度摇摆的情况。综合来看各个时次预报场,相对而言日本模式对"梅花"路径的预报效果最差,T511模式最好,且不论是24 h还是120 h,T511模式对位于23°～25°N的路径报的与实况非常接近,平均偏差不超过100 km。

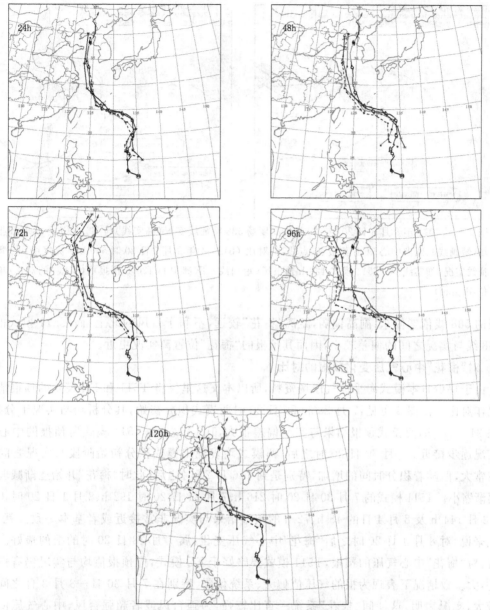

图 1 T511 模式(——✕——)、EC 模式(— — •— — —)、日本模式(———•———)对"梅花"移动
路径的 24 h、48 h、72 h、96 h 和 120 h 预报及与实况(———◇———)对比图(图中各模式所预报
的路径线上,由南向北每个点之间间隔 24 h)

　　由前述对"梅花"的移动路径分析可知,其移动过程中有两个关键时刻:8 月 3 日和 5 日,
在这两个时刻"梅花"路径出现西折和二次北上的改变,此改变与大尺度环流背景(主要为副
高)的变化密不可分,因此如果能对环流背景做出准确预报,那对于"梅花"路径的预报一定是
有益的。由图 2(a)易见,对应于 8 月 3 日 20 时 500 hPa 高度场的 588 dagpm 特征线实况场,
EC 96 h 预报的 588 线偏东、副高偏弱,在这种环境场中不利于台风路径的西折。尽管 T511
模式 96 h 预报的 588 线位置也有偏差,但相比之下这偏差较 EC 模式的小,T511 所预报的"梅
花"位置更加接近于实况位置。同样,对应于 5 日 20 时(图 2b)的 588 特征线实况场,EC120 h

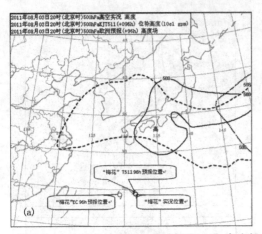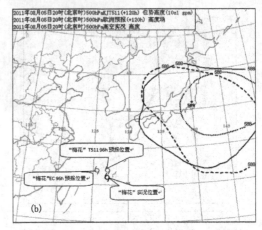

图 2 (a)2011 年 8 月 3 日 20 时 500 hPa 高度场 588 特征线实况(细实线)与 T511 模式 96 h 预报
场(短画线)、欧洲中心 96 h 预报场(点线)的对比 (b)2011 年 8 月 5 日 20 时 500 hPa 高度场 588 特
征线实况(细实线)与 T511 模式 120 h 预报场(短划线)、欧洲中心 120 h 预报场(点线)的对比(单
位:dagpm)

预报的 588 线依然偏东、副高偏弱,距离"梅花"较远,不利于台风的北上,而 T511 模式的 120
h 588 线与实况之间的偏差较小,因而其预报的"梅花"位置离实况更近。

2.2 对"梅花"中心气压变化预报的对比

由于缺少日本模式海平面气压场资料,所以本文这里仅将 T511 和 EC 模式的预报情况与
实况作对比。由图 3 可见,7 月 28 和 29 日 20 时两模式积分初始,其分析场与实况十分接近,
但在 24~144 h,两模式预报结果与实况偏差很大,168 h 之后,T511 模式所预报的中心气压
与实况逐步接近。7 月 30 日 20 时之后,两模式均表现出模式积分初始阶段与实况之间的偏
差非常大,但随着积分时间的增加,特别是到了 6 日 20 时之后(此时"梅花"开始逐渐减弱),偏
差逐渐缩小。T511 模式的 7 月 30 日 20 时 216 h、7 月 31 日 20 时 192 h、8 月 1 日 20 时 168 h、
8 月 2 日 144 h 及 8 月 4 日的 48 h、72 h 的预报结果与实况非常接近或者基本一致。就 T511
模式来说,对 8 月 4 日 20 时之后"梅花"中心气压变化,属 7 月 28 日 20 时的报的最好。总体
而言,对"梅花"中心气压的预报,T511 模式要略好于 EC 模式,但预报值均与实况仍有一定的
偏差,大多数情况下表现为报的气压值偏大、系统偏弱,特别在 7 月 30 日—8 月 3 日之间的偏
差较大,实况表明,这期间"梅花"系统一直比较强,为强台风或者超强台风,中心气压值非常
低,而模式预报及分析对物理量场有平滑效应,特别是大尺度模式难以预报出与实况相当的极
低气压值是可以理解的,但总体而言,T511 模式比 EC 模式预报气压值更接近于实况。

3 结论

超强台风"梅花"于 2011 年 7 月 28 日 14 时在菲律宾以东洋面生成,初期,由于远离副高,
且北方天气系统较强盛,在其自身内力作用下,"梅花"缓慢向北移动。中期,因副高逐渐西移,
在其阻挡及牵引之下,"梅花"的移动路径由北上转为西折,逐渐向我国近海领域靠近。后期,
由于北方系统持续较弱、副高范围不断拓展,"梅花"快速北移,8 月 8 日 14 时在朝鲜登陆后进
入我国境内消失。

通过对比分析 T511 与欧洲中心(EC)、日本等模式对 2011 年第 9 号超强台风"梅花"移动

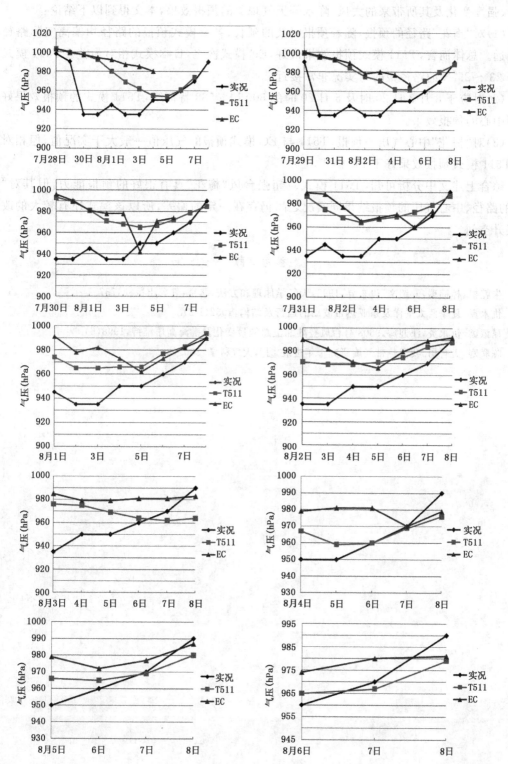

图 3 2011 年 7 月 28 日—8 月 6 日每日 20 时 T511 模式和 EC 模式"梅花"中心气压值的预报及
与实况的对比

路径、强度变化及其所带来的大风、降水等天气现象的预报效果,本文得到以下结论:

(1)对"梅花"路径的预报,随着预报时效的延长,各家模式预报的路径均偏离实际路径越来越远。总体而言,T511模式预报效果最好,EC模式次之,日本模式相对最差。T511模式对位于23°~25°N的路径报的与实况非常接近。

(2)对应于8月3日20时及5日20时的500 hPa 588特征线,T511模式的预报效果好于欧洲中心的预报效果。

(3)对"梅花"中心气压的预报,T511与EC模式预报的气压值一般大于实况值,但相对而言,T511模式预报效果好于EC模式。

综合上述文中分析可知,T511模式对超强台风"梅花"具有很好的预报能力,但其对"梅花"的路径、中心气压的预报结果同实况之间仍存在一定的偏差,所以该模式还有较大的改进和提升空间。

参考文献

[1] 朱乾根,林锦瑞,寿绍文,唐东昇,1992,天气学原理和方法,北京,气象出版社,737.

[2] 仇永炎,夏季西太平洋及东亚热带波动的运行及结构,1952(1-2).

[3] 晁淑懿,仇永炎,汪迎辉,9608号台风登陆北上总能量变化及渤海高压维持,1998(6).

[4] 陈联寿,孟智勇.我国热带气旋研究十年进展[J],大气科学,2001(3).

应用高分辨时空资料对北京地区一次非典型初雪的分析

孙秀忠[1]　付宗钰[1]　郭金兰[1]　贺　赟[1]　马学款[2]

(1 北京市气象台,北京 100089；2 中央气象台,北京 100081)

摘　要

2011 年 12 月 2 日北京地区下了一场中雪,这也是 2012 年的初雪。这场初雪是中低空在西北气流控制下产生的,属于非典型降雪过程。通过分析可知,对流层中高层强迫抬升(高空正涡度平流)、地面辐合线抬升,是本次降雪的主要机制,边界层系统可能起主导作用。西北下沉气流引发了北京地区的倾斜上升运动,使近地面层的水汽沿等熵面向空中输送,利于降雪量的加大。此次过程,近地面层和地面层没有偏东风配合,也产生了中等强度的降雪,也就是说北京地区降雪或大的降雪,不是必须有偏东风配合的。

关键词:非典型　降雪　倾斜上升　等熵面

引　言

北京位于华北大平原的西北隅,是典型的暖温带半湿润季风型大陆性气候,冬季寒冷干燥,降水稀少,主要以降雪为主[1]。北京是严重缺水的地区,冬季的降雪对于增加水源,缓解旱情、净化空气等都有积极的作用,但北京作为首都,作为特大型城市,降雪会影响高速公路的通行、机场航班调度和飞行安全,甚至影响重大外事和旅游活动的安排等[2],特别是对市区道路运行和城市经济生活运行会造成重大影响。2001 年 12 月 7 日下午,北京下了一场小雪,降雪从 14 时开始,17 时逐渐停止,量虽然不大,但引起了城市交通大堵塞,对整个城市的安全运行造成了严重的影响。赵思雄等[2]对此次过程进行了详细分析。因此,作为对北京高影响天气的降雪,特别是北京地区初雪的预报、分析和研究,历来广受重视。段丽等[3]对 2009 年北京初雪进行了分析,发现对流层上层贝加尔湖强冷空气向南爆发所引发的动力作用是这次初雪形成的主要原因,同时北京西部地形对降雪的增强起了很大作用。北京所处的地理环境很特殊,东南是平缓向渤海倾斜的平原,从西向东,地形分布依次为山地、丘陵和平原,海拔高度从二千多米降到几十米,山地和平原之间过度急剧,界限清晰[4]。郭金兰等[5]研究指出,地形会对北京地区降雨起到增强作用。地形的复杂造成了北京天气状况的多样性,也加大了包括初雪在内的高影响天气的预报难度。

对于北京的降雪,仪清菊等[6]利用 15 年的资料统计了中雪以上的降雪,研究指出,北京地区降雪的环流形势主要有低槽(涡)型和中亚低槽东亚高后型两类,另外,还有约占总个例数 7.9% 的西北气流型。可见,西北气流型降雪是极少数,是非典型的。2011 年 12 月 2 日北京

资助项目:2010 公益性行业专项"冬季降水相态预报技术研究(项目编号 GYHY201006010)"及其子课题"偏东风对北京地区降雪影响机理研究"和"北京地区降水相态变化研究"共同资助。

地区下了一场中雪,这也是 2012 年的初雪。这场初雪是中低空在西北气流控制下产生的,属于非典型降雪过程。本文利用常规资料和高分辨时空资料对此次降雪进行分析,以期得出一些对非典型降雪的有益结论,为北京地区以后的降雪预报积累经验。

1 降雪实况

2011 年 12 月 2 日 05 时地面图中,在河北西北部与北京交界处,有大片雪区,且位置偏西,到 6:30,这片雪区并未影响本市,但在北京城区南部、西部附近突发降雪(图 1a)。08 时以后,逐渐加大,随后发展为全市降雪,至 14 时前后基本结束,城区平均降雪 2.7 mm,达到中雪量级,全市最大降水出现在城区六道口桥(5.1 mm)(图 1b)。过程降雪量如图 1 所示。

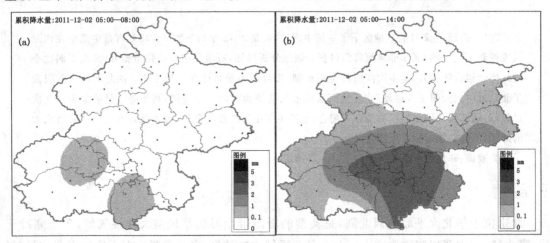

图 1　2011 年 12 月 2 日过程降雪量:(a) 05—08 时降雪量,(b) 05—14 时降雪量(单位:mm)

由图 1 可见,降雪集中的区域主要是城区和北部的部分地区。而且在整个华北降雪区域,北京城区也是降雪最大的地区。

2 大尺度形势分析

2.1 高空形势

1 日 20 时,500 hPa 高空槽位于河套东部,北京处于槽前西南气流。温度场落后高度场,系统斜压性强,利于高空槽系统的发展。至 2 日 08 时,500 hPa 高空槽移至北京西部,并在东移过程中加深,高空动力条件较好。由于北京地区一直处于高空槽影响,这是降雪持续时间比较长的原因。

虽然在此次降雪过程中,高空处于槽前,条件比较好,但中低层处于西北气流控制,不是典型的降雪形势。1 日 20 时,西北气流控制着中纬度广大地区,高度场较平缓,但伴随着西北气流的冷平流特别明显,温度槽清楚。在内蒙古东部与辽宁西部的北京上游地区,还有一个弱切变。到 2 日 08 时,伴随着温度槽东移南压,冷平流加强侵袭,弱切变南压到北京上空,并过境,这是降雪进一步加大的原因。

由于北京地区特殊的地形,低层及近地面层对降水天气的产生有重要作用,是预报员重点关注的层次。可以看到,从 1 日 20 时到 2 日 08 时,低层 850 hPa 一直受西北气流控制,不利于降雪的产生。近地面层 925 hPa 在 1 日 20 时,南郊观象台和邢台为西南风,可能在西部有弱槽存在。到 2 日 08 时,观象台转为西北风,类似弱槽过境。

一般认为,北京地区出现降雪的有利条件为:①对流层中层有辐合系统(低槽或低涡);②槽(涡)前偏南暖湿气流较强;③回流使近地面层盛行偏东风[7]。而在此次过程中,虽然高空一直受西风槽影响,对降雪比较有利,但中低层受西北气流控制,没有暖湿气流,不利于降雪产生,近地面层也没有偏东风出现,是一次非典型降雪过程。这次降雪过程,冷空气明显且深厚,从高空 500 hPa 到近地面层的 925 hPa,冷空气十分清晰,且移动迅速,12 h 间,北京地区已由暖区控制转到受冷平流影响,各层温度下降明显。

2.2 地面形势

冷暖锋、黄河倒槽、蒙古气旋和黄河气旋等是比较有利于北京地区出现降雪的天气系统,另外东风回流天气系统也是有利于降雪的天气系统[6]。而此次过程,由于中低空冷平流明显,在地面有一个弱冷锋配合,在锋面附近有降雪产生,是降雪产生的天气系统。

从地面图(图略)看到,冷高压处于蒙古中部,向东南方向移动,在 2 日 02 时,北京地面为偏南风,冷锋还未过境。到 08 时转为东北风,冷锋逼近,即将过境,产生降雪并加大

地面变压场可以清楚地表示地面气压的变化和锋面的位置。在 1 日 20 时,冷锋位于内蒙古境内,锋前及锋后都有降雪产生,北京地区为升压区,无降水,在上游地区有弱降水。在 2 日 02 时,锋面南压,北京处于降压区,在上游及西部周边地区有大片降雪产生。到 08 时,锋面刚刚过境,北京有降雪产生,并开始加压,降雪区范围进一步增大。到 14 时,锋面已过,北京进一步加压,上游地区降雪已止,北京地区也逐渐停止。

3 水汽条件分析

与降雨一样,要形成降雪,必须有足够的水汽供应。微波辐射计产品可较好地捕捉到大气中水汽的变化情况。图 2 是观象台微波辐射计产品图。12 月 1 日 18 时开始,近地面层水汽增加,且向高层扩散,2 日 02 时,相对湿度大于 50% 的区域向上扩展到 6 km 高度。到 04 时,2 km 以下已饱和。在 08 时,6 km 处有较强的干冷空气迅速向下扩展,引起近地面水汽向上输送,10 时以后,高中低水汽已上下贯通,保证了降雪时充足的水汽供应。

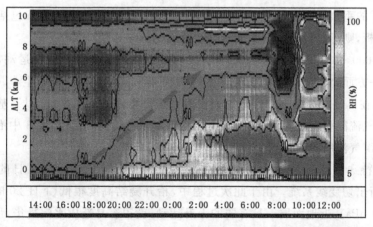

图 2 2011 年 12 月 1 日 14 时—2 日 12 时观象台微波辐射计水汽探测产品

从观象台气象要素变化曲线也可以看出湿度的变化。从1日14时,露点T_d就一直在增加,说明水汽在增加,1日23时—2日08时,温度露点差比较小,空气接近饱和,水汽含量丰富。另外,河北中南部地区有大片雾区存在,地面上为偏南风,偏南风把雾区的水汽也向北京地区输送。

由于中低层都是西北气流,从垂直速度的时间剖面图上分析,在各个时间段,基本上都是下沉气流,如何才能把近南面层的水汽输送到中高空呢?我们利用NCEP资料做了278K(−5℃)的等熵面分析(图3)。在1日20时,北京地区还比较干,西部、西南部地区为高比湿区,并有水平风吹向北京,向北京地区输送水汽。到2日08时,北京地区也为比湿高值区了,可以看到有三股气流在进行水汽输送。正是这三股气流把近地层湿空气沿等熵面斜升对北京低空起到了增湿作用。

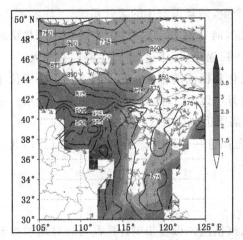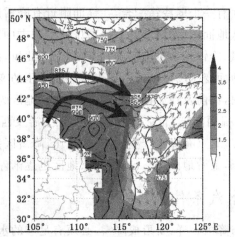

图3　2011年12月1日的278K等熵面分析:(a)1日20时,(b)2日08时

(绿色为比湿,黑色线为等压线,风矢量为水平风)

4　动力条件分析

降雪出现前,北京地区始终处于整层下沉区控制,并且在850 hPa和300 hPa各有两个大值区中心,这样的垂直运动空间分布并不利于北京地区降水的发生。但从包括高分辨在内的探测资料上分析,则可以得到一些非常有利于降雪的因素。

北京上空600~300 hPa盛行下沉运动,能引发北京附近的倾斜上升运动,一方面能引发上升运动,另一方面将促使对称不稳定的发展,从而有利降雨或降雪的产生[8]。从海淀风廓线图(图4)可见,在2日1:30左右,在近地面层有系统过境,之后,在3 km以下基本都是西北风了。这种下沉气流能引发倾斜上升运动,可以把低层水汽输送到高层,图3中沿等熵面输送水汽就是这种下沉气流所起的作用。

由于北京特殊的地形,往往容易形成中小尺度系统,如切变线等。2日的地面自动站风场,就可以分析出切变线系统。由于此次过程中,抬升凝结高度很低(1日20时为963 hPa,2日08时为989 hPa),近地面层一旦有弱的上升运动,就很容易造成水汽凝华,形成降雪。在2日04时,切变线呈西南—东北向,到06时,呈东西向,且在城区的南部,与降雪从城区南部出现一致。

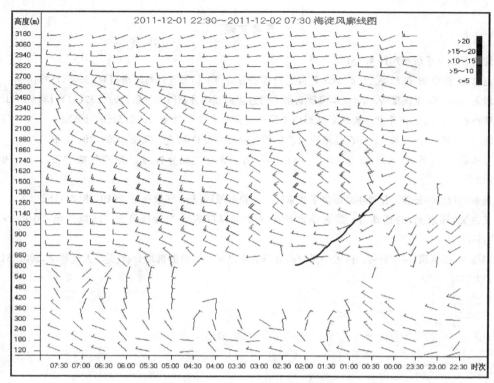

图 4　2011 年 12 月 1—2 日北京海淀风廓线图

冷暖或干湿空气交界的能量梯度密集带称为能量锋[9]。它是一种潜在的能量。07 时,在北京中南部有能量锋大值区,配合自动站有风场辐合,产生上升运动。到 08 时,南在的能量锋进一步增强,观象台风向由南风转为北风,切变辐合进一步加强,降雪开始加大。

5　结论

(1)此次降雪虽然高空有西风槽影响,但中低空基本是西北气流控制,是在西北气流控制下的非典型降雪过程。

(2)对流层中高层强迫抬升(高空正涡度平流)、地面辐合线抬升,是本次降雪的主要抬升机制。两个抬升层分别对应的中层凝华与边界层凝华的上下叠加,是北京东南部地区降雪明显的主要因素。边界层系统可能起主导作用。

(3)除系统自身所携带水汽以外,上游地区近地层湿空气通过锋面斜升机制(沿等熵面倾斜发展)对北京地区低空的增湿作用,利于降雪量的增大。

(4)空中西北气流下沉区的作用:下沉气流不仅对天气会产生传统意义上的不利影响,而且干冷空气侵入,能引发北京附近的倾斜上升运动,使抬升的暖湿空气凝华,造成降水或降雪。

(5)北京地区降雪或大的降雪,并不是必须有偏东风配合的。此次过程,近地面层和地面层没有偏东风配合,也产生了中等强度的降雪。应关注的是,是否有水汽来源或输送,而非是否有偏东风。

参考文献

[1] 北京预报员手册—2010版[M].

[2] 赵思雄,孙建华,陈红等.北京"12·7"降雪过程的分析研究[J].气候与环境研究,2002,7(1):8-9.

[3] 段丽,张琳娜,王国荣等.2009年深秋北京大雪过程的成因分析[J].气象,2011,37(11):1343-1351.

[4] 矫梅燕,毕宝贵.夏季北京地区强地形雨中尺度结构分析[J].气象,2005,31(6):9-13.

[5] 郭金兰,刘凤辉,杜辉等.一次地形作用产生的强降雨过程分析[J].气象,2004,30(7):12-17.

[6] 仪清菊,刘延英,许晨海.北京1980—1994年降雪的天气气候分析[J].应用气象学报,1999,10(2):249-253.

[7] 魏东,廖晓农,杨波.有利环流形势下北京降雪空报的原因[J].气象科技,2010,38(2):182-184.

[8] 王在文,郑永光,刘还珠等.蒙古冷涡影响下的北京降雹天气特征分析.高原气象,2010,29(3):771-773.

[9] 刘还珠,王维国,邵明轩等.西太平洋副高北铡北京区域性暴雨的机理分析[J].大气科学,2007,31(4):727-734.

内蒙古东北地区致灾大到暴雪天气分析

孟雪峰[1]　　孙永刚[2]　　姜艳丰[3]

(1.内蒙古自治区气象台,呼和浩特 010051;2.内蒙古自治区气象局,呼和浩特 010051;
3.内蒙古自治区气象科研所,呼和浩特 010051)

摘　要

应用基本观测资料及 NCEP 再分析资料,对 2010 年 11 月 20 日一次漏报的内蒙古东北地区致灾大到暴雪天气进行了诊断分析。结果表明:本次大暴雪天气过程与内蒙古大雪暴雪天气学概念模型有所不同,没有强劲的水汽输送建立,垂直上升运动大值区集中在 850～500 hPa 层,强降雪呈现时间短、强度大、范围小、灾害严重的中尺度特点。这次过程中,850 hPa 有很强的暖平流配合 500 hPa 西南气流中弱冷平流,对流层中低层温度平流随高度减小,有利于对流层中低层的不稳定层结的建立;地面副冷锋与气旋合并加强、850 hPa 中尺度低涡强烈发展,加强了对流层低层的辐合上升运动,触发不稳定能量释放是强降雪形成的主要原因。边界层"冷垫"作用对强降雪有一定的增幅。

关键词:内蒙古　暴雪　预报　分析

引言

雪灾是内蒙古的主要气象灾害之一,对农牧业生产、交通运输、供水供电等危害极大。雪灾的发生与强降雪密切相关,通常发生在秋末冬初的一场强降雪(俗称"座冬雪")就会导致持续一冬的白灾。雪灾危害的严重性引起了许多学者的关注,对我国北方大雪暴雪开展了广泛深入的研究[1~13]。赵桂香等[14]利用 1971—2008 年山西 108 个地面气象观测站常规观测资料,对山西大雪天气的主要特征进行了综合分析,提出了地面回流、河套倒槽及两者共同作用等三类主要影响系统。董啸等[15]利用 1958—2007 年东北地区 93 个气象台站的逐日观测资料,分析了东北地区暴雪发生的时空分布特征。孟雪峰等[16,17]利用 1971—2008 年内蒙古 117 个地面气象观测站常规观测资料,分析了内蒙古大雪的时空分布特征并开展了天气学分型研究,将内蒙古大雪分为两类六型。

2010 年 11 月 20 日 20 时—21 日 08 时内蒙古东北地区出现致灾暴雪的天气,其天气条件并未达到预报指标的标准,造成了暴雪天气的漏报。有面积 2.26 万 km² 的积雪深度达到 10 cm 以上,造成严重白灾。

1　天气实况与灾情

2010 年 11 月 20 日 20 时—21 日 08 时内蒙古呼伦贝尔市南部、兴安盟西北部和锡林郭勒盟东北部出现暴雪的天气。21 日 08 时 24 h 降雪量为:阿尔山 10 mm、索伦 13 mm(图略),气温平

资助项目:内蒙古自然科学基金项目(2011MS0605)。

均下降 5～10℃,野外出现白毛风,风力最强时达到 6 级以上,内蒙古兴安盟北部牧区出现了 30 年不遇的特大暴雪。以上地区积雪深度达到 10 cm 以上,局部地区积雪厚度甚至达 1 m 左右。11 月以来的降雪量较历史同期降雪量多出 2～6 倍,形成严重白灾。雪灾造成经济损失 2.7 亿元。

本次强降雪主要发生时段为 20 日 23 时—21 日 05 时,具有时间短、强度大、范围小的特点,对本次降雪过程的预报量级为小到中雪,局部地区偏大,没有报出大雪、暴雪天气。

2 天气形势特征分析

2.1 高空形势场演变

在降雪初期(20 日 20 时),高空 300 hPa 有较强的高空急流存在(图 1a),其中心轴风速达到 56 m/s 以上,强降雪区位于高空急流入口区右侧的辐散区中,高空强烈的抽吸作用加强了整层的上升运动,为强降雪的发生提供了有利的大尺度环境场。在 500 hPa 槽前西南气流旺盛(图 1b),由于温度槽较高度槽更深,槽前西南气流配合着弱冷平流,强降雪就发生在西南气流控制的区域中。850 hPa 有斜压性中尺度低涡形成并强烈发展(图 1c),配合有向东北延伸的暖湿切变线,低涡沿着暖湿切变线东移北上发展加强,强降雪就发生在暖湿切变线影响的区域(低涡东移北上路径)。在夏季,这类高低空配置通常在 500 hPa 西南气流中有强对流云系发展,产生强对流性暴雨天气。

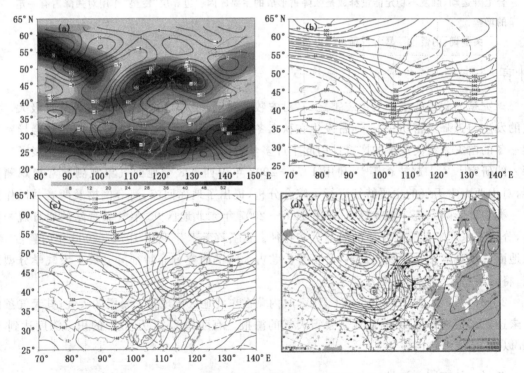

图 1 2010 年 11 月 20 日 20 时 300 hPa 高空急流(a)(等值线为散度,阴影为全风速)、500 hPa(b)、850 hPa(c)形势场(实线为高度,虚线为温度)以及地面图(d)

后期(21 日 08 时),500 hPa、700 hPa 的西风槽东移进入本区,配合较强冷平流影响本区东北地区,850 hPa 低涡东移北上至呼伦贝尔市北部,本区强降雪过程结束,强冷空气移入影响本区东部。

2.2 地面形势演变

本次大雪暴雪天气过程是在地面西高东低形势下形成的(图 1d),在地面图上出现副冷锋,其后部冷高压发展强盛,20 日 20 时冷高压中心为 1040 hPa,冷空气强盛而活跃。副冷锋前部地面气旋发展东移北上,强降雪区位于地面气旋的东部和东北部象限的暖区中。副冷锋东移与地面气旋合并加强对强降雪的形成起到重要作用。

从索伦、阿尔山地面要素时间演变特征可以看出(图略),强降雪集中发生在气压下降的过程中(地面气旋强烈发展),该时段风力较小,温度偏高,温度露点线十分接近,气压下降接近最低点时降雪量最大。随着气压跃升过程(冷高压发展,冷空气侵入),地面风力开始加强,气温开始下降,降雪趋于减弱或停止。同样说明了强降雪发生在地面系统的暖区中。

3 强降雪成因分析

3.1 水汽条件

分析 700 hPa 水汽通量和风场的叠加图(图略)可知西南水汽通道并没有很好地建立,且在长江以南有水汽的截断过程,降雪区只有与系统配合的低空西风急流水汽通道,中心数值达 6 g/(s·hPa·cm)。在 20 日 20 时索伦的探空图上(图略),700 以上温度露点线非常接近,说明中高层湿度较好,而低层 700 hPa 以下湿度条件很差。另外,沿 46.6°N 作温度露点差的剖面图,暴雪区上空湿层($T-T_d \leqslant 4$℃)从中高层逐渐向低层拓展且具有湿层狭窄的特点(图略),这与大暴雪发生的一般条件即深厚湿层,尤其是对流层低层湿度大的特征[3,11]不同。可见,本次强降雪过程的水汽输送、本地水汽条件都不是很好,这与我国北方大雪暴雪天气充沛的水汽输送条件有明显差异,也是预报降雪量级偏小的重要原因,另一方面,湿层狭窄可能是本次强降雪影响范围小的主要原因。

3.2 层结条件

强降雪发生前夕(20 日 20 时)索伦的探空图上分析(图略),整层的大气层结是稳定的,对对流性天气的产生是不利的。但分析对流层中低层温度平流的高低层差异可以发现(图 2),对流层低层(850 hPa)具有 15×10^{-5}℃·s^{-1}暖平流,低涡后部有-35×10^{-5}℃·s^{-1}的冷平流;而对流层中层(500 hPa)对应的西南气流中具有-15×10^{-5}℃·s^{-1}的冷平流维持。在这样的配置中,对流层中低层温度平流随高度减小,有利于形成对流层中低层的不稳定层结。沿

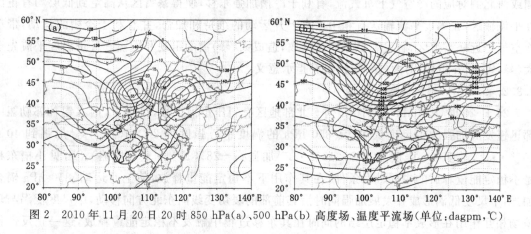

图 2 2010 年 11 月 20 日 20 时 850 hPa(a)、500 hPa(b) 高度场、温度平流场(单位:dagpm,℃)

850 hPa暖切变线(强降雪区)方向做温度平流的垂直剖面(图3),可以清楚地看到强降雪发生时(21日02时)从116°E至121°E,500 hPa以下大气存在明显的下暖上冷的温度平流差异,当温度平流差异减弱消散时强降雪结束。可见,在温度平流差异作用下,导致的对流层中低层对流不稳定,即在500 hPa至850 hPa形成并维持不稳定层结,在动力抬升的触发下,不稳定能量释放产生较强的对流是强降雪发生的重要原因。

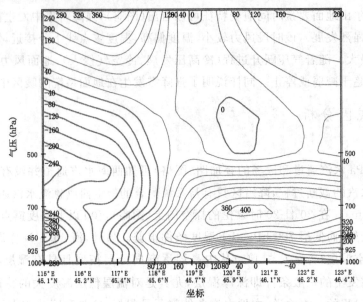

图3　2010年11月21日02时沿着850 hPa低涡暖切变线的温度平流剖面图(单位:×10⁻⁴℃·s⁻¹)

3.3　动力条件

3.3.1　涡度平流的作用—垂直上升运动的维持和加强

20日20时,暴雪区上空存在一条向西北倾斜的正涡度带(图略),涡度平流带从850 hPa一直伸展至高空,暴雪区上空正涡度平流加强,最大中心在200 hPa左右,为$44×10^{-4}·s^{-2}$,而其西侧为相同走向的负涡度平流带,最大中心值为$-32×10^{-4}·s^{-2}$,在降雪区存在一个向西北倾斜的垂直环流圈。21日08时,暴雪区上空变为负的涡度平流。

由此可见,暴雪高空冷槽、暖切变线的垂直结构自低向高呈现向西北倾斜的状态,冷槽西侧或西北侧对应的冷空气下沉气流,有利于冷槽加强东移,使得暴雪区从高空到低层均有正涡度平流输送,正涡度平流输送有利于垂直上升运动的维持和加强,并有利于冷槽的移动,带动冷空气逼近暴雪地区,触发不稳定能量释放,造成大(暴)雪的出现和增幅。且正涡度平流先于大(暴)雪12 h出现,对大(暴)雪预报有指示意义。

3.3.2　850 hPa槽线的触发作用

20日20时,850 hPa在110°E河套北部地区有斜压小槽东移,21日02时在锡林郭勒盟中部迅速发展加强为中尺度低涡,其850 hPa的涡度中心强度由$20×10^{-6}·s^{-1}$加强到$40×10^{-6}·s^{-1}$,散度中心强度由$-20×10^{-6}·s^{-1}$加强到$-28×10^{-6}·s^{-1}$(图略)。可见小槽东移是不稳定能量释放的主要触发条件,在其作用下不稳定能量释放,使上升运动、850 hPa辐合加强,中尺度低涡形成并发展加强同时沿其前部的暖切变线向东北方向移动,中尺度低涡与环境场相互作用在形成不稳定层结的同时在其东移过程中触发不稳定能量释放,这一正反馈作用是这次大(暴)雪的重要触发及抬升机制。

3.3.3 边界层冷垫作用

张迎新等[18]分析了华北平原回流天气的结构特征后认为,来自东北平原的低层冷空气虽然经渤海侵入华北平原,但仍然保持干冷气团的特性,在降水中起"冷垫"的作用。在本次强降雪过程中也存在冷垫的作用,一方面,低层低涡暖切变线北侧的偏东气流是干冷性质,另一方面,由于前期的降雪使地面已有积雪,对太阳辐射起反射作用,边界层气温较低,从探空曲线可以清楚地看到稳定的逆温层的存在。因此,浅薄的"冷垫",像倒扣的"碗状",它使得降雪区南侧的暖湿空气沿其爬升,在爬升过程中增湿、冷却达到饱和,同时加强抬升运动,从而使得降雪出现一个明显的增幅。

3.3.4 垂直运动特征

同样沿 850 hPa 暖切变线(强降雪区)方向做散度、垂直速度的垂直刨面图(图 4),可以清楚地看到强降雪发生时(21 日 02 时)从 116°E 至 121°E 500 hPa 以下存在低层辐合高层辐散的分布结构,辐散虽然一直延伸到 200 hPa 以上,但对流层高层量级很小。与辐散分布相配合,垂直速度的分布也有同样的特征,垂直上升运动一直延伸到 200 hPa 以上,但垂直上升运动大值中心在 700 hPa,500 hPa 以上量值很小。即产生强降雪的对流集中在 500 hPa 以下,对流强但并不深厚,其与对流层中低层的不稳定层结厚度互相吻合。在 925 hPa 以下的边界层散度、垂直速度都很小,这是浅薄的"冷垫"空气稳定形成的。

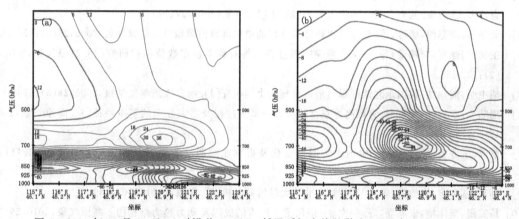

图 4 2010 年 11 月 21 日 02 时沿着 850 hPa 低涡暖切变线的散度(a)垂直运动(b)剖面图

可见,强降雪发生的过程对应着 850 hPa 中尺度低涡形成并强烈发展的过程,同时,地面副冷锋与其前部的地面气旋合并加强。对流层低层系统的加强使辐合加强,进一步加强了上升运动,触发不稳定能力释放形成较强的对流(仅限于对流层中低层的不稳定层结),形成强降雪。在这次强降雪过程中,上升运动较强,中心达到 84×10^{-3} m·s^{-1};强上升区的水平尺度较小,约 3 个经纬度左右;持续时间短,不到 6 h。可见,本次强降雪具有中尺度特征。

4 小结

(1)本次暴雪天气过程造成的灾害非常严重,其具有发生时间短、降雪量大、影响范围小的特征,预报难度较大,在实际预报中漏报了大雪、暴雪天气。

（2）本次暴雪天气过程发生在对流层中高层西南气流控制,有弱冷平流,对流层低层 850 hPa 有低涡生成并发展,暖平流旺盛,配合有暖切变线,强降雪主要发生在切变线上,为暖区降雪。

（3）本次暴雪天气过程的水汽条件不好,本地湿度较差,对流层低层较干燥,湿层在 700 hPa 以上层结,南支水汽通道没有建立,这与我国北方大雪暴雪天气充沛的水汽输送（尤其是对流层低层）不同,也是在预报中没有考虑大到暴雪的主要原因之一。

（4）本次暴雪天气过程具有强对流特征,在 500 hPa 冷平流配合 850 hPa 暖平流的差异作用下,导致的对流层中低层 500 hPa 至 850 hPa 形成对流不稳定层结,在动力抬升的触发下,不稳定能量释放产生较强的对流是强降雪发生的重要原因。

（5）对流层低层 850 hPa 斜压小槽东移发展加强为低涡及其暖切变线、整层的正涡度平流对上升运动的加强和维持以及边界层“冷垫”作用是触发不稳定能量释放,形成强降雪的主要动力条件。

（6）本次暴雪天气过程的强降雪是对流层中低层 500 hPa 至 850 hPa 对流不稳定能量释放形成的,因此,其对流并不深厚,主要发生在 500 hPa 至 850 hPa 层结中,与内蒙古大雪暴雪天气具有深厚的对流不同。

参考文献

[1] 宫德吉.内蒙古的暴风雪灾害及其形成过程的研究[J].气象,2001,**27**(8):19-24.

[2] 宫德吉,李彰俊.内蒙古大(暴)雪与白灾的气候学特征[J].气象,2000,**26**(12):24-28.

[3] 宫德吉,李彰俊.低空急流与内蒙古的大(暴)雪[J].气象,2001,**27**(12):3-7.

[4] 姜学恭,李彰俊,康玲,等.北方一次强降雪过程的中尺度数值模拟[J].高原气象,2006,**25**(3):476-483.

[5] 王文,刘建军,李栋梁,等.一次高原强降雪过程三维对称不稳定数值模拟研究[J].高原气象,2002,**21**(2):132-138.

[6] 胡中明,周伟灿.我国东北地区暴雪形成机理的个例研究[J].南京气象学院学报,2005,**28**(5):679-684.

[7] 周陆生,李海红,汪青春.青藏高原东部牧区大一暴雪过程及雪灾分布的基本特征[J].高原气象,2000,**19**(4):450-458.

[8] 郝璐,王静爱,满苏尔,等.中国雪灾时空变化及畜牧业脆弱性分析[J].自然灾害学报,2002,**11**(4):42-48.

[9] 孙欣,蔡芗宁,陈传雷,等."070304"东北特大暴雪的分析[J].气象,2011,**37**(7):89-96.

[10] 易笑园,李泽椿,朱磊磊,等.一次β—中尺度暴风雪的成因及动力热力结构[J].高原气象,2010,**29**(1):177-188.

[11] 赵桂香.一次回流与倒槽共同作用产生的暴雪天气分析[J].气象,2007,**33**(11):43-50.

[12] 赵桂香,许东蓓.山西两类暴雪预报的比较[J].高原气象,2008,**27**(5):210-218.

[13] 赵桂香,程麟生,李新生."04.12"华北大到暴雪过程切变线的动力结构诊断[J].高原气象,2007,**26**(3):183-191.

[14] 赵桂香,杜莉,范卫东,等.山西省大雪天气的分析预报[J].高原气象,2011,**30**(3):177-188.

[15] 董啸,周顺武,胡中明,等.近50年来东北地区暴雪时空分布特征[J].气象,2010,**36**(12):76-81.

[16] 孟雪峰,孙永刚,云静波,等.内蒙古大雪的时空分布特征[J].内蒙古气象,2011,(1):3-6.

[17] 孟雪峰,孙永刚,姜艳丰,等.内蒙古大雪天气分型研究[J].内蒙古气象,2011,(3):3-8.

[18] 张迎新,张守保.华北平原回流天气的结构特征[J].南京气象学院学报,2006,**29**(1):107-113.

2011年3月新疆中天山北麓暴雪天气诊断分析

万 瑜 窦新英

（新疆乌鲁木齐市气象局，乌鲁木齐 830002）

摘 要

利用 NCEP 逐日 4 次再分析资料和 MICAPS 常规观测资料，对 2011 年 3 月 16—17 日发生在新疆中天山北麓暴雪过程进行分析研究。结果表明：暴雪是南北两支锋区在中亚地区交汇后东移并发展造成的，降雪前乌鲁木齐城区出现东南大风，地面强烈减压升温为后期触发不稳定能量释放提供了热力条件，500 hPa 有＞30 m/s 的西南急流，700 hPa 存在明显的低空切变，散度和垂直速度的垂直分布表现为明显的高层辐散、低层辐合的对称结构，降雪强盛时段，整层呈现上负下正的垂直螺旋度对，强降雪区位于 MPV1＞0 和 MPV2 绝对值得到较大增长的区域，400 hPa 以下大气层结处于不稳定状态，湿层厚度高达 300 hPa。这种物理量场的配置有利于低层湿空气聚合及向上的抬升运动，为暴雪的产生提供必要条件。

关键词：暴雪 螺旋度 水汽通量 湿位涡

1 暴雪实况及天气形势特征

1.1 天气实况

2011 年 3 月 16 日 9 时—17 日 03 时中天山北麓出现一次暴雪天气过程，并伴有风吹雪。主要降水时段集中在 16 日 08—14 时，3 月 16 日 08 时—17 日 08 时总降水量（表 1）乌鲁木齐城区 17.7 mm，新增积雪深 24 cm；米东区 12.8 mm，新增积雪深 13 cm；玛纳斯 10.2 cm，小渠子 9.1 mm，新增积雪深 19 cm；白杨沟 9.7 mm，新增积雪深 10 cm。大部伴有 5 级左右西北风，暴雪天气造成吐乌大、乌奎高速公路及 312 国道 16 日 10 时 59 分至 24 时全线封闭，暴雪和风吹雪天气对交通带来严重的影响；客运站近千名旅客滞留；国际机场 60 多个航班延误，数千名旅客滞留。

表 1 2011 年 3 月 16—17 日各站气象资料

站名	降雪量（mm）	最低气温（℃）	极大风速（m/s）	新增雪深（cm）
乌鲁木齐	17.7	−11.7	11.7	26
米东区	12.8	−8.6	10.7	12
小渠子	9.1	−18.7	8.3	17
白杨沟	9.7	−19.2	8.8	15
玛纳斯	10.2	−17.9	16.0	13

1.2 高低空环流形势分析

过程前期，欧亚范围内为两槽一脊型，以经向环流为主，即乌拉尔山和贝加尔湖东部为低槽活动区,西西伯利亚为高压脊区。随着新地岛冷空气迅速南下,使得环流经向度不断加大,乌拉尔山低槽东移中向南加深和中亚地区低槽同位相叠加,南北两支锋区在中亚地区汇合,这种环流形势是新疆春季强天气的典型环流。15 日 20 时—16 日 20 时,中亚低槽压至新疆西部国境线附近,并整体快速东移对中天山北麓的降雪过程产生影响。

16 日 08 时 500 hPa 高空实况图上,西西伯利亚低槽与中亚低槽相接,槽前>30 m/s 的强盛西南风急流直达 40°N,乌鲁木齐处在 24 m/s 的西南急流区中,且温度槽明显落后于高度槽,槽前有正涡度平流,使得该槽不断加深南压。新疆中天山北麓 $T-T_d$ 均≤3.0℃,水汽条件较好。16 日 08 时 700 hPa 和 850 hPa 高空实况图上,该槽仍较深厚,整层湿度条件好,700 hPa 乌鲁木齐附近存在风向的切变和风速的辐合,这种高低层的配置对暴雪的形成非常有利。

地面形势场受前期地面东高西低的气压场影响,乌鲁木齐出现了区域性的东南大风。在 15 日 23 时,乌鲁木齐形成一个减压升温的极值点,热力条件为后期触发不稳定能量释放提供了前提条件。同时 16 日 08 时,在巴尔喀什湖西南部形成了一个 1052.5 hPa 的地面冷高,地面冷高沿西方路径逐步东移南压,到 11 时,冷锋前沿基本压至北疆沿天山一带,11 时和 14 时乌鲁木齐处在强锋区带上,且锋面过境时,出现了风吹雪天气。随着系统的东移过境,至 17 时降雪强度有所减弱,地面冷高中心气压降至 1047.5 hPa。这种西方路径的冷空气入侵形势,是北疆沿天山一带产生大降水的有利条件[1]。

综上所述,这次强降雪天气产生在 500 hPa 槽前西南暖湿气流中,由 700 hPa 切变、850 hPa 辐合区及地面冷锋共同影响产生的,中低空较强的西南风急流和地面冷锋过境产生强降雪。

2 暴雪成因分析

2.1 水汽条件分析

充沛的水汽输送是形成较大降水的必要条件[2,3]。从图 1 可知,暴雪发生前和发生时,在 850 hPa 水汽通量高值带位于中亚地区、阿拉伯海和孟加拉湾,数值在 21～30 g·cm⁻¹·hPa⁻¹·s⁻¹,在 700 hPa 也有>15 g·hPa⁻¹·cm⁻²·s⁻¹ 的水汽通量高值带相对应,降雪过程中新疆中天山北麓南部存在>15 m/s 西南急流,西天山存在>25 m/s 的西风急流,在合适的环流条件下,可以将阿拉伯海和孟加拉湾的水汽通过接力输送机制输送到新疆中天山北麓;同时在 850～700 hPa 水汽的辐合区处于中亚地区且呈东北—西南走向,随着降雪过程的进行逐步向东移动,数值在 4×10^{-5}～10×10^{-5} g·cm⁻²·hPa⁻¹·s⁻¹ 之间,这表明中天山北麓上空湿层深厚、水汽集中,是这次大暴雪形成的重要原因之一。

2.2 高低空急流对暴雪的作用

2.2.1 散度和垂直速度随时间的变化

降雪出现时,对流层中低层为气流的辐合区,有利于水汽在对流层低层的积累,为暴雪的发生和维持提供了动力条件。对流层高层出现了气流的辐散区,且高层辐散区数值较中低层大,这种高低层的配置加强了高层的抽吸作用。此外降雪出现时,900～600 hPa 为上升运动区,400～200 hPa 为下沉运动区,中低层上升运动是水汽抬升造成强降雪的主要动力原因之一[4,5]。

2.2.2 高空动力条件分析

对探空相对湿度资料分析发现,600 hPa 出现了一个高湿舌,前期的增湿过程为这次暴雪

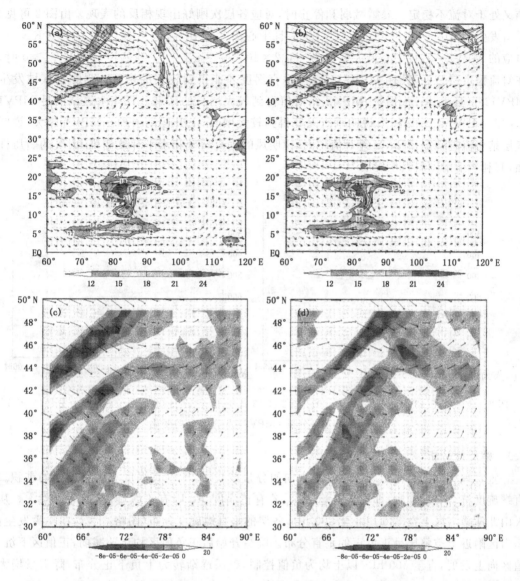

图1　2011 年 3 月 16 日 08 时(a)和 3 月 16 日 14 时(b)850 hPa 水汽通量和全风速的叠加图以及
3 月 16 日 14 时(c)和 3 月 16 日 20 时(d)850 hPa 水汽通量散度和全风速的叠加图

提供了条件,15 日 20 时和 16 日 08 时乌鲁木齐底层一直受东南气流控制,1000～700 hPa 存在西北风和东南风的切变,16 日 08 时从风向随高度的变化来看,从 800～400 hPa 风向从西北风转为西南风,风随高度顺转,有暖平流,表明大气还在增温增湿,为暴雪的产生提供了充分的暖湿条件。从资料分析可以认为,暴雪发生前中低层一直存在东南风和西北风的切变,且在暴雪发生时,300～200 hPa 有一个风速在 40 m/s 的急流轴,为暴雪的产生提供了较强的高空抽吸作用。

　　3 月 16 日 08 时—17 日 02 时 θ_{se}/p 沿 43°N 的剖面图(图略),暴雪发生前和发生时,1000～800 hPa 上 $\theta_{se}/p>0$,即相当位温随高度降低时,大气层结处于对流不稳定。700～400 hPa 上 $\theta_{se}/p<0$,即相当位温随高度升高时,大气层结处于对流稳定,而后对流层高层大气层

结又处于对流不稳定。暴雪减弱和停止时,对应各层次刚好出现相反的表现。由图2可见,在暴雪发生时,700~400 hPa上MPV1>0,且中心最大数值为$3.5×10^{-6}$ $m^2·s^{-1}·K·kg^{-1}$,对应的MPV2<0,且中心最大数值为$-1.2×10^{-6}$ $m^2·s^{-1}·K·kg^{-1}$。当MPV1>0时,即在对流稳定层结下,只有MPV2<0时,垂直涡度才能得到较大的增长。强降雪区域发生在MPV1>0且得到较大增长,MPV2绝对值得到较大增长的区域。强降水区域满足MPV1>0,同时MPV2<0的条件,说明垂直涡度得到较大增长,上升运动强烈。MPV1越大,说明大气层结对流越稳定,MPV2绝对值越大,说明风的垂直切变和水平梯度越强,大气的斜压性增强,有利于下滑倾斜涡度发展[6]。

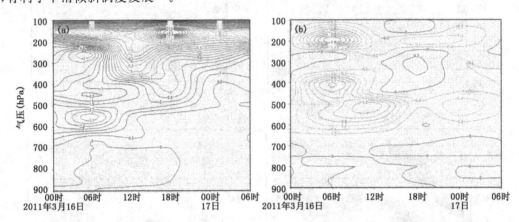

图2 乌鲁木齐(43°N,87°E)为中心2011年3月16日08时至17日08时湿位涡的垂直分量(MPV1)(a)和水平分量(MPV2)(b)随时间的变化

2.3 螺旋度分析

垂直螺旋度就是指螺旋度在垂直方向的分量或投影,即垂直涡度和垂直速度的乘积。垂直螺旋度符合右手准则,即在上升运动区,若有正涡度>0则有正螺旋度,反之亦然[7]。从中天山北麓暴雪区上空850 hPa至200 hPa各层的垂直螺旋度分布(图略)上看:在降雪发生前,暴雪区附近上空整层呈正负正的垂直分布。降雪开始后正负值区均迅速减弱,正值区下沉,负值区向上发展,直至500 hPa以上均为负值控制,整层逐渐转为上负下正分布,降雪量增大并维持[8]。其后,中天山北麓整层处在正负螺旋度的过渡带上,降雪量也随之减小直至停止。因此从垂直分布上来看,垂直螺旋度在降雪强盛期呈现出上负下正的结构。

3 结论

(1)南北两支锋区在中亚地区汇合,地面冷高沿西方路径逐步东移南压及前期乌鲁木齐出现了区域性的东南大风造成的局地强烈的减压升温热力条件为这次暴雪过程提供了有力的背景场。

(2)暴雪产生在系统性的强上升运动区,对应的垂直螺旋度为上负下正的分布,同时整层处在正涡度区,有利上空低值系统和锋区的维持加强。低层辐合高层辐散和高层急流轴的存在,这种高低层的配置加强了高空的抽吸作用。

(3)降雪过程中850~700 hPa层存在西南和偏西急流,在合适的环流条件下,将阿拉伯海和孟加拉湾的水汽通过接力输送机制输送到中天山北麓。同时在700 hPa有水汽通量高值带相对应,这表明低空急流为暴雪区输送水汽,是形成这次大暴雪的重要原因之一。

(4)强降雪区位于 MPV1＞0 和 MPV2 绝对值得到较大增长的区域。

参考文献

[1] 张家宝等.1986.新疆短期预报指导手册[M].新疆:新疆人民出版社,186-189.

[2] 阿衣夏木·尼亚孜,孔期,杨贵名.2007.2005 年 11 月哈密暴雪天气过程的诊断分析[J].气象,33(6):72-73.

[3] 杨柳,苗春生,寿绍文,等.2006.2003 年春季江淮一次暴雪过程的模拟研究[J].南京气象学院学报,29(3):382-383.

[4] 张小玲,程麟生.2000."96.1"暴雪期中尺度切变线发生发展的动力诊断Ⅰ:涡度和涡度变率诊断[J].高原气象,19(3):285-294.

[5] 邓远平,程麟生,张小玲.2000.三相云显式降水方案和高原东部"96.1"暴雪成因的中尺度数值模拟[J].高原气象,19(4):401-414.

[6] 吴国雄,蔡雅萍.1997.风垂直切变和下滑倾斜涡度发展[J].大气科学,21(3):273-281.

[7] 陆慧娟,高守亭.2003.螺旋度及螺旋度方程的讨论[J].气象学报,61(6):685-691.

[8] 侯瑞钦,程麟生,冯伍虎,等.2003."98·7"特大暴雨低涡的螺旋度和动能诊断分析[J].高原气象,22(2):203-205.

4.15 贵州冰雹大风天气成因分析

吴古会　彭　芳

(贵州省气象台,贵阳 550002)

摘　要

利用实况观测资料、多普勒雷达资料、TBB 资料及 NCEP/NCAR 再分析资料等对 2011 年 4 月 15 日发生在贵州西南部的强对流天气过程进行了诊断分析。结果表明:此次强对流天气过程是在高空槽、低层切变线和地面中尺度辐合线的配合下产生的,上层干冷、下层暖湿的对流不稳定层结有利于强对流天气的产生;强对流天气的发生发展伴随地面辐合线上多个中尺度对流云团的东移南压;雷达回波上回波中心强度较大,强回波伸展高度也有利于强对流天气的发生;对流有效位能和抬升指数对于此次过程有较好的指示意义,强对流天气发生前,CAPE 值跃增,LI 值由正转为负值,并且 CAPE 高值中心区和 LI 的负值中心区与这次过程的强对流天气发生区域吻合;强对流天气发生在能量锋区和湿度锋区的高能高湿区,当日 14 h 的 θ_{se} 廓线呈"弓"状,结合温度平流、水汽条件和垂直速度的分析得知中高层有干冷空气向下入侵,强对流天气发生时垂直速度伸展很高,促进深对流系统的发展;对湿位涡分析发现强对流天气发生在 700 hPa MPV1 负值中心与 MPV2 正值中心之间的区域。

关键词:强对流天气　不稳定指标　干冷空气侵入　湿位涡

引言

强对流天气是影响我国最严重的灾害性天气之一,近年来随着数值预报的长足发展、监测网络的密集和多普勒雷达等探测手段的提高,对这类高影响天气发生发展的机理有了进一步的了解,但是由于它们空间尺度小、生命史短、突发性强及发展演变迅速,由此它们仍然是日常预报业务的难点,又因其破坏力强,也是工作中的重点。目前国内对强对流天气的短时临近预报取得了一定成果,李云川等[1]利用多普勒雷达产品对冰雹、大风、强降水等天气进行统计分析得到不同天气类型的指标;赵淑艳等[2]通过对北京地区冰雹云生成和降雹宏观条件进分析,指出不同影响系统的特征和降雹特点;张家国等[3]通过对多普勒天气雷达反射率因子回波形态、机构、暴雨落区及主要影响天气系统的分析,概括了湖北省区域性暴雨的雷达回波模型;关于卫星资料的应用方面也做了大量的工作[4~6],这些研究成果有助于更深入理解强对流系统的结构特征,但是卫星云图和天气雷达产品在预报业务中有其局限性,主要体现在获取其产品的相对滞后上,对于发展演变历时短暂的对流系统,当获得相关产品时强天气已经发生,即使生命史相对较长的对流系统,仅依靠卫星云图和雷达回波作临近预报,服务效果是相当有限的。因为不管是预警信息的接收还是防灾准备都需要一定的时间,所以越早发布强对流天气的预报,为防灾争取的时间就越多,造成的损失也会相应大大减少。为此,短期时段内的对强对流天气的潜势预报就显得必要,我国的气象工作者在这方面也做了大量卓有成效的研究,周后福等[7]从能量天气学的角度,基于高空探测资料,对各项不稳定指标的预报意义进行了研究;段旭等[8]分析了春季滇南大风冰雹天气的大尺度环境特征;梁爱民等[9]从物理两场着手对北京地区雷暴大风的预报也做了研究。对贵州的强对流天气的预报研究较少,本文将对发生于 2011 年 4 月 15 日给贵州造成巨大损失的强对流过程的天气成因进行分析,作为对强对流天气预报方法的探索,以期能为将来的预报工作提供借鉴。

本文用到的资料主要有:MICAPS 实况及两要素自动站观测资料,贵阳、毕节及兴义多普勒雷达资料,FY-2D 常规云图及 FY-2ETBB 资料,制作各物理量要素所使用的 NCEP/NCAR1°×1°再分析资料。

1 实况概述及天气形势分析

4 月 15 日 17 时—16 日 05 时(北京时,下同),贵州省六盘水市、黔西南自治州、安顺市及黔南自治州西部等地区出现了短时强降水、冰雹、瞬时大风等强对流天气,其中 17—22 时,六枝和镇宁两个县站出现冰雹,普定、惠水、长顺、西秀区、贞丰、紫云、兴仁、平塘、独山、罗甸等 8县(区)的乡镇也出现了冰雹(图 1a),六枝、镇宁、惠水、罗甸等地还伴有瞬时大风天气;出现大雨量站(六枝、镇宁),乡镇暴雨 5 站,降水雨强强度大(图 1b),1 h 降水接近或达到 50 mm,影响尺度小、但因其突发性及强度大,造成了严重的损失。

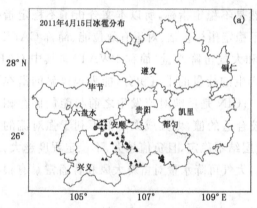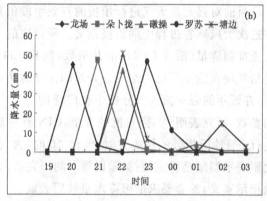

图 1   2011 年 4 月 15 日(a)冰雹分布(b)降水达到 50 mm 的乡镇小时雨量变化(单位:mm)

这次强对流天气过程的主要影响系统是高空低槽、低层切变线和地面辐合线。15 日 08时,500 hPa 上高原上有短波扰动东移,南支浅槽位于 90°E 附近,控制贵州的气流较平直,该层的温度场上贵州处于干区;700 hPa 上贵州受弱高压脊控制,滇东、川东都有切变影响,至 20时,切变有所东移,川东南有<−3℃的明显负变温区,随着切变东移有冷空气从偏西路径侵入贵州;850 hPa 上切变位于长江沿线,至 20 时南移至贵州南部;地面上贵州处于湿区,热低压中心位于云南东部,贵州中部一线有东西向的辐合线,14−20 时,辐合线逐渐向南移动并锋生,上干冷下暖湿的层结配合低层的切变及辐合线,有利于触发不稳定能量的释放。这次过程中输送暖湿气流的偏南风较弱,低层到高层都没有急流建立,这可能是发生强对流范围较小的原因之一。

2 TBB 资料及雷达回波分析

15 日 17 时,常规卫星云图上贵州的毕节地区和六盘水市交界开始有对流点发展,18 时对流云团中已嵌有 TBB<-40℃的对流核;至 19 时,云团进一步发展,影响范围扩大,强度也增强,对流核中心 TBB<-56℃,覆盖在安顺北部至六盘水东部上空;20 时,云团位置变动很小,但对流核区 TBB<-64℃,对流发展已相当旺盛,同时,在该云团的西南侧有新的对流云生成,中心区 TBB<-32℃;21 时,新生云团并入原有云团,并随之向东南方向移动,对流核中心区 TBB<-64℃,对流依然强烈,之后逐渐减弱;至 16 日 00 时,云团主体已移至广西北部,对流性降水趋于结束,在对流云团发展最旺盛的 19-21 时,相应对流天气最强烈。同时对比云团 TBB 的演变过程和强对流天气发生的落区发现,本次强对流天气发生在云团移动前方 TBB 等值线密集带和 TBB 冷中心之间的区域。

15 日 19 时-19 时 45 分,六枝和镇宁发生降雹,从这个时段内的回波图上发现最强回波的位置正好位于镇宁附近,往东南方向移动。强回波中心梯度较大,预示着对流天气的发生。回波的垂直结构显示出低层都有明显的入流区,且强回波中心伸展的高度较高,达到 6 km 以上,有利于降雹,但回波并不是典型的预示雷暴大风的"窄带"、弓形或钩状结构。

3 物理量诊断分析

3.1 不稳定指标

目前对强对流天气进行预报的有效手段依然是不稳定指标,所以本文分析了不稳定指标在这次大风冰雹过程中的预报意义。所讨论的不稳定指标包括:对流有效位能(简称 CAPE)、对流抑制能量(简称 CIN)、抬升指数(简称 LI)和大气可降水量(简称 PWAT)。其中 CAPE 是指气块在给定环境中绝热上升时的正浮力所产生的能量的垂直积分,能表现风暴的潜在强度,在近年的强对流天气分析中有广泛的应用[10];CIN 是反映对流发生之前与能量储存相关的参数,研究表明[11]:强对流的发生,CIN 有一较合适的值,太大或太小都不利于强对流的发生;LI 与沙氏指数的性质类似,当它<0 时,大气层结不稳定,且负值越大,不稳定程度越大,反之则表示层结是稳定的;梁爱民等[9]的研究指出,大气可降水量对雷暴大风和普通雷暴有很好的指示意义,前者要求的可降水量较后者低。

分析 4 月 15 日 08 时、14 时及 20 时这几个指数的分布可知:在强对流发生区域,即(25°~26°N,105°~107°E)范围内,CAPE 的平均值 08 时接近 0 J·kg^{-1},但 14 时跃增到 1371 J·kg^{-1},高值中心位于(26°N,106°E)附近,强度达到 2551 J·kg^{-1},20 时 CAPE 值明显减小,即伴随过程的发生、发展,对流有效位能相应有产生、积聚、释放过程;而 LI 指数 08 时为 3.7 K,到 14 时骤减到-2.8 K,负值中心与 CAPE 高值中心一致,20 时又迅速增加到 4 K;大气可降水量随时间的变化不明显,平均维持在 44 kg·s^{-2};CIN 也很弱,即可降水量和 CIN 对贵州这次强对流天气的反映不明显,与梁爱民等[9]对北京地区的研究结论有出入,这有待于对大量的个例进行统计分析,但 CAPE 和 LI 对这次天气过程有较好的指示意义。

3.2 热力特征

强对流天气的发生、发展,往往伴随着能量锋区的演变,从 850 hPa 等压面上 θ_{se} 沿 106°E 的时间演变图上可知(图略),15 日 08-20 时,27°N(贵州中部)到 29°N(贵州北部)之间对流层低层有 θ_{se} 等值线密集带——能量锋区,锋区及以南(23°~27°N)之间处于高能区(大于 340 K),并且 500 hPa 以下 $\frac{\partial \theta_{se}}{\partial p}>0$,这也表明对流层中低层大气层结为对流不稳定,强对流天气发生在高能、对流不稳定区。分析 15 日 08—20 时（24°～26°N，105°～107°E）范围内平均 θ_{se} 的高度剖面发现，θ_{se} 的廓线呈弓状，在最底层，θ_{se} 有一个极大值（343 K），然后随高度减小，至对流层中层达到极小值（330 K），之后又随高度增加。结合（24°～26°N，105°～107°E）区域上空温度平流的高度—时间演变可知（图略），15 日 11 时以后，900～700 hPa 的暖平流增强，同时 700～500 hPa 冷平流强度也加大，至 20 时，强度达最强，冷、暖平流中心分别达 -6、9 ℃·s^{-1}，各等压面上的 θ_{se} 分布（图略）表明，15 日四川南部至云南北部为相对低能区中心，结合风场可知对流层中层有冷空气侵入。云中空气因变冷得到负浮力而使风暴云中空气产生向下运动，由雷暴大风的定义可知，雷暴中下沉支气流是雷暴大风的直接"制造"者，重要性不言而喻；作为深对流系统的重要特征成员[12]上升支气流也在雷暴大风中扮演不可或缺的角色，大气底层的空气要发展成一支上升气流，底层大气须是热力不稳定的，而底层 θ_{se} 越大，其受到的浮力越大，被抬升达到的高度将越高，达到的上升速度也越大[13]。

3.3 垂直运动条件分析

当气块被上升运动抬升到自由对流高度以上时，对流有效位能才能转换为对流运动的动能，其潜在能量才得以变为对流上升速度。分析经过（26°N、106°E）的垂直速度随时间演变，15 日 17—20 时，该点上空从近地面（海拔 > 1200 m，接近 850 hPa）到 300 hPa 以上的高层都是上升气流，中心位于 700～600 hPa，强度达 -21×10^{-2} Pa·s^{-1}，与该时段的强对流天气相对应，之后垂直速度迅速减小，对流天气也随之减弱。从垂直素的在各等压面上的水平分布来看，15 日 14—20 时，下沉运动区主要位于云南，贵州西部为一致的上升运动控制。

垂直风切变在强对流天气预报中是很重要的考虑因素，Doswell 和 Wilhemson 将中层垂直风切变的大小分为 3 档[11]：较弱（0.005 s^{-1}），中等强度（0.01 s^{-1}），很强（0.015 s^{-1}）。本文分别计算了 500～850 hPa，200～500 hPa 和 200～850 hPa 的垂直风切变，15 日 08—20 时，500～850 hPa 的垂直风切变呈增强趋势，中心值从 0.003 s^{-1} 增至 0.006 s^{-1}，中心区位于贵州西南部，从 15 日其切变强度均 < 0.005 s^{-1}，强对流天气发生区位于风速垂直切变中心区东侧，其余层次的垂直风切变更加微弱，即本次强对流是在弱的风速垂直切变条件下发生的。

3.4 水汽条件分析

低层湿舌与强对流天气有着紧密联系[14]，贵州西部地区海拔高度较高，取 700 hPa 作为低层进行分析，15 日 08—16 日 02 时，贵州都处于相对高比湿区，14—20 时，四川、云南的比湿降低，低值中心位于四川南部—云南北部地区（图略），结合 700 hPa 和 500 hPa 的风场可知，有来自高原东侧的干冷空气的影响，而贵州西南部处于高湿区中心，中心值为 8.5 g·kg^{-1}，所以在贵州西部形成了湿度锋，从图上还可以得知，湿度锋区呈准南北向，强对流天气发生在其东侧的高湿区。

3.5 湿位涡特征分析

近年来，湿位涡理论得到了广泛深入的研究和应用，李英等[15]的研究指出湿位涡在冰雹天气的诊断中有较好的效果，根据 Hoskins 位涡理论[16,17]，认为负的湿位涡表示不稳定的暖湿气流，正的湿位涡表示冷空气活动。采用刘还珠等[18]中的公式，分别计算了湿位涡的正（MPV1）、斜压项（MPV2），其中 MPV1 与静力稳定度有关，其值取决于空气块绝对涡度的垂直分量与相当位温的垂直梯度的乘积。在北半球，大气为对流不稳定时，MPV1 < 0，大气为对流稳定，则 MPV1 > 0；MPV2 包含了湿斜压性和风速垂直切变贡献，当大气对流不稳定时，

MPV2>0有利于倾斜涡度发展(SVD)激烈。分析15日08时700 hPa湿位涡的正、斜压项分布(图略)得知:MPV1<0,中心位于(26°N,107°E)附近,中心值为-4×10^{-1}PVU,冰雹大风区位于负值中心的西侧;MPV2正值区位于贵州西部,中心在西南部,值为0.3×10^{-1}PVU,比MPV1小一个量级,但当风垂直切变和位温的水平分布达到最佳配置时,冰雹等强对流天气发生,结合MPV1和MPV2的分布,可以看到强对流发生在MPV1负值中心与MPV2正值中心之间的区域。

4 小结

通过对本次强对流天气的综合分析,得出以下结论:

(1)本次强对流天气是在高空槽、低层切变和地面中尺度辐合线配合的有利形势下产生的,虽暖湿气流不强,低层到高层没有急流建立,但前期贵州的上干冷下暖湿的背景为不稳定层结提供了有利条件。强对流天气的发生发展伴随地面辐合线上多个中尺度对流云团的东移南压,强对流天气发生在云团移动前方TBB等值线密集带和TBB冷中心之间的区域;从雷达回波上看,回波中心强度较大,强回波伸展高度也有利于强对流天气的发生。

(2)对流有效位能和抬升指数对于此次过程有较好的指示意义,强对流天气发生前,CAPE有非常明显的积累,LI由正值转为负值,随着剧烈天气的发生,CAPE值迅速减弱,LI也由负值变为正值,并且CAPE高值中心区和LI的负值中心区与这次过程的强对流天气发生区域吻合。

(3)强对流天气发生在能量锋区和湿度锋区的高能高湿区,当日14时的θ_{se}廓线呈"弓"状,低层θ_{se}极大值有利于上升运动的增强,而中层的极小值则预示着有冷空气的影响,结合温度平流、水汽条件和垂直速度的分析,中高层有干冷空气向下入侵,强对流天气发生时垂直速度伸展很高,都有利于深对流系统的发展。

(4)这次过程强对流天气发生在700 hPa MPV1负值中心与MPV2正值中心之间的区域。

参考文献

[1] 李云川,王福侠,裴宇杰,等.2006.用CINRAD-SA雷达产品识别冰雹、大风和强降水[J].气象,32(10):64-71.

[2] 赵淑艳,朱文志.2004.北京地区冰雹云生成的宏观条件分析[J].气象科技,32(5):348-351.

[3] 张家国,王珏,黄治勇,等.2011.几类区域性暴雨雷达回波模型[J].气象,37(3):285-290.

[4] 刘正本,赵守春,孙献革.1998.卫星云图在短时降水预报中的应用[J].气象,24(2):31-33.

[5] 洪毅,李玉柱,陈智源,等.2007.2006年6月10日浙江飑线FY-2C卫星云图特征[J].气象,33(9):47-51.

[6] 何立,覃丹宇,黄小燕,等.2010.FY2卫星云图分析系统在热带气旋北冕过程中的应用[J].气象,36(9):21-28.

[7] 周后福,邱明燕,张爱民,等.2006.基于稳定度和能量指标作强对流天气的短时预报指标分析[J].高原气象,25(4):716-722.

[8] 段旭,李英,周毅.1998.春季滇南大风冰雹天气的大尺度环境特征[J].气象,24(6):39-43.

[9] 梁爱民,张庆红,申红喜,等.2006.北京地区雷暴大风预报研究[J].气象,32(11):73-81.

［10］ 李耀东.1998,埃玛图微机制作及对流有效位能的计算[J].气象,**24**(5):24-28.

［11］ 刘建文,郭虎,李耀东,等.2005,天气分析预报物理量计算基础[M].北京:气象出版社,82-141.

［12］ Renno'N. O. Ingersoll. A. P. 1996,Natural convection as a heat engine:A theory for CAPE[J]. *Atmos. Sci.*,**53**:572-585.

［13］ 盛裴轩,毛节泰,李建国,等.2003,大气物理学[M].北京:北京大学出版社,152-164.

［14］ 丁一汇.2005,高等天气学[M].北京:气象出版社,323-325.

［15］ 李英,段旭.2000,湿位涡在云南冰雹天气分析中的应用[J].应用气象学报,**11**(2):242-248.

［16］ Hoskins. B. J.. 1974,The role of potential vorticity in symmetric stability and instability. *Quart J Roy Meteor Soc*,**100**:480-482.

［17］ Hoskins B J.,Mcintyre M E.,Robertson A W.. 1985,On the use and significance of isentropic potential vorticity maps. *Quart J Roy Meteor Soc*,**111**:877-946.

［18］ 刘还珠,张绍晴.1996,湿位涡与锋面强降水天气的三维结构[J].应用气象学报,**7**(3):275-284.

"8.8"舟曲强对流天气分析

杨建才[1]　　王建兵[2]　　吉慧敏[1]

(1.兰州中心气象台,兰州 730020；2.甘南州气象局,合作 747000)

摘　要

利用实况观测资料和云图资料对 2010 年 8 月 8 日发生在舟曲短时强对流天气进行分析,分析认为前期的高温高湿和逆温层结,为此次强对流天气提供了充足的水汽和能量积蓄,高空冷平流的侵入和低层切变的发展触发了不稳定层结的发展和能量的释放,强降水是由中-α 尺度的对流云团与地形抬升形成的中小尺度系统共同作用造成,不同性质对流云团的发展、加强与合并是此次强降水的主要原因。

关键词:强降水　不稳定能量　对流云团　分析

引言

舟曲位于甘肃省甘南藏族自治州南部,地处青藏高原东北侧边缘和黄土高原的过渡地带,这里地形复杂,是亚洲第一滑坡和泥石流多发地带,白龙江穿城而过,地势西北高、东南低,境内多高山深谷,地质结构松散。是西风带系统、高原系统和南支系统的交汇地带,天气复杂,夏季常出现局地性强对流天气,容易引发山洪泥石流等地质灾害,2010 年 8 月 8 日发生在舟曲县的特大泥石流灾害造成 1470 多人死亡。此次短时强降水天气是在一定的大尺度环流背景下由中小尺度系统所造成,具有局地突发的特点,在实际预报中有很大的难度,本文利用现有观测资料和云图资料对其天气学成因、层结特征、物理量特征和云图特征进行了分析,以期在今后的实际预报中有所作用。

1　天气实况及前期干旱背景

2010 年 8 月 7 日 20 时—8 日 08 时,甘肃省甘南藏族自治州舟曲县突降短时局地强降水,引发特大泥石流灾害,从 7 日 20 时—8 日 08 时的 6 h 降水分布图上看(图 1),这次短时强降水的局地性很强,降水分布不均,舟曲县降水量 12.8 mm,而县城以东约 10 km 的东山镇(白龙江流域,在县城下游)降水量达 96.3 mm。除降水的空间分布不均匀外,降水的时段也非常集中,东山镇 23—24 时,1 h 降水量达 77.3 mm。2010 年 7 月舟曲县平均气温 24.8℃,比常年同期偏高 2.3℃,为近 4 年最高,月降水量 52.8 mm,较常年同期偏少 28%。据 8 月 6 日干旱监测,舟曲 0~20 cm 土壤相对湿度在 40%~50%,50 cm 土壤相对湿度 50%左右,综合干旱指数监测显示舟曲县为中度干旱。由于前期降水偏少、气温偏高、气候干旱,形成城区周边岩石崩溃,局部山体、岩石裂痕表露在外,遇降水极易招致滑坡灾害。

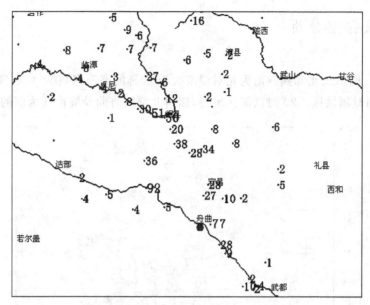

图1 2010年8月8日02—08时区域站6 h降水实况(单位:mm)

2 本次过程的环流形势及影响系统

2.1 高空分析

2010年8月7日08时,500 hPa欧亚中高纬度为一脊一槽形,长波槽位于100°E附近,底部有短波槽分裂东移到河套—民勤附近,我国中纬度地区为副热带大陆高压带控制,大陆暖高压中心位于青海,强度为592 dagpm。高压中心前部,玛曲到玉树之间有一切变线。高压南侧,北部湾热带低压北侧有一东风波倒槽发展到湖南附近。甘肃南部为弱的西北风。20时,青藏高压中心强度减弱,河套西部的小槽发展并东移到内蒙古中部—咸阳附近,588线南压了1~2个纬度,受西风槽东移南压和东风波倒槽共同作用,高压带在110°E附近明显变窄。甘肃南部处于西北气流中。700 hPa,7日08时青海湖至玛曲一线有弱的切变线;四川北部经陇东南至华北为一条西南气流带,其中心位于平凉、延安,风速达12 m/s以上。甘肃南部处于西南气流中,水汽向华北输送。20时高压西北侧西南气流维持,切变线加强并东移到平凉—舟曲—玉树一线,甘肃中部转为北风。400 hPa,7日08时和20时高空锋区明显南压,高压前部的西北气流和偏北气流,对青海东部及甘肃南部、中部有明显的冷平流输送。200 hPa,高空急流位于40°N附近,急流右侧,在高原东北侧有辐散区,20时,青海东部、甘肃中、东部及甘南位于辐散区中。(图略)。

2.2 地面分析

从7日各时次地面图分析,08时,地面切变线不完整,14时始,甘肃省甘南以东各地面站基本为一致的东南风,大部站点风速超过6 m/s,在榆中、岷县一线可分析出一条明显的切变,14—20时,东南风维持,影响区达到岷县,切变线呈准静止状态;20时后,切变线后部西北风推进,以较快速度东移;7日23时至8日00时越过舟曲,同时东南风减弱;至8日02时,地面相应区域已分析不出切变线。

3 物理量及探空分析

3.1 水汽条件

7 日 08 时。四川东北部到陇南为相对湿度大于 90％的高湿区（图 2），水汽通量散度甘肃南部到中部为明显辐散区。20 时高湿区维持，四川北部到舟曲及陇南转为弱的水汽辐合区。

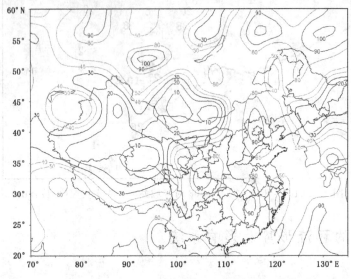

图 2　2010 年 8 月 7 日 20 时 700 hPa 相对湿度（单位：％）

3.2 能量和稳定度条件分析

08 时，甘南西部处在假相当位温高能舌中，陇南、舟曲 K 指数＞30，20 时假相当位温高能舌东移扩展到舟曲，K 指数达到 40（图 3）。7 日 08—20 时，甘肃省处在沙氏指数正值（稳定）区域内，中心在甘肃省河西中部到青海中部一带，甘南、陇南一带沙氏指数＜2。可见大气的热力条件非常好，但 20 时之前对流不稳定度条件较差。

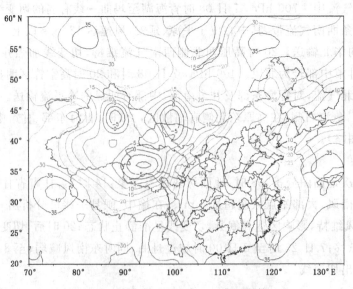

图 3　2010 年 8 月 7 日 20 时 K 指数

3.3 动力条件分析

7日08时,700 hPa散度场辐合中心位于青海东部,甘肃河东处于辐散区,20时位于青海东部的辐合中心强度减弱,甘南藏族自治州转为弱的辐合区。200 hPa,08时甘肃河东大部分地方位于辐散区,到20时辐散中心的强度进一步增强。从低层到高层分析来看,20时甘肃省底层有弱的辐合,高层有辐散,有利于上升运动发展。从垂直速度分析来看,从08时到20时,上升中心位于外蒙古国中部,甘肃省处在上升运动区内,从低层到高层200 hPa都有上升运动,08时甘肃南部上升运动值很小,20时,低层上升运动逐渐加强。温度平流,7日08时,700～500 hPa青海高原中西部及甘肃河东大部为暖平流。20时,甘肃南部转为弱冷平流。

4 中尺度天气图分析

8月7日08时(图4a),地面上甘肃为24 h正变压区,从张掖到陇南多不完整的辐合切变线。500 hPa和200 hPa急流位于40°N。500 hPa河西到青海西北部为干区,四川盆地到甘肃南部为湿区,700 hPa上,陇东南有西南风急流,武威到青海东部有切变线。甘肃河东处在底层切变、干湿交汇处,且南部低层水汽条件较好,有利于对流性天气的发生。

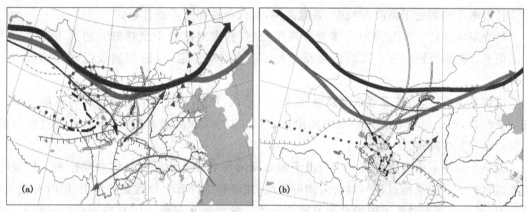

图4 2010年8月7日08时(a)和8月7日20时(b)中尺度综合分析图

20时地面图上(图4b),甘肃定西、临夏、甘南(除舟曲)、青海东部有雷暴发生,有一个$\Delta T_{24} < -4℃$的显著降温区与雷暴区相配合,迭部与舟曲之间有风向切变,舟曲以西有一条西北—东南向的干线,此时舟曲ΔP_3达22 hPa。200 hPa急流与08时基本一致。500 hPa急流在河西气旋性曲率加深,槽线在内蒙古中部到武威,四川盆地到甘肃省南部为由早晨的湿舌转为干舌,舟曲处于其中,中层干层的出现和存在有利于对流有效位能在中高层的产生、积聚和释放,从而导致强的对流上升运动。700 hPa甘肃省大部处在12℃以上的暖区中,四川到陇南、甘南为湿舌,河东处在显著西南气流中,河西东部到青海东部有干线,槽线在河套北部到河西东部。综合分析,甘肃河东大部分地方高层为辐散区,低层存在切变线辐合,中低层有干空气侵入,有利于出现短时强对流天气。

5 云图分析

造成这次暴雨过程的对流云团从7日13时开始发展,到20时形成了一条东北—西南向

的 α 中尺度对流云系,位于定西中部到甘南南部,与 700 hPa 切变线位置基本一致,这时在甘南东北部有一正在发展的 β 中尺度对流云团向东南方向移动,21 时南移的 β 中尺度对流云团与定西中部到甘南南部的 α 中尺度对流云带合并,形成 MCS,对流云团向东南方移动;22 时对流云团移到迭部县东部,舟曲县北部,并在 7 日 21—22 时造成代古寺区域站暴雨,之后向东南方向移动,并逐渐减弱,云顶亮温开始上升,对流云团的外形特征也在向南移动的过程中发生了明显的变化,由刚开始的呈东北—西南向的带状对流云系变为近于圆形的对流云团;23 时对流云团移到舟曲县城附近,造成舟曲县城附近及东山乡的暴雨,8 日 00 时对流云团开始减弱分裂为两部分,一部分向西北方向移动,对流云团主体继续向南移动;到 02 时开始减弱为 β 中尺度对流云团,移动速度也有所加快,到 8 日 10 时移到陇南南部并消散。根据云顶亮温的变化,舟曲"8.8"暴雨是在对流云团减弱的过程中发生的,并且造成暴雨的对流云团没有明显的停留,主要降水过程在 1~2 h 内完成,这是这次暴雨过程与甘南其他暴雨过程的明显区别。根据区域站降水记录,降水有明显的局地性特点,通过分析,认为对流云团的移动除受高空引导气流的影响外,地形及由于地形造成的中小尺度天气系统也有非常重要的作用。

6　小结

甘肃南部前期处于副高控制中,高温高湿,水汽条件和能量条件好。

过程发生前,500 hPa 高原主体为暖高压控制,甘肃南部处于副热带大陆高压带中,高空锋区偏北。高原及西北区东部暖区强盛,大气垂直层结稳定,对流抑制较强,使得能量充分积聚。

过程发生前后,沿着青藏东侧高空有冷平流侵入,使得大气层结由稳定转为不稳定;地面有切变配合,20—23 时快速东移至舟曲附近,地面切变线触发强迫抬升运动,突破对流抑制,引发短时局地强降水。

强降水是由 α 中尺度对流云团与由于地形原因而形成的小尺度系统共同作用下形成的,切变线对造成这次暴雨过程的对流云团的形成、发展和维持有十分重要的作用,同时对流云系的发展、加强与两次对流云团的合并有密切关系。暴雨是在对流云团减弱南移的过程中发生的,具有明显的局地性和突发性。暴雨对流云团的移动除受高空引导气流的影响外,地形原因非常重要。

参考文献

[1]　张杰,李文莉,康凤琴等.一次冰雹云演变过程的卫星遥感监测与分析.高原气象.2004,**23**(6):758-763.

"417"超级单体风暴的物理量和雷达资料诊断分析

庞古乾　刘运策　伍志方　吴振鹏　谌志刚　王　刚

(广州中心气象台,广州 510080)

摘　要

利用常规观测资料及新一代多普勒雷达资料对 2011 年 4 月 17 日发生在广东的强冰雹和雷雨大风过程进行了详细分析。结果表明:中层强干冷空气入侵配合低层暖湿气流的汇合,有利于强烈不稳定层结的形成;上干下湿的不稳定层结、合适的 0 ℃层与－20 ℃层高度利于大冰雹的形成;强垂直风切变使超级单体得以长时间维持。

关键词:超级单体　三体散射　旁瓣回波　弱回波区　中气旋

引　言

超级单体是所有对流性风暴中最强的风暴单体,常产生龙卷、灾害性大风、大冰雹、暴雨等强烈天气现象,因而带来的损失远远大于一般性的对流性风暴所产生的灾害,气象学家对超级单体风暴的研究从 20 世纪 50 年代开始一直持续至今[1~6]。随着 20 世纪 70 年代多普勒天气雷达在研究中的使用,超级单体风暴的旋转特性被充分揭示,1978 年 Browning[7]指出,超级单体风暴可重新定义为具有中气旋的对流单体(中气旋在径向速度上呈现为一沿方位角方向相隔不远的正负速度中心,其尺度通常小于 10 km)。多普勒雷达对风暴的探测更加精细,雷达资料时空分辨率足以对小尺度的风暴结构进行研究。近年来,我国逐步在全国各地布设多普勒雷达,根据雷达资料,气象专家对产生龙卷、下击暴流、大冰雹、暴雨等各类强天气的超级单体的回波形态特征和流场结构做了不少研究和总结[1]。

2011 年 4 月 17 日 09—16 时(北京时,下同),广东省境内广州、佛山、中山、江门、韶关、清远、深圳、东莞、珠海、云浮、肇庆、梅州、汕头等市共 104 个常规站和地面加密自动站录得超过 17.2 m/s(8 级)的阵风,其中云浮市云城区都杨镇录得本次过程最大阵风 44.3 m/s(14 级)。另外,17 日中午前后,佛山市高明区、顺德区、南海区,广州市南沙区,肇庆市德庆县,云浮市云城区等地分别出现冰雹天气。本文利用广东省广州市多普勒天气雷达观测资料和实况资料对这次少见的超级单体环境和结构进行分析。

1　天气尺度背景分析

4 月 17 日 08 时,500 hPa 上有一西风小槽位于湖南西北部到贵州中部一带,珠三角地区

基金项目:广东省科技计划项目"珠江三角洲中小尺度气象灾害监测预警技术研究"、中国气象局华南区域气象中心气象业务系统开放实验室、珠三角风廊线雷达资料的二次产品开发及其应用研究(2011A030200015)、产生降水的华南前汛期暖区对流云结构特征(国家基金 410750040)、广东省科技计划项目"东江流域(水库)旱涝灾害监测与预报系统"、中国气象局气象关键技术集成与应用重点项目"省级中尺度天气分析关键技术集成应用"。

有小槽发展;700 hPa 槽线位于浙江沿海到福建境内;925 hPa 和 850 hPa 切变线均位于广西中部、广东西北部到江西一带;地面冷锋位于广西中部到广东西北部一线。广东上空从 850 hPa 和 500 hPa 的温度递减率较大(梧州 23℃、清远 22℃、河源 23℃),广东中部及西南部处于 850 hPaΔT_{24}正变温区,850 hPa 广东西南部处于暖平流区。同时,在 850 hPa 上,从越南北部到广东西南部有一支低空急流,广东珠江三角洲地区正处于风速辐合区,极有利于水汽的汇合。与此同时,在 200 hPa 上,南亚高压处于不活跃期,其主体位于中南半岛以南,广东处于平直的西风流场中,而其急流轴位置偏北,位于江南地区。根据 NCEP 资料,计算 112°~114°E、22°~24°N 的平均辐散场,可以看出:17 日 08 时,900~850 hPa 为辐散场,说明当时广东境内大气的上升条件并不理想,不利于强对流的发生;14 时,低层大气调整为一致的辐合场,而最大辐散区位于 500 hPa 附近,但 200 hPa 的辐散很小,接近于 0,说明 200 hPa 环境场对此次强对流天气的贡献不大。

同时,分析 24 h 变温场,在 700 hPa,清远、河源两站均为负变温,分别为 -3℃ 和 -5℃,温度露点差均在 40 以上,说明有强干冷空气侵入;而 850 hPa 以下层次各站均为正变温。700 hPa 的强降温配合低层的暖湿气流,导致不稳定能量剧增,清远的对流有效位能(CAPE)由 16 日 20 时的 105.3 J/kg 增至 08 时的 664.5 J/kg。

2 物理量分析

2.1 水汽通量散度

利用 NCEP1°×1° 再分析资料,分析 17 日 08 时及 14 时 850 hPa 的水汽通量散度。17 日 08 时,水汽通量辐合中心位于广西北部湾,次中心位于广东东北部;17 日 14 时,水汽通量辐合中心位于广东珠江三角洲地区,此时正是该地区发生强对流天气的时段,且水汽通量的辐合强度比其在上游广西东北部时强烈得多,强烈的水汽辐合为强对流天气的发展维持提供了极其有利的水汽条件。

2.2 经向垂直速度

从沿 114°E 的经向垂直速度图可以看到,17 日 08 时,位于 22°~24°N 附近的广东境内为弱的上升气流,上升运动高度仅达到 500 hPa 附近,且上升运动强度也不大,此时广东没有强对流天气发生,广东全省以阴天到多云天气为主。17 日 14 时,广东境内的上升运动明显增强,尤其是在珠江三角洲地区,其上升运动高度超过 200 hPa,上升速度超过 0.2 m/s,而此时也正是该地区对流发生最强的时刻。

3 多普勒雷达资料分

3.1 肇庆云浮强冰雹和雷雨大风过程

4 月 17 日上午 09 时,原位于广西梧州的超级单体风暴移入广东封开县。09:42,肇庆市封开县城出现 26.9 m/s 的雷雨大风。10:30—11:50 云浮市都杨镇出现冰雹天气,在基本反射率因子图上,可以清晰地看到冰雹特有的旁瓣回波和钉状回波(TBSS)。TBSS 是指由于雷达能量在强反射率因子区向前散射而形成的异常回波,图上常常呈现从强回波区沿径向伸展的类似钉子状的细长回波。它的径向速度很小,谱宽很大[8]。按照 Waldvogel 理论[9]:首次观测到三体散射后,可预报地面将有大雹、大风天气,时间提前量在 20~30 min,出现三体散射是大冰雹的充分非必要条件,它在探测降雹的指示性作用上已得到广泛应用。在3.4°仰角基本反射率因子图上,TBSS长度达到30 km,旁瓣回波长度达到近50 km,此时可观测到地面冰雹直径达到50 mm。09:54—10:48,风暴顶一直维持在12 km以上,最大高度超过16 km,风暴质心一直维持在5 km以上;最大反射率因子高度也一直维持在5 km以上,最高接近10 km,超过了0℃层高度4 km(在−20℃附近),有利于冰雹核的增长。在此过程中,风暴单体的最大反射率从60 dBZ一直上升到75 dBZ,垂直液态水含量(VIL)从冰雹发生前的50 kg/m²跃增至80 kg/m²以上,冰雹指数(POH)连续10个体扫达到100%,强冰雹指数(POSH)连续9个体扫达到100%,而强降雹的填充阈值仅仅为50%。

按照美国Oklahoma州所统计的标准,若150 km处气旋旋转速度[$(V_{max}-V_{min})/2$]达到17 m/s时就可以认为达到强中气旋标准。按照这一标准,10:48德庆县出现了一个强中气旋(最大正速度和最小负速度分别为12 m/s和−23 m/s)。

沿着超级单体的入流缺口以及中气旋正负最大速度中心对基本反射率和径向速度进行垂直剖面(图1)。对比冰雹发生前后不同仰角的基本雷达反射率因子图(图2)可发现,0.5°基本反射率因子仰角图上的入流缺口处对应1.5°仰角的强回波中心,继续向上与3.4°仰角上的回波后部相对应,可见雷达回波的前倾非常明显,且0.5°仰角上入流缺口很清楚,配合中气旋出现在入流缺口一侧。同时,低层有弱回波区(WER),中高层悬垂结构清晰。从径向速度剖面图上可以清晰地看到明显的中气旋结构,其高度已经伸展至6 km以上,其前侧由下沉气流引起的下击暴流也清晰可见。

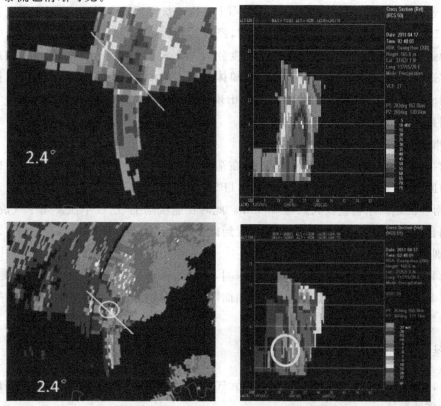

图1　2011年4月17日10:48沿着入流缺口和中气旋的反射率因子和径向速度垂直剖面图
(黄色线条表示剖面位置,黄色圆圈表示中气旋,下同)

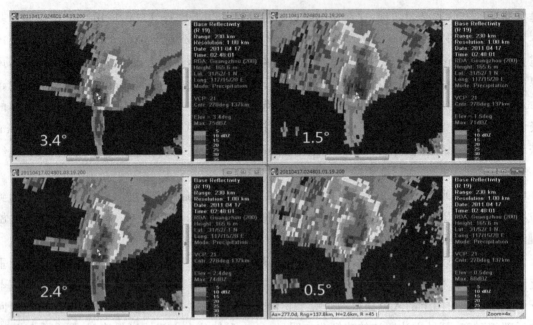

图 2   2011 年 4 月 17 日 10 时 48 分基本发射率四个仰角图

3.2   佛山强冰雹和雷雨大风过程

12—14 时,超级单体开始影响佛山,此时在基本反射率因子图上也出现了 TBSS,由于佛山靠近广州雷达站,在 6.0°仰角反射率因子图上 TBSS 长度接近 50 km,地面冰雹直径大约在 30 mm。12:12,佛山高明区出现了速度模糊,经过计算后,负速度达到了 −46 m/s,中气旋级别仍然为强中气旋(最大正速度和最小负速度分别为 7 m/s 和 −46 m/s)。强度剖面图上存在旁瓣回波造成的假尖顶回波。同时,在超级单体后侧入流的大风区里出现了速度模糊。从径向速度剖面图上可以看到大约在 3 km 高度出现了速度模糊。中气旋的高度也超过了 6 km,前侧有明显的下击暴流。

3.3   广州南沙强冰雹和雷雨大风过程

13:24,超级单体开始影响广州南沙区,在基本发射率图上一样出现了 TBSS,同样因为距离太近的原因,在低仰角反射率因子图上无 TBSS,6.0°仰角上 TBSS 的长度大约在 15 km 左右,此时南沙的地面冰雹直径大约为 50 mm。此时在速度场上,已经不能发现中气旋,但存在明显的辐合区。从径向速度剖面图上可以看到低层辐合比较明显。

3.4   深圳雷雨大风过程

14:24,超级单体继续东移并逐渐影响深圳,此时超级单体强度减弱,深圳未观测到冰雹,但出现了 8 级以上的雷雨大风。径向速度剖面图上,低层辐合、高层辐散明显,地面层由于下击暴流产生的辐散也较清晰。

4   小结

"4·17"超级单体风暴过程是在有利的天气尺度环流背景下产生的,并具有典型的超级单体风暴的雷达特征。

(1)有利的垂直上升运动。500 hPa 上的西风槽为强风暴的发生发展提供了有利的垂直上升条件，850 hPa 和 925 hPa 切变线与地面锋面的有利配置有利于雷暴的触发。

（2）有利的水汽条件。850 hPa 上广东西南方的低空急流以及风速的辐合有利于水汽的输送和汇合，17 日 14 时，强水汽通量辐合中心位于珠江三角洲地区，与此时正在该地区发生的强对流天气十分吻合。

（3）有利的大气层结与不稳定能量。在本次超级单体风暴过程中，大气层结具有典型的上干下湿与干暖盖结构，有利于不稳定能量的积累。850 hPa 和 500 hPa 温度直减率较大，广东位于不稳定能量高值区，同时，中高层强干冷空气的入侵和中低层暖湿气流的存在，又使不稳定能量突增。理想的 0℃层和 −20℃层高度，有利于冰雹的发生。

（4）有利的垂直风切变。本次过程大气中低层的垂直切变比较大，为超级单体风暴的发生、发展、维持提供了有利条件。

参考文献

[1] 俞小鼎,姚秀萍,熊廷南,等.多普勒天气雷达原理与业务应用[M].北京:气象出版社,2006:145-154.

[2] 晋立军等.一次强降雹过程中垂直累积液态含水量的特征分析[J].高原气象,2010,**29**(5):1297-1301.

[3] 叶爱芬.一次春季强冰雹天气过程分析[J].气象科技,2006,**34**(5):583-586.

[4] 徐桂玉等.中国南方冰雹气候特征的三维 EOF 分析[J].热带气象学报,2002,**18**(4):383-392.

[5] 伍志方等.中小尺度天气系统的多普勒统计特征[J].热带气象学报,2004,**20**(4):391-400.

[6] 朱君鉴.一次冰雹风暴的 CINRAD/SA 产品分析[J].应用气象学报,2004,**15**(5):579-589.

[7] Browning K A. The structure and mechanisms of hailstorms[J]. *Amer Met Soc Monograph*, 1978, **38**: 1-36.

[8] 李新麟,郑媛媛,陈金龙,等.CINRAD/CC 雷达探测冰雹云特征个例分析[J].气象科技,2007,**35**(2): 204-209.

[9] 孔燕燕,沈建国.强雷暴预报[M].北京:气象出版社,2001:60-61.

初冬区域强对流的可预报性和物理机制分析

郭 艳 许爱华

(江西省气象台,南昌 330046)

摘 要

对江西省首次初冬区域性强对流天气过程进行了分析,认为这次超历史的区域强对流天气过程是在强垂直风切变条件下产生的,上干下湿的层结配置是不稳定条件建立的原因,地面冷锋与辐合线叠加触发了对流的发生,在有利的天气背景条件下,产生了一系列超级单体和弓形回波,造成大范围雷暴大风和冰雹等强对流天气。同时,在短期和短时预报时段内,预报员的分析经验和客观方法的预报都表明这次强对流天气具有的可预报性。基于此,进一步分析了预报失误的原因,提出要结合物理机制去分析天气系统及其演变。

关键词:初冬 强对流 可预报性 物理机制

1 过程概况

2009 年 11 月 9 日,江西省出现了一次区域强对流天气过程。全省有 85 个县市出现雷暴(仅 3 个县市未出现);有 7 个大监站、26 个县市的 44 个中尺度站出现大于 30 mm/h 的短时强降水,最大 1 h 雨量达 59 mm;中北部有 13 个大气监测站、60 个县市的 137 个中尺度站出现了 8 级以上雷雨大风,最大瞬间风速大于 40 m/s;泰和、安福两县的局部乡镇出现了冰雹。这是 1959 年以来,江西省首次在 11 月份出现区域性强对流天气。

受此次强对流天气过程影响,江西省共 526336 人受灾,因灾死亡 7 人(风灾死亡 3 人,雷击死亡 4 人);农作物受灾面积 10057.87 hm²,绝收 858 hm²;倒塌房屋 2170 间,损坏房屋 55885 间;直接经济损失 3.4 亿元。

2 预报服务情况

预报服务情况如表 1 所示,总的来看,与实况相比,短期和短时预报时段内对此次天气过程的强度预报偏弱,对强对流天气发生的可能性估计不足。临近时段内预警服务较好,但是由于预警的精细化程度有限,所以防灾减灾效果并不是非常理想。

表 1 不同预报时段对 11 月 9 日强对流天气过程的预报服务情况

预报时段	预报内容
短期	预报"8 日晚上至 9 日全省阴天有小到中阵雨或雷阵雨,其中赣北赣中局部地区有大雨。"
短时	赣北阴天有小到中阵雨或雷阵雨,局部大雨;赣中赣南阴天多云局部有小雨。
临近	省气象台自 9 日 9 时 10 分开始共对外发布了 5 次雷电预警信号,其中 4 次预警指出"雷电活动时,局地可伴有雷雨大风和短时强降水等强对流天气,请注意防范。" 同期,54 个市县次分别对外发布了雷电预警信号。 上饶、崇仁两县还分别发出大风红色、黄色预警。

3 可预报性分析

为什么会出现以上的预报服务情况？这次过程是否具有可预报性？我们在预报服务过程中是否忽略了什么关键因素？以下就这些问题进行分析。

3.1 短期时段

根据统计经验，江西的强对流或暴雨天气一般发生在 K 指数>35 ℃并且大于全省 21 个格点的平均值以及 850 hPa 上江南 θ_{se} 高能舌>64 ℃的区域。T213 在 7 日 20 时对 9 日 20 时的预报场上(图略)，赣中北满足这两个条件，并且 850 hPa 的风场预报显示赣北有切变辐合，同时低空急流轴位于江西境内；而 500 hPa 上赣北位于强的上升运动中心。8 日 20 时 T213 对 9 日 14 时的预报场也类似。因此，根据模式预报，可以判断 11 月 9 日将会有一次较强的天气过程，不过到底是暴雨还是强对流仍然具有不确定性。

另外，根据 T213 物理量产品指标开发的强对流天气客观预报方法在 7 日 20 时对这次过程也做出了较好的预报。

3.2 短时时段

11 月 9 日早晨 08 时的天气形势为"西来低槽—锋面型"，是江西省"暖区"强对流天气的一种典型系统配置。这种天气系统配置的主要特点如下：

(1)500 hPa 高原东部到两湖地区有低槽沿 30°N 东移，25°—35°N 有冷锋或静止锋或江淮气旋活动，低层冷暖空气的强辐合作用是主要促发因素。

(2)主要出现在 4—5 月，其特点是强度强、范围大、多雷雨大风、冰雹、强降水成片混合出现，强对流天气发生在锋面附近或锋前。

(3)云图上常有斜压扰动云系(逗点云、气旋波、斜压叶状云)或强烈发展的低槽云系。

图 1 显示，9 日 08 时，赣中北地面倒槽强烈发展，长江以北有冷空气南下影响，850 hPa 有江淮气旋沿长江流域东移，500 hPa>10 个纬度的低槽东移，加上 200 hPa 辐散，有利于促使槽

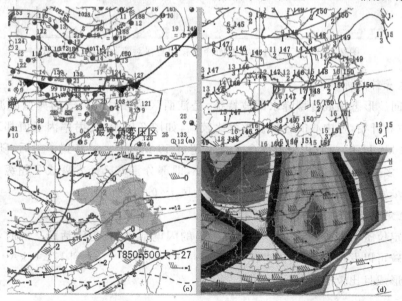

图 1　2009 年 11 月 9 日 08 时地面(a)、850 hPa(b)、500 hPa(c)和 200 hPa(d)天气图

前的气旋进一步发展。另外,根据统计经验,7—9月南昌的 $\Delta T_{850-500} \geqslant 27℃$(即具有强垂直温度梯度)时,出现强对流的概率在90%以上。当天南昌的 $\Delta T_{850-500}$ 为28℃。到晚上20时,随着冷空气南下,系统东移南压,广西壮族自治区的强对流天气也逐渐减弱消散。

从天气形势和强对流天气落区来看,这次过程与广西壮族自治区2002年4月7日的区域强对流天气过程非常相似。主要灾害落区位于浙赣铁路沿线。

3.3 临近时段

3.3.1 卫星云图分析

卫星云图资料显示11月9日早晨,有一涡旋云系位于江淮一带,并且在白天逐步发展成逗点云系。统计经验表明,江西的暖区强对流天气过程往往位于逗点的尾部。本次过程中强对流灾害较重的江西和浙江都位于成熟逗点云系的尾部区域,仔细分析可以发现,强对流天气是由逗点云系尾部发展起来的 MCS 造成的(图2)。

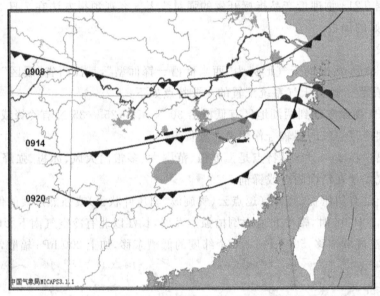

图2　2009年11月9日地面冷锋移动与强对流落区综合分析图

3.3.2 雷达资料分析

雷达上回波形态呈混合型降水回波特征,是江西区域强对流天气的典型回波类型。9日上午09时左右开始,强中心的各项参数就比较高,如图3所示,反射率因子值都>60 dBZ,回波顶高在12 km 以上,垂直积分液体含水量也超过50 kg/m²。尤其到了午后,随着对流的发展,速度场上多处在不同仰角出现了中气旋特征,即部分雷暴已经发展成了超级单体,同时部分回波进一步发展演变成弓形回波,造成雷雨大风天气。

3.3.3 闪电定位资料分析

从闪电定位资料来看,9日早晨省内有明显的闪电活动,且趋于活跃。同时,与今年各月的统计值比较可以发现,当天的闪电强度,尤其是正闪强度较大,达到171.0 kA。表明云体内有冰晶粒子形成且比较活跃(表2)。

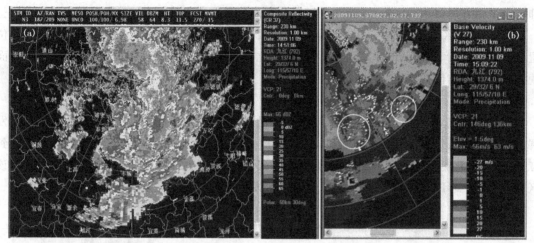

图3　2009年11月9日九江雷达14∶51组合反射率图(a)和15∶09速度图(b)(白色弧线所示为弓形回波,白色圆圈所示为中气旋特征)

表2　2009年各月闪电强度

月份	3月	4月	5月	6月	7月	8月	9月	10月	11月
最大正闪强度(kA)	183.7	96.1	108.8	167.1	154.8	137.2	96.1	26.1	171.0
最大负闪强度(kA)		−64.1	−76.0	−63.9	−153.5	−101.6	−92.9	−76.0	—	−52.7

综上所述,根据当时掌握的信息和观测资料,这次过程在短期、短时和临近时段内都具有可预报性。

4　物理机制分析

既然各个预报时段都具有可预报性,为什么预报会明显偏弱?

短期和短时预报时段内,尽管预报员的分析和客观方法的预报都表明有对流性天气发生的可能性,但是,由于考虑到11月份江西省从未有过区域性强对流天气,预报员没有足够的信心和决心作出区域性强对流天气的预报。在临近时段内,第一份预警信号发出之前,值班预报员之间也出现了意见分歧,主要的争论焦点仍然是11月份的气候概率。另外,江西省在11月8日之前出现了严重的干旱,预报员的重点在于分析降水的强度,以及是否有条件实施人工增雨作业。

由于上述原因,预报员忽略了一个关键,即物理机制才是天气预报的根本因素。下面我们对这次过程的物理机制进行初步分析。

4.1　层结不稳定

分析早晨南昌站的探空曲线可以发现:赣北上空中低层为暖湿气流,中高层有干冷空气入侵,南昌站的温度垂直递减率 $T_{850-500}=28\ ℃$,有利于对流天气发展。其次,K 指数为 38 ℃,SI 指数为 $-3.21\ ℃$,表明将产生大范围雷雨,并可能发生强雷暴。另外,近地面有逆温层。早晨探空逆温层的存在有利于不稳定能量的积聚,如果存在有效的动力抬升机制,往往产生较强的对流性天气。

利用中午的地面温度和露点对早晨的探空曲线进行修正后,得到的 CAPE 值有所增加,抑制能量则有所减小,反映了当天的层结向更不稳定的方向发展的趋势。同时,通过修正,—10 ℃～—30 ℃层之间的不稳定能量显著增加,说明可能产生冰雹。不过由于冷空气位置偏高,不利于产生大范围冰雹天气,并且湿层比较深厚,对冰雹的融化作用也较大,因此地面观测到冰雹的可能性有所减小。

4.2 水汽条件

虽然强对流对于水汽的需求没有暴雨需求的高,但是足够的水汽条件也是强对流发生发展的一个必要条件。从图4可以看出,9日08时,925～700 hPa上有一条急流从广西延伸到江西,并且该急流与925 hPa上16～18 ℃的显著湿区(绿色断线)走向一致,在850 hPa上该区域的T_d达到12～16 ℃(断线),这为强对流的发生发展提供了充足的水汽来源。

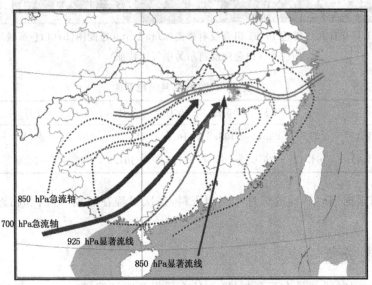

图4　2009年11月9日08时低层水汽条件综合分析图

4.3 抬升条件

当然,强对流发生发展的另一个基本条件是抬升触发条件。图2显示,11月9日,地面图上有一条冷锋自北向南移过江西,08时,冷锋位于长江流域,赣北南部地面有一条东西走向的辐合线,到14时,冷锋南移到赣北南部,与地面辐合线叠加,强对流天气开始从北至南不断发生,20时,冷锋已经南压到赣州南部,强对流天气基本消散。根据以上分析可以发现,这是一个冷锋加入到辐合线中触发对流的过程,所以说冷锋和地面辐合线的叠加为当天的强对流天气提供了有利的条件。

4.4 垂直风切变

最值得注意的是,从风矢端图上(图略)可以看到,0～6 km的垂直风切变矢量非常大,利用地面和500 hPa的风近似估算达到29.6 m/s。根据表3我们可以知道,这么大的垂直风切变条件下,如果发生对流性天气,则很有可能产生超级单体风暴。

表 3   不同对流单体的 CAPE 和垂直风切变组合阈值统计表

CAPE(J/kg)	0～6 km 垂直风切变(m/s)		
	<10.3	10.3～23.1	>20.6
<1000	普通单体	普通单体或多单体	普通单体或超级单体
1000～2500	脉冲对流单体	多单体	超级单体
>2500	脉冲对流单体	多单体	超级单体

5 小结

这次超历史的区域强对流天气过程是在强垂直风切变条件下产生的,上干下湿的层结配置是不稳定条件建立的原因,地面冷锋与辐合线叠加触发了对流的发生。

在有利的天气背景条件下,产生了一系列超级单体和弓形回波,造成大范围雷暴大风和冰雹等强对流天气。

天气预报过程中,对物理机制的理解和应用至关重要。必须基于天气学理论去理解概念模型和气候概率,结合物理机制去分析天气系统及其演变,从而了解天气现象的本质。

两个锋面对流系统的个例对比分析

金米娜

（江西省气象台，南昌 330046）

摘 要

对江西省 2010 年 6 月 19 日的特大暴雨过程（简称"过程 1"）和 2011 年 6 月 5 日的大暴雨过程（简称"过程 2"）的 MCS 的对比分析发现，两次过程的 MCS 都具有锋面对流的特征；两次过程的 MCS 维持机制都表现为不稳定流与强迫流共存，"过程 1"的 MCS 中低层是以条件不稳定机制为主，中高层是以条件对称不稳定机制为主，"过程 2"的 MCS 中低层是条件不稳定机制和条件对称不稳定机制并存，中高层的不稳定机制较难确定，对流运动的维持主要是由强迫抬升机制导致。

关键词：中尺度对流系统　条件不稳定　惯性不稳定　条件对称不稳定

引言

2010 年 6 月 19 日的特大暴雨过程是江西省有气象记录以来大暴雨、特大暴雨站数最多的暴雨过程，而 2011 年 6 月 5 日在相近区域又出现了一次强度较强的大暴雨过程。两次强降水过程的发生都与江南北部活跃的静止锋密切相关，对流性特征都很明显。对于"6.19"特大暴雨过程的天气形势、产生中尺度对流系统（MCS）的环境场条件、数值模拟[1]，物理量和高低空急流配置[2]，MCS 的演变[3]等方面已经做了很详细的分析。本文着重从 MCS 的结构、维持机制和对流强度三方面对这两次强降水过程的锋面中尺度对流系统进行对比分析。

文中所用的资料分别有常规观测资料、江西省国家自动站和区域自动站雨量资料和 NCEP（1°×1°）的再分析资料。由于 NCEP1°×1°的再分析资料时间分辨率为 6 h，精度有限，不能够完全描述产生强降水的 MCS 发生、发展到消亡的整个生命过程，因此下文中对 MCS 特征的对比分析主要是针对最强降水集中时段的 MCS 进行对比分析。"过程 1"的最强降水集中出现在 19 日 08 时—19 日 14 时，因此"过程 1"选取 19 日 08 时作为对流系统发展的成熟时刻进行对比分析；"过程 2"的最强降水集中出现在 5 日 02—08 时，因此"过程 2"选取 5 日 02 时作为对流系统发展的成熟时刻进行对比分析。

下文中空间剖面的选取如下："过程 1"选取 19 日 08 时垂直于静止锋并经过 19 日 08 时—14 时最强降水中心进贤县从点 A（116.8°E, 21.2°N）到点 B（116.3°E, 32.4°N）的垂直剖面"AB"；"过程 2"选取 5 日 02 时垂直于静止锋并经过 5 日 02—08 时最强降水中心余江县从点 C（117.6°E, 21.2°N）到点 D（116.3°E, 32.4°N）的垂直剖面"CD"（如图 1 所示）。

1 MCS 动力结构的对比分析

从低空风场的水平分布（图 2）来看，"过程 1"MCS 成熟阶段强降水区上空以北有偏北气流的流入，强降水区处在偏北气流与西南气流的交汇处，也就是地面准静止锋附近，因此显然"过程 1"最强降水出现时段 MCS 是一种锋面上的对流系统。"过程 2"最强降水开始之前强降

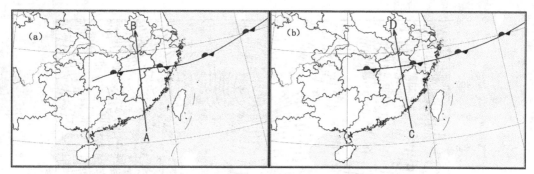

图 1　两次过程空间剖面选取示意图 (a)过程 1;(b)过程 2

水区上空以北也有偏北气流的流入,强降水区也处于南北气流的交汇处,因此"过程 2"最强降水出现时段 MCS 也是一种锋面上的对流系统。

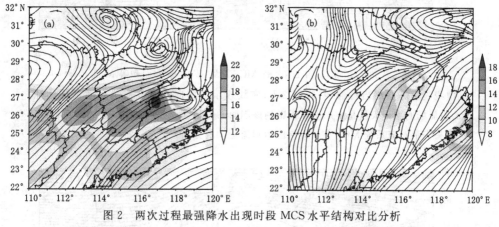

图 2　两次过程最强降水出现时段 MCS 水平结构对比分析

(a)2010 年 6 月 19 日 08 时 850 hPa 流场;(b)2011 年 6 月 5 日 02 时 925 hPa 流场

对两次过程分别作"AB"、"CD"一线的垂直剖面时,从图 3 可以看到,"过程 1"最强降水出现时段强降水区上空北侧中低层有偏北气流的流入,但南侧偏南气流更明显,南北气流在低层辐合,中低层形成向冷区倾斜的上升运动,斜升运动发展到对流层中层 500 hPa 后,中高层又转为垂直分量较大的上升运动。"过程 2"(图 4)最强降水出现时段强降水区上空北侧从低层到高层都有很强的偏北气流流入,南北气流在低层辐合而上升,中低层为垂直分量较大的上升运动,上升运动发展到 500 hPa 后,中高层转为向暖区倾斜的上升运动。

因此,两次过程最强降水出现时段的 MCS 都具有锋面对流的特征,是由南北气流交汇而形成的锋面上的中尺度对流系统。

2　MCS 维持机制的对比分析

2.1　"过程 1"MCS 维持机制的分析

"过程 1"最强降水出现时段的 MCS(图 3),其对流区中低层 500 hPa 以下,等 θ_{se} 面的坡度小于等 M 面的坡度,沿等 θ_{se} 面,气流是从动量大的地方移动到动量小的地方,属于惯性稳定,而假相当位温则是随高度增加而减小,所以在对流区中低层,MCS 向冷区倾斜的上升运动满足条件不稳定结构;到了对流层中高层 500～300 hPa,气流是从动量小的地方移动到动量大

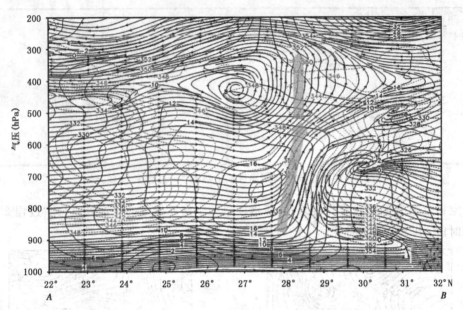

图 3　2010 年 6 月 19 日 08 时 MCS 沿 "AB" 的等 θ_{se} 面和等 M 面

(点虚线表示等假相当位温线,间隔 2 K;实线表示等纬向基本气流绝对动量线,间隔 2 m/s;流场的水平矢量是由水平风投影到该剖面的分量,垂直分量是由垂直速度扩大 10 倍;箭头表示对流系统 MCS 在其对流区内对流运动的分布)

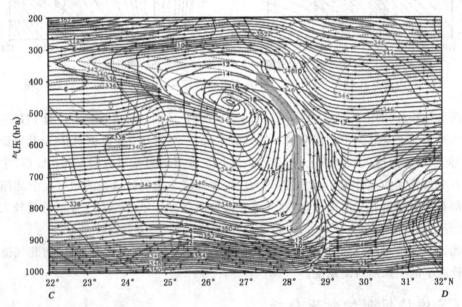

图 4　2011 年 6 月 5 日 02 时 MCS 沿 "CD" 的等 θ_{se} 面和等 M 面

(点虚线表示等假相当位温线,间隔 2 K;实线表示等纬向基本气流绝对动量线,间隔 2 m/s;流场的水平矢量是由水平风投影到该剖面的分量,垂直分量是由垂直速度扩大 10 倍;箭头表示对流系统 MCS 在其对流区内对流运动的分布)

的地方,属于惯性不稳定,而假相当位温的梯度等于零,属于中性层结,因此 MCS 中高层的垂直分量较大的上升运动满足条件对称不稳定结构。

综上所述,"过程1"最强降水出现时段的 MCS,在中低层是以条件不稳定机制为主的向冷区倾斜的上升运动,随后到了中高层,是以条件对称不稳定机制为主的垂直上升运动。

由于 MCS 的对流运动都是基于客观资料而显现出的特征,因此对于"过程1"最强降水出现时段的 MCS 而言,它的对流运动中的不稳定流(即不稳定机制造成的不稳定能量释放而导致的对流)与强迫流(即强迫抬升机制而导致的对流)很难就此区分开来,只能说不稳定流与强迫流共存于 MCS 的对流中。

2.2 "过程2"MCS 维持机制的分析

"过程2"最强降水出现时段的 MCS(图4),其对流区中低层 600 hPa 以下,气流从动量小的地方移动到动量大的地方,属于惯性不稳定,同时假相当位温则随高度增加而减小,属于条件不稳定,所以在对流区中低层,MCS 垂直分量较大的上升运动既满足条件不稳定又满足条件对称不稳定结构;到了对流层中高层 600~300 hPa,气流基本上与等 M 面平行,不满足对称不稳定结构,同时假相当位温的梯度也等于零,属于中性层结,因此 MCS 中高层的向暖区倾斜的上升运动既不满足条件不稳定,也不满足条件对称不稳定结构,不稳定机制很难就此确定,但中高层有很强的偏北气流流入,南北气流交汇有利于发生辐合的气层的厚度提高,对流运动的维持可能主要是由于强迫抬升机制主导。

综上所述,"过程2"最强降水出现时段的 MCS,在中低层是以条件不稳定机制和条件对称不稳定机制并存的垂直分量较大的上升运动,不稳定流与强迫流共存,而中高层向暖区倾斜的上升运动既不满足条件不稳定,也不满足条件对称不稳定结构,不稳定机制较难确定,对流运动的维持主要也是由于强迫抬升机制主导。

3 MCS 对流强度的对比分析

"过程1"的 MCS 在低层以辐合为主,中高层以辐散为主(图略);"过程2"的 MCS 在中低层整个气层厚度上都以辐合为主,高层则以辐散为主(图略)。"过程2"无辐散层的高度比"过程1"高 250 hPa 左右,这是由于"过程2"在中高层有很强的偏北气流进入,发生辐合的高度再次提升,使得无辐散层大概在 400 hPa 高度上。但是两个过程 MCS 的散度极值都不够大,这也许与对流系统正处于成熟阶段有关,由于成熟阶段是对流运动达到最强烈的时期,而辐合辐散的强度已经开始逐渐减弱,以便打破对流运动的维持机制,使对流系统向减弱的趋势发展。

两次过程的 MCS 在成熟阶段的上升运动都发展到对流层高层,上升速度都是先随高度逐渐增大,然后在 500、600 hPa 高度附近,上升速度又随高度逐渐减小,两次过程都在 700 hPa 高度左右达到最大上升速度(图略)。对于对对流强度贡献最大的中低层上升速度而言,"过程1"的 MCS 上升速度的最大值为 1.2 Pa/s,比"过程2"MCS 上升速度的最大值 0.8 Pa/s 要略大一点,不过衡量对流强度的指标并不只垂直速度一个物理量,因此仅凭这一点的区别,并不能就此认为"过程1"的对流强度强于"过程2"。

4 结论和讨论

2010 年 6 月 19 日和 2011 年 6 月 5 日的两次落区相近、对流性特征明显的强降水过程,其降水最强时段的 MCS 存在一些相同点和不同点:

(1)动力结构方面,两次过程的 MCS 都是由南北气流交汇而形成的锋面上的中尺度对流系统,都具有锋面对流的特征。

(2)维持机制方面,两次过程的 MCS 都是不稳定流与强迫流共存,"过程 1"的 MCS,中低层是以条件不稳定机制为主的上升运动,中高层是以条件对称不稳定机制为主的上升运动;"过程 2"的 MCS,中低层是以条件不稳定机制和条件对称不稳定机制并存的上升运动,中高层的上升运动不稳定机制较难确定,对流运动的维持主要是由于强迫抬升机制主导。

(3)对流强度方面,两次过程的 MCS 成熟阶段均有高空辐散、低层辐合的分布特点,但散度的强度均有所减弱,有维持机制将破坏、对流将减弱的趋势;两次过程的上升速度都很强,没有明显的差异。

地形的强迫作用对中小尺度对流的影响不容忽视,接下来将结合现有的诊断分析,通过地形的敏感性试验和重力惯性波模拟试验来进一步揭示江西省锋面对流系统的形成机理。

参考文献

[1] 尹洁,郑婧,张瑛,吴琼.2011.一次梅雨锋特大暴雨过程分析及数值模拟.气象.37(7):827-837.
[2] 陈云辉,蔡菁,支树林.2011.江西"06.19"强降水天气成因及中尺度特征分析.气象与减灾研究.34(2):34-42.

东北冷涡背景下吉林省冰雹天气中分析及概念模型

孙鸿雁　王晓明　云　天　孙　妍　孙钦宏

(吉林省气象台,长春 130062)

摘　要

本文对 2000 年以来受东北冷涡影响造成吉林省 9 场区域性冰雹天气过程,利用近年来业务化的中分析方法,对常规高空、地面观测资料的风场、湿度场、温度场和气压场中急流、高空槽、切变、干线、湿舌、温度槽脊、锋面、辐合线等不连续线进行逐一分析。结果表明:冰雹区位于后倾高空槽前或 500 hPa 前倾槽后;有深厚的湿区;冰雹发生前吉林省或冰雹区上游有大范围的 $T_{850} - T_{500} \geqslant 28℃$ 区域,整层在冷区内;冰雹区一般在切变线的南侧;冰雹区域或附近有冷锋或辐合线等。通过分析,建立了东北冷涡槽前暖区和东北冷涡槽后冷区冰雹两类概念模型和预报着眼点,对该类天气的潜势预报有一定指示意义,可冰雹预报提供一些参考。

关键词:东北冷涡　冰雹　中分析　概念模型

引言

冰雹是一种由强对流系统所引发的剧烈天气现象。虽然冰雹的出现具有典型的局地性和短时性,但由于它常常伴有大风、强降水和急剧降温等突发性天气,同样能够给农业生产、交通运输及通信电力等诸多行业带来很大影响[1]。作为农业大省的吉林省,冰雹也是影响吉林省农业生产的主要气象灾害之一。东北冷涡是造成吉林省强降水、强对流的主要天气系统之一,同样也是产生冰雹的主要天气系统之一,多年来从不同角度对东北冷涡方面的研究很多[2~4],本文利用近年业务化的中分析方法对 2000—2011 年 9 场由东北冷涡所致的区域性冰雹天气过程进行逐一分析,得出两类有预报价值的概念模型和一些相应的预报指标。

1　相关定义和资料处理

1.1　东北冷涡定义

①在 500 hPa 天气图上至少能分析出一条闭合等高线,并有冷中心或明显冷槽配合的低压环流系统;

②冷涡出现在 $35°\sim60°N$、$115°\sim145°E$ 范围内;

③冷涡在上述区域内的生命史至少为 3 天或 3 天以上[2]。

1.2　冰雹个例选取

东北冷涡影响时,日内有 ≥5 站以上出现冰雹,记为一场区域性的冰雹过程,连续 2 天出现冰雹也记为两场冰雹过程,本文选取了 2000—2011 年 9 场冰雹个例(表 1)。

表 1　冰雹例日历

序号	日期	出现时间	高空影响系统	地面影响系统
1	20000909	午后	冷涡	冷锋
2	20010504	傍晚前后	冷涡	暖锋
3	20010505	夜间	冷涡	气旋
4	20010515	午后	冷涡	冷锋
5	20010712	午后	冷涡	冷锋
6	20050508	午后	冷涡	气旋
7	20050509	午后	冷涡	辐合线
8	20090602	午后	冷涡	冷锋
9	20090629	午后	冷涡	暖锋

由表 1 可见,区域性冰雹一般出现在 5—6 月的午后到傍晚时间段,所以利用 MICAPS3.1 常规天气图冰雹发生当日的 08 时观测资料进行中分析。

1.3　中分析相关规定

根据《中尺度天气分析规范》中的相关规定和符号定义进行分析。中分析方法的目的就是利用高空、地面常规资料分析不连续风场、温度场和湿度场和气压场等,找出一些对预报有意义的特征和有利于冰雹发生潜势的预报指标。

2　东北冷涡冰雹的中分析特征及冰雹落区

在对主要高度层(200 hPa、500 hPa、700 hPa、850 hPa、地面)的主要气象要素进行中分析的基础上,再对高低层主要气象要素配置进行分析,以寻求有利于冰雹发生的潜势及落区预报指标。

2.1　东北冷涡槽前暖区降雹

2.1.1　中分析特征

选取 2005 年 5 月 8 日东北冷涡冰雹个例。图 1 阴影区均为冰雹区,在该例中有 5 站出现冰雹,落区较为分散,分别发生在吉林省的西部、南部和东部,由图 1(e)可见,均发生在冷涡附近第四象限的区域中。

对冰雹发生前 08 时各层进行中分析可见,风、温、湿和高度场均有变化。

200 hPa 层上主要分析了风速在 30 m/s 以上的西风急流位于吉林省以南 37°W 附近;从 24 h 变温来看吉林省大部为负变温区(见图 1a)。

500 hPa 层上主要分析 24 h 的急流、显著流线,变温、变高,高空槽、切变、干线、冷槽,$T-T_d \leqslant 5℃$ 等,北部雹区位于槽前与干线之间;南部雹区位于急流附近负变高、负变温的湿区内。

700 hPa 层上主要分析急流、显著流线,高空槽、切变,干线,$T-T_d \leqslant 5℃$ 等。由图 1c 可见,北部雹区位于切变上,东南部雹区位于"丁"字槽西南侧和西南风的左侧湿区内。

850 hPa 层上,主要分析了 700 hPa 高度,由图 1d 可见,北部雹区位于切变湿区内,东南部雹区位于低空急流左侧"丁"字槽西南侧湿区内。

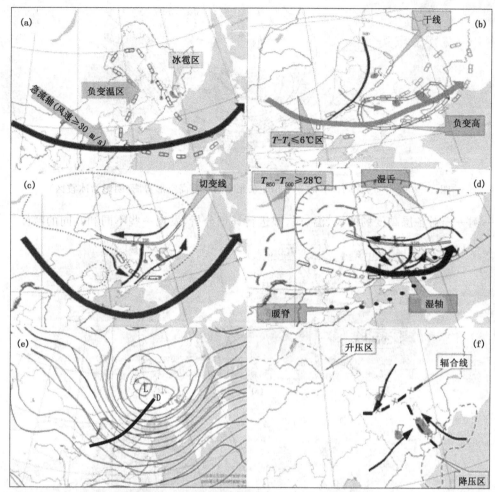

图 1　200 hPa(a)、500 hPa(b)、700 hPa(c)、850 hPa(d)各层中分析图
以及 2005 年 5 月 8 日 08 时 500 hPa(e)和地面(f)中分析图

地面主要分析锋面、辐合线、3 小时变压。由图 1f 可见,北部雹区位于辐合线左侧偏北风区域内,东部位于辐合线上。

2.1.2　冰雹落区

综合上述,从产生冰雹的几个条件和高低空配置来看,它们具以下有特征:

整个雹区均位于 200 hPa 急流轴左侧近 10 个纬距;北部雹区:地面到 700 hPa 切变、辐合线重合线上,500 hPa 干线附近干区内,中低层湿区中。东南部雹区:700～850 hPa 丁字槽重合,雹区位于其西南侧 500 hPa 急流带上,东部雹区正好位于地面辐合线上,850～500 hPa 均为 $T-T_d<5℃$ 的区域的湿轴上。温压条件:雹区位于 500 hPa 负变温和负变高区,850 hPa 的暖脊附近。

2.2　东北冷涡槽后冷区降雹

2.2.1　中分析特征

选取了 2005 年 5 月 9 日 08 时东北冷涡冰雹个例。由图 2 可见,吉林省处在东北冷涡西侧第三象限的冷区中,冰雹区集中在吉林省中部地区(见图 2 阴影区)。图 3 为该例中分析图,

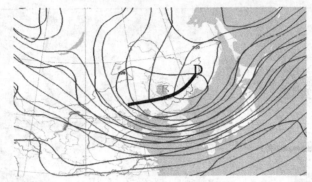

图 2　2005 年 5 月 9 日 08 时 500 hPa 东北冷涡冰雹高空形势图(阴影为冰雹区)

和前一例一样对各层高度场的风、温、压、湿进行详细分析,发现一些不同和共同的特征。

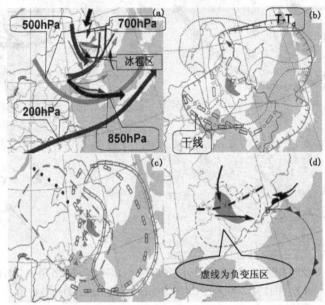

图 3　200−850 hPa 各层的风场(a)、湿度场(b)、温压场(c)和地面(d)中分析图

　　共同点是:200 hPa 急流均在以南 10 到 15 纬距(见图 3a);降雹区均在 $T_{850}-T_{500}\geqslant28℃$ 区域中(见图 3c);500 hPa 干线均在冰雹区附近(见图 3a);冰雹区均在地面辐合线附近(见图 3d)。

　　主要不同的是:上一例雹区位于高空槽前的暖区中(见图 1e),本例是在槽后的冷区中(见图 2);切变和槽线均为垂直结构;700 hPa 有明显的偏北急流;湿区较为深厚从 850 到 500 hPa 均有 $T-T_d\leqslant6℃$ 的湿区(见图 3b);700 hPa 为显著降温区(见图 3c)。

2.2.2　冰雹落区

　　综合上述,从产生冰雹的几个条件和高低空配置来看,它们具有以下特征:

　　①高低空配置来看,整个雹区均位于 200 hPa 急流轴左侧近 15 个纬距(图 3a)。

　　②动力条件:切变线和槽线从 500 到 850 hPa 均呈垂直结构,分别位于雹区的北侧和槽后 700 hPa 偏北急流轴和地面辐合线附近(图 3a)。

　　③水汽条件:从 850 到 500 hPa 为整层的湿区,500 hPa 干线附近(图 3b)。

　　温压条件:500 与 850 hPa 温差均在 28 ℃以上,位于 700 hPa 负变温区和 500 hPa 冷槽附近、地面显著降压区(图 3c、d)。

④触发条件:地面辐合线(图 3d)。

3 东北冷涡冰雹的概念模型和预报着眼点

上述只是 9 例中的两例,同样方法对其他 7 例进行中分析,发现冰雹发生区一般都与槽线、切变线、地面辐合线、干线、变压线、急流等有关,综合 9 例,发现东北冷涡冰雹主要出现在冷涡的第四象限的暖区,仅有 1 例在冷涡的第三象限槽后的冷区中,由此给出东北冷涡冰雹区的两个概念模型,即为东北冷涡槽前暖区冰雹概念模型和东北冷涡槽后冷区冰雹概念模型(见图 4)。为了清楚起见,借用显著流线符号来表示急流,浅色实线为 500 hPa 等高线,其他均为中分析规定的线条,它们具有以下特征和预报着眼点:

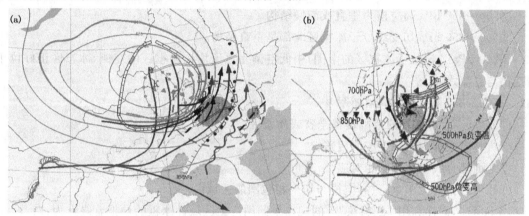

图 4 东北冷涡槽前暖区冰雹(a)和东北冷涡槽后冷区冰雹(b)概念模型

3.1 东北冷涡槽前暖区冰雹概念模型特征和预报着眼点

图 4(a)即为东北冷涡高空槽前暖区冰雹概念模型。需要说明的,不是每次冰雹都同时满足下述这些特征,当大多数条件符合时,提示存在可能有降雹的潜势,就要多加关注午后或傍晚前后的冰雹天气。

①东北冷涡位于 47°N、120°E 附近,冰雹区位于东北冷涡的第四象限。

②500 hPa～850 hPa 高空槽为后倾槽。

③200 hPa 急流分支,北支西南急流位于冰雹区的左侧;中低空西南急流均在冰雹区的右侧,正好位于 200 和 850 hPa 之间。

④500 hPa24 h 负变高和负变温均在高空槽附近冷区中。

⑤$T_{850}-T_{500} \geqslant 28℃$ 的范围覆盖全省或冰雹区;850 hPa 暖脊位于冰雹区附近。

⑥中部地区的冰雹区位于 850 hPa 干舌区;东部冰雹区在湿舌区。

⑦中部的冰雹区一般位于地面干线和 850 hPa 干线之间。

⑧地面辐合线分别对应中部和东部冰雹区;中部冰雹区还与 850 hPa 切变对应。

综上所述,东北冷涡冰雹发生前最近的高空实况图上,需要关注中分析的一些不连续线的配置,利用构成要素的预报方法,即所谓"配料法"[5]的观点来归纳产生区域性冰雹的预报着眼点为:

①冰雹区位于后倾高空槽前。

②冰雹区一般位于 200 hPa 急流的左侧;500～850 hPa 某层上右侧。

③雹区有时底层为干舌,但有时整层都为湿区,不是太一致。

④冰雹发生前吉林省或冰雹区上游大范围的 $T_{850}-T_{500} \geqslant 28℃$ 区域,在 500 hPa 有冷槽或冷平流,850 hPa 则为暖脊或暖平流。

⑤冰雹区一般与中低层干线相伴,说明有湿度不连续带,但不是每次冰雹出现时都有。

⑥冰雹区地面图上冰雹区上或附近有冷锋或辐合线,850 hPa 有切变。

3.2 东北冷涡槽后冷区冰雹概念模型特征和预报着眼点

图4(b)即为东北冷涡高空槽后冷区冰雹概念模型。与上一个模型一样,也不是每次冰雹同时满足下述这些特征,而是满足大多数就有产生冰雹的潜势,就要多加关注午后或傍晚前后的冰雹天气。

①东北冷涡位于 47°N、130°E 附近,冰雹区位于东北冷涡的第三象限。

②500~850 hPa 高空槽为垂直或前倾结构。

③500~850 hPa 切变线位于冰雹区北部呈垂直结构。

④200 hPa 急流位于冰雹区的南侧;中低空偏北急流均在冰雹区的左侧,冰雹区正好位于高空槽与急流之间。

⑤500~850 hPa 整层均在冷区中。

⑥$T_{850}-T_{500} \geqslant 28℃$ 的范围覆盖全省或冰雹区。

⑦吉林省大部为深厚湿层所覆盖。

⑧地面辐合线与冰雹区相对应。

⑨冰雹区正好位于急流、高空槽与切变相包围的区域内。

综上所述,同样利用"配料法"[5]的观点来归纳产生区域性冰雹的预报着眼点为:

①冰雹区位于后倾高空槽前或 500 hPa 前倾槽后。

②雹区有深厚的湿区。

③冰雹发生前吉林省或冰雹区上游有大范围的 $T_{850}-T_{500} \geqslant 28℃$ 区域,整层在冷区内。

④冰雹区在切变线的南侧。

⑤冰雹区地面图上,冰雹区上或附近有冷锋或辐合线。

4 小结

东北冷涡是吉林省产生冰雹的主要天气系统,本文尝试的利用近年来刚刚业务化的中分析方法对9场区域冰雹个例进行分析,发现一些用常规方法不易分析的急流、干线、地面辐合线、湿舌、干舌等不连续线对预报冰雹具有一定的先兆,对预报冰雹有一定指示意义。

参考文献

[1] 张芳华,等.2008.中国冰雹日数的时空分布特征.南京气象学院学报,**31**(5):687-693.

[2] 孙力等,1994.东北冷涡时空分布特征及其与东亚大型环流系统之间的关系,应用气象学报,**5**(3),297-303.

[3] 谢静芳.1991.吉林省冰雹天气的中尺度系统及发展演变特征分析 气象.19(1):32-33.

[4] 王晓明等,2003.东北冷涡暴雨的天气概念模型.吉林气象(1):2-5

[5] 吴蓁等.2011.基于配料法的"08.6.3"河南强对流天气分析和短时预报.气象,**37**(1):48-58.

鄂东地区冰雹雷达回波特征分析

吴　涛　钟　敏　张家国　黄小彦

（武汉中心气象台，武汉 430074）

摘　要

分析鄂东地区 2003—2010 年 20 个冰雹天气过程的天气雷达、灾情信息及 NCEP 再分析场资料，结果表明：鄂东地区雹暴主要以多单体为主，超级单体较少。雹暴主要有 3 种移动路径，即西北（偏北）移动路径、西南（偏南）、偏东移动路径。根据回波形态结构将雹暴分为右侧倾斜、前侧倾斜、直立共 3 种类型。大冰雹 45 dBZ 回波顶高与 −20 ℃层高度差、最大 VIL、跃增后 VIL、VIL ≥ 40 kg·m^{-2} 持续时间均较高，且具有三体散射特征。此外，雹暴形成阶段均出现 VIL 跃增现象。

关键词：冰雹　雷达回波　特征分析

引言

冰雹天气由于空间尺度小，持续时间短，给预报工作造成很大挑战。天气雷达因其高时空分辨率，成为预报员用来监测冰雹发生发展的有效工具。俞小鼎等[1]介绍了国外对对流风暴的分类、对流风暴强弱和强对流天气的多普勒天气雷达识别和预警技术。吴剑坤等[2]着重介绍了强冰雹天气的多普勒天气雷达探测与预警技术，有利于强冰雹的环境条件包括 −10 ℃ 和 −30 ℃ 之间对流有效位能较大、0～6 km 之间垂直风切变较大以及 0 ℃ 层距离地面高度适中。强冰雹主要雷达回波特征包括高悬强回波、低层弱回波区、中高层回波悬垂和有界弱回波区、中气旋。判别强冰雹的 3 个辅助特征指标为：VIL 密度、风暴顶辐散和 S 波段雷达三体散射回波。近年来，有关冰雹的多普勒雷达特征分析研究[3,4]较多。

湖北省自建立起新一代天气雷达站网，积累了数年观测资料，为开展冰雹雷达回波研究打下了坚实基础。本文从鄂东地区冰雹个例着手，通过分析雷达、天气背景等资料，基于形态结构对雹暴回波进行分类，分别总结其演变及天气形势特征，并统计大冰雹回波特征量，为预报员开展冰雹短时临近预报提供参考。

1　资料和方法

根据湖北省普查灾情信息及特殊天气报，选取鄂东地区 2003—2010 年 21 个冰雹天气个例（表略），收集武汉新一代天气雷达、NCEP 再分析场资料。由于灾情信息中往往对降雹时间描述不够具体，使用雷达资料订正，根据回波统计可知，降雹出现在雹暴成熟阶段且 VIL ≥ 35 kg·m^{-2}。

统计雹暴回波演变可知，雹暴移动有西北（偏北）、西南（偏南）及偏东共 3 条路径，分别有 10、9、1 例（图略），且移动路径主要与高空引导气流有关，第一条移动路径主要受高空西北气流引导作用，雹暴初生后向东南（偏南）方向移动，而后两者主要受高空西南或偏西气流引导作用，雹暴初生后向东北或偏东方向移动。

21 例冰雹天气过程中有 17 例为多单体强风暴,3 例为超级单体风暴,1 例为普通强风暴,可见鄂东地区雹暴以多单体强风暴为主。基于雹暴回波结构特征,结合经典多单体强风暴模型[1],将雹暴分为右侧倾斜、前侧倾斜、直立共 3 种类型,分别给出雹暴结构示意图及回波特征量统计值并统计了大冰雹回波特征量,因后者只有一个个例不作分析。此外,有 1 例雹暴因距离较远难以确定类型,本文不作分析,因此总个例数减为 20 个。

2 雹暴回波特征

2.1 右侧倾斜雹暴

该类型雹暴共有 12 例,占总个例数量的 57%。

2.1.1 回波结构特征

该类型雹暴中有 9 例为多单体,3 例为超级单体。成熟雹暴回波结构与经典多单体强风暴模型较一致[1],表现为:低层回波呈明显非对称结构,背对雹暴移动方向,强回波区和梯度较大区集中在雹暴右侧,有弱回波区(WER),由于雹暴体倾斜位于雹暴体的右侧,称为右侧倾斜雹暴。此类雹暴有较明显高层云砧回波,其形成可能与高层环境风有关,表明环境风场中存在较强的深层垂直风速切变,其伸展方向由高层气流和雹暴自身移动共同决定。受风暴传播作用影响,雹暴移动一般偏向于高层引导气流右侧。此外,超级单体雹暴具有中气旋特征,且倾斜更明显。

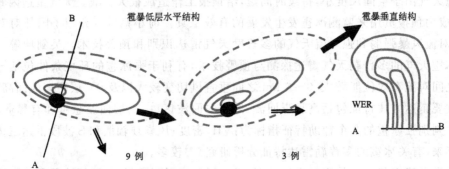

图 1 右侧倾斜雹暴成熟阶段结构示意图(粗箭头表示高空风,双线箭头表示
雹暴移向,黑圆圈为强回波顶,实线圈由外向内分别表示 30、40、50、60 dBZ)

2.1.2 演变特征

(1)初生发展阶段

雹暴由单体或带状回波形成(见图 2)。移动中单体强度增强,右侧回波强度和梯度均开始加大,径向速度图上雹暴低层开始出现速度辐合特征。垂直积分液水量(VIL)有 $15\sim30$ $kg \cdot m^{-2}$ 的跃增现象,与文献[5]统计结果相似。

(2)成熟阶段

该阶段回波强度和强度梯度达到最大,回波结构呈不对称形。风暴中低层出现 WER,顶层云砧伸展长度达到最大。速度场上仍有风速辐合,但强雹暴顶部有风速辐散特征。该阶段地面开始降雹。CR 中心强度为 $55\sim65$ dBZ,回波顶(ET)$12\sim15$ km,最大 17 km,45 dBZ 回波高度 $10\sim12$ km,45 dBZ 回波顶高均大于环境场-20℃层高度,平均高度差 3756.5 m,表明雹暴具有高悬的强回波特征,VIL 经跃增后处于一个相对稳定的高位,为 $40\sim60$ $kg \cdot m^{-2}$,

一般维持 4 个体扫以上，最大 16～22 个体扫。

（3）减弱消亡阶段

VIL 从高位下降，一个体扫时次有 10～15 kg·m^{-2} 的降幅。

2.1.3　天气背景

根据降雹区域与 500 hPa 高空槽的相对位置，出现该类雹暴的天气形势可分为两类，即槽后和槽前型（表略），分别有 9、3 例。

槽后型天气形势下，深厚西北气流、上干冷下暖湿的不稳定层结和中等强垂直风切变是此类雹暴天气形势的主要特征，合适的 0 ℃层高度也有利于地面降雹的形成。雹暴生成于槽后西北气流中，并受西北气流引导作用向东南（偏南）方向移动。此外，此类天气背景下 CAPE 值不高，而 850 hPa 与 500 hPa 温度差更能反映大气层结的不稳定程度。

槽前型天气形势下，较深厚西南、上冷下暖湿的不稳定层结、中等强垂直风切变及合适的 0 ℃层高度均有利于雹暴天气的形成。雹暴生成于槽前西南气流中，并受西南气流引导作用向偏东方向移动。

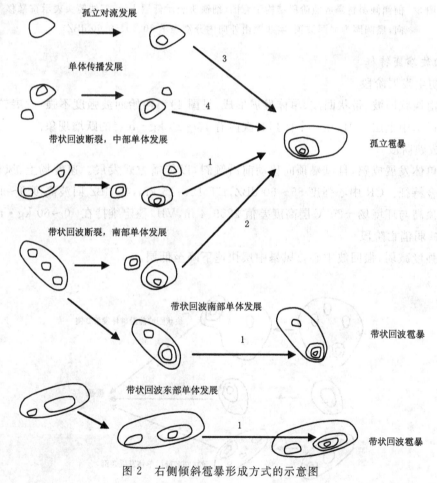

图 2　右侧倾斜雹暴形成方式的示意图

2.2　前侧倾斜雹暴

该类型雹暴共有 7 例，占总个例数量的 33%。

2.2.1　回波结构特征

该类雹暴均为多单体风暴。雹暴移动前沿强度梯度较大,对应低层入流在风暴前侧,中低层有弱回波区 WER,强中心一般位于雹暴中上层,风暴体向移动前侧倾斜(见图 3)。虽然该类风暴具有与强降水超级单体类似的前倾特征,但没有前侧入流缺口及中气旋,因此上升气流强度明显偏弱。除 1 例雹暴外,其他雹暴低层回波的非对称结构和高层云砧回波均不如右侧倾斜雹暴明显。

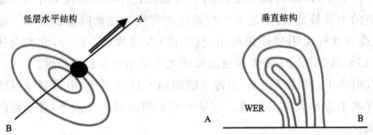

图 3　前侧倾斜雹暴成熟阶段结构示意图(细箭头表示低层入流,双线箭头表示雹暴移向,黑圆圈为强回波顶,实线圈由外向内分别表示 30、40、50、60 dBZ)

2.2.2　回波演变特征

（1）初生发展阶段

雹暴由块状回波、带状回波、单体发展形成(见图 4)。初始回波强度不强,发展较快,强回波集中在风暴中上层,VIL 在一个体扫时次内有 $15 \sim 20$ kg·m^{-2} 的跃增现象。

（2）成熟阶段

雹暴单体发展成熟,且风暴顶向移动前沿倾斜,以传播方式发展。速度场上,风暴中低层有速度辐合特征。CR 中心强度 $55 \sim 60$ dBZ,ET $12 \sim 15$ km,45 dBZ 回波高度 $9 \sim 11$ km,45 dBZ 回波顶高与环境场 -20 ℃层高度差值 2259.4 m,VIL 稳定维持在 $40 \sim 60$ kg·m^{-2}。

（3）减弱消亡阶段

风暴强度减弱,强回波中心自风暴中层快速下降至低层。

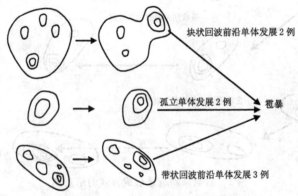

图 4　前侧倾斜雹暴形成方式示意图

2.2.3 天气背景

雹暴多位于槽前（副热带高压外围）西南气流中,并受西南气流引导作用向东北（偏北）方向移动。

2.3 大冰雹回波特征量

选取 10 个大雹暴个例进行统计分析（见表 1）,大冰雹判据为冰雹直径≥2 cm 或达到拇指般大小或有三体散射特征[1]。

表 1   大冰雹雹暴回波特征量表

	$H_{45\,dBZ}$ (km)	$H_{45\,dBZ}-$ $H_{-20℃}$(m)	最大 VIL (kg·m^{-2})	VIL 跃增 (kg·m^{-2})	跃增后 VIL (kg·m^{-2})	VIL≥ 40 kg·m^{-2} 体扫个数	最大 CR (dBZ)	最大 ET(km)
最大	13	5534	70	35	70	22	65	17
最小	8.5	1903	45	15	30	2	60	9
平均	11	3954.8	58.5	22	52	11.4	63	14

统计结果表明,高 VIL 值平均持续时间约 1 h,且 45 dBZ 回波顶高超过−20 ℃层高度约 4 km,表明雹暴强回波伸展高度较高,进一步验证了 Witt 等[6]的研究结果,即在−10～−30℃层上,雷达反射率因子值越大,相对高度越高,则产生强冰雹的可能性越大。

10 例大冰雹雹暴中有 8 例为右侧倾斜型,2 例为前侧倾斜型,对比可知前者的 0～6 km 风切变更大和 0℃层高度更低,其低层反射率因子和反射率梯度也更大,因此出现大冰雹的可能性更高。

此外,有 4 例雹暴在反射率因子上有三体散射特征。

3 结论

通过对 2003—2010 年鄂东地区 20 个冰雹天气过程的 NCEP 再分析场、天气雷达及灾情资料分析,得出以下结论:

(1)鄂东地区雹暴主要以多单体为主,超级单体较少。雹暴主要有 3 种移动路径,即西北（偏北）移动路径、西南（偏南）、偏东移动路径,且与高空引导气流的不同有关。根据回波形态结构将雹暴分为右侧倾斜、前侧倾斜、直立共 3 种类型。

(2)右侧倾斜雹暴主要特征为风暴体向其移动右侧倾斜。低层回波有明显非对称结构和 WER,高层有较明显云砧回波,速度场中低层有辐合特征。雹暴回波由单体和带状回波形成。初始阶段有 VIL 跃增现象,CR 中心强度为 55～65 dBZ,ET 12～15 km,45 dBZ 回波高度 10～12 km,45 dBZ 回波顶高与环境场−20 ℃层平均高度差为 3756.5 m,VIL 为 40～60 kg·m^{-2}。此类雹暴天气形势有槽后和槽前型两种。

(3)前侧倾斜雹暴主要特征为雹暴体向移动前侧倾斜,前沿强度梯度较大,有 WER,强中心一般位于雹暴中上层。雹暴回波由块状、带状、单体回波形成。初始阶段有 VIL 跃增现象,CR 中心强度 55～60 dBZ,ET 12～15 km,45 dBZ 回波高度 9～11 km,45 dBZ 回波顶高与环境场−20 ℃层平均高度差 2259.4 m,VIL 40～60 kg·m^{-2}。此类雹暴天气形势主要受槽前（副热带高压外围）西南气流影响。

（4）大冰雹雹暴 45 dBZ 回波顶高与−20 ℃层高度差、最大 VIL、跃增后 VIL 以及 VIL≥40 kg·m^{-2}持续时间 4 个特征量均较高。此外，大冰雹具有三体散射回波特征。

参考文献

[1] 俞小鼎,王迎春,陈明轩,等.2005,新一代天气雷达与强对流天气预警,高原气象,**24**(3):456-464.

[2] 吴剑坤,俞小鼎.2009,强冰雹天气的多普勒天气雷达探测与预警技术综述,干旱气象,**27**(3):197-205.

[3] 刁秀广,杨晓霞,朱君鉴,等.2008,一次长寿命风暴的 CINRAD/SA 雷达反射率及中气旋产品特征与流场结构分析,高原气象,**27**(3):657-667.

[4] 王伏村,丁荣,李耀辉,等.2008,河西走廊中部冰雹天气的环流和多普勒雷达产品特征分析,高原气象,**27**(6):1343-1349.

[5] 刘治国,陶健红,杨建才,等.2008,冰雹云和雷雨云单体 VIL 演变特征对比分析,高原气象,**27**(6):1363-1374.

[6] Witt A,Elits M D,Stumpf G J,*et al.*1998,An enhanced hail detection algorithm for the WSR-88D.*Wea Forecasting*,**13**(2):286-303.

与超级单体风暴相伴随的宜昌强对流天气分析

汪应琼[1,2]   王仁乔[3]   李　芳[1]   姜玉印[1]   曹玉华[1]

(1.宜昌市气象局,宜昌 443000；2.兰州大学大气科学系,兰州 730000；3.湖北省气象局,武汉 430074)

摘　要

　　对 2004—2009 年发生在宜昌地区有超级单体风暴活动的 10 个强对流天气个例进行分析,结果表明：超级单体风暴形成的灾害性天气有大风、冰雹和短时强降水,其中大风出现概率最高为 100%,其次是短时强降水和冰雹。超级单体风暴主要发生在强烈的不稳定层结、低层水汽条件充沛的环境中,但产生冰雹的湿层相对浅薄,而形成强降水的湿层较为深厚；主要由天气尺度系统提供抬升触发机制,且在超级单体风暴强烈发展前,地面边界层多有辐合线生成；0～6 km 中等到强的垂直风切变有利于超级单体风暴的生成和发展。超级单体风暴的主要生成在午后至夜间,早晨至上午基本没有超级单体风暴形成；其生命史一般为几分钟至几个小时；探测到的超级单体最近 32 km,最远 139 km,更近或更远不易探测到超级单体风暴；超级单体风暴特征顶和底高度差异也很大,最低可至 0.5 km,最高可至 7.9 km,造成 8 级以上大风的风暴特征底高度较低,且在大风来临前 2～4 个体扫呈迅速下降迹象；切变值差异较大,最大 0.043/s,且切变值越大,风力越大,风灾越明显；超级单体风暴的反射率因子的高、中、低层配置均表现出同样的特征,即低层弱回波区之上的中高层有悬垂回波。

　　关键词：超级单体　强对流天气　宜昌　分析

引言

　　强对流天气是指短时强降水、雷雨大风、龙卷风、冰雹和飑线等天气,发生于中小尺度天气系统,空间尺度小,生命史短,不易监测和预警。自我国多普勒天气雷达组网以来,广大气象工作者就加强了对强对流天气的分析和研究,其中与超级单体相伴随的强对流天气由于其持续时间长、灾害范围广,引起了格外关注。如俞小鼎等[1,2]的国家自然科学基金项目《基于多普勒天气雷达观测的中国超级单体风暴研究》；湖南廖玉芳等[3]基于多普勒天气雷达观测的湖南超级单体风暴特征,对湖南 10 次强对流事件中的 22 个超级单体进行详细分析,发现超级单体的生成发展过程较为复杂,其维持时间长,造成的灾害大,在强度回波、速度回波图上有相应可识别出的特征,其造成灾害性天气主要为冰雹、大风、龙卷和暴雨；黑龙江方丽娟、安徽郑媛媛等[4]都对当地由于超级单体产生的强对流天气个例进行了详细的分析和研究。

　　宜昌地处鄂西山地与江汉平原交界地带,短时强降水、雷雨大风、冰雹等强对流天气频发,常引起多种灾害以及山洪地质灾害发生,其中由于超级单体导致的灾害和损失尤为巨大。如 2008 年 4 月 8 日雷雨大风短时强降水、2008 年 6 月 3 日枝江的雷雨大风、2009 年 8 月 16 日的强雷暴和短时强降水等。在这些灾害性极强的强对流天气过程中,都伴随着超级单体风暴的生成和活动。本文主要利用宜昌新一代天气雷达收集到的近几年有超级单体风暴相伴随的几次影响大、灾害强的强对流天气的环境条件、多种多普勒雷达产品进行统计分析和讨论。

1 资料

选取了 2004—2009 年有超级单体风暴活动(宜昌 CINRAD-SA 雷达监测到中气旋,中气旋标准采用美国天气局划定的标准)的强对流天气个例 10 例,其中 10 例出现 7 级以上大风,5例出现冰雹,6 例出现短时强降水。具体个例见表 1,收集了这 10 个个例前后的 MICAPS 高空、地面实况资料以及雷达基数据产品资料。

表 1 强对流事件信息表

时间	地点	产生的天气现象
2004—07—08	五峰、长阳、枝江	1 cm 直径冰雹、9 级大风、短时强降水
2005—04—30	长阳、五峰	3 cm 直径冰雹、大风(风力不祥)
2005—08—04	宜昌城区	2 cm 冰雹、7 级大风
2006—04—11	枝江、宜都、五峰	7 级大风、短时强降水
2006—08—14	夷陵区、城区、宜都、枝江	7~9 级大风
2008—04—08	兴山、夷陵区、远安、当阳	3 cm 直径冰雹、11 级大风、短时强降水
2008—05—03	秭归、夷陵区、当阳	8 级大风、短时强降水
2008—06—03	夷陵区、枝江	2 cm 直径冰雹、10 级大风
2009—06—17	远安、当阳、长阳、枝江、宜都	3.3 cm 直径冰雹、8 级大风、短时强降水
2009—08—26	夷陵区、城区、远安	11 级大风、短时强降水

2 超级单体风暴生成环境条件

2.1 不稳定能量和水汽条件

K 指数、SI 指数通常用来表示大气层结不稳定和水汽的综合效应,而用来衡量热力不稳定大小的物理含义最清晰的参数是对流有效位能 CAPE 和对流抑制 CIN。在 10 个个例中,强对流天气发生前,有 8 个个例 K 指数为 33~45℃,平均 K 指数达 38.1℃,SI 指数均<0℃,最小达 -4.2℃,平均 SI 指数为 -2.7℃。强对流天气发生前,CAPE 值和 CIN 值一般较大,且CAPE 值一般明显大于 CIN 值,强对流天气结束后,CAPE 值和 CIN 值降为 0。不同个例之间 CAPE 值差异较大,最大为 2353 J/kg,最小为 0;CIN 值相对变化小,最大为 872 J/kg,最小为 0。

在不稳定能量参数中,有两个个例较为特殊,即 2006 年 4 月 11 日和 2008 年 6 月 3 日,两个例强对流天气发生前为小的 K 指数和正的 SI 指数值,且 CAPE 值较小,很容易误判为大气对流稳定。通过反查发现这两个个例均存在较强的逆温层,SI 指数无意义,同时在 700 hPa附近存在一明显干冷层,底层则较为暖湿,上干下湿的不稳定性明显,但 K 指数较小。这两个个例均发生在下午 14 时后,08 时的 CAPE 值和 CIN 值往往不能代表对流发生前的真正状态。但在这两个个例中,-20℃层与 0℃层之间的位势高度差分别为 1.3 km 和 2.6 km,为所有个例中位势高度差最小的两个个例,这表明这两个个例 0℃层与 -20℃层之间存在强烈的位势不稳定。事实也正是如此,这两个个例高空均存在强烈的锋区,高空冷平流明显。

统计 850 hPa 与 500 hPa 之间的温度差 $\Delta T_{850-500}$ 发现,强对流天气发生前均 >23℃,最大为 29℃,平均为 26℃,且一般发生前大于发生后。地面露点温度也较大,盛夏季节(7—8 月)超过 23℃,最大为 26℃,4—6 月超过 17℃,最大 21℃,且地面温度露点差最大为 5℃,最小为 0℃,表明低层水汽含量较大。比较出现冰雹和出现短时强降水个例的 $T-\ln P$ 图,明显的区别在于,出现冰雹个例,水汽条件相对较差,低层温度露点差均在 2℃ 以上,且湿层较为浅薄,而出现强降水个例水汽更为充沛且湿层较为深厚。图 1 分别为 2008 年 6 月 3 日 08 时和 2008 年 5 月 3 日 08 时宜昌(57461)站探空曲线,分别出现了冰雹、大风和短时强降水、大风天气。从图中可以看出,6 月 3 日 08 时底层至 850 hPa 有一浅薄湿层,而 5 月 3 日 08 时湿层十分深厚,一直延伸至 400 hPa。

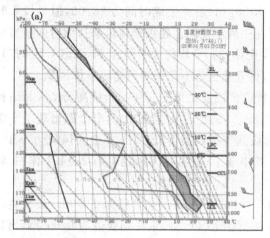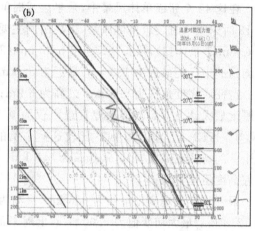

图 1 2008 年 6 月 3 日 08 时(a)和 5 月 3 日 08 时(b)宜昌站(57461)探空曲线图

2.2 抬升触发机制

对流风暴的抬升触发机制一共有 3 种,其中最主要的是天气系统造成的系统性上升运动[1]。在这 10 例中,有 7 例出现在高空槽前辐合区,其中 1 例为前倾槽结构,中低层常有切变线相配合,2 例地面出现了暖倒槽;2 例出现在高空低涡后部的偏北气流中,高空冷平流明显;1 例处于副热带高压外围,低层有暖式切变线。

在短时临近潜势预报中,重点考察地面边界是否有中尺度辐合上升提供对流风暴的触发机制。本文重点考察了地面边界层辐合线。将这几个个例的逐小时地面资料进行反演显示并分析,有 7 个个例在强对流天气发生前 2 h 内,出现了明显的风速加大和风向转变情况,地面均有不同程度的辐合上升运动。

2.3 垂直风切变

统计分析表明,环境水平风向、风速的垂直切变的大小往往和形成风暴的强弱密切相关。中等到强的垂直风切变有利于组织完好的对流风暴如强烈多单体风暴和超级单体风暴的发展[1]。通常用地面到 6 km 高度的风矢量来表示深层垂直切变,若该风矢量差 <12 m/s,则判定为较弱垂直风切变,若 ≥15 m/s 而 <20 m/s,则判定为中等以上垂直风切变,若 ≥20 m/s,则判定为强垂直风切变。

由于 500 hPa 高度大致对应着 6 km 左右高度,因此本次分析采用 08 时和 20 时探空资料,统计了地面到 500 hPa 的风矢量差来表征深层垂直风切变。统计显示,10 个个例中,有两例为强垂直风切变,3 例为中等以上垂直风切变,其余 5 例风矢量差<15 m/s,但在这 5 例中,有两例 925~500 hPa 之间的风矢量差超过 15 m/s,达到中等以上垂直风切变,有利于组织完好的对流风暴的发展。

3 超级单体风暴属性特征

多普勒天气雷达探测表明深厚持久的中气旋是超级单体风暴最本质的特征。因此,根据中气旋算法得到中气旋产品(M),获取中气旋生成时间、离中气旋最近的风暴单体标识号、特征底高度、特征顶高度、方位和距离、最强切变的高度、沿径向和方位角方向的直径、切变值。经统计,在这 10 个个例中,共有 45 个对流风暴单体发展成为超级单体风暴。

在这 45 个超级单体风暴中,最早生成时间为 00:43,最晚生成时间为 23:05,但早晨 5 时至 13 时未生成过超级单体风暴,生成时间主要在午后至夜间。超级单体风暴持续时间最短仅为 6 min(1 个体扫),最长持续了 3 h 22 min(34 个体扫),平均持续时间为 36 min(6 个体扫)。探测到的中气旋最远为 139 km,最近为 32 km,更近或更远不易探测到超级单体风暴。

特征底高度最低为 0.5 km,最高为 6 km;特征顶高度最低为 1.4 km,最高为 7.9 km;伸展厚度最大达 6.5 km,伸展厚度最小仅为 0.4 km。在这 10 个个例中,7 个个例出现了 8 级(风力>17.2 m/s)以上大风。比较这些个例的最低特征底高度,比另外 3 个大风风力小于 8 级个例的特征底高度要低,最低仅为 0.5 km。其中 3 个个例,在大风发生前 2~4 个体扫,特征底高度迅速降低。

最强切变出现高度最低为 0.5 km,最高为 7.9 km;中气旋最小直径为 2.2 km,最大直径为 12.8 km;最大切变值为 0.0043/s,出现于距离雷达 73 km 处,最小切变值为 0.005/s,出现于距离雷达 114 km 处。7 个出现 8 级以上大风个例中,切变值普遍较另外 3 个个例大。其中 2008 年 4 月 8 日、5 月 3 日、6 月 3 日 3 次风灾最为显著,均造成了人员伤亡。这 3 个个例最大切变值为最大,分别为 $27/10^3 s$、$43/10^3 s$、$18/10^3 s$,这说明切变值越大,可能风力也会越大。

4 超级单体风暴回波结构

4.1 反射率因子

45 个超级单体低仰角反射率因子回波特征显示:15 个出现了钩状回波,13 个表现为向着入流方向有一个较明显的突起,17 个为密实块状回波。同时在出现冰雹的 5 个个例中,仅有 1 个个例出现了三体散射长钉(TBSS)现象。

分析不同仰角的超级单体风暴特征时,可以发现,持续时间超过 4 个体扫的超级单体风暴的反射率因子的高、中、低层配置均表现出同样的特征,即低层弱回波区之上的中高层有悬垂回波,其中有 13 个超级单体风暴还出现了有界弱回波区。

4.2 回波顶高

统计超级单体风暴的回波顶高,最高顶高达 18 km,最低顶高 8 km,平均达 13 km 多,以 12~14 km 出现最多。统计不同顶高的超级单体风暴出现的强天气,可得出若超级单体风暴顶高≤12 km,那么出现的强天气以强降水、大风为主,一旦超过 12 km,则可能强降水、冰雹、大风均可能发生,但一般而言,出现冰雹时超级单体风暴顶高一般达 14 km 以上。

4.3 垂直积分液态水含量

统计超级单体风暴的垂直积分液态水含量(VIL),最低 25 kg/m²,最高超过 70 kg/m²,大多在 40 kg/m² 以上，且出现冰雹的个例都对应着高的 VIL 值。

5 小结

(1)超级单体风暴产生的主要强对流天气有冰雹、大风、短时强降水、龙卷等。出现大风概率最高，其次是短时强降水和冰雹。

(2)强对流天气生成于不稳定层结中，低层均为高湿区，但产生冰雹的湿层相对浅薄，而形成强降水的湿层较为深厚。大部分个例中，由天气尺度系统提供了大尺度的辐合上升环境，且强对流发生前，多有地面边界层辐合线生成提供抬升触发机制。

(3)中等到强的垂直风切变有利于超级单体风暴的生成和发展。在 10 个个例中，有 7 个个例地面到 500 hPa 或 925～500 hPa 出现了中等以上垂直风切变。这充分说明垂直风切变能强烈影响风暴的结构和发展。

(4)超级单体风暴主要生成在午后至夜间，早晨至上午基本没有超级单体风暴形成。超级单体风暴生命史一般为几分钟至几个小时；适宜探测的超级单体距离为 32～139 km 之间；超级单体风暴随着其发展强弱和发展阶段不同，特征顶和特征底高度差异很大。一般而言，造成 8 级以上大风的风暴特征底高度较低，且在大风来临前 2～4 个有迅速下降迹象。切变值差异也较大，一般而言，越大的切变值对应越高的风力。

(5)超级单体风暴低层反射率因子易出现钩状回波、向着入流方向的突起、密实块状回波等特征。即使在大冰雹个例中，三体散射(TBSS)现象也不易探测到。生命史超过 4 个体扫的超级单体风暴的低层反射率因子的高、中、低层配置均表现出同样的特征，即低层弱回波区之上的中高层有悬垂回波，其中有 13 个超级单体风暴还出现了有界弱回波区。

(6)超级单体风暴对应高的回波顶高(ET)和高的垂直积分液态水含量(VIL)。一般而言，回波顶高越高，垂直积分液态水含量越大，出现的强天气可能性越大，且天气越剧烈。

参考文献

[1] 俞小鼎，姚秀萍，熊廷南，等.多普勒天气雷达原理与业务应用[M].北京：气象出版社，2006：91-127.
[2] 俞小鼎，周小刚，L.Lemon，等.强对流天气临近预报.全国气象部门预报员轮训系列讲义.2009：18-77.
[3] 廖玉芳，俞小鼎，唐小新，等.基于多普勒天气雷达观测的湖南超级单体风暴特征[J].南京气象学院学报，2007，**30**(4)：434-443.
[4] 郑媛媛，方翀，等.一次超级单体风暴的多普勒天气雷达观测分析[J].气象学报，2004，**62**(3)：317-328.

青海东部地区两次强对流天气过程对比分析

海显莲　徐　亮

(青海省气象台,西宁 810001)

摘　要

利用实况观测资料和自动气象站等多种资料,对 2009 年 6 月 18 日和 2010 年 7 月 6 日主汛期时段发生在青海省东部地区的两次强对流天气过程进行了对比分析。结果表明:(1)影响强对流天气的环流形势不一样。(2)中尺度天气综合图分析,可以直观判断低层的暖湿以及气层的不稳定状态。(3)强烈的上升运动将低层的水汽、能量、热量抬升到高空,形成了发展旺盛的对流云,造成了强降水的出现。(4)水汽在副高边缘的西南暖湿气流的作用下源源不断地输送到强降水区,使该地区低层水汽十分充沛,为强降水的产生提供了十分有利的条件。(5)两次过程近地面层大气呈对流不稳定,这为产生短时强降水和冰雹等天气提供了能量条件。

关键词:青海东部地区　强对流天气过程　对比分析

引言

青海省地处青藏高原北部,由于受水汽条件的限制,区域性大到暴雨发生的几率非常小,但受下垫面、地理位置和高原地形的影响,强对流天气出现的频率非常高。青海东部地区是青海省人口最为密集的区域,每年因短时剧烈天气造成的人员伤亡和经济损失不断增加。目前随着青海省一批业务现代化建设项目的实施,对中小尺度天气系统的监测能力不断提高,开展强对流天气的短时临近预报逐渐成为可能。另外,西宁新一代天气雷达、加密自动气象站的布设,对定点、定量的短时强降水预报提供了技术支持。

为了更好地了解和掌握 24 h 内预报强对流天气的方法,提高青海省气象台对此类天气的预报准确率,充分利用现有的实时资料,寻找出预报着眼点是非常必要的。

1　天气实况及灾情分析

2009 年 6 月 18 日,湟中县测站出现雷阵雨天气,并伴有冰雹,最大冰雹直径 14 mm,降水量 29.6 mm。降水出现密集的时段是 2009 年 6 月 18 日 19—20 时(图 1a)。此次强降水过程,致使湟中县 8 个乡(镇)88 个村的农作物遭受冰雹灾害,造成经济损失 5803.99 万元,其中农业损失 5723.65 万元。

2010 年 7 月 6 日 21 时至 7 日凌晨,青海省海晏县、湟源县、湟中县、贵德县先后出现了短时强降水天气。降水中心在湟源寺寨乡,降水量达 32.5 mm。由于此站与湟源日月山收费站比较接近,所以以收费站资料代替(图 1b)。降水时段主要出现在 2009 年 6 月 18 日 22—23 时。湟源县 22 时 20 分出现较大范围强雷阵雨天气,致使寺寨、日月、波航、和平、大华、巴燕等六乡镇发生

资助项目:中国气象局预报员专项项目"近三年青海省典型疑难天气个例诊断分析"。

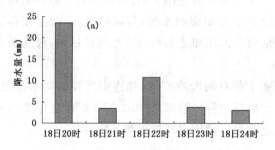
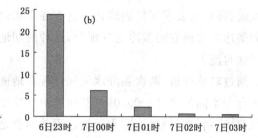

图1　2009年6月18日(a)和2010年7月6日(b)强降水时段过程降水量(单位:mm)

重大洪灾,其中寺寨乡伴有20 mm的冰雹,持续时间约10 min。强雷阵雨致使湟源寺寨等6个乡镇遭受洪灾和雹灾。洪水造成全县9个乡镇、118村(其中重灾村54个)、14316户60092人受灾,死亡13人,失踪2人,受伤11人。初步统计,造成直接经济损失达2.25亿元。

通过天气实况和灾情分析,可以看出,强雷阵雨天气基本出现在20时前后,且局地性差异比较强;降水的强度和雷暴程度不同,所造成的灾情损失亦不同。

2　大型环流形势演变及影响系统对比分析

2009年6月18日08时500 hPa高空图上(图2a),欧亚中高纬为两脊一槽型,两脊分别位于咸、里海到乌拉尔山和东西伯利亚,且前者为强大高压脊,后者为一弱脊,两脊之间为一宽广的低槽,在巴尔喀什湖到贝加尔湖为一深厚低槽,且在56°~62°N、87°~95°E是一个高空冷涡;南支槽强盛;副高延伸至其后南部边缘;西南暖湿气流比较旺盛。至18日20时,由于系统东移南压,槽底不断有冷空气在青海东部形成切变,加强了辐合抬升作用。14时地面图上,祁连山区和柴达木盆地有两股冷空气。17时随着冷锋缓慢东移,祁连山区冷空气前沿已到河西走廊东部,锋后+ΔP_3最大值为+3.1 hPa,-ΔP_3中心在青海东部的贵德,最大值为-2.9 hPa。20时两股冷空气开始在青海湖东部辐合影响青海省东部地区。

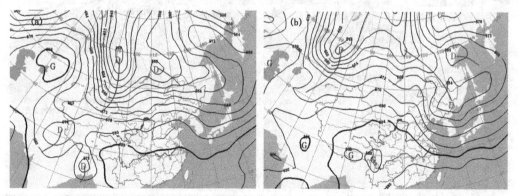

图2　2009年6月18日20时500 hPa(a)和2010年7月6日20时500 hPa(b)高度场(单位:dagpm)

2010年7月6日08时500 hPa高空图上(图2b),欧亚中高纬度呈两槽两脊型,两槽分别位于亚马尔半岛-巴尔喀什湖和贝加尔湖以东-日本海,两槽之间为弱高压脊,里海为一强盛的高压控制。在55°~60°N、70°~80°E是一个高空冷涡;南支槽不明显;副高强盛,584位势什米线控制青海;高空水汽输送条件较好。到6日20时,原哈密一带的小槽东移并南压到青海省的东北部地区,形成一条切变。7月6日20时700 hPa高空图上,青海东部处于低涡暖性切变线的右侧,这表明了低涡暖切是这次强降水过程的主要影响系统;与此同时,地面上在祁连山和柴达木盆地有两股冷空气配合,这种前期地面热低压加之东移的冷空气的影响,极易触发短时强对流天气。

通过对比分析,两次强降水天气过程在地面上都有两股冷空气(祁连山区和柴达木盆地)的配合。不同的是,"2009.06.18"欧亚中高纬度盛行两脊一槽型,"2010.07.06"欧亚中高纬度盛行两槽一脊型,说明强降水天气过程并不总是在单一的固定环流形势下出现。

3 中尺度天气综合图分析

中尺度对流天气的发生与高低层不同性质空气的叠加有很大关系,低层暖湿、中层干冷使大气变得不稳定是产生中尺度的对流上升运动的重要原因,它与风的垂直切变构成对流系统发生发展的重要因素。

通过中尺度天气综合图分析,可以直观判断低层的暖湿以及气层的不稳定状态。高低空风形成的低层辐合和高层辐散的强上升运动区则对于判断已经发生的对流是否发展和维持有重要作用。

分析两次过程08时中尺度综合图(图3),得出如下结论。(1)水汽条件(500 hPa和700 hPa叠加):强降水出现在水汽的叠加区域或交汇区域;(2)动力条件:强降水出现在200 hPa高空急流的左侧,500 hPa和700 hPa短波槽区强辐合区域内以及祁连山区和青海湖附近两股冷锋交界处,3 h变压升压区及干线附近;(3)能量条件:在700 hPa东北部都有暖脊存在,500 hPa有冷平流。说明大气处于极不稳定状态。

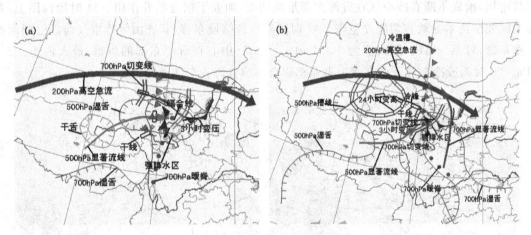

图3 2009年6月18日08时(a)和2010年7月6日08时(b)整层中尺度分析

4 大气层结稳定度分析

4.1 动力条件

为了揭示强降水区上空垂直上升运动的情况,我们沿36°N和102°E作了垂直速度的垂直时间剖面和空间剖面图,分析发现从16日08时—18日08时的垂直上升运动经历了从无到有、由弱到强的发展阶段。16日08时—17日08时,从400 hPa到地面为一致的弱下沉运动,此时对应的地面流场也是辐散的,且在600~700 hPa之间下沉气流达最强,此时对应的地面流场时而辐合时而辐散,变化无常,没有统一的规律;此后在强降水的整个时段,从高空到地面为一致的辐合上升气流,上升气流最强出现在600~500 hPa,为−16×10⁻⁶ Pa·s⁻¹(图4a),强烈的上升运动将低层的水汽、能量、热量抬升到高空,形成了发展旺盛的对流云,造成了这次强降水的出现。同时上升运动随高度的增高是向北倾斜的,形成了斜身气流,这种斜身气流使得降水物降落时可以很快脱离上升气流,因此上升气流不至于遭到削弱,从而使得强对流得意维持较长时间,形成稳定状态的风暴云[1],这也是出现强降水的原因之一。

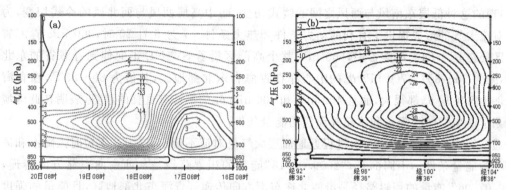

图4　2009年6月16日08时至20日08时(a)和2010年7月6日20时
(b)36°N垂直速度剖面图(单位:10⁻⁶ Pa·s⁻¹)

对7月6日20时的涡度、散度、垂直速度沿36°N分别作垂直剖面图,可以看出:涡度场上,400 hPa以上青海省东部为负涡度,负涡度中心值<−4×10⁻⁵ s⁻¹,而中层500 hPa>5×10⁻⁵ s⁻¹,低层700 hPa涡度>12×10⁻⁵ s⁻¹,形成了中低层正涡度、高层负涡度的有利于强降水发展的典型配置;散度场上,200 hPa和400 hPa青海省东部为>6×10⁻⁵ s⁻¹的辐散区,500 hPa为>4×10⁻⁵ s⁻¹的辐散区,700 hPa为<−10×10⁻⁵ s⁻¹的辐合区,这种高层辐散形成的抽吸作用,有利于加强低层辐合和对流上升运动;垂直速度场上(图4b),200~700 hPa均处在负值区中,其最大的辐合中心集中在400~500 hPa,中心值达−26×10⁻⁵ s⁻¹,这种强烈的上升运动,为水汽的输送起到了重要作用。

通过稳定度对比分析,强烈的上升运动将低层的水汽、能量、热量抬升到高空,形成了发展旺盛的对流云,造成了这次强降水的出现。不同的是,"2009.06.18"上升气流最强出现在600~500 hPa,为−16×10⁻⁶ Pa·s⁻¹,而"2010.07.06"最大的辐合中心集中在400~500 hPa,中心值达−26×10⁻⁵ s⁻¹。

4.2　水汽条件

由水汽通量散度诊断分析结果来看,在强降水前夕青海的水汽通量散度的分布也是极不均匀的,西南部水汽通量散度值高,东北部低。水汽在副高边缘的西南暖湿气流的作用下源源不断地输送到强降水区,使该地区低层水汽十分充沛,为强降水的产生提供了十分有利的条件。

4.3　稳定度分析

利用探空资料,得到了强降水前期和后期 θ_{se} 的分布情况(图略),在青海 θ_{se} 分布的不均匀性,其值自西南到东北逐渐降低,也就是西南部为高能区,能量锋区基本上位于青海的中部,并且随着时间的推移能量在积累增强并逐渐向东北方向发展,至20日08时青海大部分地区尤其是东部处在高能区中,这为不稳定能量的积聚和对流不稳定层结的建立奠定了基础。为了进一步揭示强降水区上空大气的不稳定性,我们沿 36°N 和 92°~104°E 做了 θ_{se} 的垂直空间剖面图,从空间剖面图中看到在中低层为高能区,北侧为相对低能区,能量锋区就在强降水区上空一侧,稳定维持达数小时。表明近地面层大气呈对流不稳定,这为强降水的发生提供了重要的条件。

分析哈密站的探空曲线,可以了解上游地区过程前期的环境场特征,从 700 hPa 以上,大气都比较干燥,有利于强对流天气的形成,低层到高层存在高空风垂直切变,有利于强对流天气的产生。西宁站探空曲线,由低层到高层高空风随高度顺时针旋转,并且垂直风切变非常明显,出现的这种低层东南风与西风之间的暖式切变,而中高层西风与西北风的冷式切变,为这次强对流天气的形成提供了有利的动力条件和热力条件。7 月 6 日 20 时,300 hPa 青海省东部地区处在 $\theta_{se} > 84℃$ 高能舌中,500 hPa 整个高能区沿着 SW-NE 走向伸到青海省的东北部地区,θ_{se} 为 76~80℃,700 hPa θ_{se} 的中心亦在青海省东北部地区,其值为 80~83℃,在青海省东北部地区整层 θ_{se} 都很大,而且 400 hPa 和 700 hPa θ_{se} 的中心有重叠的趋势,表明在此区域已经积累了产生短时强降水和冰雹等天气的能量条件。

通过稳定度对比分析,两次过程近地面层大气呈对流不稳定,这为产生短时强降水和冰雹等天气的能量条件。不同的是,"2009.06.18"能量的积累路径是从西南向东北方向传递,而"2010.07.06"能量的积累路径是沿西北往东南方向传递到青海东北部地区,且能量的强度大小不一致。

5 结论

(1)分析大型环流形势,可以看出,影响强降水的环流形势不一样,前者是两脊一槽型,后者是两槽一脊型。

(2)通过中尺度天气综合图分析,可以直观判断低层的暖湿以及气层的不稳定状态。高低空风形成的低层辐合和高层辐散的强上升运动区则对于判断已经发生的对流是否发展和维持有重要作用。

(3)两次过程,强烈的上升运动将低层的水汽、能量、热量抬升到高空,形成了发展旺盛的对流云,造成了这次强降水的出现。不同的是,"2009.06.18"上升气流最强出现在 600~500 hPa 之间,为 $-16 \times 10^{-6} \mathrm{Pa \cdot s^{-1}}$,而"2010.07.06"最大的辐合中心集中在 400~500 hPa,中心值达 $-26 \times 10^{-5} \mathrm{s^{-1}}$。

(4)水汽在副高边缘的西南暖湿气流的作用下源源不断地输送到强降水区,使该地区低层水汽十分充沛,为强降水的产生提供了十分有利的条件。

(5)通过稳定度对比分析,两次过程近地面层大气呈对流不稳定,这为产生短时强降水和冰雹等天气的能量条件。不同的是,"2009.06.18"能量的积累路径是从西南向东北方向传递,而"2010.07.06"能量的积累路径是沿西北往东南方向传递到青海东北部地区,且能量的强度大小不一致。

参考文献

[1] 郑永光,张小玲,周庆亮,等.2010,强对流天气短时临近预报业务技术进展与挑战[J].气象,36(7):33-42.

2011 年 6 月 23 日北京地区雷暴天气诊断分析

陈 磊 李林堂 李 毅

（北京军区气象水文中心，北京 10041）

摘 要

利用多普勒雷达监测资料和常规观探测资料分析了 2011 年 6 月 23 日北京地区强降水天气过程，通过分析发现此次降雨过程为受冷暖空气共同影响出现的典型蒙古东移低涡天气过程，阻塞高压的东移南压和副高位置的少动是此次过程形成的主要原因；雷达监测资料在强对流天气的短时临近预报中起着重要作用。

关键词：雷暴天气 蒙古低涡 阻塞高压 副热带高压

引言

2011 年 6 月 23 日下午至夜间，北京出现了 1998 年以来同期最强降雨天气。23 日 14 时至 24 日 08 时，全市平均降水量 50 mm，城区平均降水量达 73 mm；丰台、石景山、门头沟等多个站点降雨量大于 100 mm，其中模式口最大达 214.9 mm。此次强降水过程，北部较小，南部较大，其中西南部比东南部大，雨强时段主要出现在 14 点到 20 点；西南部平均降水量达 71 mm，东南部 52 mm，而西北和东北部均在 50 mm 以下。由于降水强度很大，并且发生在下班时段，此次降水给北京城区造成严重内涝和交通阻塞。

本文运用天气学原理分析了此次强降水天气过程，并通过各种稳定度指数、水汽条件和各种动力参数诊断分析了此次过程的特点，为预报类似天气提供参考[1~4]。

1 天气系统分析

22 日 20 时至 24 日 08 时，蒙古区域阻塞高压向东向南扩张，导致 45°～50°N，110°～120°E 区域横槽加强、南压，伴随着"后倾型"横槽南移，底部偏东偏北冷空气同时增强南下；同时，西太平洋副高的位置变化不大，导致处于副高前部的北京地区有着持续的水汽和不稳定能量供应。冷暖空气在北京北部地区相遇，6 月 23 日 14 时左右，对流云团开始进入北京地区（如图 1 所示），形成强降水，24 时左右对流云团主力移出该地区，大规模降水基本结束（如图 2 所示）。

降水产生过程中主要有两方面因素有利于降水强度的增加。一是 22 日 20 时—24 日 08 时，700 hPa 图上北京上空的槽线缓慢移动与 850 hPa 图上北京上空的槽线和地面锋线的距离较近，形成坡度很陡的"后倾槽"；二是 850 hPa 图上北京附近槽后有冷温槽不断靠近，同时槽前西南方向有暖温槽的不断顶压。

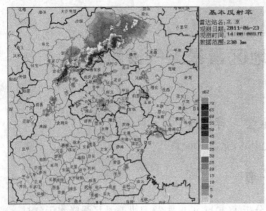 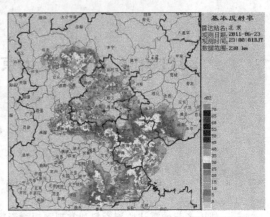

图 1　2011 年 6 月 23 日 14 时雷达基本反射率　　　图 2　2011 年 6 月 23 日 23 时雷达基本反射率

2　物理量诊断

2.1　大气层结稳定度条件

2.1.1　K 指数

6 月 22 日 20 时北京地区的 K 指数为 25.7℃,23 日 08 时,北京地区 K 值上升到 33.6℃,河北东北部处于 $K>33℃$ 的高值区,并向北京地区移动,23 日 20 时降到 29.8℃,大强度降水基本停止。

2.1.2　沙瓦特指数

22 日 20 时北京地区 S 指数为 2.1℃;23 日 08 时 S 指数达到 −2.0℃,表明雷暴发生前北京地区大气层结不稳定,有发生冰雹的征兆;23 日 20 时 S 指数升至 0.1℃,大气层介于稳定和不稳定层结之间;24 日 08 时 S 指数升至 4.1℃,大气恢复稳定层结。

2.1.3　假相当位温

从表 1 中,各个时段 θ_{se} 随高度变化可以发现:22 日 20 时,θ_{se} 从低层到 700 hPa 随高度增加很快递减,从 700 hPa 到 500 hPa 随高度增加很快递增,表明不稳定层结发展到约 500 hPa 后趋于稳定;23 日 08 时,θ_{se} 从低层到 500 hPa 随高度增加很快递减,从 500 hPa 到 200 hPa 随高度增加很快递增,表明不稳定层结发展到约 500 hPa 后趋于稳定;23 日 20 时,θ_{se} 从低层到

表 1　北京 2010 年 6 月 22—23 日假相当位温随高度变化数据(单位:℃)

层次	22 日 20 时	23 日 08 时	23 日 20 时	24 日 08 时
850 hPa 与 1000 hPa 之差	−0.4	−3.8	−4.9	2.5
700 hPa 与 850 hPa 之差	−5.4	−3.6	1.4	6.4
500 hPa 与 700 hPa 之差	11.8	−10	4.7	1.0
200 hPa 与 500 hPa 之差	8.0	32.2	21.2	28.4

850 hPa 随高度增加很快递减，从 850 到 700 hPa 随高度增加很快递增，表明不稳定层结发展到约 700 hPa 后层结趋于稳定；24 日 08 时，各层之间 θ_{se} 差值均为正，整层大气趋于稳定。

可以发现该过程有如下特点：从 22 日 20 时至 23 日 08 时，不稳定大气层结的厚度在不断增加，随着过程的结束，不稳定层结厚度减少，层结趋于稳定；从 22 日 20 时至 23 日 20 时，低层到 850 hPa 之间的 θ_{se} 差值不断增加，说明该时间段内低层大气的潜在不稳定性在不断增加。

2.2 水汽条件

由于副高的少动，河北、山西南部、河南、山东地区湿度持续增加，形成湿舌向北延伸。从 22 日开始北京地区的湿度持续增加，至 23 日 08 时北京站 850 hPa 温度露点差降至 1.4℃，同时 700 hPa 温度露点差＜4℃，有利于雷暴生成。

2.3 涡度和垂直速度

22 日 20 时，500 hPa 处 42°～48°N，105°～116°E 为大片的正涡度区，与蒙古低涡的位置吻合，其中正涡度最大值中心位于 45°N，110°E 处，高达 212×10^{-6} s^{-1}，而相应的 700 hPa 和 850 hPa 处正涡度中心偏向东南，这说明该低涡的结构为"后倾型"，与上面的分析一致；至 23 日 20 时，该正涡度大值区不停地向东南扩展移动，雷暴发生时北京地区正好处于正涡度场大值区。

22 日 20 时—23 日 20 时，有一条较强的垂直速度带经由张家口地区向下延伸值北京北侧，而且上升速度在增加，至 20 时北京地区为上升运动最大值中心，速度达 -46×10^{-3} hPa·s^{-1}，同时对应很强降雨。

3 结论

采用多普勒雷达资料和常规观测资料对北京地区 2011 年 6 月 23 日极端性降水的发生发展过程进行了总结和诊断分析。结果表明：此次降雨是受冷暖空气共同影响出现的典型蒙古东移低涡天气过程，由于阻高的东移南压，一方面导致低涡向东南移动至北京地区，另一方面造成冷空气从偏东偏北方向南下，遇上副高西侧的偏南包含大量不稳定能量和水汽的暖湿气流，形成强烈对流天气。

参考文献

[1] 朱乾根，林锦瑞，寿绍文.等天气学原理和方法[M]，气象出版社，2000：401-411.

[2] 陆汉城，杨国祥.中尺度天气学原理和预报[M]，气象出版社，2004：255-265.

[3] 李勇，孔期.2006 年 5—9 月雷暴天气及各种物理量指数的统计分析[J].气象，2009，**35**(2)：64-70.

[4] 刘建文，郭虎.李耀东，等.天气分析预报物理量计算基础[M]，气象出版社，2005：**10**，56-59.

2011 年北京一次飑线雷雨天气的中尺度分析

董海萍　　郭卫东

(空军气象中心，北京 100843)

摘　要

对 2011 年 8 月 9 日发生在北京地区的一次强雷雨大风和冰雹天气过程的环流形势、不稳定能量蓄积、水汽输送、中尺度抬升触发机制和对流云团演变特征进行了综合分析研究，结果表明：对流发展前期低层持续高温高湿，当有冷空气从北方渗透下来时，位势不稳定能量蓄积，配合对流层低层水汽输送和低层辐合线带来的动力抬升作用，易形成飑线雷雨天气；低层干线（露点不连续线）、地面锋面和北京特殊的地形特征是不稳定能量释放的主要触发机制；飑线上中尺度对流云团的发生发展和移动与地面锋区和低层中尺度辐合线都有着密切关联。

关键词：飑线　雷雨　中尺度　成因分析

引言

我国位于世界上著名的季风气候区，冷暖空气活动频繁。特别是在夏季风暴发和盛行的时期，冰雹、雷雨大风和局地短时强降水等强对流天气在我国十分活跃，给我国的基础设施和社会经济都带来了重大损失。我国诸多学者对此方面已有过较深入的研究，如陶诗言等[1]对造成我国暴雨的一些主要问题进行了专门的讨论；王笑芳等[2]分析概况出北京地区冰雹落区的概念模型；漆梁波等[3]对一次长江三角洲飑线的综合分析；王凤娇等[4]对出现地面大风的雷达回波特征进行分析，建立飑线类雷雨大风概念特征模型。然而，随着近年来气候的发展演变，加之人为因素的影响，使强对流天气的产生和发展有了与以往不同的特征。同时，近年来随着各种观测手段的提高、数值预报产品的丰富和地面加密自动站的应用，我们对冰雹和雷雨大风等强对流天气的发生发展有了更为全面的了解和认识。因此，在新的气候背景下有必要对华北地区的飑线雷雨等强对流天气作进一步研究。

2011 年 8 月 9 日北京自北向南出现了强雷雨，且伴有雷电、短时大风和冰雹等强对流天气，整个市区 6 h 降水量部分地区达到暴雨标准。受雷电影响，地铁 13 号线出现短暂停运，首都机场也有不少航班取消或延误。本文利用 1°×1°的 NCEP 再分析资料、风云二号 E 星（FY-2E）红外云图和雷达回波图，从大尺度环流背景，以及引起冰雹发生的水汽条件、层结不稳定、中尺度触发机制和飑线云团特征等方面，对此天气过程进行了诊断分析，以期从中获得一些对冰雹雷雨天气预报的指标，进一步探究北京夏季雷雨天气的预报方法，从而提高对此类天气的预报能力。

1　飑线雷雨产生的大尺度环流背景

大尺度天气形势是中尺度天气系统和天气现象活动的背景条件，在一定意义上制约着中尺度天气现象的发生和发展，并且还对已经存在着的中尺度天气系统起着组织作用和增强作用[1]。本次北京的飑线雷雨天气过程,大尺度环流条件为其提供了有利的上下层环流配置。

从雷雨发生前的上下环流形势可看到(图1),高低空环流配置为此次雷雨天气的产生提供了有利的大尺度环流条件。在中高层500 hPa上(图1a),北京地区位于高空槽后的高压脊中,槽后冷空气从北部扩散南下,到达北京的西北部,在北京西北部有一湿度较大的冷中心存在。而此时低层850 hPa上(图1b),槽后有一暖脊从西部向北京延伸,湿度相对较干。从地面2米温度和气流的走向可看到(图1c),在北京西北部有东北-西南走向的温度密集区,两侧分别为北部干冷空气和南部暖湿气流的交汇,系冷涡形势下的副冷锋。同时,这种高层冷低层暖的结构也有利于不稳定能量不断蓄积。并且从高低层槽线位置可看到,500 hPa与850 hPa的槽线位置基本一致,说明地面锋区近于垂直,致使温度垂直递减率增大,这种结构有利于不稳定层结的建立和加强,有利于局地风暴天气的产生。从600 hPa垂直速度分布图可知(图1d),沿着北京西北部地区的地面锋区位置有气流的垂直上升运动,而低层为暖湿气流,说明此时在北京的西北部已有对流云团发展,而北京地区不稳定能量继续蓄积,为对流云团南下提供有利条件。

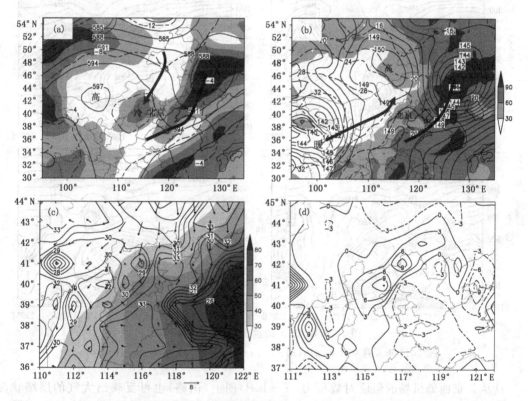

图1 2011年8月9日14时天气形势(阴影区:湿度)。(a)500 hPa高度场(实线)和温度场(虚线);(b)850 hPa(实线)和温度场(虚线);(c)地面2 m温度和10米风;(d)600 hPa垂直速度(单位:10⁻²m/s)

2 飑线雷雨产生的中尺度环流条件

大尺度环流背景提供了强对流发生发展的环境条件,但飑线雷雨往往发展迅速、维持时间短、尺度范围小,在时空上呈现明显的中尺度变化。早有研究指出中尺度对流天气是由层结不稳定、一定的水汽条件和抬升触发这3个主导因子造成的。那么此次强对流天气在这几方面环流状况如何,对流云团又是如何发展演变的。

2.1 不稳定能量蓄积

图2为假相当位温 θ_{se} 沿40°N随高度变化的垂直剖面。从中可看到,在9日08时(图2a),在115°~120°E范围内,低层800 hPa以下为大值区,最大值位于底层,800 hPa以上为小值区,最小值位于500 hPa,位势不稳定层结已经建立;至9日14时,沿经度变化的低层 θ_{se} 大值区和其上层 θ_{se} 小值区都向东扩展(图2b),且低层数值加大,不稳定能量进一步蓄积;至9日20时,沿经度变化的低层 θ_{se} 大值区移至119°E附近(图2c),且数值减小,其上层 θ_{se} 小值区的中心下沉至700 hPa高度,说明不稳定层结减弱,对流高度降低;至10日02时,沿经度变化的不稳定区域已移至120°E以东(图2d),说明此时北京地区上空的不稳定层结已消散,大气为稳定状态。

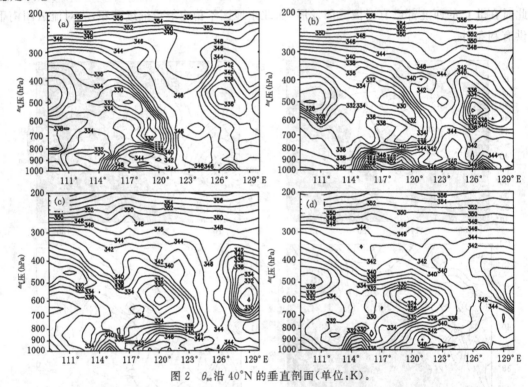

图2 θ_{se} 沿40°N的垂直剖面(单位:K)。

(a)2011年8月9日08时;(b)9日14时;(c)9日20时;(d)10日02时

这从北京西郊机场的温度对数压力($T-\ln P$)图上(图略)也可反映出大气的层结状况。在9日08时,正不稳定能量远远大于负不稳定能量,即此时西郊场站含有较强的不稳定能量;沙氏指数(SI)为负值(=-7.5)、$SI<-6$ 时,就有发生严重对流天气的危险;K 指数为35.1、K 指数>35时,就有分散雷雨产生的可能,因此说明此时极有可能发生强雷暴。至9日20时,大气正负能量基本抵消,不稳定能量消散,且此时为正值(0.7),说明大气层结趋于稳定。由此可见,此次雷雨天气的产生、发展和结束与大气层结的位势不稳定有着直接的联系。

2.2 低层水汽输送

从雷雨发生前后850 hPa的水汽通量和水汽通量散度中可看到(图略),9日08时,在北京西北部有水汽的辐合,数值达-2×10^{-7}。至 9 日 14 时,水汽辐合加强,且范围扩大,有两个中心,分别为-10×10^{-7}和-8×10^{-7};从水汽通量上也可看到,北京南部有明显加强的向北输送的水汽通量,而在其北部有向南的水汽输送,两者相互作用致使水汽辐合加强。至 9 日 20 时,北京周边已没有明显的水汽辐合,只在北京的东北方向($42°N,119°E$)位置有一水汽辐合中心,且强度减弱,中心数值为-6×10^{-7}。至 10 日 02 时,河北省境内已没有任何水汽辐合中心存在。

由此可见,从此次雷雨过程的低层水汽输送分析可知,低空水汽输送是雷雨发生、发展的一个必要条件。低层湿度的增大,一方面提供了水汽,另一方面也为位势不稳定的建立提供了条件。

2.3 飑线形成的中尺度触发机制

大多数风暴起源于边界层辐合线附近,或在两条边界层辐合线的相交处,如果大气垂直层结有利于对流发展,则极可能有风暴在那里发生[5]。从此次北京飑线雷雨过程初期的上下层环流配置可知,在北京的西北部的近地面为东北—西南走向的副冷锋区,且低层为暖湿气流,高层为干冷空气,不稳定能量不断蓄积。同时在 600 hPa 上,沿着锋区有较强的垂直上升运动,致使飑线雷雨天气产生。而地面副冷锋及其低层中尺度辐合线正是此次飑线雷雨过程的中尺度触发机制。

图 3 为此次飑线雷雨过程的 850 hPa 露点温度线和流线变化。从中可看到,露点温度在 9 日 14 时(图 3a),在北京西北方向形成较密集的露点温度区——干线,即为露点锋。在干线南部的北京地区为暖湿空气,在其北部为干冷空气。而与此位置相对应,有一中尺度气流辐合线存在(图 3c)。从天气实况可知,9 日 15 点起,北京市西北方向的延庆、门头沟等地先后出现短时强降水和冰雹,这与低层干线和气流辐合线的生成和发展密不可分,并且从干线和气流辐合线的尺度、移速和产生的天气现象来看,它为中小尺度飑线。至 9 日 20 时(图 3b),干线略微北抬,但北京地区已有相对较冷的露点中心区,说明已有冷空气进入北京地区。与此相对应,气流辐合线已移至北京的东南部,且尺度和强度都有所减小(图 3d)。同时,北京地区为一反气旋环流控制,这也是飑线的特性,当飑线过境时会出现气压涌升。此后,气流辐合线消散,强对流天气结束。

2.4 地形的触发机制

北京地处河北省的北部,地形复杂,地表性质差异大,其北部山区位于大马群山的南麓,地势北高南低,西部为近西南—东北走向的太行山脉的北部,山峰高度多在 2000 m 以上。山脉东南方为华北平原的北部,不仅呈喇叭口形从东南向西北收缩,而且地形也从东南向西北抬高,坡度约 1/1000(图略)。这种收缩和抬高的地形对偏东南气流有辐合抬升作用,而对下坡的偏西北气流,则会加强其辐散下沉。

从大尺度环流背景的地面 10 m 风向可知(图 1c),在北京西北山区以南为偏东南风,其以北为偏北气流,这样地形就对南部暖湿气流有辐合抬升作用,而对北部较冷空气则辐散下沉,使位势不稳定能量建立。同时,由于山区和平原地区地表性质的差异,在天空状况基本相同的条件下,山区升(降)温率比平原大。如 8 月 9 日延庆和通州,07—16 时升温分别为 10℃ 和 7℃,16—18 时,降温分别为 $-10℃$ 和 $-2℃$,于是出现了局地锋生。在地面表现出等温线的相对密集区(图 1c)和出现低层干线(图 3a),在卫星云图上相应出现对流云团和飑线。由此可

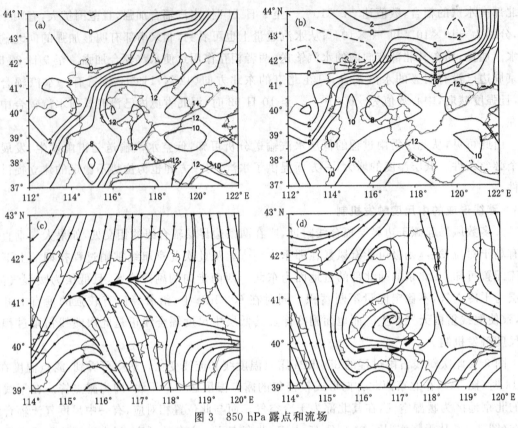

图3　850 hPa露点和流场

(a)2011 年 8 月 9 日 14 时露点温度;(b)9 日 20 时露点温度;(c)9 日 20 时流场;(d)9 日 20 时流场

见,北京特殊地形特征对此次飑线雷雨的产生有一定的触发作用。

2.5　飑线云团的活动特征

图 4 为 FY2E 红外云图的 T_{BB}(Black Body Temperature)和雷达回波在此次北京飑线雷雨过程的演变情况。使用卫星云图 T_{BB} 资料进行对流强度分析时,一般采用分层方法[6],即当云顶 $T_{BB} \leqslant -32℃$,通常认为是对流云,伴随着对流天气现象;当 $T_{BB} \leqslant -62℃$,则认为云顶已穿过了对流层顶,称作穿顶对流,对流发展非常旺盛,将伴随着强对流天气现象。从此次过程中的 T_{BB} 演变情况可看到,15:30(图 4a)北京北部和河北东北部分别有一强度较强的对流云团,云顶中心 $T_{BB} \leqslant -42℃$,并且在河北西部还有 3 个范围较小、云顶中心 $T_{BB} \leqslant -32℃$ 的云团,由此可见,此时已在北京的北部形成了一条带状飑线云系。16:30(图 4b)北京北部的对流云团南移且加强,河北东北部的对流云图范围加大,强度基本不变,而河北西部的 3 个对流云团范围扩大,整个飑线云系呈现加强趋势。这从 16:54 雷达反射率上也有所反映(图 4g),在北京中部、西部和东北部都有强度达 55 dBZ 回波强度,并且已形成一条东北—西南向的带状回波,组织成一条飑线回波。17:30(图 4c)北京基本被强对流云团覆盖,云团总体 $T_{BB} \leqslant -52℃$,云顶中心 $T_{BB} \leqslant -62℃$,整个飑线云团都有所加强,北京从 17 时已开始雷雨天气。18:30(图 4d)北京强云团与河北东北部强云团已连接为东北—西南向的强带状云系,强度 $T_{BB} \leqslant -52℃$,云顶中心 $T_{BB} \leqslant -62℃$,并且云团维持少动,此时平谷、怀柔、房山、密云等地出现了短时 7～8 级大风,个别地区出现冰雹天气。19:30(图 4e)北京基本还是被强对流云团覆盖,

云顶中心 $T_{BB} \leqslant -62℃$，但强中心位置略有南移，河北东北部云团有所减弱南移，而河北西部云团有所加强并东移。从 19:48 雷达反射率上也可对应看到（图 4 h），在北京的中部还是强度达 40 dBZ 回波，而在北京南部，从河北东部至西部为一带状的强回波，强度达 55 dBZ，为明显的飑线回波。20:30（图 4f）虽然北京大部分还被强云团覆盖，但总体强度减弱，云顶中心 $T_{BB} \leqslant -52℃$ 的区域已整体南移，说明雷雨将逐渐减弱，从北京西郊天气实况可知，22 时前雷雨结束。

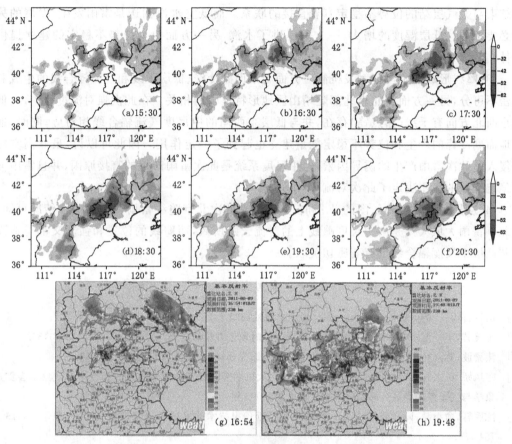

图 4　2011 年 8 月 9 日 FY-2E 卫星云图 T_{BB} 演变和多普勒雷达回波图
（a）～（f）各时次云图 T_{BB} 演变；（g）～（h）雷达回波

从以上卫星云团和雷达回波演变可清楚地看到，此次北京雷雨大风天气是由中尺度飑线上的对流云团所致，而飑线的产生和发展与地面锋区和低层中尺度辐合线都有着密切关联。由此可见，此次北京飑线雷雨是在有利的环境气流场下中尺度系统演变的直接产物。

3　结论

本文综合利用 $1° \times 1°$ 的 NCEP 再分析资料、风云二号 E 星（FY-2E）红外云图和雷达回波图，从大尺度环流背景，以及引起冰雹发生的水汽条件、层结不稳定、中尺度触发机制和飑线云团特征等方面，对 2011 年 8 月 9 日北京的冰雹雷雨天气过程、风暴系统发展演变、结构特征和形成原因进行了分析与诊断，得到如下主要结论：

（1）此次雷雨天气是在有利的高低空大尺度环流背景下产生的。在北京雷雨前期低层持续高温高湿天气,当高空冷空气从北部渗透下来时,不稳定能量建立,并激发出雷电、暴雨和冰雹等强对流天气。因此高层北部冷空气扩散南下是此次雷雨发生的直接诱导因素,高低空的环流配置为此次雷雨天气提供了有利的大尺度环流条件。

(2)此次北京雷雨的发生、发展和位置的移动与大气位势不稳定层结的建立、加强、移动和释放以及低层水汽输送都有着密切关联。通过对冰雹雷雨期间北京地区假相当位温 θ_{se} 随高度变化和北京西郊机场的温度对数压力($T-\ln P$)图的分析可知,此次雷雨天气的产生、发展和结束与大气层结的位势不稳定有着直接的联系。而低空水汽输送是雷雨发生、发展的另一个必要条件。低层湿度的增大,一方面提供了水汽,另一方面也为位势不稳定的建立提供了条件。

(3)飑线形成的中尺度触发机制一方面与地面副冷锋、低层干线和气流辐合线的生成和发展密不可分,另一方面与北京北部陡峭山区地形特征密切相关。在此次强对流过程中,在低层北京西北方向有干线(露点锋)存在,并与低层东西向的中尺度气流辐合线相对应;同时,地形对地面副冷锋的产生和位势不稳定能量建立也起到了一定作用。因此可以说,虽然高空冷空气侵入是此次雷雨产生的诱导因素,但中尺度系统是此次雷雨产生的直接原因,并且雷雨前期不稳定能量的蓄积决定了此次对流天气的强度。

(4)从风云卫星红外云图的 T_{BB} 和雷达回波在此次北京飑线雷雨过程的演变情况可知,此次北京雷雨大风天气是由中尺度飑线上的对流云团所致,而飑线的位置和强度又都与地面锋区和低层中尺度辐合线都有着密切关联。

参考文献

[1] 陶诗言等. 1980. 中国之暴雨. 北京:科学出版社,225.

[2] 王笑芳,丁一汇. 1994. 北京地区强对流天气短时预报方法的研究. 大气科学,**18**(2):173-183.

[3] 漆梁波,陈永林. 2004. 一次长江三角洲飑线的综合分析.大气科学进展,**15**(2):162-173.

[4] 王风娇,吴书君,郑宝枝等. 2006. 飑线类雷雨大风的多普勒雷达资料特征分析.《中国气象学会雷达气象学与气象雷达委员会第二届学术年会文集》2006 年.

[5] 陈明轩,俞小鼎,谭晓光等. 2004. 对流天气临近预报技术的发展与研究进展. 应用气象学报,**15**(6):754-766.

[6] NESDIS/NOAA. The GOES Users Guide. 1983;7-389.

山东"2011·4·29"强雹暴天气诊断研究

吕新刚　周志强　薄　冰　张　徐

(济南军区空军气象中心,济南 250002)

摘　要

利用 NCEP $1°×1°$ 再分析资料和常规探空资料,通过多种对流指数和物理量的诊断计算,对 2011 年 4 月山东一次强雹暴天气成因进行了诊断分析。结果表明,高空冷平流与低空迅猛增暖相配合,导致不稳定能量激增;低空槽线和地面低压辐合区形成强有力的抬升系统,直接触发了对流能量的释放。0℃层与-20℃层高度分别位于 600 hPa 和 440 hPa,为冰雹的形成和增长提供了理想的冻结区;高空急流入口右侧的负涡度区与低空急流左侧的正涡度相互叠置,加剧了上升运动和垂直风切变,进一步增加了降雹几率。CAPE、K 指数、总温度、抬升指数、沙氏指数、A 指数对这次强风暴的产生都具有较好的指示意义;中低层的非地转 Q 矢量散度与冰雹落区之间也有一定对应关系。低空湿度较好,但高空未发现干空气侵入,这是本次强风暴天气的特殊之处。

关键词:山东　冰雹　强对流　对流指数　诊断分析

引言

冰雹等强对流天气一直是国内外气象研究和预报的难点。很多热(动)力对流参数由于物理意义明确、计算简单,可较好地反映大气的温湿状况和不稳定度,经常被用于强天气的预报指标。美国天气局风暴预报中心从 20 世纪 70 年代起就在预报业务中引入了大量物理量参数。目前,对流参数在国内强对流天气研究中也得到较多应用,参数估计结合天气学概念模型成为预报员常用的强天气潜势预报方法。刘玉玲[1]分析了对流有效位能(CAPE)和粗理查逊数等参数在一次雹暴天气潜势预测中的作用。郝莹等[2]以对流参数作为预报因子用统计方法制作雷暴潜势预报。陈晓红等[3]分析了一次雹暴天气过程的对流参数特征,探讨了强对流天气的形成原因。廖晓农等[4]将抬升指数(LI)、CAPE 等参量用于北京历史上一次大雹事件的成因分析。最近,魏东等[5]基于不同探空手段计算了多种热动力物理参量,强调了特种探空的作用;雷蕾等[6]则分析了多种对流参数在不同强天气下的差异,试图将其应用到强对流的分型。

2011 年春末,一场年度最猛烈的强天气过程自西向东横扫山东全境,山东大部出现雷雨大风,鲁西北、鲁中和山东半岛伴有冰雹。滨州、淄博、莱西等地雹灾较重,据报道经济损失在 4500 万元以上。

本文利用美国 NCEP 再分析资料,结合军地常规观探测数据,试图通过多种对流参数和物理量的计算剖析此次强天气的成因,总结积累各参数在强天气中的特征,旨在加深对我区冰雹现象的认识,为今后的强天气研究和预报提供参考。

1　过程概述

强天气发生在 2011 年 4 月 29 日夜至 30 日凌晨。无棣、滨州、邹平、阳谷、桓台、周村、临淄、潍坊、平度、莱西、烟台等多个县市受冰雹袭击(图 2d),降雹时间多在 5～20 min。不稳定天气自西向东发展,济南 21:25 出现雷雨,50 min 后周村闻雷,周村机场 22:46—23:05 出现冰雹,最大直径 3.2 cm,最大平均重量 13 g,冰雹规模为周村机场 50 年未遇。阳谷地处鲁西,与周村同时出现冰雹(22:45),最大直径 3.0 cm,持续约 5 min。23:15,临淄降雹,维持约 10 min;平度、莱西降雹从 30 日 01 时许开始,持续约 20 min,随后强风暴带东移入海。我部共有两个机场降雹(周村和潍坊),新泰、潍坊场站气象台瞬时最大风速分别达 21 m/s 和 27 m/s。我部对此次强天气过程严密监视,及时预警,部队设施未受损害。

此过程造成山东大部雷阵雨,全省共 93 个站点降水,平均降水量 4.2 mm。鲁中至半岛地区雨量稍大,安丘、莱西、莱阳、淄博、阳谷等 19 个测站雨量在 10～30 mm;最大降水发生在齐河(济南附近),为 32.9 mm。

多普勒雷达探测清楚地揭示了风暴的发展和东移过程(图 1)。29 日 22:48—23:18,强回波带移出济南影响淄博至潍坊地区,对流单体呈巨型逗点状,基本反射率高达 60 dBZ;随后,多条回波带合并壮大,组织化东移,形成 NE—SW 向带状回波,横扫半岛地区。图 1 所示的回波强点均在 60 dBZ 以上,顶高持续在 14 km 以上,局地甚至高达 17 km,预示着强烈的降雹可能性。

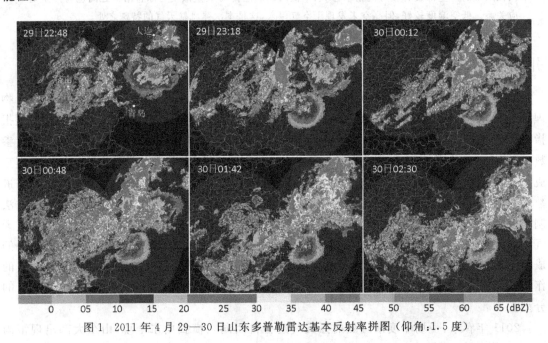

图 1　2011 年 4 月 29—30 日山东多普勒雷达基本反射率拼图(仰角:1.5 度)

2　资料说明与环流背景

2.1　资料

本文使用了(1)美国 NCEP 再分析资料,每日 4 次,水平分辨率 1°×1°,垂向 26 层,用来计算 SWEAT、K 指数、A 指数、总温度等对流指数,分析冻结层高度。(2)常规观探测资料,主要是 2011 年 4 月 27—5 月 2 日的军地常规探空报(TTAA),用来分析环流形势(图 2)、计算沙瓦特指数、假相当位温以及非地转 Q 矢量等。

2.2　环流背景

自 4 月 27 日开始直到强天气发生,空地形势变化剧烈,总体上表现为:前期高空持续槽后 NW 气流;低空由冷平流快速调整为强大暖中心控制。前期华北地区经历一次较强冷空气过程,27 日 08 时的三层空中图上,东北为低位势中心,整个华北以及华东处于槽后强大 NW 气流中,山东冷平流明显(图略)。

至 28 日 08 时,700 hPa 以上高空的 NW 气流形势维持,而 850 hPa 以下山东(及以南)地区调整为 SW 气流,初现暖平流。20 时,500 hPa 形势少变,700 hPa 由 NW 转为平直西风,850 hPa 暖平流加剧,河套地区形成 24℃闭合暖中心,"上冷下暖"的热力结构显现。从 29 日 08 时开始,500 hPa 气流调整为 WNW,700 hPa 以下各层均处槽前,山东为强劲的暖平流,整个华北为巨大的暖脊所笼罩。29 日 20 时,850 hPa 暖脊继续加强,郑州为 24℃闭合暖中心(图 2c)。

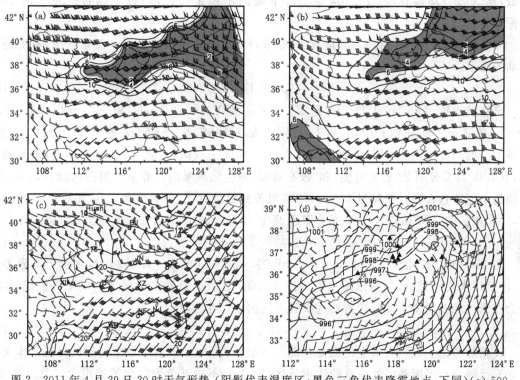

图 2　2011 年 4 月 29 日 20 时天气形势(阴影代表湿度区;黑色三角代表降雹地点,下同)(a) 500 hPa 风场和 $T-T_d$;(b) 700 hPa 风场和 $T-T_d$;(c) 850 hPa 风场和温度场;(d) 海平面气压和 10 m 风场

从动力场看,中低空的槽前形势于 29 日 08 时开始建立并迅速发展,20 时 850 hPa 槽线位于"太原—西安"和"济南—郑州"之间(图 2c),空中槽随高度明显后倾。地面蒙古气旋于 28 日夜间形成,在快速发展中分裂为南北两个低中心,影响山东的南部低压逐渐拉伸为 ENE—WSW 方向狭长的低压带,中心风场构成一条切变剧烈的辐合线(图 2d),两侧吹对头风,其位置形状与低空的槽线和暖中心配合相当好。

3 强对流形成条件分析

强对流天气,特别是组织化的深对流活动,其孕育爆发应具备 3 个基本条件:强的层结不稳定、较充沛的中低空水汽和适当的动力触发(抬升条件)。

3.1 稳定度分析

3.1.1 热力指数特征

首先关注温度场。4 月 27—29 日,山东内陆地面气温有一个惊人的陡升过程,周村和潍坊机场 15 时气温在两天内分别飙升 14.9 和 16.4℃,分别高达 33 和 32℃(图略);山东内陆 29 日 14 时气温均超过了 30℃(NCEP 资料,图略)。4 月 29 日成为 2011 当年以来最热的一天。

在高空西北气流控制下,500 hPa 温度从 4 月 25 日以后持续降低,到 27—28 日达到最低,为强天气的爆发累积不稳定能量。济南和青岛 850 与 500 hPa 的环境温差(即 Vertical Totals 指数,见(1)式)均高达 30.7℃,构成上冷下暖的不稳定特征,超过了冰雹的发生的 28℃ 指标[3,6,7]。

除气温外,大气稳定度还与湿度有关,很多稳定度参数都综合考虑了温湿状况,有的还包括动力因素。

$$TT = T_{850} + T_{d850} - 2T_{500} \tag{1}$$

全总量指数(TT,Total Totals)是 $T_{850} - T_{500}$(称 Vertical Totals)和 $T_{d850} - T_{500}$(称 Cross Totals)两部分之和。式(1)中,T 和 T_d 分别代表温度和露点,下标代表等压面(下同)。显然,下暖上冷的趋势越剧烈、低层越潮湿,TT 越大。国外一般认为,如 $TT > 44℃$,则有雷暴的可能,50℃ 和 55℃ 分别是"较大可能"和"极有可能"发生强风暴的临界值。但国内经验认为,TT 的阈值不需要这么高。据郑州 6—8 月的强对流参数统计[8],临界值大致在 40℃。图 3(a)表明,山东地区的 $TT > 50℃$,鲁西、鲁南甚至高于 55℃,远超国内的强对流阈值。

$$K = T_{850} + T_{d850} - T_{500} - (T - T_d)_{700} \tag{2}$$

与 TT 相比,K 指数综合考虑了 700 hPa 和 850 hPa 湿度。K 值越大,表示上下温差越大、中低层水汽越充分、层结越不稳定。计算表明(图 3b),降雹区恰被 $K = 32℃$ 等值线包围,符合强天气经验阈值[3]。K 指数对这次强天气的指示性很好。

$$A = T_{850} - T_{500} - (T - T_d)_{850} - (T - T_d)_{700} - (T - T_d)_{500} \tag{3}$$

A 指数考虑了高、中、低空的温湿状况。一般认为,$A > 0℃$ 就有发生雷暴的可能。本文 $A > 10℃$ 范围包括了阳谷以外所有的冰雹落区(图 3c),不过其范围向北扩展很大。总温度 TT 的 50℃ 线情况与之相反,向南扩展范围宽广。综合考虑两种指数,发现二者的交集可与冰雹落区形成完美吻合。

沙瓦特指数(SI)和 LI 都是我国预报员常用的物理量,负值代表大气层结不稳定,负值越大越不稳定。二者定义相近,区别在于前者要求气块从 850 hPa 上升,而 LI 将起始抬升高度选为近地面层。

$$SI = T_{500} - T_{s850} \tag{4}$$

$$LI = T_{500} - T_s \tag{5}$$

LI 的数值经常由于气块起始高度的不同而有所差异。本文 LI 的计算采用 NCEP 数据,将地面以上的 180 hPa 均为成 6 层,每层分别作为气块起始高度进行计算,取其最低者。显然,这利于消除近地面逆温的影响。从结果看(图 3d),降雹多发生在 LI 介于 -2 到 -4℃ 区域,与鲁西北冰雹天气经验阈值相吻合[9]。

利用军队 02 时、地方 08 和 20 时常规探空数据计算了济南、青岛、徐州、荣成等单站 SI,其时间演变曲线表现出非常一致的规律性(图 3e)。从 27 日开始,所有站点的 SI 逐渐降低,都在风暴发生前的 20 时探至谷底,随后骤升。济南、青岛、荣成的最低值分别达 -5.8、-4.0 和 -5.0℃,达到强风暴发生标准。

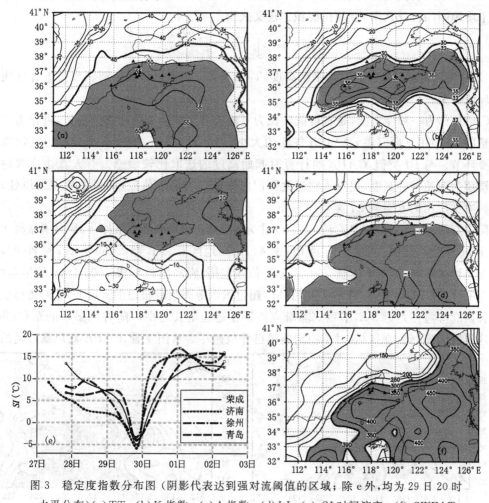

图 3 稳定度指数分布图(阴影代表达到强对流阈值的区域;除 e 外,均为 29 日 20 时水平分布)(a)TT;(b)K 指数;(c)A 指数;(d)LI;(e)SI 时间演变;(f)$SWEAT$

3.1.2 SWEAT 指数

前面给出的指数可归为热力对流指数。SWEAT 称"强天气威胁指数",是 Miller 等[10] 基于 328 次龙卷个例提出的无量纲量,能反映热力和动力环境对强风暴的共同作用。

$$SWEAT = 12T_{d850} + 20(TT - 49) + 2f_{850} + f_{500} + 125(s + 0.2) \tag{6}$$

式中 f 为风速,s 代表 500 和 850 hPa 风向差值的正弦。$SWEAT$ 定义的细节见 Miller 等[10]。

$SWEAT$ 在美国的应用较多,一般认为当达到 250 时,预示着强对流发展;超过 300 会发生直径 1.9 cm 以上降雹(或伴有至少 25 m/s 的大风)。本文结果如图 3(f)所示,鲁北地区等值线密集,山东大部超过 250 甚至 300,接近降雹的临界值。

为研究此次强天气发生机制与 $SWEAT$ 之间内在联系,我们输出了(5)式右端 5 项的数值(图略),发现贡献最大的是前两项,即总温度和 850 hPa 的湿度。风切变(第 5 项)对于江苏北部和黄海区域的贡献较大,对鲁中、鲁西北地区贡献甚微。从这个角度上看,若不考虑 NCEP 数据误差,此次雹暴形成的热力作用似乎比动力作用更重要。

3.1.3 CAPE 分析

$CAPE$ 表示自由对流高度以上气块可从正浮力作功而获得的能量。就几何意义而言,它正比于埃玛图($T-\ln P$ 图)上的正面积。定义式为

$$CAPE = g \int_{Z_{LFC}}^{Z_E} \frac{T_{vp} - T_{ve}}{T_{ve}} dz \tag{7}$$

式中,Z_{LFC} 为自由对流高度,Z_E 为平衡高度,T_V 为虚温,下标 p 和 e 分别表示与上升气块有关和与环境有关。

CAPE 作为一种浮力能,是有可能转化为对流上升运动动能的那部分能量,可作为垂直运动的量度,常被用于研究雹云中上升气流的大小,因此对 CAPE 的分析是理解冰雹物理过程的重要环节。与 LI 类似,$CAPE$ 的计算对起始高度的选取比较敏感。有人直接选取地面或逆温层顶为起始抬升高度,也有人将近地面层内湿球位温最大值处(即最不稳定气块处)作为起点。本文所用的方案与 LI 类似。

国内有研究建议将 $CAPE>700$ J/kg 作为判别冰雹出现的必要条件[11];国外通常将 1000~1500 J/kg 视为高能区。在 29 日 14 时(图 4),山东地区 CAPE 都<250 J/kg;到 20 时,高能区向北急剧扩展,雹区基本上被 700 J/kg 等值线包围,青岛附近形成 2000 J/kg 的能量中心。雹区 CAPE 的 6 h 增量在 700~1500 J/kg,超过雷蕾等[6]最近报道的 650 J/kg 的指标值。20时距鲁西北降雹还差近 3 h,不稳定能量应该还在迅速增长之中。随着风暴带的东移(图 1),高能区迅速消退,到 30 日 08 时不稳定能量已释放殆尽。从图 4 看,CAPE 对风暴环境的反应

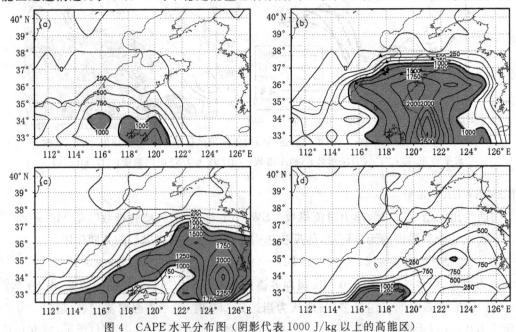

图 4 CAPE水平分布图(阴影代表 1000 J/kg 以上的高能区)

(a)2011 年 4 月 29 日 14 时;(b) 29 日 20 时;(c) 30 日 02 时;(d) 30 日 08 时

很灵敏,其演变与风暴发展过程相一致。

3.1.4 位势不稳定分析

假相当位温 θ_{se} 的垂向变化可作为大气对流(位势)不稳定的判据。我们利用军地探空资料,用图解法计算了风暴过程前后单站上空 θ_{se} 的垂直分布。

结果表明(图5),风暴发生之前(20时),各站皆存在深厚的对流不稳定气层,济南和荣成站 $\Delta\theta_{se500-850}$ 分别为 $-16℃$ 和 $-14℃$,青岛 500 hPa 与 925 hPa 相差 $-20℃$,而徐州从地面直到 700 hPa 皆为不稳定层结,上下 θ_{se} 差值达 $-25℃$,反映了不稳定能量的迅速积累。30 日 02 时,济南雷暴已结束,850 hPa 以上转为位势稳定层结,而此时徐州仍处在风暴带边缘,其 600 hPa 以下还存在不稳定层形势,但经过能量的释放,不稳定程度明显减小。

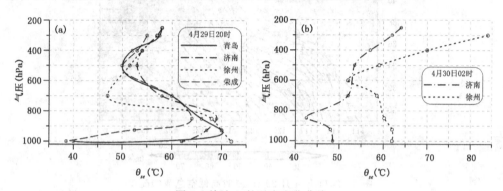

图5 单站 θ_{se} 的垂向变化曲线

(a)2011 年 4 月 29 日 20 时;(b)30 日 02 时

3.2 湿度条件分析

水汽条件对于气层稳定度有重要影响。在气层整层抬升达到饱和后,原来的位势稳定层结能否转化为不稳定,与"上干下湿"的垂向分布关系密切。高层干冷空气的侵入有利于强雹暴的发生和发展,然而本次强对流过程中,整层均较潮湿,上层干空气不明显。图2(a,b)给出了探空湿度场,500 和 700 hPa 都有一条从辽东半岛经渤海向河北方向伸展的大湿度带,850 hPa 山东地区也有小片湿区(图略)。以济南的 $T-T_d$ 为例,500 hPa 为 $1.7℃$,850 hPa 为 $4.8℃$。我们检查了 NCEP 再分析资料,结果与图2类似,高空未见干气层。不难想象,假如上干下湿的条件具备的话,这次强天气可能会更为剧烈。

3.3 动力条件分析

3.3.1 Q 矢量散度场

低层的低值系统对强天气的触发最终体现在抬升作用上,而 Q 矢量是计算垂直运动的理想工具[12]。当 ω 场具有波状特征时,Q 矢量的辐合区为上升运动,辐散区对应下沉运动。

本文采用 29 日 20 时的常规探空报,计算了非地转 Q 矢量。限于篇幅,具体步骤参见吕新刚等[13]。计算得到的 850 hPa 的 Q 矢量辐合区基本沿黄河分布,与天气图定性分析的槽前辐合上升区基本一致;700 hPa 的辐合中心与淄博一带的降雹区基本对应(图略)。

3.3.2 高低空急流

高低空急流的配置对强天气的发生也是十分有利的。

29 日 20 时 850 hPa 低空急流轴位于山东以南,呈 NE—SW 走向,中心风速超过 22 m/s;

同时,250 hPa 高空急流在 41°~45°N 附近有一个 50 m/s 以上的大风核,且呈反气旋弯曲。山东恰好位于高空急流轴入口南侧的负涡度区与 850 hPa 低空急流西侧的正涡度叠加的位置,低层辐合高空辐散,诱发上升运动;同时构成强烈的垂直风切变(图略),对强风暴的暴发极为有利。大量天气事实表明,这样的区域正是对流风暴、甚至龙卷的多发区。

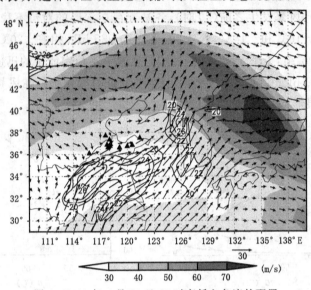

图 6 2011 年 4 月 29 日 20 时高低空急流的配置

(阴影区:250 hPa 高空风速大小;箭矢和等值线:850 hPa 风场和>20 m/s 大风核)

4 成雹特征

冰雹的形成,除了须具备强对流天气所要求的共同条件之外,还需要一些特殊条件的配合,其中一个重要条件是适宜的冻结层高度和厚度。这是因为冰雹的形成要求在积雨云中最大上升气流上方存在一个足够的负温区(过冷却水滴累积区),作为雹胚反复碰并增长的场所。该区域通常位于积雨云中 0~−20℃,由过冷却水滴、冰晶和雪花组成。适宜的 0℃ 层高度有利于冰粒反复通过 0℃ 层而成雹,若该层距地面过高,则融化过程过长,地面就不易观测到大冰雹。

通常,当零度层高度在 600 hPa、−20℃ 层高度在 400 hPa 上下时,最利于冰雹形成。张琳娜等[7]最近对北京 10 年冰雹个例的统计显示,多数个例的零度层高度为 3000—4500 m,−20℃ 层高度为 6000~7500 m。本次冰雹过程的零度层和 −20℃ 层高度分别在 600 hPa 和 440 hPa,位势高度分别在 4200 m 和 6730 m 左右(图 7),与上述结论相符。

5 讨论与结论

本文主要通过多种对流指数和物理量计算,分析了 2011 年 4 月 29—30 日山东强对流冰雹天气的形成机制和环境特征。

(1)物理机制:这次雹暴是在前期高空冷平流先行南下、低空迅速大幅增暖造成的强烈对流不稳定环境中,由地面狭长低压区的强烈辐合与低空槽线共同触发的。降雹区恰位于高空急流入口南侧辐散区和低空急流左侧辐合区相叠置的位置,所形成的垂直运动和风的剧烈垂

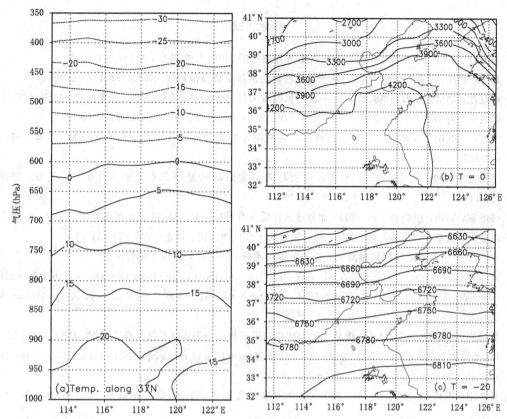

图 7　2011 年 4 月 29 日 20 时 37°N 的气温剖面(a)和零度层(b)及-20℃层高度(c)的水平分布

直切变十分有利于强风暴的形成。零度层和-20℃层分别处于 600 hPa(4200 m)和 440 hPa(6730 m)高度,是为冰雹提供了理想的成长环境。

这次强对流天气发生在春末季节,近地面持续两天的快速增暖使得当天成为当年以来最热的一天。这似乎为我们提供了一条朴素的预报经验:春夏之交易发冰雹,一旦出现地面持续大幅升温,应密切监视低空低值系统的活动情况和对流不稳定状况,随时做好发布强对流天气预警的准备。

(2)对流参数的指示意义:这次强天气中,CAPE、K 指数、SI(LI)指数、总温度、SWEAT 指数等常用参数都对强天气表现出较好的指示意义。稳定度参数是强对流潜势预报的重要指标,在使用当中有两点值得注意:一是多种参数应综合考虑,配合使用。比如,传统的 SI、LI 反映单层浮力,特点是计算简单快速,而 CAPE 作为气块浮力能垂向积分量,能反映大气整体结构特征。二是很多对流指数引自国外,我们应注重做好其经验阈值的本地化、季节化。

(3)Q 矢量在暴雨分析中经常得到不错的效果,本研究表明,中低空的 Q 矢量散度对大范围、系统性风暴天气的落区也可能具有较好的预报意义。

(4)此次强天气的一个特点是,大气整层较为潮湿,上层干空气不明显。这似乎意味着在低层潮湿的气层中,当积累了足够的不稳定能量并具备良好动力触发机制时,上层干空气并非强对流发生的必要条件。事实上,K 指数、SWEAT 指数和 TT 表达式中也未含高层湿度项。湿度分布对强天气的影响,值得今后开展进一步研究。

参考文献

[1] 刘玉玲. 2003. 对流参数在强对流天气潜势预测中的作用. 气象科技, **31**(3): 147-151.

[2] 郝莹, 姚叶青, 陈焱, 等. 2007. 基于对流参数的雷暴潜势预报研究. 气象, **33**(1): 51-56.

[3] 陈晓红, 郝莹, 周后福, 等. 2007. 一次罕见冰雹天气过程的对流参数分析. 气象科学, **27**(3): 335-341.

[4] 廖晓农, 俞小鼎, 于波. 2008. 北京盛夏一次罕见的大雹事件分析. 气象, **34**(2): 10-17.

[5] 魏东, 孙继松, 雷蕾, 等. 2011. 三种探空资料在各类强对流天气中的应用对比分析. 气象, **37**(4): 412-422.

[6] 雷蕾, 孙继松, 魏东. 2011. 利用探空资料判别北京地区夏季强对流的天气类别. 气象. **37**(2): 136-141.

[7] 张琳娜, 郭锐, 廖晓农, 等. 2011. 北京地区冰雹天气特征分析. 第28届中国气象学会年会, 厦门.

[8] 赵培娟, 吴蓁, 郑世林, 等. 2005. 郑州强对流天气成因分析. 河南气象, (1): 11-13.

[9] 常平. 2010. 鲁西北地区强对流天气预报关键技术研究. 兰州大学硕士学位论文.

[10] Miller R C, A Bidner, and R A Maddox. The use of computer products in severe weather forecasting (the SWEAT Index). 1971, *Proc. 7th Conf. Severe Local Storms*, Kansas City, Amer Meteor Soc, Boston, 1-6.

[11] 杨国祥, 何齐强. 1994. 北京雷暴大风和冰雹临近预报的研究. 空军气象学院学报, **15**(3): 202-211.

[12] Hoskins B J, Draghici I, and Davies H C, 1978. A new look at the ω-equation. *Quart J Roy Meteor Soc*, **104**(1): 31-38.

[13] 吕新刚, 王广山, 周志强, 等, 2004. 一次暴雨过程的非地转湿 Q 矢量诊断分析. 军事气象, (1): 22-26.

一次高架雷暴天气过程分析

张 吉 陶 岚 漆梁波

(上海中心气象台,上海 200030)

摘 要

国内针对高架雷暴的研究很少,经常带来预报上的失败,本文利用天气学分析和物理量诊断方法,找到了更为准确预报高架雷暴天气的参考依据和预报着眼点。选取常规天气资料,雷达、闪电资料,T213 物理量资料,NCEP 再分析资料等,对 2010 年 2 月 10 日的高架雷暴天气进行了分析。分析结果表明:强盛的低空急流输送了大量的暖湿空气和不稳定能量到达长三角地区,近地面的冷空气渗透一方面迫使暖湿空气沿锋面抬升,加剧了低层逆温层的厚度和强度,另一方面加剧了逆温层上部高低空的热力不稳定性和斜压不稳定性,从而触发了逆温层上部的对流性天气的出现。

关键词:高架雷暴 层结 逆温层

引言

高架雷暴是雷暴天气的一种。我们知道只要有促使气团可以快速上升的物理机制存在,深厚的湿对流既可以发生在地面也可以发生在地面以上。当最不稳定气团出现在近地面时会发生以地面为气团上升起点的对流,高架雷暴出现在近地面层是稳定层结,最不稳定层结出现在地面以上的情况之下。最近的研究表明,高架对流相当普遍。例如,Wilson 和 Roberts 发现有一半的对流风暴是高架雷暴。为深入了解高架雷暴,国外近几年也有一些文章里讨论了这类天气初始对流形成的机制[1,2]。国内对于高架雷暴的讨论还不是很多,本文旨在从天气学角度出发,探讨一些在实际预报工作中对于此类天气的预报着眼点,提高对于此类天气的预报准确率。

1 实况与环流背景

1.1 实况简述

2010 年 2 月 10 日 20 时—11 日 08 时,长江下游沿江一线的安徽中部、江苏中部出现了明显的雷暴天气(具体雨雪量图略)。从长三角地区雷达拼图叠加闪电资料来看,11 日凌晨长三角地区出现了大片的雷雨区,雷电主要分布在对流云团最强的地区和发展最旺盛的凌晨时段。

一般来说,大气中的水汽含量主要位于 500 hPa 以下,特别是 700 hPa 出现最多,集中了大气中大部分水汽,而 500 hPa 以上的水汽含量较少。高架雷暴由于气团是自中空开始抬升,一般来说不易出现雨强较大的强雷暴天气,但是在此过程中,由于 850～600 hPa 异常强盛的西南暖湿平流的输送,形成边界层之上深厚的湿层和不稳定层结,在一定的触发条件下产生了这次明显的雷暴天气。据统计,在冬春季节这样强度的降水特别是伴有明显雷电现象的过程是不多见的[3]。

1.2 环流背景

这次过程出现在冬春之交,通常此时冷空气势力开始有所减弱,暖空气势力开始增强,冷暖空气经常交汇于长江流域,从而形成大片的降水区。此次过程开始前,500 hPa中高纬度地区以纬向型环流为主,西风带系统北缩,南支系统随之北上。10日08时河套以西有短波槽带动地面冷空气东移南下;低层700 hPa和850 hPa暖湿气流发展异常旺盛,出现了>16 m/s的低空西南急流,急流轴北部为东北偏东风与西南风之间的切变线,受低槽前部正涡度平流的减压作用以及低空西南急流左侧气旋性涡度共同作用,四川盆地东部有西南低涡生成并沿切变线东移,切变线附近等温线密集,大气斜压性明显。

从地面图上看出(图略),由于前期低空西南暖湿气流向北的强烈发展,我国西南地区有暖倒槽强烈发展,并逐步伸向江淮地区,所经之处地面出现强烈负变压和正变温,9日08时地面上有3个最大负变压中心,分别位于广西和湖南交界处、江西中部以及浙江北部,24 h最大负变压分别为-7 hPa、-6 hPa、-8 hPa,与此相对应地区,地面出现明显升温,安徽南部、浙江中部最大正变温达7℃。同时,雷暴区北部对应正变压和负变温区,正负变温(变压)之间形成明显锋区。

10日20时,500 hPa河套低槽东移到110°E附近,地面冷空气开始在底层渗透,迫使低层暖湿气流沿锋面爬升,暖湿气流与北方冷空气在中空相遇,触发了对流不稳定能量的释放,产生雷暴天气。

2 层结不稳定特点

过程开始前,2月9日08时—10日20时地面图上,江南北部存在静止锋,锋后不断有弱冷空气补充南下,同时南方低压倒槽内不断有暖湿气流北上,从高空图上可以看到(图略),锋面南北两侧有明显的冷暖平流和温度锋区,其锋生作用使得江南静止锋稳定维持,其上有江淮气旋沿锋面东移,11日02—08时江淮气旋沿地面静止锋经长三角地区东移入海,气旋后部的偏北气流引导地面冷空气向南强烈渗透。从温湿垂直剖面图上(图略),10日20时,120°E以西,30°N以北的近地面存在明显冷垫,雷暴区域内925~850 hPa有明显的锋面逆温层存在,温差达到10℃以上(图1b),边界层内的大气层结是静力稳定的,但是在边界层以上,大气呈现明显不稳定态势,32°N以南地区850~500 hPa的温差普遍在20℃以上(图1a)。另外,10日08时长三角地区K指数超过了32℃(图略),表明850 hPa层之上存在明显不稳定层结,在冬季这样高的K指数和边界层之上的强烈热力不稳定特别有利于强对流天气的出现。

3 水汽条件

在此次雷暴天气过程中,由于近地面层是静力稳定的,气团的起始抬升位置在边界层顶附近,因此格外关注本地边界层以上水汽含量及其外源水汽。从NCEP再分析资料可看出(图略)过程开始前30°N以南地区有一支明显的西南暖湿气流沿锋面爬升,10日20时起相对湿度大于90%的准饱和区迅速向上扩展至400 hPa附近,长三角地区(30°~32°N附近)850 hPa以下为东北风,其上为西南风,850 hPa以上90%以上的湿层厚度达4000 m左右,水汽充沛。从高空图上可见(图略),过程开始前,自8日开始,中低空建立了一支明显的西南低空急流轴,与低空急流轴相配合的是一支来自南海的暖湿水汽输送带,该水汽输送带携带了大量的水汽

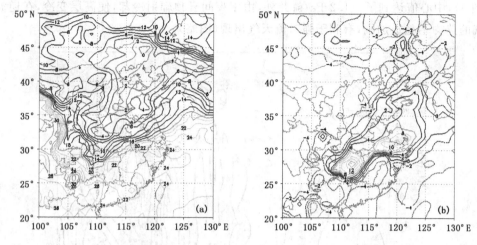

图1　不同等压面温差(a:$T_{850}-T_{500}$,b:$T_{850}-T_{925}$,单位:℃)

和不稳定能量,从中空源源不断地输送到长江中下游地区(图略)。从 T213 的比湿分布逐日变化来看,自 9 日起,随之低空西南暖湿输送带的北上,有一明显的高比湿区向东北方向的长江下游地区伸展,9 日 20 时 850 hPa q≥10 g/kg 的高湿区已平流到江南地区北部,与此相对应,在湖北中南部—安徽中部—江苏南部有明显能量锋区(图2)。

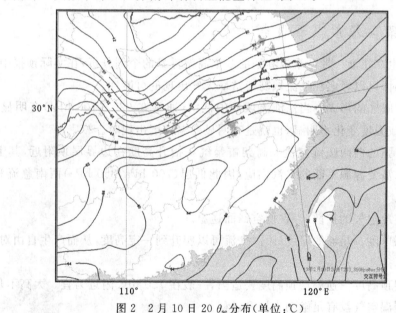

图2　2月10日20 θ_{se}分布(单位:℃)

4　动力抬升机制

2010 年 2 月 10 日 20 时,由于冷空气从底层扩散(925 hPa 以下都为东北风),中低层强盛的西南暖湿气流输送,造成了边界层内明显的锋面逆温,其动力抬升作用迫使来自雷暴区西南方向的暖湿气团沿锋面快速爬升,逆温层之上的气块绝热上升获得浮力导致雷暴天气的出现。2 月 10 日 20 时以后,低层的暖空气被抬升到 1200 m 以上,垂直速度最大层位于 500～600

hPa(图3),中心值达到了－1.2 Pa/s;此外,由于夜间云顶辐射冷却,使高层变冷,在逆温层以上大气的热力不稳定加剧,有利于强对流天气出现(图略)。

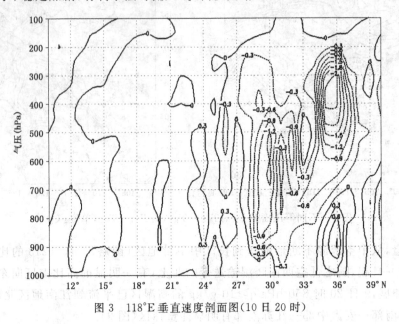

图3　118°E垂直速度剖面图(10日20时)

5　春季高架雷暴预报着眼点

通过对发生在江淮一带冬季或春季的5个高架雷暴的个例分析,在实际预报中,当出现以下几方面特征时,可以考虑江淮流域高架雷暴天气出现的可能性。

(1)中低空暖区的形成。当江淮流域的中低空(通常在925～700 hPa)有明显正变温,其北侧有负变温或温度变化不明显,也就是有明显变温梯度出现时。

(2)低空有强的西南暖湿气流。高架雷暴气块抬升高度在边界层顶附近,其上水汽含量少,产生强降水需要源源不断的水汽供应,因此低层(700 hPa,850 hPa)西南急流和比湿平流变得格外重要。

(3)浅层有冷空气的扩散,存在低空锋面逆温。

(4)逆温层厚度。足够的厚度,暖湿气流可以爬升到一定高度,从而产生自由对流,激发强对流。

(5)逆温层顶高度。逆温层顶高度要适当,一般在700 hPa附近为宜。太高不足以产生大量降水,太低暖湿空气没有足够动力抬升过程。

(6)850 hPa与500 hPa的温差。有了前面几方面条件还不一定会出现雷电。一般$T_{850}-T_{500} \geqslant 20℃$为宜。

6　小结

发生在2010年2月11日凌晨的雷暴天气,与中空一支显著的西南暖湿急流轴的强烈发展密切相关。形成中层暖湿,上下冷的格局。地面静止锋的对暖湿空气的动力抬升加剧了暖湿空气上升势头,并增加了边界层顶之上气团的对流不稳定性,从而触发了逆温层之上的高架

雷暴。在今后的预报工作中,对于此类天气的预报,应注意以下几个方面:

(1)雷电的发生不仅与近地面层气温回升有关,与冷空气活动有关,与中空水汽明显增多也密切相关。春节高架雷暴出现在近地层有锋面逆温的情况下,应重点关注逆温层以上中低空暖湿空气的加强带来的雷暴天气。

(2)高架雷暴的触发机制不少情况下是由与高空锋相联系的垂直环流所提供的,由于高空锋区通常有数百千米宽,高空观测一天只有两次,因此高架雷暴的预报比基于地面的雷暴的临近预报要困难得多,此外,由于有逆温层的存在,从地面开始计算的一些中尺度物理量参数(如 LI 指数)也不再适合用于雷暴的预报;配合风廓线图以及风廓线的预报有利于对高架雷暴的邻近预报。

(3)当近地层有冷空气扩散时,需重点关注是否有逆温层的形成,逆温层的温度及厚度,逆温层之上的热力不稳定性,以做出正确的降雨/雪预报。

参考文献

[1] 俞小鼎,周小刚,L. Lemon 2009. 强对流天气临近预报. 中国气象局培训中心 2009 年 10 月 100.

[2] Stephen F. Corfidi, Sarah J. Corfidi. David M. Schultz Toward a better understanding of elevated convection.

[3] Katherine L. Horgan,David M. Schultz,John E. Hales J R. and StephenF. CORFIDIA Five-Year Climatology of Elevated Severe Convective Storms in the United States East of the Rocky Mountains. 2007 American Meteorological Society.

"1111"热带气旋"南玛都"特大暴雨成因分析

林　毅　刘爱鸣　潘　宁

(福建省气象台,福州 350001)

摘　要

对热带气旋"南玛都"登陆后在福建莆田引发的特大暴雨的形成原因分析,发现这次局地特大暴雨是有利的暖湿切变型环境场、特殊的台风空心结构、台湾岛地形的间接作用以及高空低涡的叠加等多种因素耦合作用的结果。台湾岛的地形作用导致在福建沿海形成中尺度辐合区;高空冷涡与地面辐合区的耦合作用,加大了大气层结的不稳定和暴雨次级环流的形成。这些系统的共同作用,导致特大暴雨的形成。

关键词:热带气旋南玛都　中尺度暴雨　成因分析

引言

台风暴雨是台风带来的主要灾害性天气。台风暴雨灾害不仅在于大范围强降水,更主要的是台风中尺度对流系统产生的暴雨。因其具有局地性、突发性,常远离台风中心,预报难度大,突发性台风大暴雨容易引起局地洪涝、山体滑坡和泥石流等地质灾害,严重威胁着人类生命。

2011 年 8 月 31 日 9 时 10 分,"南玛都"在福建惠安登陆后,减弱为热带低压,其中心缓慢向西偏南方向移动,31 日夜间,低压中心移到福建西南部。在"南玛都"低压环流东侧的福建中南部沿海地区出现强降水。9 月 1 日凌晨开始,莆田市出现突发性暴雨,1 日 02—11 时的 9 h 累积雨量 16 个乡镇雨量超过 100 mm,距莆田市西侧不到 3 km 的林桥达到 443.4 mm,1 h 极值达 99.9 mm,造成莆田市出现严重的城市溃涝,积水最深处达 2.6 m,并引发严重的山洪、山体滑坡等次生灾害。

本文利用 0.5°×0.5°格距的 NCEP FNL 分析资料、常规气象观测资料,对热带气旋"南玛都"登陆后在福建莆田的特大暴雨的成因进行分析,探寻突发性暴雨的特征和形成机制,为做好突发性暴雨预报提供预报着眼点。

1　强降水成因分析

1.1　低层暖式切变形成

热带气旋"南玛都"从形成到登陆,一直处在多天气系统的影响制约、环境场引导作用弱的背景下,具有路径移动缓慢的特征。8 月 31 日"南玛都"登陆后,环境形势场仍无明显的改变,减弱的低压环流处在北面华东小高压、西北侧大陆高压和南面赤道高压 3 个高压系统的制约和影响之中,这种环境场有利低压环流的维持和移动缓慢。由于低压环流在闽南地区停滞少

资助项目:中国气象局预报员专项 CMAYBY2012—028 资助。

动,在低层,特别是在 850 hPa 上,低压环流东侧的福建东部沿海一带,由西南风和偏东风的暖式切变形成,构成了有利福建出现台风后部暴雨的"暖式切变型"的环境场特征。低层暖式切变的形成,有利中尺度对流云团在暖式切变所提供的辐合上升运动区获得迅速发展,为大暴雨产生提供了天气尺度的动力触发条件。

1.2 地面中尺度辐合区

中尺度对流云团,常在低层强辐合区上形成发展。目前稠密的地面区域自动站,为降水发生发展的监测提供很好的手段。从地面风场分析,8 月 31 日夜里,"南玛都"低压环流的偏东侧的南风加强,在南风加强的过程中,在莆田沿海的北侧风向出现逆转,北风呈现逐渐向南压的趋势,在莆田地区出现偏东北风、偏东风和偏南风的风场辐合区,伴随辐合区的形成,在辐合区激发中尺度对流云团发展(图 1),地面的中尺度辐合区和雷达的强回波区相一致。气流的汇合为强对流云团的发展提供了充沛的水汽汇集和辐合上升动力,特大暴雨就是在气流的强辐合区上形成发展的。

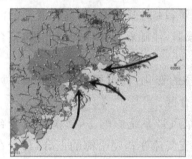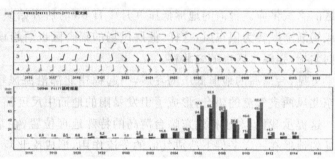

图 1 2011 年 9 月 1 日 04 时地面风场(左)和站点逐时风向变化及莆田、林桥逐时降水量(右)

从特大暴雨区莆田和林桥的逐小时降水量和其东面上风方自北向南 4 个站点的逐小时的风场演变分析可以看出(图 1),伴随着南风的加大和北支偏北气流的出现,在莆田地区形成了偏东北风、偏东风和偏南风的辐合,伴随低层风场辐合的加强,莆田和林桥的降水强度急剧增强并维持,1 日 11 时后,福建沿海的南风减弱,北支偏北气流逐渐转为偏东气流,莆田附近的低层气流辐合减弱,降水强度也迅速减弱,可见,南风的加强和中尺度辐合区的形成,与特大暴雨的形成有着直接的关系,地面风场的强辐合区的形成,是引发这次暴雨过程的主要因素。

1.3 台风的空心结构特征

卫星云图和雷达回波分析都可以注意到,"南玛都"从台湾岛下海进入海峡后,强度减弱,结构出现了变化,云图上,中心云区消散,雷达回波同样呈现出空心的结构特征(图略)。在风场上这种空心特征也表现得十分突出,在低层表现为"南玛都"中心外围的风速明显大于内圈,最大风区不是在近中心,而是在距中心约 150~200 km 的半径圈附近,尤其在东侧和北侧表现更为显著,这种空心特征,不仅表现在地面风场,在中低层的高空场风场上同样有反映,如 925 hPa 和 850 hPa 的风场都显示了这种特征,强风区在低压环流的外围,说明"南玛都"不仅在地面风场,在中低层都显示出其较完整的空心结构特征。正是由于"南玛都"的这种空心结构,当低压中心移到福建的西南区域时,其东侧的强风区也西移到福建东侧沿海,使沿海的偏南风出现加强趋势。伴随着南风的加强,沿海的降水强度也再度加强。

这提醒我们,对于具有空心结构特征的热带气旋,不能因为其登陆后降水强度减弱而掉以轻心,要注意当其中心移近内陆后,沿海偏南风再度加强时,在有利的形势下诱发强降水的可能性。

1.4 台湾岛地形作用

莆田中尺度暴雨雨团是在地面风场辐合区上发展起来的,而且辐合区稳定少动维持数小时,使得中尺度雨团少动,造成局地的特大暴雨。利用 0.5°×0.5°格距的 NCEP FNL 分析场资料分析发现,台湾岛东北部的地形低压与莆田的地面风场辐合区的形成和维持有直接的关系。

从 8 月 31 日 20 时起,在强的西南气流作用下,在台湾岛东北面背风坡有地形低压形成(图 2),地形低压形成后逐渐北移,由于这个地形低压的形成和存在,使福建北部沿海的风场出现变化,风向由偏南风转向偏东风,继而转为东北风。从而在莆田沿海形成了偏南风与东北风交汇的辐合区。在台湾地形低压维持期间,福建北部沿海一直为偏北风,使莆田沿海维持偏南风和东北风的气流交汇辐合区,这两支气流的汇合,在低层形成中尺度的辐合区,加强了暴雨区的水汽供应。台湾的地形低压 9 月 1 日 08 时后开始减弱,14 时基本消失,福建北部沿海的风场渐渐顺转为偏东风,这样,低层风场的辐合区也渐趋减弱,伴随着南风的加强北推,辐合区向北抬,强降水区也随之北移。

可见,台湾岛的地形低压的发展,引起福建北部沿海风场的变化,在莆田沿海出现偏南风和东北风两支气流的辐合,形成了引发暴雨的地面中尺度辐合区。

这提示我们,对于福建东临台湾岛的特殊地理位置,在东风带系统影响下,要关注由于台湾岛的地形在一定条件下造成气流的分流作用,形成南北两支气流在福建沿海的汇合,易于在气流的汇合区引发暴雨的发生。

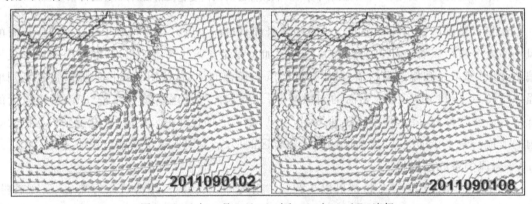

图 2 2011 年 9 月 1 日 02 时和 08 时 925 hPa 流场

1.5 大气层结不稳定

由于莆田没有探空观测,取位于特大暴雨区东北侧不到 70 km 的福州站 9 月 1 日 08 时探空(图略)分析,在低层,从 925 hPa 到 700 hPa 风向随高度向上呈现顺转,表示有暖平流,而在中高层,风向随高度向上为逆转,表示高空有冷平流,同时 500 hPa 以上湿度骤减,显示出有干空气的卷入。这种低层暖平流、高层冷平流的上下配置和低层暖湿、高层干侵入,构成了大气层结的对流不稳定。这表明,暴雨区周围大气层结是处在对流不稳定的条件下,这为强对流降水的发生提供不稳定能量。

分析 500 hPa 的温度露点差(图略),也清楚显示了露点锋的南压过程。9 月 1 日 08 时,露点锋南压过莆田,说明莆田上空中高层的干侵入,加大了大气层结的对流不稳定,加强了中尺度对流系统的发展,使降水强度加剧。这一时段正是莆田强降水的集中时段。说明露点锋区南侵对形成对流不稳定层结,触发产生深对流发展起的作用。

1.6 高空低涡的作用

8月31日20时,在200～300 hPa高层,东风带上有高空冷涡西移到台湾岛上空,高空冷涡在250 hPa表现得极为清楚,低涡中心对应$-49℃$的冷中心,福州31日20时出现$-3℃$的24 h负变温中心,低涡西北侧的东北气流引导高层的干冷空气向南输送。9月1日20时,高空低涡西北侧的东北气流加强,强的高空东北气流引导500 hPa露点锋南压,形成了高层的冷空气的侵入和低层辐合区的暖平流相叠加,加大了大气层结的不稳定度。

从过暴雨区的环流垂直剖面可以看到(图3),垂直剖面上θ_e的这种非对称鞍形场结构是对流运动发展的一种典型结构,低层表现为一种明显的热力湿对流不稳定,在暴雨区,表现为高温高湿的相当位温θ_e的高中心;在中层,由于干空气的南侵,形成θ_e的陡峭和密集区,等θ_e面出现高低层打通的现象,有利于对流层中高层的高位涡冷空气向低层传递,同时低层的暖湿气流也由此通道向高层输送,促使暴雨区锋生。有效地增强了台风暴雨区的大气层结不稳定度。由湿位涡守恒分析知,由于水平风垂直切变增大和θ_e面的倾斜,都将导致垂直运动的加强,有利于强降水的产生。

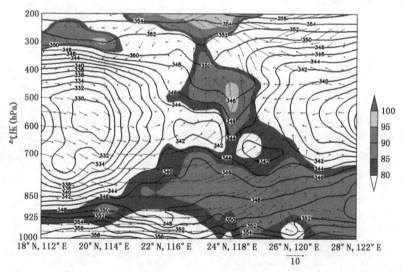

图3 2011年9月1日08时沿过暴雨区相当位温(单位:K)和垂直环流(▬ 为暴雨区)

高空低涡对特大暴雨发展的贡献还表现在加大高层的辐散。9月1日08时,伴随着高空低涡的西移,福建沿海高空东北气流出现明显的加强,这支加强的偏北气流叠加到底层的偏南气流上,为暴雨区的对流发展和次级环流的形成起到重要的作用。图3中,在低层,暴雨区南侧,是深厚的南风输送,暴雨区北侧有北风与之汇合,在汇合区上空形成强烈而深厚的上升运动,在高层,是强的偏北气流,其向南后下沉的气流并入流向暴雨区的南风气流,形成有利暴雨维持和加强的次级环流。

高空急流、高空低涡或高空东风波与低层辐合系统的耦合是突发性暴雨的重要条件之一,它通过加强高空的辐散、建立大气不稳定层结和暴雨的次级环流等方面触发并使暴雨加剧。

2 结语

(1)这次局地特大暴雨的形成,是有利的暖湿切变型环境场、特殊的台风空心结构、台湾岛地形低压的形成以及高空低涡的叠加等多种因素耦合作用的结果。

(2)低层南风的加强和地面风场强辐合区的形成,是引发这次暴雨过程的重要因素。

(3)高空急流、高空低涡或高空东风波与低层辐合系统的耦合是突发性暴雨的重要条件之一,它通过加强高空的辐散、建立大气不稳定层结和暴雨的次级环流等方面触发并使暴雨加剧。

(4)在东风带系统影响下,要关注由于台湾岛的地形作用,在一定条件下造成气流的分流,形成南北两支气流在福建沿海的汇合,从而引发突发性暴雨的发生。

秋末冬初雨转暴雪和暴雪天气过程对比分析

王晓明 云 天 孙鸿雁 孙 妍

（吉林省气象台,长春 130062）

摘 要

利用常规气象资料及 NCEP1°×1°再分析资料,从大尺度环流形势、水汽条件、动力抬升、垂直热力结构和能量场等方面,对 2010 年秋末冬初雨转暴雪和暴雪天气过程进行对比分析。结果表明,两次暴雪过程均发生在径向环流形势背景下,强冷空气南下使中纬度锋区加强,地面华北气旋发展。但两者在物理条件方面有一定差异,即暴雪的高空冷空气强度明显强于雨转暴雪,雨转暴雪的水汽通量和水汽通量散度辐合强度和垂直上升运动均强于暴雪,雨转暴雪和暴雪前 3 天 850 hPa 均有明显暖平流升温过程,露点锋与中尺度切变对暴雪落区具有一定的指示意义,暴雪发生在中尺度切变及露点锋附近且偏向南侧。

关键词:雨转暴雪 暴雪 动力诊断 露点锋

引言

吉林省地处中高纬度,一年四季冬季最漫长,此间降雪成为天气的主角。统计分析 1960—2010 年 51 年的降水资料表明,从当年的 10 月至第二年的 4 月均可产生降雪。特别是秋末冬初的 10—11 月和冬末春初的 3—4 月,既可出现雨或雨夹雪转暴雪又可出现纯暴雪的天气,此间的降雪性质预报特别是雨转雪的预报是难点。2010 年初冬的 11 月 7 日和 11 日,吉林省相继出现了两场暴雪天气,其中 7 日暴雪区的降水性质是雨和雨夹雪转暴雪,11 日暴雪区的降雪性质是以纯雪为主的。对这两场不同性质降水造成的暴雪过程从大尺度环流特征及影响系统、水汽条件以及不稳定、垂直热力结构动力诊断、中尺度分析等方面进行对比分析,以找出雨转暴雪和暴雪天气的异同及预报指标和预报着眼点。

1 两场暴雪天气实况

两场暴雪天气均是受高空槽和华北气旋共同影响,其中 11 月 7—8 日吉林中部和南部出现明显雨和雨夹雪转暴雪天气,暴雪主要位于吉林中部,其中永吉日降水量最大,达 25.3 mm（图 1a）。11 月 11—12 日,暴雪区位于吉林西部（图 1b）,其中通榆最大,达 23.7 mm。两场暴雪区的积雪深度均超过 10 cm,最大积雪深度达 18 cm,分别出现在伊通和通榆。

2 环流特征和影响系统对比分析

2.1 环流形势对比分析

雨转暴雪过程 500 hPa 东亚大陆呈两槽一脊型,强大的阻塞高压位于贝加尔湖以西,东北地区处于贝湖附近强大高压脊东侧的低槽区内,脊线轴向呈东北—西南向,槽后冷空气沿脊前北或东北气流南下。而暴雪过程 500 hPa 东亚大陆呈一槽一脊型,强大的阻塞高压位于乌拉

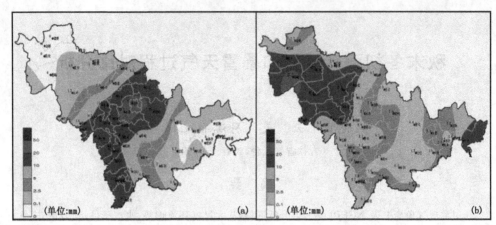

图1　2010年11月7—8日08时24 h降水量(a)及2010年11月11—12日08时24 h降水量(b)

尔山附近,脊线轴向呈南北向,东北地区处于乌山脊前的低槽区内,强冷空气位于贝湖以北并沿脊前西北气流南下。

850 hPa两类性质的暴雪在40°～50°N有明显的锋区存在,120°～130°E有暖脊,锋区附近等高线与等温线接近垂直,在锋区附近均有切变存在且切变线南侧的偏南风和槽后部的偏北风与等温线呈正交,预示未来锋区将加强南压。地面位于锋区上的华北气旋在强冷空气作用下,发展加强,并沿高空气流向偏东和东北方向移动。

通过对高低空环流形势分析,两者的相同之处:500 hPa径向环流明显;槽后冷空气强,负变温明显;槽前、后均有>20 m/s的西南急流和西北气流;850 hPa锋区呈纬向型且125°E有暖脊;暴雪区低层有切变,925 hPa有明显的流场辐合;地面均为华北气旋影响。两者的不同之处:500 hPa雨转暴雪为两槽一脊型,暴雪为一槽一脊型;高脊线轴向不同,使得引导冷空气南下速度不同。其中高脊前的西北气流暴雪明显大于雨转暴雪,有利于强冷空气快速南下;地面华北气旋路径不同;暴雪另有一支东南急流,这支急流一方面形成一条NW-SE向切变,另一方面使西南气流携带的水汽转向西北方向输送。

2.2　冷空气源地、路径与强度

降水性质取决于冷空气的强度,而冷空气的强度又与冷空气的路径有关。从500 hPa冷空气的源地来看,虽都发源于60°N、80°～90°E的西伯利亚一带,但强度差异很大,雨转暴雪的500 hPa冷中心最强,为-38℃,暴雪的500 hPa冷中心达-48℃。两类暴雪的冷空气路径相似,即都是从NW向SE方向移动,但雨转暴雪的冷空气路径在向SE方向移动至115°E时分为两支,主体冷空气转向NE方向,而从主体冷空气中分裂出一股冷空气向SSE方向移动,该冷空气在南下时强度减弱较快,850 hPa 0℃线位于44°N附近;暴雪的冷空气在南下时由于主体冷空气(位于贝湖西北)加强,使之不断有新鲜冷空气补充,所以冷空气南下时强度减弱较慢,850 hPa 0℃线位于4°N以南。

2.3　中低层切变线

中低层的切变辐合是两次暴雪过程最直接的影响系统。雨转暴雪过程主要以东北—西南走向的切变为主,该切变线自西北向东南方向移动。7日08时切变前部的西南风明显强于切变后部的东北风(图2a),说明暖空气的势力强于冷空气,而且在切变前部有西南风辐合,西南气流积聚了大量的暖湿空气,不仅对降水量的大小起到了重要作用,对降水性质也起到了重要作用,而且强的西南气流不利于快速降温,到了20时切变后部的东北气流明显强于切变前部的偏南气流(图2b),说明此时的冷空气强于暖空气,所以降水性质也随之发生了变化,由雨、雨夹雪转为纯雪。

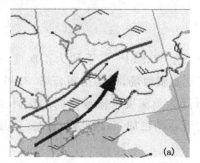 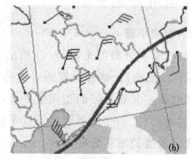

图2　2011年11月7日08时(a)和20时(b)的850 hPa天气系统图

暴雪过程既有切变又有辐合。11日08时在吉林西部有两条切变(图3a),一条是呈南北走向的冷式切变,一条是近似于东西走向的暖式切变,到了20时两条切变都明显加强(图3b),并且辐合也明显加强,辐合中心位于吉林西南部,该切变辐合区缓慢向东北方向移动,造成了该区域内的暴雪天气。

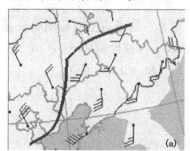 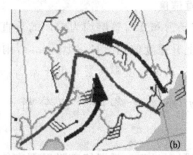

图3　2011年11月11日08时(a)和20时(b)的850 hPa天气系统图

3　水汽条件对比分析

3.1　比湿

比湿表示的是单位质量湿空气含有的水汽质量。它可以定量地描述湿空气中水汽含量的多少,比湿值越大,表明空气中的水汽含量越多,降水量也越大,它是在暴雨预报中常用的量。分析两次暴雪过程发现它在暴雪预报中也有很好的指示意义,一是两类暴雪的比湿值都大于3 g/kg,二是雨转暴雪的比湿值大于纯雪,三是暴雪区均落在比湿大值区附近且偏向等值线密集一侧。

3.2　水汽通量及水汽通量散度

充沛的水汽及水汽辐合是降水的充要条件。分析两次暴雪过程水汽通量及水汽通量散度后发现:两次过程在暴雪区都有水汽通量的大值区,所不同的是雨转暴雪的水汽通量值大于纯雪;暴雪区的水汽通量散度是辐合的,其中雨转暴雪的水汽通量散度辐合强度大于暴雪。

3.3　中低层有偏南风急流向暴雪区输送水汽

偏南风急流(≥16 m/s)是水汽输送的重要载体。雨转暴雪在暴雪区的上游有西南急流向暴雪区输送水汽;暴雪则有两股气流向暴雪区输送水汽,一股是西南急流,另一股是东南急流,吉林西部降暴雨雪一般情况下这两股急流缺一不可。

4 动力诊断对比分析

4.1 涡度、涡度平流

从涡度的垂直分布可见,两种性质的暴雪在中低层 600 hPa 以下均为正涡度,600～300 hPa 为负涡度(图略)。这种涡度的垂直分布说明高层是辐散场,低层是辐合场,有利于垂直上升运动;同时高空又有很强的正涡度平流(图略),低层为负涡度平流或微弱的正涡度平流,有利于上升运动;到了 20 时,低层负涡度平流加强,上升运动也加强,因此降雪也随之加强。

4.2 散度及散度的垂直分布

从 850 hPa 散度场的水平分布可见(图略),两次暴雪过程都有较强的辐合区配合,暴雪的辐合强度强于雨转暴雪。对雨转暴雪沿 125°E(下同)、对暴雪沿 44°N(下同)作散度场垂直剖面可见,44°N(暴雪区)和 123°E(暴雪区)附近 800 hPa 以下均为辐合区,之上为辐散区,暴雪的辐散强度强于雨转暴雪,有利于垂直运动的发展和维持,20 时低层的垂直速度明显加强证明了这一点。

4.3 垂直速度

雨转暴雪和暴雪整层均为较强的垂直上升运动,但暴雪的垂直上升运动明显强于雨转暴雪,最大上升速度值达 -17×10^{-5} m/s,雨转暴雪的最大上升速度值为 -9×10^{-5} m/s。另外,最大上升运动的高度雨转暴雪低于暴雪,分别在 850 hPa 和 800 hPa 附近。

5 热力及能量条件对比分析

5.1 Q_{se}

两场暴雪过程在低层切变附近都有能量锋区配合。所不同的是雨转暴雪的能量锋区 08 时是东西向的,到了 20 时转变为东北—西南向,说明在锋区北侧冷空气较强,强冷空气南移使锋区加强并产生波动(图略)。暴雪过程 08 时高能脊呈南北向分布,到了 20 时高能脊转变为西北东南向。说明在高能脊东侧的东南气流明显加强,850 hPa 吉林东部延吉由 6 m/s 的西南风增大至 20 m/s 的东南风(图 4b),暴雪区既有来自西南的水汽和能量,又有来自东南的水汽和能量。

5.2 暴雪前的明显升温

两类暴雪前 2～3 天 850 hPa 气温都明显回升。以长春探空为例,4—6 日平均升高了 7.5℃;同时日最高气温升高约 10℃,日最低气温升高约 14℃;9 日 20 时与 11 日 20 时的 850 hPa 气温相比升高了 9℃,其中 9 日 20 时到 10 日 20 时就升高了 6℃;同时最高气温 9—11 日升高 4℃,日最低气温升高 10℃。

5.3 低层有逆温

分析两次过程 08 时的探空层结可见,雨转暴雪低层 1000～925 hPa 有明显逆温存在,5—7 日平均逆温强度为 4℃,逆温强度强于纯雪;暴雪由于冷空气强,前期逆温明显,即 9 日 08 时逆温达 4℃,10 日和 11 日 08 时该层处于等温状态;两类暴雪的湿层都随时间明显增厚,700 hPa 以下基本饱和;垂直风切变明显,但雨转暴雪为一致的西南风切变,暴雪为偏南风与东南

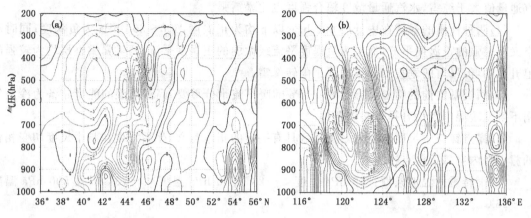

图4　2010年11月11日08时(a)及2010年11月11日20时(b)垂直速度剖面

风的切变。

5.4　暖平流的垂直分布

从两次暴雪过程的温度平流垂直剖面图可见,在暴雪区附近中低层均为冷平流,800 hPa以上为暖平流,这种冷暖平流的垂直分布有利于垂直上升运动的维持。另外,在暴雪区附近有锋区存在,但雨转暴雪的锋区强于暴雪。

6　中尺度系统与暴雪落区

中尺度系统是造成暴雪的直接影响系统,分析逐时区域加密站资料可见,当有中尺度切变与露点锋相配合时,对暴雪落区具有一定的指示意义,大到暴雪发生在露点锋附近及露点脊且靠近锋区一侧(图略)。

7　降水性质

降水性质主要取决于温度,通常用地面最低气温和850 hPa温度来区分雨雪。以往我们把地面最低气温在0℃以下、850 hPa 0℃等温线和700 hPa −8℃等温线作为雨雪的分界线。在实际预报中发现该指标需要作一定修正。雨转暴雪过程纯雪降在850 hPa温度低于−3℃、700 hPa温度低于−10℃、500 hPa温度低于−26℃的区域内,以及地面气温低于0℃。纯雪降在850 hPa温度低于−4℃、700 hPa温度低于−12℃、500 hPa温度低于−29℃的区域内,以及地面气温低于0℃。

8　小结

(1)在径向环流形势下,阻塞高压稳定是导致强冷空气南下使中纬度锋区加强,地面华北气旋发展的重要因素,也是东北地区中部降暴雪的主要环流形势。暴雪的高空冷空气强度明显强于雨转暴雪。

(2)两类暴雪高低空都有较强的西南急流和偏北急流,暴雪的高空偏北急流明显强于雨转暴雪。

(3)充沛的水汽及水汽辐合是降水的充要条件。两类暴雪区的比湿值都＞3 g/kg,雨转暴雪的比湿值大于纯雪,暴雪区均落在比湿大值区附近且偏向等值线密集一侧。雨转暴雪的水汽通量值大于纯雪,水汽通量散度辐合强度也比暴雪强。

(4)两种性质的暴雪在中低层 600 hPa 以下均为正涡度,600～300 hPa 为负涡度;同时高空又有很强的正涡度平流,低层为负涡度平流或微弱的正涡度平流;两类暴雪整层均为较强的上升运动,但暴雪的垂直上升运动强于雨转暴雪。

(5)两类暴雪前的明显升温及 850 hPa 的暖平流十分重要,高温高湿的能量储备为冷空气南下触发暖湿空气抬升提供必要条件。

(6)露点锋与中尺度切变对暴雪落区具有一定的指示意义,暴雪发生在与中尺度切变相伴的露点脊内且靠近露点锋附近。

(7)雨转雪的温度条件:850 hPa 温度$<-2℃$、700 hPa 温度$<-10℃$以及 500 hPa 温度$<-26℃$。

一次辽宁强降雪过程切变线的动力诊断

蒋大凯　乔小湜

(沈阳中心气象台,沈阳 110016)

摘　要

应用常规观测资料和 NCEP/NCAR 再分析资料,对 2009 年 2 月 12—13 日辽宁暴雪过程的主要影响系统(850 hPa 切变线)开展了动力诊断并研究其演变特征。结果表明:辽宁中西部切变线东南侧,江淮气旋顶部暖锋附近对应强降雪中心;切变线与正涡度区相对应,正涡度带合并、发展并向偏东方向移动,影响切变线的加深发展和东移;850 hPa 正涡度中心先于强降雪出现,具有一定预报意义;正涡度带及其中心的生成与发展的动力机制主要受总涡源的影响,涡度变率较涡度更能提前并准确地反映暴雪切变线生成、发展的物理过程;涡度垂直输送和绝对涡度的散度效应对于正变涡的贡献显著,而绝对涡度的散度效应是正涡度变率的主要强迫源;正变涡的减弱主要来自扭转项,抑制了系统的发展。

关键词: 切变线　涡度　涡度变率　散度　平流

引言

2009 年 2 月 12—13 日受冷、暖空气共同影响,辽宁出现暴雪天气。此次过程持续时间长、强度大、影响范围广,为近年来少见。国外对造成暴雪的中尺度系统及其发生、发展机理开展了很多研究,指出强降雪过程大多与气旋的发展有关。国内学者对于我国北方地区降雪也做了大量研究工作,取得了一定的成果。针对于暴雪过程动力条件的诊断,张小玲等[1~2]研究了高原地区暴雪的中尺度切变线发生、发展的动力演变特征,认为涡度、散度的结构及其演变与暴雪切变线的生成和发展密切相关。赵桂香等[3]对于华北大到暴雪过程切变线开展了动力诊断,发现正涡度对预报强降雪的出现有先兆指示意义,涡度变率较涡度更能准确反映切变线发生发展的物理机制。但对于东北地区暴雪的动力机制研究相对较少,本文利用常规观测资料和 NCEP/ NCAR 再分析资料,对 2009 年 2 月 12—13 日东北南部暴雪过程的影响系统—切变线进行诊断分析,研究其动力机制,希望获得一些对预报有指导意义的结果。

1　降雪实况及环流特征分析

2009 年 2 月 12 日 14 时—13 日 14 时,辽宁省 14 个地市中有 11 个出现了小雨转大到暴雪天气,54 个观测站中有 24 个站降水量超过 20 mm,达到暴雪量级的有 10 个地市,降雪量最大为 29 mm,出现在抚顺新宾,雪深达 17cm。12 日 20 时—13 日 08 时为主要降雪时段,辽宁西部、中部、东部连成东西向暴雪带,在这 12 h 时间段内,有 27 个站降雪量超过 10 mm,15 个站达到暴雪橙色预警信号标准,1 个站达到暴雪红色预警信号标准。

分析此次过程的大尺度环流形势(图略),强降雪前期 500 hPa 中高纬度维持一槽一脊。从 12 日 08 时到 20 时河套北部到蒙古国高空锋区南压,华北北部到河套东部高空槽东移发展,开始影响辽宁;低层 700 hPa 和 850 hPa 为径向型环流,强降雪发生前 700 hPa 和 850 hPa 从我国东部沿海经山东半岛到辽宁为一致的西南急流,12 日 20 时 850 hPa 切变线从渤海西部延伸到辽宁中西部,山东南部西南风达到 20 m/s;对应地面图 12 日 20 时江淮气旋中心北上至山东半岛西部,顶部暖锋位于渤海湾到辽东,暖湿气流与北方冷空气在辽宁交汇,造成大范围的降雪天气。另外在辽宁南部、东南部有 3 h 负变压中心,达到 -31 hPa,表明江淮气旋未来将继续东北上;13 日 02 时冷空气开始南下,暴雪区移至辽东;13 日 08 时 500 hPa 高空槽东移,槽后 12 h 变温达到 9~11℃,高空锋区东南压;850 hPa 切变东移并向北伸展到吉林东部,辽宁中北部东北风加大到 16 m/s,强降雪区移出辽宁。

产生暴雪过程的影响系统地面为江淮气旋,700 hPa 为高空槽,850 hPa 切变线最明显,500 hPa 西风槽则相对较浅。影响系统从低层到高层向西倾斜配置(图 1)。从强降雪落区上看,850 hPa 切变线东南侧,江淮气旋顶部暖锋附近对应强降雪中心,是主要影响系统,低层切变线东侧强盛的偏南气流为此次暴雪过程提供充沛的水汽条件。

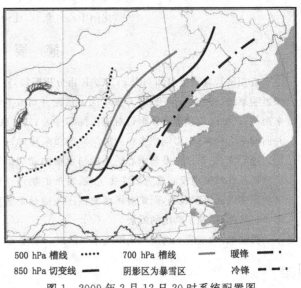

500 hPa 槽线 ⋯⋯⋯⋯   700 hPa 槽线 ——   暖锋 — — —
850 hPa 切变线 ——   阴影区为暴雪区   冷锋 — ⋅ — ⋅
图 1   2009 年 2 月 12 日 20 时系统配置图

2　涡度场结构和演变与暴雪切变线的发生、发展

涡度是度量无限小的空气质块(微团)旋转程度和方向的物理量,其垂直方向的涡度分量与天气系统的发生、发展密切相关,常常被用于度量天气系统的强度[4]。

分析本次过程 850 hPa 涡度与切变线发生、发展之间的关系(图略)。12 日 14 时,强降雪开始前,内蒙古东部到华北北部存在一条西南东北向狭长的正涡度带,中心达到 $4×10^{-5} s^{-1}$ 以上,同时,华北西部到江淮流域存在准南北向正涡度带,两条涡度带呈准"丁"字形分布,其走向和 850 hPa 风场切变一致。20 时两条正涡度带东移,在东北西部到华北东部贯通并发展,正涡度中心达到 $12×10^{-5} s^{-1}$;对应 850 hPa 风切变发展,最大风速达到 20 m/s,辽宁西部到华北东部伴随明显的风速辐合;13 日 02 时,正涡度带明显发展,其中心向东北方向移动,位于辽宁中南部,达到 $18×10^{-5} s^{-1}$ 以上,相应 850 hPa 风切变东移至辽宁中部;08 时正涡度区和 850 hPa 风切变移到辽宁东部,辽宁中北部东北风加大到 16 m/s,正涡度中心位于中朝边界一带,强度减弱,辽宁西部已经为明显负涡度区控制,暴雪结束。

通过以上分析可看出:暴雪切变线与正涡度区相对应,正涡度带合并、发展并向偏东方向移动,影响着切变线的发展和东移,产生了强降雪的有利条件。切变线西北侧对应的负涡度中心,有利于切变线发展东移南压。

为了更加清晰地展现强降雪过程的动力机制,对暴雪区域平均得到涡度、散度、垂直速度的垂直廓线分布(图2)。发现强降雪发生前12日14时600 hPa以下为正涡度区,最强中心在900 hPa附近;650～850 hPa为辐散,850 hPa以下为辐合区,上升运动区贯穿整个对流层。20时,600 hPa以上为负涡度区与正散度区配合,600 hPa以下为正涡度区与负散度区对应,850 hPa以上分布几乎对称,正涡度大值区位于850 hPa附近,达$5\times10^{-5}\,\mathrm{s}^{-1}$以上,先于强降雪出现,负散度区大值区在900 hPa附近,最大值达$-5\times10^{-5}\,\mathrm{s}^{-1}$,即850～900 hPa附近为强烈的正涡度区与辐合区对应,同时上升运动较前一时刻明显加强,600 hPa附近上升运动达到-10 $\mathrm{Pa}\cdot\mathrm{s}^{-1}$,深厚的上升运动区配合低层辐合高层辐散使降雪加强;13日02时正涡度大值区发展抬升到650 hPa附近,最大值达$-7\times10^{-5}\,\mathrm{s}^{-1}$以上,辐合区中心也抬升到500 hPa附近,750 hPa以下低层开始出现下沉运动,随着地面冷锋东南移动,强降雪区东移并开始减弱。

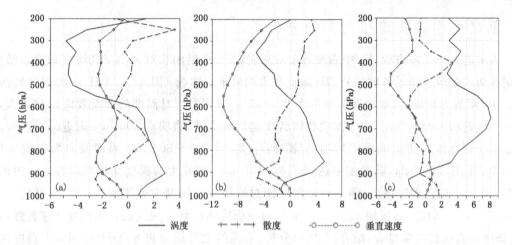

图2 暴雪带区域面积平均(300×200 km²)的涡度($\times10^{-5}\,\mathrm{s}^{-1}$)、散度($\times10^{-5}\,\mathrm{s}^{-1}$)和垂直速度($\times10^{-3}\,\mathrm{hPa}\cdot\mathrm{s}^{-1}$)的垂直廓线 (a)2009年2月12日14BST,(b)12日20BST,(c)13日02BST

由此可见,本次过程正涡度大值区由低层向对流层中层发展,配合低层辐合高层辐散和深厚的上升运动区,有利于切变线发展,使冷暖空气在辽宁东部交绥。这种涡、散场的空间配置极有利于暴雪切变线发展及暴雪形成与维持,850 hPa正涡度中心先于强降雪出现,这和文献[3]结论相似,具有一定预报意义。

3 涡度变率诊断分析

文献[5-6]指出,传统的垂直涡度倾向方程是通过对动量方程求旋度再点乘垂直单位矢量得到的,具有明显的平面特征和动力特征。

在P坐标系中的涡度方程为:

$$\frac{\partial \zeta}{\partial t}=-\left(u\frac{\partial \zeta_\mathrm{a}}{\partial x}+v\frac{\partial \zeta_\mathrm{a}}{\partial y}\right)-\omega\frac{\partial \zeta}{\partial P}-\zeta_\mathrm{a}D-\left(\frac{\partial \omega}{\partial x}\frac{\partial v}{\partial P}-\frac{\partial \omega}{\partial y}\frac{\partial u}{\partial P}\right)$$
$$=\zeta_\mathrm{h}+\zeta_\mathrm{v}+\zeta_\mathrm{d}+\zeta_\mathrm{c}=\zeta_\mathrm{s} \tag{1}$$

式(1)中ζ_h、ζ_v、ζ_d、ζ_c分别表示绝对涡度平流输送项、涡度垂直输送项、散度项和扭转项,ζ_s为涡度变率或涡度局地倾向,即总涡源。

分析850 hPa涡度倾向(图略),12日14时,辽宁中东部为正涡度倾向区,表明未来辽宁中、东部正涡度未来将显著增加,辐合上升运动明显加强,有利于切变线发展并向东南移动。

20时辽宁东部到朝鲜北部正涡度倾向达到 $18\times10^{-9}\,\mathrm{s}^{-2}$,表明辐合上升运动将大幅加强,辽宁东部降雪为加强趋势;同时西、中部有弱正涡度变率、南部出现弱负涡度变率,表明此时西、中部辐合动力抬升作用维持,而南部降水将减弱。02时辽宁东部系统正涡度倾向减小,但中北部出现 $-3\times10^{-9}\,\mathrm{s}^{-2}$ 的负涡度倾向,说明除东部外降雪将明显减弱。

由上述分析,正涡度区及其中心的生成与发展受总涡源影响,正涡度变率发展加强时,有利于切变线发展并向正涡度变率大值区方向移动,产生有利于暴雪的辐合动力抬升条件,降雪处在增幅期;正涡度变率明显减弱时,辐合动力抬升作用维持。负涡度变率加强时,辐合动力抬升作用减小,降雪也减弱。即涡度变率较涡度更能提前并准确地反映暴雪切变线生成、发展的物理机制,张小玲等[1,2]研究高原暴雪也得到相似结论。

4 涡度变率各强迫项的影响分析

为了进一步了解方程(1)中右端各项对总涡源 ζ_s 贡献的相对大小及其演变和垂直结构,分别在切变线附近作了各项的暴雪区域面积平均的垂直廓线(图4)。12日14时涡度倾向在 900 hPa 附近为正值区,最大涡度变率为 $2\times10^{-9}\,\mathrm{s}^{-2}$,其中绝对涡度的散度效应贡献最大,涡度垂直输送项无明显作用,而平流项和扭转项起到负贡献,表明在 900 hPa 附近为正涡度区,这是由于辐合作用使局地涡度增加[7](图3a)。20时 $500\sim800$ hPa 涡度倾向为正值区(图3b),中心位于 650 hPa,涡度变率达到了 $8\times10^{-9}\,\mathrm{s}^{-2}$,如此大的涡度变化可以在 1 h 内产生 $2.8\times10^{-5}\,\mathrm{s}^{-1}$ 的正涡度,这一强正涡度倾向使对流层中层涡度大幅增加,12日20时到13日02时 650 hPa 涡度 6 h 增加了 $6\times10^{-5}\,\mathrm{s}^{-1}$,对应强降雪区切变线发展。在涡度变率各强迫项中,涡度垂直输送项最显著,结合图2(b)分析,是强的上升运动将 $850\sim900$ hPa 正涡度大值区向对流层中层输送;而 $600\sim700$ hPa 正涡度区内的辐合是产生大涡度变率的另一重要原因,分析绝对涡度的散度效应的贡献(图3a、b),12日14时、20时均在 900 hPa 附近最为显著,由图2(a、b)可见,900 hPa 附近均对应正涡度和负散度大值区,正涡度中心区内的强辐合产生较大的局地正涡度变率,正是这一强迫项的维持,使得低层在12日14—20时持续产生正涡度

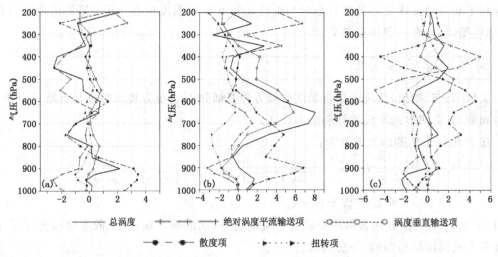

图3 涡度变率及各强迫项($\times10^{-9}\,\mathrm{s}^{-2}$)的区域平均垂直廓线
2009年2月(a)12日14时,(b)12日20时,(c)13日02时

倾向,造成局地涡度增加。这样垂直方向上涡度不均匀,在上升运动作用下,向对流层中层输送,使得对流层中层局地正变涡,因此,总体上看,绝对涡度的散度效应是正涡度倾向的主要强迫源。绝对涡度平流输送项在200~350 hPa作用较大,在对流层中低层所起作用较小;而扭转项从对流层低层到高层基本产生负涡度变率,即上升运动水平分布和垂直风切变抑制了系统发展。13日02时500 hPa以下基本为弱的负涡度倾向,切变线开始减弱,降雪系统东移减弱。

可见,本次过程涡度垂直输送和绝对涡度的散度效应对于正变涡的贡献最大,正涡度区内的辐合以及深厚的上升运动使正变涡发生和发展;绝对涡度的散度效应是正涡度倾向的主要强迫源。绝对涡度平流输送项在400 hPa以上有正贡献,在低层作用较小;正变涡的减弱主要来自而扭转项,表明上升运动水平分布和垂直风切变抑制了系统的发展。

5　结论与讨论

(1) 850 hPa切变线和地面江淮气旋是2009年2月12—13日暴雪过程的主要影响系统,切变线东南侧,江淮气旋顶部暖锋附近对应强降雪中心。

(2)暴雪切变线与正涡度区相对应,正涡度带合并、发展并向偏东方向移动,影响着切变线的加深发展和东移。正涡度大值区由低层向对流层中层发展,配合低层辐合高层辐散和深厚的上升运动区,有利于切变线发展,使冷暖空气在辽宁东部交绥。这种涡、散场的空间配置极有利于暴雪切变线发展及暴雪形成与维持。850 hPa正涡度中心先于强降雪出现,具有一定预报意义。

(3)正涡度带及其中心的生成与发展受总涡源的影响。当正涡度变率加强时,切变线发展,产生有利于暴雪的动力条件,降雪处在增幅期;正涡度变率明显减弱时,辐合动力抬升作用维持;负涡度变率加强时,辐合动力抬升作用减弱,降雪也减弱;涡度变率较涡度更能准确并提前地反映暴雪切变线生成、发展的物理机制。

(4)本次暴雪过程涡度垂直输送和绝对涡度的散度效应对于正变涡的贡献最明显,绝对涡度的散度效应是正涡度倾向的主要强迫源。绝对涡度平流输送项在低层作用较小;正变涡的减弱主要来自扭转项,表明上升运动水平分布和垂直风切变抑制了系统的发展。

参考文献

[1] 张小玲,程麟生."96.1"暴雪期中尺度切变线发生发展的动力诊断Ⅰ:涡度和涡度变率诊断[J].高原气象,2000,**19**(3):285-294.

[2] 张小玲,程麟生."96.1"暴雪期中尺度切变线发生发展的动力诊断Ⅱ:散度和散度变率诊断[J].高原气象,2000,**19**(4):459-466.

[3] 赵桂香,程麟生,李新生."04.12"华北大到暴雪过程切变线的动力诊断[J].高原气象,2007,**26**(3):615-623.

[4] 陈忠明.垂直涡度方程的比较分析[J].南京大学学报(自然科学),2006,**42**(5):535-542.

[5] 吴国雄,刘还珠.全型垂直涡度倾向方程和倾斜涡度发展[J].气象学报,1999,**57**(1):1-14.

[6] 吴国雄.全型涡度方程和经典涡度方程比较[J].气象学报,2001,**59**(4):385-392.

[7] 朱乾根,林锦瑞,寿绍文,等.天气学原理和方法(第三版)[M].北京:气象出版社,2000:112-115.

第三部分 预报技术方法及其他灾害性天气

我国冻雨和冰粒天气的探空资料分析

漆梁波

（上海中心气象台，上海 200030）

摘 要

利用探空和地面观测资料，通过对 2001 年冬季至 2010 年冬季我国不同区域（分为 4 个区域：北方、江南、华南、西南）的冻雨和冰粒天气的形成机理进行分析发现：(1)除北方区域外，我国其他区域的冻雨主要以暖雨机制为主。暖层出现是冻雨天气的重要特征，但暖层作用主要是输送水汽和维持锋面系统，以保证降水的发生和持续，低层及地面气温普遍低于 0℃ 可能是最重要的原因。(2)我国冰粒天气的形成机制主要以融化机制为主。冰粒天气的暖层厚度和强度均小于冻雨天气。云顶高度、暖层强度和厚度、低层冷层温度露点差、700 hPa 风速以及地面气温是甄别冻雨和冰粒天气的特征量，但不同区域，这些特征量的有效性不一样。

关键词：冻雨 冰粒 探空资料 对比

引言

冻雨或冰粒天气的长时间维持，往往给农业、交通、电力、供水等行业带来严重不利影响[1~2]。对我国冻雨天气的形成机制研究，过去 20 年有很多成果[3~7]，研究表明：我国冻雨的形成机制，也存在暖雨机制和融化机制两种机制，尤其是在西南地区。关于冰粒的形成机理，国内研究较少，只有少数研究者对冰粒天气的天气气候特点进行统计分析[8]。

本文的工作则是利用时序较长的地面观测和探空资料(2001—2010)，对我国不同区域（分为 4 个区域：北方、江南、华南、西南）的冻雨和冰粒天气的形成机理进行分析和比较，以得到不同区域这两种冬季降水天气形成的基本类型，进而得到一些预报关注点，为提高这两类天气的业务预报提供有益的参考。

1 资料和方法

1.1 资料介绍

本文使用资料的时间跨度为 2001 年冬季—2010 年冬季（某一年冬季指某一年的 12 月至次年的 2 月），具体资料为中国大陆 120 个探空站的 08 时、20 时探空资料以及约 2500 个地面观测站的资料（观测间隔为 3 h，依据站点的级别，不同观测时刻的站点总数略有不同）。普查 2001 年冬季—2010 年冬季的高空和地面观测，得到冻雨样本 548 个，冰粒样本 180 个。为了得到不同区域冻雨和冰粒天气有针对性的概念模型,以中国二级气象地理区划为基础[9],兼顾地形差异和各区域内的样本数,将我国大陆出现冻雨和冰粒天气较多的区域划分为 4 个区域,分别为北方、江南、华南和西南。各区域所包含的代表站及冻雨和冰粒样本数见表 1。

表 1　各区域代表站及冻雨和冰粒的样本数

区域名称	代表站	样本数	
		冻 雨	冰 粒
北方	沈阳、锦州、乐亭、邢台、章丘、郑州、徐州、南阳、阜阳、射阳、安庆、武汉、宜昌、安康、汉中	13	41
江南	南京、上海、杭州、衢州、南昌、赣州、长沙、怀化、郴州、鄂西、邵武	81	113
华南	福州、桂林、河池、白色	10	13
西南	贵阳、威宁、宜宾、西昌、温江、昆明	441	10

2　冻雨和冰粒天气的探空特征分析

2.1　冻雨天气的探空特征分析

图 1 是北方、江南、华南和西南区域冻雨天气的平均温度和露点廓线图,其中纵坐标最低一层表示地面,竖实线和竖虚线分别表示等 0℃线和等 −10℃线,以帮助更好地分析冻雨的形成机理。表 2 则是各区域平均温度和露点温度廓线的一些特征量。关于冻雨天气的分类方法,依据 Huffman 等[10]的研究,主要参考云顶高度与 −10℃线高度的相对高度和中空是否有暖层。−10℃线高度是区分云中是否有冰晶的关键阈值,而云中是否有暖层则是区分融化机制和暖雨机制的重要参考。依据上述依据,将冻雨天气的探空分为 4 类,具体见表 3,这一分类方法与欧建军等[11]有所区别,Rauber 等尽管将冻雨天气分为 6 类,但实际上未包含无暖层,但云顶高度超过 −10℃线高度的边缘类型。

分析图 1 和表 2 可以发现,除北方区域外,我国其他区域的冻雨主要以暖雨机制为主(无冰晶层的参与)。北方区域的融化类冻雨比例约为 39%,江南区域的比例则为 21%,华南区域的比例为 20%,西南区域比例仅为 4%(见表 3)。对北方区域的冻雨样本进行了普查,发现纬度越高,云顶会更高,出现融化类冻雨的几率也高于平均情况,纬度越低,云顶会更低,出现暖雨类冻雨的几率也要低一些。

从暖层的特征看(表 2)。自北向南,暖层逐渐深厚,暖层的最高温度也升高,有暖层的样本比例也增加,华南区域的冻雨样本甚至 100% 有暖层。西南地区比较特别,平均来看,无中层暖层出现,这是由两个原因导致的:第一,由于有暖层的样本和无暖层的样本数目相当,彼此抵消;第二,从普查的情况看,西南区域冻雨天气出现暖层时,其所在高度变化较大,经过平均后,无法得到明显的“暖层”。从表 3 看,大部分情况下,我国冻雨天气的形成机制为暖雨机制,而其中出现暖层的比例是很高的(见表 2,西南区域略低一些)。从我国冻雨形成的天气形势看,冻雨发生期间,江南一带往往有冷锋或静止锋存在,暖层的形成主要是因为暖湿空气在冷垫上爬升而形成的。暖层的存在一方面指示暖湿气流(急流),另一方面也导致逆温层的形成,对云中雨滴的增长比较有利。因此,我国冻雨天气的暖层作用主要是输送水汽和维持锋面系统,以保证降水的发生和持续。暖雨机制降水最终导致冻雨的发生,暖层出现是重要的特征,

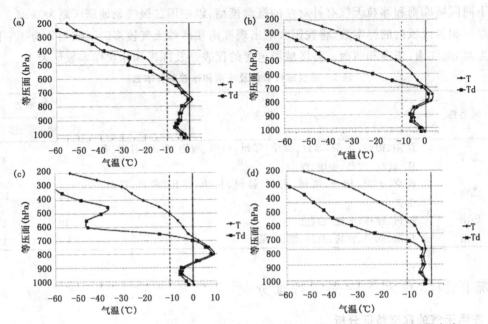

图 1　我国北方(a)、江南(b)、华南(c)和西南(d)区域冻雨天气的平均温度和露点廓线

但低层及地面气温普遍低于 0℃ 可能是最重要的原因(见图 1 和表 2)。

表 2　各区域冻雨天气平均温度和露点廓线的特征量

区域名称	云顶高度 (hPa)	−10℃线高度 (hPa)	暖层位置 (hPa)	暖层最 高气温 (℃)	有暖层的 样本比例 (%)	地面气温 (℃)
北方	600	575	750	1.0	77	−1.1
江南	675	525	700~825	2.7	96	−0.6
华南	675	500	675~875	8.8	100	0.3
西南	675	500	—	—	52	−2.1

表 3　冻雨天气大气垂直结构分类及各类型所占比例

区域 名称	融化类 有暖层 云顶高度≥−10℃线	暖雨类 1 有暖层 云顶高度<−10℃线	暖雨类 2 无暖层 云顶高度<−10℃线	边缘类 有暖层 云顶高度≥−10℃线
北方	39%	38%	23%	—
江南	27%	69%	3%	1%
华南	20%	80%	—	—
西南	4%	48%	42%	6%

2.2　冰粒天气的探空特征分析

　　图 2 是北方、江南、华南和西南区域的冰粒天气平均温度和露点廓线图,其中纵坐标最低一层表示地面,竖实线和竖虚线分别表示等 0℃ 线和等 −10℃ 线。关于冰粒天气的分类方法,参照上述冻雨天气的分类逻辑也分为 4 类。

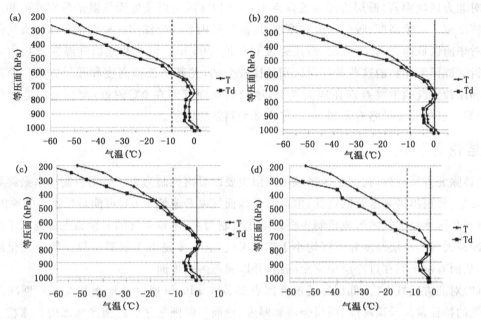

图 2　我国北方(a)、江南(b)、华南(c)和西南(d)区域冰粒天气的平均温度和露点廓线

从图 2 中可以发现,冰粒天气的云顶高度普遍高于冻雨天气。从云顶高度和−10℃线高度的比较来看,只有西南区域的云顶高度低于−10℃线高度,其他区域的云顶高度均超过−10℃线高度,尤其是华南区域。这说明我国冰粒天气的形成机制主要以融化机制为主(有冰晶层的参与)。

从暖层的特征看(表略),冰粒天气的暖层厚度和强度均小于冻雨天气,这主要是由于弱暖层只是部分融化冰晶和雪花,从而有利于其在过冷层中完全冻结,并以固态落到地面。平均来看,西南地区也有微弱的暖层,但有暖层的样本比例达到 80%,冰粒天气的形成也以融化类居多(表略)。

3　不同区域冻雨及冰粒天气的预报着眼点

从第 2 节分析可知,总体而言,我国冻雨天气以暖雨机制为主,冰粒天气则以融化机制居多。在不同区域,这两种机制的所占比例有所不同,冻雨和冰粒天气形成的环境条件也有不同特点。依据上述分析,将不同区域冻雨及冰粒天气探空资料的一些特征量进行对比,可以帮助预报员更好地了解和甄别这两类天气(见表 4)。

表 4　各区域冻雨和冰粒天气的探空资料特征量比较(区别较大的特征量用下划线标出)

区域名称	云顶高度 (hPa)		暖层最高气温 (℃)		暖层厚度 (hPa)		冷层温度露点差 (℃)		700 hPa 风速 (m/s)		地面气温 (℃)	
	冻雨	冰粒	冻雨	冰粒	冻雨	冰粒	冻雨	冰粒	冻雨	冰粒	冻雨	冰粒
北方	600	525	1.0	—	50	—	1.2	2.0	18	14	−1.1	1.1
江南	675	500	2.7	0.4	125	75	1.4	1.6	21	20	−0.6	1.3
华南	675	425	8.8	1.3	200	75	1.5	1.9	22	16	0.3	1.7
西南	675	650	—	0.0	—	25	0.9	1.2	12	14	−2.1	0.0

对北方区域而言,低层冷层温度露点差、700 hPa风速以及地面气温是甄别冻雨和冰粒天气的特征量。云顶高度、暖层强度和厚度、地面气温则是区分江南区域冻雨和冰粒天气的特征量。对华南区域而言,云顶高度、暖层强度和厚度、700 hPa风速及地面气温在预报中可以着重分析。冻雨和冰粒的这些特征量区别是比较大的,尤其是云顶高度和暖层方面。西南区域冻雨和冰粒天气的主要差别在地面气温,冰粒的地面气温在0℃附近,而冻雨的地面气温为—2.1℃。其他特征量略有差别,可以作为辅助判断的因子。

4　结论与讨论

(1)除北方区域外,我国其他区域的冻雨主要以暖雨机制为主。暖雨机制降水最终导致冻雨的发生,暖层出现是重要的特征,但低层及地面气温普遍低于0℃可能是最重要的原因。

(2)我国冰粒天气的形成机制主要以融化机制为主,冰粒天气的云顶高度普遍高于冻雨天气。冰粒天气的暖层厚度和强度均小于冻雨天气,这主要是由于弱暖层只是部分融化冰晶和雪花,从而有利于其在过冷层中完全冻结,并以固态落到地面。

(3)对北方区域而言,低层冷层温度露点差、700 hPa风速以及地面气温是甄别冻雨和冰粒天气的特征量。云顶高度、暖层强度和厚度、地面气温则是区分江南区域冻雨和冰粒天气的特征量。对华南区域而言,云顶高度、暖层强度和厚度、700 hPa风速及地面气温在预报中可以着重分析。西南区域冻雨和冰粒天气的主要差别在地面气温,冰粒的地面气温在0℃附近,而冻雨的地面气温为—2.1℃。其他特征量略有差别,可以作为辅助判断的因子。

参考文献

[1]　马宗晋. 2008年华南雪雨冰冻巨灾的反思[J].自然灾害学报,2009,**18**(2):1-3.
[2]　胡爱军. 论气象灾害综合风险防范模式——2008年中国南方低温雨雪冰冻灾害的反思[J].地理科学进展,2010,**29**(2):159-165.
[3]　陈天锡,陈贵发,穆晓涛. 驻马店地区冻雨天气特征的分析和预报[J].气象,1993,**19**(2):35-38.
[4]　吴兑,关于冻雨和雨凇、雾凇之我见[J].广东气象,2008,**30**(1):12-14.
[5]　李登文,乔琪,魏涛. 2008年初我国南方冻雨雪天气环流及垂直结构分析[J].高原气象,2009,**28**(5):1140-1148.
[6]　王华军,刘熙明,吴琼,等.基于探空资料的江西典型冻雨天气过程垂直结构分析[J].气象与减灾研究,2010,**32**(1):40-45.
[7]　杜小玲,彭芳,武文辉.贵州冻雨频发地带分布特征及成因分析[J].气象,2010,**36**(5):92-97.
[8]　汪洁,衢州冰粒的天气气候特征分析[J].浙江农业科学,2011(4):927-929.
[9]　中国气象局预测减灾司,中国气象局国家气象中心,中国气象地理区划手册[M].北京,气象出版社,2006.
[10]　Huffman G J, Norman G A. The supercooled warm rain process and the specification of freezing precipitation[J]. *Mon Wea Rev*, 1988,**116**(11):2172-2182.
[11]　欧建军,周毓荃,杨棋,等.我国冻雨时空分布及温湿结构特征分析[J].高原气象,2011,(30)(3):692-699.

一次强降温过程的降温降雨分布特征及成因

邓承之[1]　　江玉华[1]　　周　通[2]

(1.重庆气象台 401147；2.重庆黔江区气象局 409000)

摘　要

2011 年 3 月 13—15 日,冷空气入侵重庆地区引起了一次区域性强降温天气。过程显著降温区域位于重庆中西部地区,而大降水区域位于重庆中东部地区。分析表明,这种降温降雨分布特点的形成,主要是由于冷空气侵入四川盆地的路径及过程中生成的川东锢囚锋引起的。高空横槽转竖引导槽后冷空气向南爆发,冷空气南下至河套地区后,分西北和东北两条路径侵入四川盆地,其中西北路径为主要路径,由西北路径进入盆地的冷空气,结合重庆的特殊地形,引起了盆地内重庆中西部地区的显著降温;两条路径中的冷空气在川东地区相遇后有弱锢囚锋生成,锢囚锋出现的时间与位置与大降水出现的时间与落区基本一致,是重庆中东部地区大降水产生的主要原因。

关键词:强降温　西北路径　锢囚锋

引言

2011 年 3 月 13—15 日,受冷空气影响,重庆地区出现了一次区域性强降温天气,各区县 48 h 日平均气温普遍下降 6℃以上,其中,位于四川盆地内的渝中及渝西大部地区降温较为显著,约 8～12℃,达到本地春季强降温标准(图 1);渝中及渝东北部分地区,以万州、忠县等地为中心,过程雨量超过 25 mm(图略);由于降温降雨明显,渝西及渝东北部分高海拔地区有降雪出现。此次过程持续时间短,降温较剧烈,对社会公众产生了较大的影响。

本文采用常规观测、自动站及 NCEP $1°×1°$ 6 h 再分析资料,对重庆此次强降温过程作了天气形势与诊断分析。着重分析重庆降温、降雨的分布及成因。

1　环流及主要影响系统分析

1.1　环流形势

这次强降温过程主要是由横槽转竖、引导槽后积聚的冷空气向南爆发形成的,如图 2 所示。过程开始前的 2～3 天,欧亚中高纬为两槽两脊的经向环流型:两低槽分别位于贝加尔湖以西和鄂霍次克海地区,两高脊分别位于乌拉尔山和大兴安岭附近。贝湖西部低槽后部有明显的冷空气积聚。西太平洋副高呈带状分布在南海—中南半岛上空;高原及高原东部盛行纬向气流,多波动槽东移。

12 日 08 时,贝湖西部低槽,呈东北—西南走向,位于贝湖—新疆北部上空,槽后盛行东北气流,乌拉尔山脊后部盛行西南气流,槽、脊后部的温度场均落后于高度场,处于发展加强之中;重庆地区处于短波脊的影响下,天空云量较少,地面显著增温(图 2a)。13 日 08 时,乌山高脊进一步向北发展,贝湖低槽显著南压,低槽北段南压更为明显,转为东西向的横槽,槽后脊前

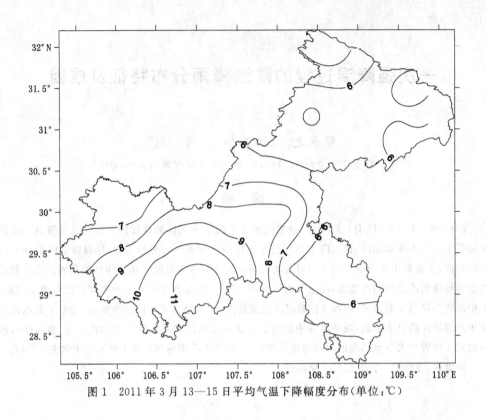

图 1　2011 年 3 月 13—15 日平均气温下降幅度分布(单位:℃)

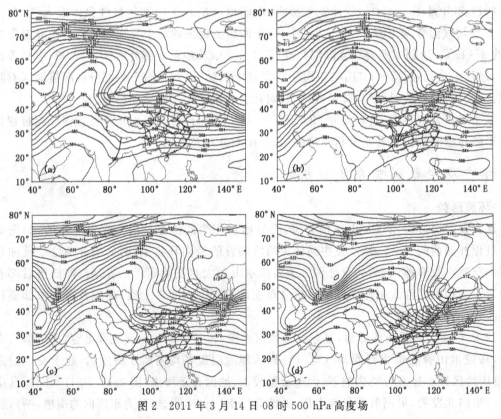

图 2　2011 年 3 月 14 日 08 时 500 hPa 高度场

(a:3 月 12 日 08 时;b:13 日 08 时;c:14 日 08 时;d:15 日 08 时;单位:dagpm)

仍维持东北气流,但冷平流明显减弱,温度槽与高度槽接近重合;重庆地区受高原短波槽的影响,天空云量增加,致使增温速度较慢,因而,冷空气影响前,地面气温正距平值不高,不利于产生较强的强降温天气(图2b)。14日08时,北方槽脊再次东移南压,横槽西段到达河套北部上空,槽后由东北气流转为西北气流,标志着横槽即将转竖。14日20时,横槽转为东北—西南走向,槽后冷空气主体迅速南压,影响包括重庆在内的我国南方大部地区(图2c)。至15日08时,低槽南段移至长江沿线一带,槽后西北气流已控制四川北部地区,标志着重庆地区的降温降雨天气即将结束(图2d)。

1.2 冷空气的积聚、爆发和结束

3月11—12日,乌拉尔山脊和贝湖低槽在后部暖、冷平流的作用下均处于发展中,槽后脊前的偏北风引导西西伯利亚冷空气在巴湖北部积聚,并缓慢东移,至12日20时,冷高压中心位于巴尔喀什湖东北部一带,中心气压约1060 hPa,地面锋位于新疆中部、内蒙古西部地区,新疆北部850 hPa温度等值线密集,气温梯度达到约12℃/5纬度(图略)。

13—15日,乌山脊和前部低槽逐渐东移南压,脊前冷空气沿着青藏高原边缘,经新疆东部、河西走廊南下,入侵四川盆地,给川渝地区带来显著的降温降雨天气。13日20时,冷高中心位于新疆东北部,中心气压仍接近1060 hPa,地面冷锋逐步翻越秦岭,到达盆地北部,开始入侵四川盆地。之后,锋面继续南压,影响川渝各地,至15日08时,地面冷锋南压至华南沿海地区,重庆地区转受冷高压控制,降温降雨结束,天气转好。按照冷空气入侵四川盆地的路径分类,此次降温降雨过程主要为西北路径冷空气入侵盆地所引起。

2 降温分布成因

图3给出了3月13日20时—15日08时850 hPa上的温度平流分布,可以看出,13日20时,在700 hPa、850 hPa切变线后部偏北风控制的华北、河套地区,出现了东北—西南走向的带状冷平流区,其中,陕西中部地区出现了超过$-60×10^{-5}$℃/s的强冷平流中心(图3a)。14日08时,切变线及冷空气进一步南下,冷平流区域扩展至长江沿线及以南地区,出现了两个冷平流中心,分别位于四川盆地北部和河南东北部,冷平流中心强度均达到$-35×10^{-5}$℃/s,盆地大部地区气温开始迅速下降(图3b)。14日20时,随着横槽转竖,冷平流中心向长江沿线地区移动,盆地北部的冷平流中心维持并向南扩散,贵州北部出现另一个冷平流中心,强度略弱,达到$-20×10^{-5}$℃/s;湖北地区维持较强的冷平流,北部亦出现一冷平流中心,强度达到$-25×10^{-5}$℃/s(图3c)。之后,强冷平流区域迅速移至贵州、湖南南部地区,川渝地区冷平流显著减弱,同时,15日开始,500 hPa低槽迅速过境,川渝地区天气转好,辐射增温增强,气温开始回升,冷空气影响结束(图3d)。

由过程中冷平流中心出现的位置和移动可以看出,冷空气影响重庆及周边地区时,主要由两个路径南下,一条是由河西走廊进入四川盆地,由盆地南部移上云贵高原;另一条是由河套或华北地区进入两湖盆地,由湖南南部进入华南地区。此次冷空气过程中,重庆东南部始终未出现强冷平流,这与此次冷空气路径及重庆地区特殊地形有关。重庆东南部为武陵山系所在地,由于地形的原因,在受冷空气影响时,冷空气较易取东北路径,即由两湖盆地回流进入,而不易受西北路径冷空气影响。此次冷空气由西北路径首先入侵四川盆地,再由盆地南部南下,而冷空气进入两湖盆地时间较晚,结束得却比较快,因而导致重庆东南部地区受冷空气入侵较

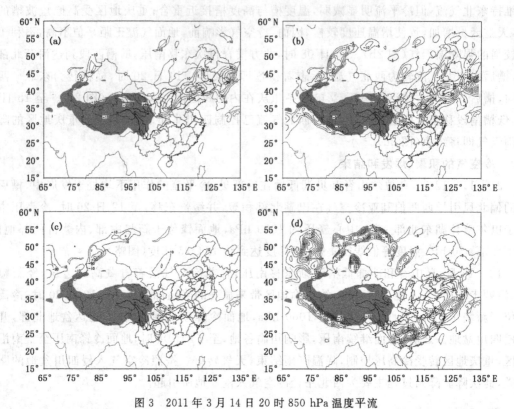

图3 2011年3月14日20时850 hPa温度平流

(a:3月13日20时;b:3月14日08时;c:3月14日20时;d:3月15日08时;单位:10⁻⁵℃/s)

弱,致使东南部地区虽然前期气温正距平较明显,但降温幅度并不大。

综合以上分析可见,此次强降温过程中,冷空气为西北路径,盆地内的重庆中西部地区降温最显著,而东部山区受影响略弱,尤其是重庆东南部地区,受西北路径冷空气的影响最弱,虽然前期有较明显的气温正距平,但并未带来匹配的降温幅度。

3 降雨分布成因

如前所述,此次冷空气影响形成的降雨,以渝中及渝东北地区最显著,万州、忠县等地,24 h雨量均超过25 mm。分析降雨中心形成的原因,与过程中出现的川东锢囚锋有密切的联系。由于盆地北部、东部山脉的存在,过程中,冷空气首先进入四川盆地并南下,稍晚进入两湖盆地的冷空气逐渐向西回流进入四川盆地,两股冷空气在盆地东部相遇,产生弱的锢囚。14日20时30°N气温经度—高度剖面图(图4)上,可以看出锢囚锋形成时,气温垂直分布呈现出的Ω形态。过程中主要的降雨时段为14日12时以后,与锢囚锋形成的时间大致相近;降雨的中心也主要位于重庆中东部地区,即形成锢囚锋位置的附近。可见,冷空气侵袭川渝地区时,锢囚锋的形成对大降雨的出现和落区有着重要的影响和指示意义。

4 结论和讨论

(1) 2011年3月13—15日,冷空气入侵重庆地区引起的强降温天气是由横槽转竖引导槽后冷空气向南爆发产生的。冷空气南下速度较快,降温时间短,主要降温时段为3月14日。

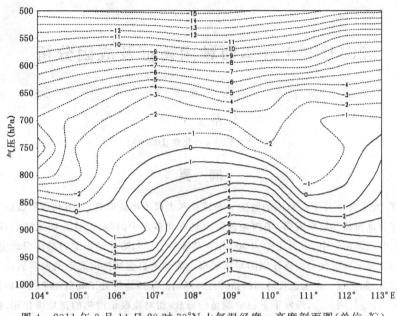

图 4　2011 年 3 月 14 日 20 时 30°N 上气温经度－高度剖面图(单位:℃)

过程的显著降温区域位于盆地内重庆中西部地区,而主要降雨区域位于盆地向山区过渡的重庆中东部地区。

(2)降温的分布特征主要由冷空气入侵四川盆地的路径导致的。冷空气的主要路径为西北路径,对位于盆地内的重庆中西部地区影响更大,对东部山区影响较小,结合盆地内一定的气温正距平,重庆中西部地区降温较显著,东北部地区较弱,东南部受到的影响最小。

(3)降雨的分布特征主要由冷空气入侵四川盆地的过程中,分为两支不同路径的冷空气先后共同影响,进而产生锢囚锋导致的。此次冷空气南下至河套地区后,入侵四川盆地的路径有两条。除了西北路径外,扩散至两湖地区的冷空气稍晚以东北路径侵入重庆地区,两条路径的冷空气在川东地区相遇后,有弱锢囚锋生成,锢囚锋出现的时间与位置与大降水出现的时间与落区基本一致,是过程中重庆中东部地区大降水产生的主要原因。

2011 年 9 月华西秋雨特征及成因分析

蔡芗宁

(国家气象中心,北京 100081)

摘 要

分析了 2011 年 9 月华西秋雨的时空分布特征和大尺度环流形势,并对秋雨形成的主要物理机制进行了诊断分析。结果表明:华西地区降雨具有北多南少的特点,且北部地区雨日多、强度大、持续时间长、落区集中。9 月上中旬 500 hPa 高度场上巴尔喀什湖以北的高压脊稳定维持,脊前西北气流携带的冷空气与副高外围的东南暖湿气流和来自孟加拉湾北上的西南暖湿气流交汇于华西地区北部,造成了该地区长时间的持续性强降雨。华西地区处于高低能量之间的强能量锋区中,东路干冷空气的汇入,激发了不稳定能量的释放,而对流凝结潜热的正反馈作用,使华西地区对流得以维持,强降雨能够长时间持续。

关键词:华西秋雨 环流形势 物理机制

引言

入秋以后,我国大部分地区秋高气爽,风和日丽,但华西地区(主要指四川、贵州、陇南、关中、陕南、鄂西、湘西等地)常常细雨霏霏,习惯上称为"华西秋雨"[1]。绵绵秋雨是华西地区秋季降水的主要特色,也是该地区主要气象灾害之一。

2011 年 9 月,华西北部地区出现了明显的秋雨天气。阴雨天气多,局地雨量大,使得四川、陕西、重庆、湖北等地部分地区发生严重暴雨洪涝及次生地质灾害。本文的目的是通过分析华西秋雨的时空分布特征、大尺度环流特点和华西秋雨的水汽及热力条件,从而探讨华西秋雨形成的物理机制。

1 2011 年 9 月华西秋雨时空分布特征

2011 年 9 月,常年华西秋雨区的北部地区(陕西、甘肃东部和南部、四川东北部、重庆北部等地)出现了明显的秋雨天气。陕西中南部、四川东北部、重庆北部等地雨量达 200~300 mm,部分地区超过 300 mm。陕西先后出现 3 次暴雨天气过程(4—6 日、10—13 日、16—18 日),秋雨异常明显,全省平均降雨量 235.9 mm,为 1951 年以来同期最多。

由华西地区 9 月降雨日数分布发现,具有明显的北多南少特点。西北地区东南部、四川东北部、重庆北部、湖北西北部等地降雨日数普遍在 11~15 天。另外,这段连续降雨主要集中在 1—19 日,而 20—26 日华西地区为晴好无雨时段。

从降雨量距平百分率来看,9 月陕西中南部、四川东北部、重庆北部雨量比常年同期偏多 5 成至 2 倍,其中陕西中南部偏多 2 倍以上;而贵州、湘西等地偏少 5 成以上。

由此可见,2011 年 9 月华西地区北部雨日多、强度大、持续时间长、落区集中,从而造成了严重的暴雨洪涝灾害。

2 中高层大尺度环流特征分析

2.1 500 hPa 大气环流特征

已有研究表明[2]，在典型的华西秋雨年中，北半球 500 hPa 高度距平分布特征通常为：孟加拉湾为宽广的负距平区，我国大陆东部到西北太平洋为正距平区；乌拉尔山阻塞高压处于准静止或缓慢移动状态，巴尔喀什湖为稳定的长波槽或低压。

2011 年 9 月北半球 500 hPa 高度距平分布也具有类似特征。孟加拉湾为负距平区，我国大陆东部到西北太平洋为正距平区，环流特征表现为孟加拉湾低槽偏深，西北太平洋副热带高压（以下简称副高）偏强，从而有利于西南季风向华西地区输送水汽。但与典型年份不同的是巴尔喀什湖以北地区为稳定的长波脊区，贝加尔湖以东地区为低槽区。这种分布型使得冷空气主体偏北，副高后部的东南暖湿气流与中纬度西风气流中的扰动相结合的位置也相对偏北，造成华西地区北部长时间位于低层偏北风和偏南风的交绥区，成为降雨集中区。

从 9 月 1—19 日秋雨集中期的 500 hPa 大气环流形势看，大陆高压位于长江中下游地区，588 dagpm 线的西伸脊点在 110°E 以西，脊线在 28°N 附近摆动；巴尔喀什湖以北的高压脊稳定维持，脊前西北气流携带的冷空气与副高外围的偏南暖湿气流在华西地区北部相遇，造成了该地区长时间持续性强降雨。另外，副高将冷空气阻挡在四川盆地以西以北，也使得贵州、湘西处于单一的暖湿气流控制之下，难以出现持续性强降雨。同时，贝加尔湖低槽底部的平直西风气流，在 40°N 附近形成较强的西风锋区，引导地面冷空气经华北南下，华西北部地区恰好处在高压后部的偏东气流中，从而阻挡了经高原东移南下的地面冷空气，也使得暖湿气流得到抬升。

再对比与秋雨集中期形成明显差异的无雨时段（9 月 20—26 日）500 hPa 平均场上，前期巴尔喀什湖以北的高压脊东移到贝加尔湖地区，与青藏高原弱脊同位相叠加；副高主体进一步东退，在大陆上的势力明显减弱，588 dagpm 线的西伸脊点约在 135°E，脊线位于 22°N 附近。可见副高在强度上已明显减弱，位置上明显偏东偏南，而华西地区受高空西北气流控制，出现了一段晴好天气。

2.2 副高特征

文献[3]指出，对西北地区东部来说，一般副高偏北多雨，偏南少雨，两者呈正相关，且秋季相关性最好。2011 年 9 月副高的特征量恰好说明了这一点。9 月副高面积指数、强度指数较常年同期明显偏大，西伸脊点偏西 25～30 个经度，120°E 脊线位置偏北 2～3 个纬度。因此，就月平均尺度而言，9 月副高偏强、偏北、偏西，有利于华西北部地区持续性强降雨天气的形成。

副高稳定且位置偏北是 9 月大气环流变化的主要特征之一。在秋雨集中期（9 月 1—19日），120°E 副高脊线一直徘徊在 25°～31°N，比常年 9 月平均脊线位置明显偏北，进一步说明秋季副高偏北有利于华西地区北部降雨天气的形成，而且副高稳定少动，使得降雨天气得到维持。

2.3 高空西风急流演变特征

早在 1958 年高由禧等[4]就指出，华西秋雨的起讫日期与亚洲上空急流的进退有关。2011年 9 月高空西风急流的变化（图 1）非常明显。9 月 1—6 日 200 hPa 西风急流稳定在 40°N 附近,8日后开始减弱南移至 35°N 附近,11 日西风急流又北抬至 40°N 附近,11—19 日稳定在40°~45°N 之间,20—26 日再次减弱南移。与强降雨时段对比分析发现,200 hPa 西风急流在40°~45°N 之间建立并稳定维持的时段正好对应着华西地区的强降雨时段,而急流减弱南移也对应着华西地区的降雨间歇期。当 200 hPa 西风急流在 40°N 附近稳定维持时,华西北部地区位于急流南侧的高空辐散区内。对流层低层有低涡在该地区生成和维持,导致该地区强降雨天气持续。

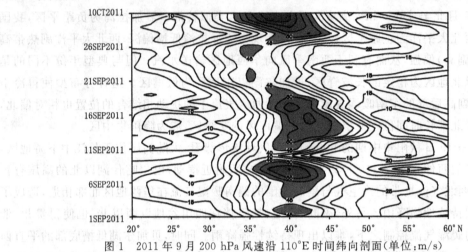

图 1 2011 年 9 月 200 hPa 风速沿 110°E 时间纬向剖面(单位:m/s)

3 物理量特征分析

3.1 热力学条件分析

从 2011 年 9 月 850 hPa 沿31°N 假相当位温剖面分析表明(图 2),1—19 日高原地区(90°~100°E)一直维持着 θ_{se} 的高值中心,而东部地区(115°E以东)为低值区。这样,在 θ_{se} 高低值之间特别是 105°~110°E之间维持强能量锋区。这个能量锋区的形成既与西南和东南暖湿气流的水汽输送有关,也与北方南下的干冷空气活动有关;而 110°E 以东地区 θ_{se} 低值一次次向西推进正好反映了东路冷空气的活动。如 16—18

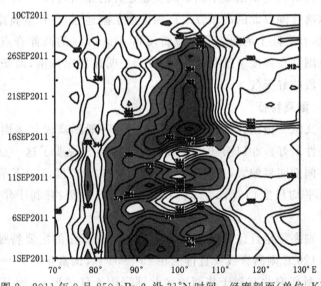

图 2 2011 年 9 月 850 hPa θ_{se} 沿 31°N 时间—经度剖面(单位:K)

日,西安地区平均气温下降了 8.4℃,在图 2 中可以看到东部低值区明显向西推进。正是由于东路冷空气的西进,加剧了能量锋区的强度,使得不稳定能量得到释放,造成大范围强降雨。20—26 日,西南季风一度中断,高原能量大为减弱,华西秋雨也随之中断。这与前面的分析一致。

进一步分析秋雨集中期(1—19日)850 hPa假相当位温的平均场发现,青藏高原东侧有大于360 K的高能舌,从四川盆地伸向河套地区,且有380 K的闭合高能中心,正如前述这支高能舌与高原东侧对流层低层的偏南暖湿气流的水汽输送相联系。与几次强降雨落区进行对比分析可见,强降雨主要发生在高能轴附近高能中心的前方。另外,在高能舌东侧有近东北—西南向的低能带,表明在秋雨集中期,对流层低层有干冷空气从华北回流到华西地区北部,这支冷空气的加入及其与偏南暖湿气流的相互作用,对强降雨的维持,特别是暴雨形成的动力和热力条件有着重要作用。

3.2 水汽条件分析

充足的水汽供应是持续性降雨的必要条件,以下就针对华西地区水汽输送情况进行分析。图3给出了2011年9月850 hPa水汽通量沿32°N逐日演变情况。从图中可以发现,9月初青藏高原东侧(100°~105°E)有明显的西南气流;同时,115°E以东地区与偏东路径冷空气活动有关的东北气流逐渐加强并转成东南气流汇入105°~110°E的华西地区。西南气流和东南气流的水汽强烈辐合,并在偏东路干冷空气上爬升,使潜热能得到释放,对流上升运动进一步加强,从而造成华西地区北部出现强降雨。到了9月20日,随着副高减弱东退,东南水汽输送也明显减弱,降雨也随之出现间歇。

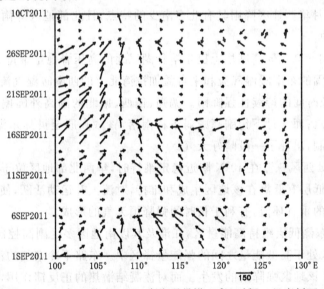

图3 2011年9月850 hPa水汽通量沿32°N时间—经度剖面

进一步分析秋雨集中期(1—19日)水汽通量及水汽通量散度分布发现(图4),华西地区北部为明显的水汽辐合区,水汽通量散度中心值达到$-250×10^{-7}$ g·hPa^{-1}·cm^{-2}·s^{-1}。水汽来源主要有两支,一支是从孟加拉湾北上的西南暖湿气流;另一支来自我国东海,依靠副高外围的东南气流输送到华西地区。此外,还有少量来自我国东北部地区与东亚地区冷空气活动有关的偏东气流的水汽输送,和源自于华西以北地区与西路冷空气相关的弱偏北气流的水汽输送。后两支气流水汽含量极少,属于干冷气流,但其汇入对加大华西地区北部水汽辐合,增强降雨强度非常重要。

另外在水汽通量散度分布中,华北、长江中下游地区为水汽辐散区,与前面讨论的假相当

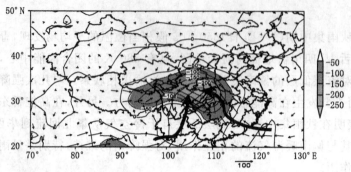

图4　2011年9月1—19日850 hPa平均水汽通量（矢量，单位：10^{-1}g·hPa^{-1}·cm^{-1}·s^{-1}）和水汽通量散度（单位：10^{-7}g·hPa^{-1}·cm^{-2}·s^{-1}，阴影区为 $< -50 \times 10^{-7}$g·hPa^{-1}·cm^{-2}·s^{-1}）

位温高能带及低能带对比分析发现，水汽辐合区为假相当位温高能带，水汽辐散区为假相当位温低能区，说明在青藏高原东侧低层存在着强烈的辐合上升运动，暖湿空气的上升运动使得该地维持高能区。

4　结论

（1）2011年9月华西地区降雨具有北多南少的特点，且北部地区降雨日数多、强度大、持续时间长、落区集中。

（2）9月上中旬500 hPa高度场上巴尔喀什湖以北的高压脊稳定维持，脊前西北气流携带的冷空气与副高外围的东南暖湿气流和来自孟加拉湾北上的西南暖湿气流交汇于华西地区北部，造成了该地区长时间的持续性强降雨。偏强、偏西、偏北的副高外围偏南气流为华西地区北部输送了大量水汽；而9月下旬副高减弱东移南落，青藏高原至贝加尔湖为高压脊区，华西地区受西北气流控制，出现了一段晴好天气。

（3）当200 hPa西风急流在40°N附近稳定维持时，华西北部地区位于急流南侧的高空辐散区内。而对流层低层有低涡在该地区生成和维持，对流上升运动活跃，使得该地区始终保持低层辐合高层辐散的垂直环流，有利于长时间强降雨天气的形成。

（4）青藏高原东侧低层维持高能量区，江淮及其以南地区多受副高控制盛行下沉气流，为低能量区，华西地区处于高低能量之间的强能量锋区中。东路干冷空气的汇入，激发了不稳定能量的释放，造成了该地区强降雨的发生。而对流凝结潜热的正反馈作用，使华西地区对流得以维持，强降雨能够长时间持续。

参考文献

[1]　白肇烨，徐国昌. 中国西北天气. 北京：气象出版社，1988.

[2]　任炳潭. 两千年华西秋雨的初步研究. 气象，1987，**13**(9)：21-24.

[3]　方建刚，白爱娟. 陕西省一次秋季连阴雨过程的天气动力学分析. 大气科学研究与应用，2003，**24**(1)：9-15.

[4]　高由禧，郭其蕴. 我国的秋雨现象. 气象学报，1958，**29**(4)：264-270.

2011 年春夏长江中下游地区旱涝急转特征及发生原因的分析

王　凤[1]　孙即霖[1]　吴德星[1]　韦冬妮[2]

(1.中国海洋大学物理海洋实验室,海气相互作用与气候变化实验室,青岛 266100；
2.国家海洋局北海分局大连海洋中心站,大连)

摘　要

利用 NCEP 再分析资料分析了 2011 年春夏季长江南部中下游地区发生旱涝急转的异常大气环流特征和引起大气环流异常的影响因素。分析发现:长江南部中下游地区旱涝急转发生与西北太平洋副高压的变化有密切关系。副高由弱到强的变化为降水提供了水汽条件,高空急流的变化则为降水提供了上升运动条件。进一步分析表明,西太平洋副高西伸加强的原因与副高加强前一候时段内孟加拉湾地区的异常对流加强有密切的关系。急流的变化则与陆地气温的季节变化和中纬度西太平洋经向 SST 梯度异常强存在密切的联系。2011 春夏季长江中下游地区旱涝急转现象的发生,局地大气环流变化,南北半球大气环流相互影响以及海洋对大气环流影响的共同作用造成的。

关键词:旱涝急转　西太副高　高空急流

引言

2011 年长江中下游地区旱涝急转被列为 2011 年中国十大天气气候事件之一。2011 年 1 月至 5 月,长江中下游地区降水连续偏少,出现了近 60 年来最严重的干旱。5 月下旬江南等地出现较大范围降雨,使长江中下游地区的旱情有所缓和,然而随后长江中下游地区将以晴热少雨天气为主,导致部分地区旱情持续或进一步加剧。6 月 3—24 日,出现 5 次强降雨过程,长江中下游地区六省一市(湖南、湖北、江西、安徽、江苏、浙江、上海)区域平均降水量 247.9 mm,较常年同期(153.2 mm)偏多 62％,为近 56 年历史同期最多,"旱涝急转"特征凸显。这样急剧的旱涝急转很大可能是由大气环流的异常变化引起的,近年来的研究表明,区域大气环流的异常不仅是由该区域的大气的动力、热力异常造成的,也可能是别的区域环流异常造成的[1,2],并且海洋环流的异常也会对大气环流产生影响[3]。本文的目的是找出发生旱涝急转这一现象的原因,并试图发现与其密切相关的前期信号,利用诊断分析着重从大气环流异常方面研究这次旱涝急转现象,以期对今后的研究和预报工作提供一定的参考。

本文分析研究所用的资料主要是美国国家环境预报中心(NCEP)和国家大气科学研究中心(NCAR)共同完成的再分析资料(1981—2011 年),其每日资料水平分辨率为 2.5°×2.5°,垂直方向为 17 个等压面层,要素包括风、位势高度、温度、湿度等。高度和温度场使用的是 NCEP FNL (Final)可操作全球分析数据,每 6 h 更新一次,分辨率为 1°×1°。SST 数据使用的是日平均 SST 和 Ice 的 NOAA 高分辨率混合分析资料(1985 年至今),分辨率为 0.25°×0.25°。

1 2011年春夏长江中下游降水概况

图1显示的是长江中下游地区(110°~122.5°E,25°~30°N)从1月开始到6月30日的气候平均日降水量和2011年的相应时期的日平均降水量。从图中可以看出,长江中下游地区,主要是长江以南的地区在2011年1月到6月整体呈现干旱,降水长期少于气候平均降水量。而在5月1—16日期间出现了一次较强的降水过程,5月下旬又是持续的干旱,直到6月2日再次出现强降水过程,这次降水给长江中下游的部分地区造成的洪涝灾害。5月上旬的降水过程由于出现在长期干旱的情况下,并没有给降水地区造成洪涝灾害,此次过程发生在南海夏季风爆发之前,与6月上旬的那次降水过程的季节大气环流特征属于不同的类型[4]。本文分析的重点放在发生明显旱涝急转的第二次降水过程上,试图找出旱涝急转现象发生的原因,并尝试发现影响其产生的前期信号。

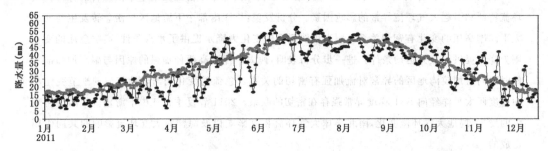

图1 2011年长江中下游地区(110°~122.5°E,25°~30°N)降水量及气候日平均降水量
(1981—2010年)

根据降水量的多少,选取4个时间段分析这次旱涝急转过程,阶段一(p1)是4月16—30日,代表春季持续干旱的情况;阶段二(p2)是5月1—15日,在持续干旱的情况下出现了一次较强的连续降水过程;阶段三(p3)是5月16日—6月2日,长江中下游仍然持续严重干旱的情况;阶段四(p4)是6月2—6月20日,长江以南的中下游地区的持续降水造成了部分地区的洪涝灾害。由于阶段二和阶段四的降水机制并不类似,所以没有使用合成分析而是将两次旱涝转换分别进行分析。

2 大气环流背景场

2.1 大气环流在旱涝时期的变化

从200 hPa高度场(图略)上可以看到南亚高压在5月逐渐加强北上,6月之后就跃上高原,环流型转为夏季型[5],急流中心也随之北移。p2时期的降水还是冬季风环流情况下的降水过程。从图2中看出,在降水时期长江中下游地区的水汽通量较大并且对应着上升运动,p2阶段水汽来自孟加拉湾地区,主要是西南向的输送。P4时期水汽来源则较多,除了来自印度洋、孟加拉湾的西南向的水汽输送,还有来自西北太平洋和中国南海的水汽。此时夏季风已经爆发,南亚高压也跳上高原,环流形势转为夏季风环流[6]。从水汽量来看,六月上旬的降水量较大,持续时间也较长,旱涝急转现象明显。因此后面重点分析p3—p4时期的旱涝急转过程,用p3阶段来表征干旱时期,p4阶段表征洪涝时期。

p4与p3时期相比500 hPa高度场(图3(a)、(b))上最明显的不同就是在降水期间西北太平洋副热带高压有显著的加强西伸,长江中下游地区位于条状副高的西北侧,这种环流形势会将太平洋和南海的暖湿空气输送的降水地区,配合北方南下的冷空气则利于持续性降水的产生。同时孟加拉湾地区上空的低槽加深发展,将孟加拉湾地区的水汽向长江中下游输送。副高的变化趋势在 500 hPa 高度异常场上则更为明显,从图 3(c)、(d)的对比中可以看出 p3 时期中国大部分地区气压异常偏高南海和西北太平洋地区处于气压负异常状态,导致陆地上偏北风加强,不利于降水的产生。到 p4 阶段,太平洋副高突然又一段加强西伸,孟加拉湾地区则为低压异常,这使得长江中下游地区的风向为南向,大量的水汽被输送到长江以南地区,为降水提供了有利条件。

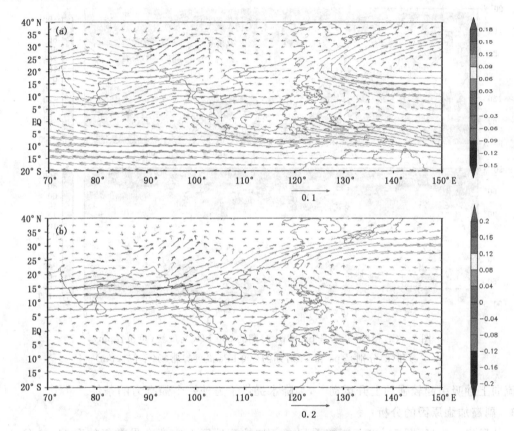

图 2 (a)和(b)分别是 p3 和 p4 时期的水汽通量(箭头,单位:g/(s·m))及
上升运动(颜色条,单位:Pa/s)

2.2 高空急流对上升运动的作用

高空 200 hPa 急流的位置对于降水有很大的影响[7,8]。从图 4 中可以看出,p3 阶段急流中心风速最大的区域分裂成两段,东段位于日本以东的太平洋地区上空,西段则位于中国北部地区内蒙古一带上空。图 4(a)是行星锋区两侧的温差,表征行星锋区的强度,从 5 月下旬开始锋区强度有所减弱,而日本以南海域亲潮与黑潮之间的温差加大(图 4(d)),使得海洋上空斜压性增强而陆地上空斜压性有所减弱,热成风的变化使急流中心在海上加强。图 4(c)显示 p4 阶段急流轴的位置发生变化恢复为一个中心,中心风速加强位置有所西移。此时长江中下游地区处于急流入口区的右侧,高空对应强的气旋式切变,负涡度增加高空强辐散会将下层的

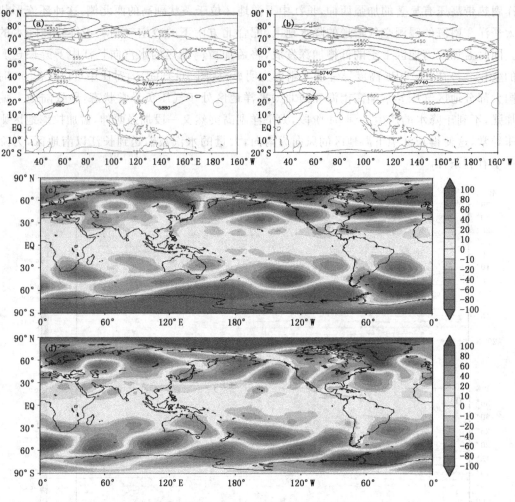

图3 (a)和(b)分别是 p3 和 p4 时期的 500 hPa 高度场(单位:gpm),
(c)和(d)分别是 p3 和 p4 时期的 500 hPa 高度异常场(单位:gpm)

气流向上抽吸引起较强的上升运动[8],为降水提供了另外一个强有力的条件。

2.3 副高加强原因的分析

从风场异常场(图5(a))上能够看到在孟加拉湾地区上空有个异常气旋存在,与 OLR 场的对流活动(图5(b))相对应。根据 Gill 的潜热加热理论,当热源呈关于赤道反对成的情况下,异常潜热加热区即异常气旋的东侧对强迫出异常的反气旋环流[9],该地区与洪涝期间西伸的副高脊相对应。副高的加强西伸使得长江中下游地区位于副高脊的北部,气流沿着副高边缘从东南向变为西南向,将太平洋和南海的水汽输送的长江中下游地区,这种环流条件为持续性降水提供了充足的水汽供应。降水期间北半球大气是低指数环流型[10],稳定的环流形式配合水汽和上升运动造成来长江中下游地区异常多的降水。

3 南半球冷空气活动的影响

南半球的冬季高压伴随着冷空气的活动,而冷空气的活动则会引起越赤道气流的加强[11]。图6(a)利用 IAP 9-layer AGCM 模式,对澳大利亚冷空气影响越赤道气流影响的数

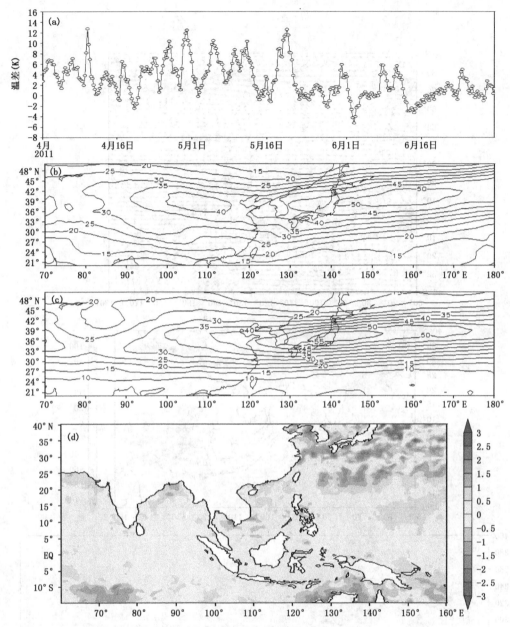

图 4 (a)是 2011 年 4 月到 6 月 700 hPa 层上急流南北两侧的温差(单位:K),(b)和(c)是 p3 和 p4 时期对应的急流(等值线是等风速线,单位:m/s),(d)是 p4 时期的 SST 异常场(单位:℃)

值实验计算结果。模式中用的是气候平均背景场,与本文中讨论的旱涝急转期间的大气背景场并不完全相同,且实验中冷空气位置比 2011 年冷空气位置偏东,但结果足以说明冷空气对越赤道气流影响,在北半球热带产生气旋式的辐合运动场。图 6(b)在 6 上旬南半球有一次显著的冷空气活动,越赤道气流在赤道印度洋地区有显著增加,使得气流在印度洋孟加拉湾地区辐合,激发出其上空的异常加强对流。同时加深了印缅槽,促使更多的水汽从孟加拉湾地区被输送到长江中下游地区,为降水提供有利条件。

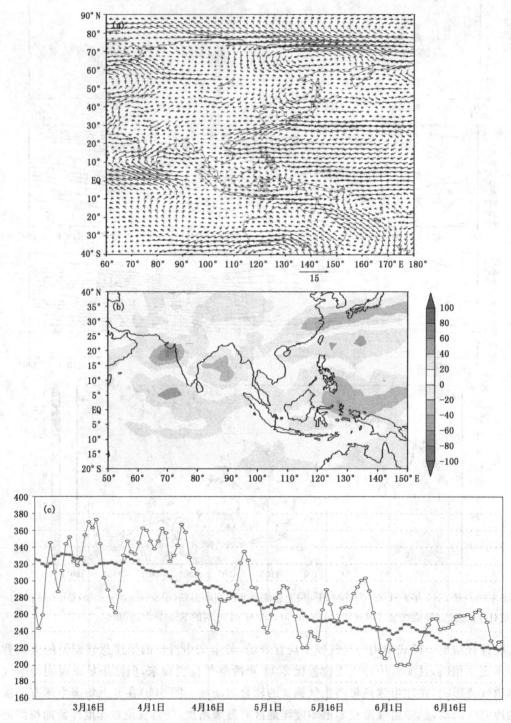

图 5 （a)是 p4 时期 850 hPa 风场异常场,(b)是 p4 时期 OLR 异常场,(c)是 2011 年 3 月到 6 月的北
半球西风指数以及同期气候平均的北半球西风指数

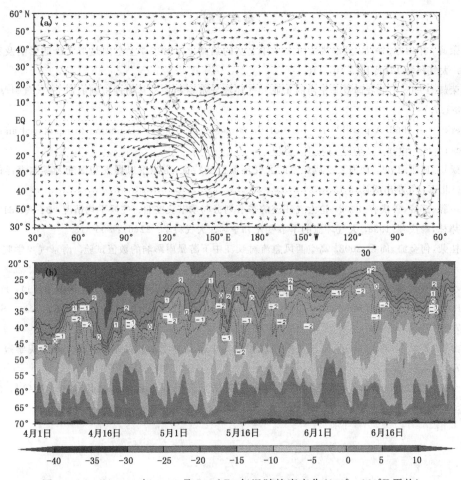

图 6 (a),(b)2011 年 4—6 月 700 hPa 气温随纬度变化(100°~160°E 平均)

4 结论

(1)2011 年春末夏初长江中下游地区的旱涝急转现象与大气环流异常变化有密切的关系,尤其是西北太平洋副热带高压的变化,为降水提供来充足的水汽输送。

(2)洪涝时期长江中下游处于高空西风急流轴入口区右侧,陆地经向温度梯度的减小是形成长江下游附近成为高空西风急流入口区域的重要原因。另外,高空负涡度的加强有利于上升运动的增强。而急流轴的变化则与海面亲潮与黑潮间的温度梯度增大有密切联系。

(3)副高的增强与印度洋孟加拉湾上空的异常对流加强有关,南半球冷空气活动会导致越赤道气流的加强,激发出孟加拉湾上空的异常对流。

2011 年初夏长江中下游地区的旱涝急转是多重机制共同作用的结果,可以看出海洋对大气环流的影响不可忽视的,陆地季节性热力效应的变化(经向温度梯度减小)对暴雨区上升运动的影响至关重要。两半球间大气运动的相互影响对对流和西太平洋副高的影响也不容忽视。从中期天气预报的角度,可以提前得出一些有参考价值的预报信号。本文的分析是很初步的,具体作用机制仍需进一步深入研究。

参考文献

[1] 黄荣辉，李维京.1988.夏季热带西太平洋上空的热源异常对东亚上空副热带高压的影响及其物理机制.大气科学 **12**(特刊).107-116.

[2] 黄荣辉.1990.引起我国夏季旱涝的东亚大气环流异常要相关及其物理机制的研究.大气科学.**14**(1)：108-117.

[3] Bjerknes J.1966.A possible response of the atmospheric Hadley circulation to equatorial anomalies of ocean temperature. *Tellus.* **18**：820-829.

[4] 李崇银，屈昕.1999.南海夏季风爆发的大气环流演变特征,南海季风爆发和演变及其与海洋的相互作用.北京：气象出版社.5-12.

[5] 林一骅,薛峰,曾庆存.2002.论大气环流的季节划分与季节突变Ⅲ.气候平均情况.**3**：307-314.

[6] 张邦林,曾庆存.1998.大气环流的季节变化和季风.大气科学.**22**(6)：805-813.

[7] 韩桂荣,何金海,周兵.2003.高空西风急流对长江中下游暴雨影响的数值试验.南京气象学院学报.**26**(5)：595-604.

[8] 王小曼,张兴强.2009.梅雨暴雨与高空急流的统计与动力分析.南京气象学院学报.**32**(1)：111-117.

[9] Gill A E.1980.Some simple solutions for heat-induced tropical circulation. *J. R. Mat. Soc.* **106**：447-462.

[10] 何金海,姜爱军,刘飞.2006.亚洲夏季西风指数与中国夏季降水的关系.南京气象学院学报.**29**(4)：517-519.

[11] 黄士松,杨修群.1989.马斯克林高压的强度变化对大气环流影响的数值试验.气象科学.**9**(2)：125-138.

湿位涡和垂直螺旋度在暴雨数值预报中的应用研究

宋书民 巩日芝 邓 飞

(72517 部队,济南 250022)

摘 要

本文利用 WRF 模式对 2004 年 8 月 26 日 12:00 UTC—8 月 28 日 12:00 UTC 发生在我国中东部一次典型的大到暴雨过程进行了数值模拟,同时利用湿位涡(MPV)不可渗透性原理、湿位涡垂直分量(MPV1)、湿位涡水平分量(MPV2)和垂直螺旋度进行了诊断分析。结果表明,通过分析每日 00:00 UTC 850 hP 上的 MPV1、MPV2 和 700 hPa 上的垂直螺旋度,发现凡是出现垂直螺旋度的相对大值区、MPV1 正值和 MPV2 负值三者重叠的区域,则都是降水的大值区;在 700 hPa 上,湿位涡高值区对应地面上的降水区,MPV 异常高值区与等 θ_{e} 线配合在我国中东部暴雨中有很好的指示性;MPV1、MPV2 的正负重叠区,但不是垂直螺旋度的大值区,则有可能不出现降水或少量降水。通过模式模拟和诊断分析,把诊断分析的结果相对于预报时刻提前 12 h 用来修正模式模拟结果,对预报有比较明显的指示意义。

关键词:暴雨 数值模拟 湿位涡 相当位温 垂直螺旋度

引言

暴雨是影响我国的主要灾害性天气,对其准确地预报一直是气象工作者的研究重点。近年来,随着数值模式性能的不断进步及其在业务预报中的应用,暴雨的预报水平得到了很大的提高,但对于暴雨发生的时间、暴雨产生的位置及暴雨的强度预报还有待于进一步提高。

位涡是一个综合反映大气热力和动力性质的物理量,具有干位涡、湿位涡、等熵位涡、等压位涡等多种形式。它将大气中两种不稳定机制联系在一起,给出了两者相互联系和相互制约的关系,并提供了不稳定的判别机制,近年来被广泛应用于中尺度天气的诊断分析中。早在20 世纪 30 年代末,Rossby 就发现绝对位涡 ζ_a 的垂直分量 ζ_z 对大尺度运动的重要性,并提出在正压大气中 $\frac{\zeta_z}{H}$ 的守恒性(H 为流体柱高度)[1,2]。40 年代初,Ertel 提出了位涡的概念[3],指出在绝热无摩擦的干空气中,Ertel 位涡具有严格守恒的特性。

80 年代初,Hoskins 等[4]对位涡在大气诊断中的应用做了系统的分析,再次指出了位涡理论的应用价值。然而,当有云发展和潜热释放时,位涡不再守恒。1979 年,Bennetts 等提出了湿位涡概念[5],把位涡的应用推广到包含水汽和加热效应的大气中。1995 年,吴国雄等[6]用相当位温代替位温,证明了绝热无摩擦的饱和湿空气具有湿位涡守恒的特性,并由此去研究湿斜压过程中垂直涡度的发展,提出倾斜涡度发展理论,为位涡在暴雨天气研究中提供了更深的理论依据。且通过位涡分析表明,等压面上湿位涡分量 MPV1(正压湿位涡)和 MPV2(斜压湿位涡)的分析不仅在中高纬有效,在低纬度及低对流层也十分有效,是暴雨诊断和预报的有力工具。Gao 等[7~9]将位涡的定义广义化,引入了对流涡度矢量(CVV)和湿涡度矢量(MVV)

两个新概念,把这两个新物理量应用在二维云分辨模式及三维云分辨模式中来研究热带对流系统,得到了很有意义的研究成果,指出 CVV 和 MVV 的垂直分量与热带对流密切相关,并且能把热带对流的中尺度动力过程和热力过程与云微物理过程密切联系起来,由此提出了一种具有很大应用潜力的诊断分析方法。随后赵宇等[10,11]将这两个新概念应用到中纬度深对流系统中,也得出一些有意义的结论。Gao 等[12]从由完全动力学方程推出的湿位涡方程,得到湿位涡物质不可渗透性理论。所谓位涡物质的不可渗透性是指它本身不可能从一个等熵面向另一个等熵面扩散或渗透,它只能在其所包围的等熵面上变化。周玉淑等[13]论证了湿位涡物质的保守性,阐明强降水会造成湿位涡物质异常,异常高度主要出现在 850~500 hPa,并对长江流域一次暴雨的对流系统进行了湿位涡物质的诊断分析,指出等压面上等相当位温线间的湿位涡异常区的移动示踪了暴雨区的移动,这可为暴雨预报提供一定的动力依据。

本文利用 WRF 模式 3.3 版本对 2004 年 8 月 26—28 日发生在我国中东部地区的一次暴雨降水过程进行了数值模拟,并利用数值模式预报的结果,通过计算湿位涡垂直分量(MPV1)、湿位涡水平分量(MPV2)和垂直螺旋度进行了诊断分析,探讨数值模拟和物理量诊断分析相结合来提高预报准确率的可行性。

1 降水概况和大尺度环流背景

1.1 降水概况

2004 年 8 月 26 日 12:00 UTC—28 日 12:00 UTC,在河南、山东和辽东半岛出现了一次大到暴雨天气过程,雨带呈东北—西南走向,为一带状分布,如图 1 所示。图 1(a)给出了 26 日 12:00 UTC—27 日 12:00 UTC 的 24 h 累积降水,从图上可以看到降水区域主要位于山东和河南中西部,降水大值中心位于山东西部与河南东北部交界的山区(34.5°N,116°E),中心降水量为 85 mm。图 1(b)给出了 27 日 12:00 UTC—28 日 12:00 UTC 的 24 h 累积降水,可以看到其降水区域向东北方向移动,原来位于山东西部和河南东部交界处的降水中心移动到了山东北部地区,中心降水量减小至 45 mm,而在辽东半岛则出现了新的降水区,降水中心的24 h 累积降水达到 104 mm。

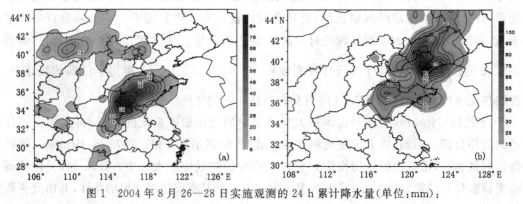

图 1 2004 年 8 月 26—28 日实施观测的 24 h 累计降水量(单位:mm):

(a)26 日 12:00 UTC—27 日 12:00 UTC;(b)27 日 12:00 UTC—28 日 12:00 UTC

1.2 大尺度环流背景

图 2 给出 2004 年 8 月 26 日 12:00 UTC 500 hPa 位势高度场。从图上可以看到,欧亚中

纬度地区为典型的"两槽一脊"型,贝加尔湖和鄂霍次克海东南洋面各有一个发展强烈的低值系统,从两个低值系统中心向西南偏南方向伸出两根槽,两槽之间的高压脊位于黑龙江东部到朝鲜半岛上空。而在中低纬地区副高西伸脊点到达112°E,副高北缘位于35°N,长江中下游由副高西申脊控制,导致北方冷空气和南方副高西北侧输送上来的暖湿气流在河南、山东和辽宁等地相遇,在槽前正涡度平流的作用下,有利于气流上升。台风 Aere 在我国福建南部与广东交界处登陆,并缓慢向西运动;另一台风 Chaba 位于(25°N,135°E)。由于双台风的作用,副高西南侧输送到大陆上的水汽异常增多,这为湖北、山东和辽宁地区的强降水天气提供了强有力的水汽输送。而且,此类型环流稳定少动,有利于该地区持续降水的发生。

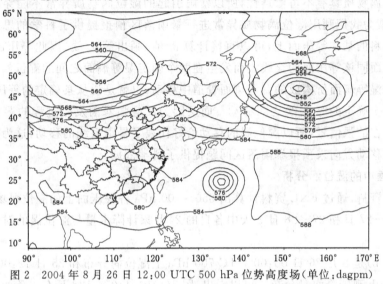

图 2　2004 年 8 月 26 日 12:00 UTC 500 hPa 位势高度场(单位:dagpm)

2　诊断分析

2.1　资料介绍

本文利用我国 753 站逐日站点资料作为实况降水资料,采用每 6 h 间隔分辨率为 1°×1° 的美国 NCEP(National Centers for Environmental Prediction)最终分析资料(FNL)作为观测资料,同时作为后面数值模式模拟的初始场和边界条件。

2.2　研究方法

在笛卡儿坐标系中,湿位涡定义为:

$$P_m = \alpha \zeta_a \cdot \nabla \theta_e \tag{1}$$

式中为 α 比容,ζ_a 为绝对涡度,θ_e 为相当位温。

在静力近似下,取 p 为垂直坐标,并假定垂直速度的水平变化比水平速度的垂直切边小得多,由式(1)得湿位涡在等压面上表达式为:

$$P_m = -g(fk + \nabla_p \wedge V) \cdot \nabla_p \theta_e \tag{2}$$

定义湿位涡的第一分量为垂直分量,第二分量为水平分量,即:

$$\begin{cases} MPV1 = -g(\zeta_p + f)\dfrac{\partial \theta_e}{\partial p} \\ MPV2 = -g(k \times \dfrac{\partial V_h}{\partial p}) \cdot \nabla_h \theta_e \end{cases} \tag{3}$$

则 $P_m = MPV1 + MPV2 = \alpha\zeta_a \cdot \nabla_p\theta_e$。其中 $MPV1$ 为湿位涡垂直分量,正压项,其值取决于大气绝对涡度和相当位温垂直梯度的乘积,因为绝对涡度是正值,故 $MPV1 \sim -\frac{\partial\theta_e}{\partial p}$,当大气为对流不稳定时,$\frac{\partial\theta_e}{\partial p} > 0$,故 $MPV1 < 0$;若大气为对流稳定时,$\frac{\partial\theta_e}{\partial p} < 0$,故 $MPV1 > 0$;$MPV2$ 为湿位涡水平分量,斜压项,它的数值由风的垂直切变和 θ_e 的水平梯度决定,风的垂直切变增加或水平温斜压的增加,均能因湿等熵面的倾斜而引起垂直涡度的增长,有利于强降水的发生或加剧。湿位涡的单位是 $10^{-6} m^2 \cdot s^{-1} \cdot K \cdot kg^{-1}$。

由于湿位涡物质具有不可渗透性,所以暴雨引起的湿位涡物质异常不能穿过与它相邻的湿等熵面,这就为我们利用湿位涡物质异常进行暴雨落区预报提供了科学的思路和方法。在现有的观测资料的某一等压面上,可以直接计算 θ_e 值,画出等 θ_e 线,因此等压面上的等 θ_e 线代表了湿等熵面同该等压面的交线。而发生在两个确定湿等熵面之间的湿位涡物质异常也必然在由这两个湿等熵面所构成的湿等熵面管道中移动,也就是说从某确定的等压面上看,湿位涡必然是在两个确定的等 θ_e 线之间移动。而又因为反应强暴雨发生过程的湿位涡异常是暴雨系统位置所在的强信号,所以湿位涡的移动恰好代表了暴雨系统的移动,这为我们利用湿位涡物质异常的移动方向来预报暴雨落区问题提供了科学依据。

2.3 暴雨过程中的湿位涡分析

利用观测资料,通过 FNL 资料计算出 850～500 hPa 各等压面上的湿位涡场,分别分析了 25—26 日、26—27 日和 27—28 日 3 天中各自的 24 h 累计降水量与湿位涡的对应关系。结果如图 3 所示。

图 3(a 和 b)是 8 月 26 日 00:00 UTC 700 hPa 上湿位涡分布和 25 日 12:00 UTC—26 日 12:00 UTC 24 h 观测降水量分布。可以看出,图 3(a)中,110°～128°E 有一条西南—东北走向的湿位涡异常高值带,中心数值达 $1.2 \times 10^{-6} m^2 \cdot s^{-1} \cdot K \cdot kg^{-1}$,而这条湿位涡异常高值带相对应图 3(b)中的几个降水区域,且湿位涡高值中心基本和降水如中心处在相同位置。从图 3(a)中还可以看出,湿位涡物质异常区两侧的等 θ_e 线呈西南偏西走向,与湿位涡异常高值带有夹角,根据湿位涡物质不可渗透性原理,未来湿位涡异常高值区会随着等 θ_e 线的走向逐渐转为西南偏西走向。图 3(c)中则明显反映了这一未来变化,说明与湿位涡异常区对应的暴雨带未来也必会向西南偏西偏转。

由图 3(c 和 d)中可以看到,陕西南部、山西南部、河北南部和山东大部地区维持着一条西南偏西向的湿位涡物质高值带,山东东部、内蒙古东部、内蒙古西部和陕西南部各有一个异常高值中心,中心数值最小 $0.2 \times 10^{-6} m^2 \cdot s^{-1} \cdot K \cdot kg^{-1}$,最大达 $0.6 \times 10^{-6} m^2 \cdot s^{-1} \cdot K \cdot kg^{-1}$,且各自中心均对应有降水出现,由于山东大部呈湿位涡高值异常,故在该日降水量图中(图 3d)山东地区普降大到暴雨。从图 3(c)中还可以看出,在江苏、安徽和浙江一带,等 θ_e 线呈南北走向,在山东地区转为东西向,根据湿位涡物质不可渗透性原理,未来湿位涡异常区会随等 θ_e 线的走向再次转为西南—东北走向。这一点在图 3(e)中可得到明显反映,与湿位涡高值区对应的暴雨带未来也必会再次转向西南—东北走向。

到 28 日 00:00 UTC,湿位涡异常高值带偏转偏转方向与之前的推测吻合(图 3e),同时在地面图上,该日降水带也随着湿位涡异常高值带的偏转而偏转(图 3f),呈西南偏南走向。同时在图 3e 中可注意到,湿位涡高值异常区在(40°N,127°E)处分成两道,一道往西北,一道往东

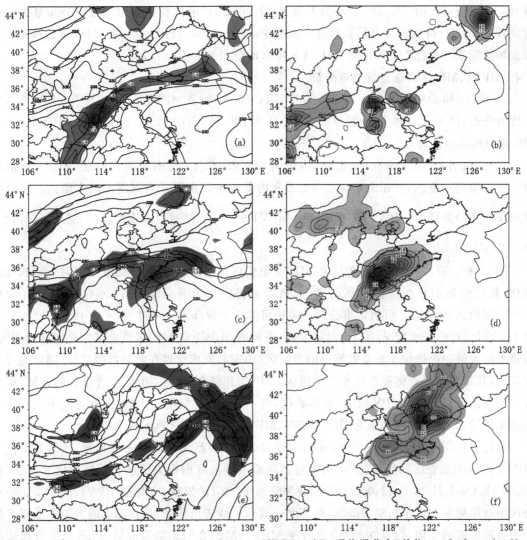

图 3　2004 年 8 月 26 日 00：00 UTC—28 日 00：00 UTC 700 hPa 湿位涡分布（单位：10⁻⁶ m² · s⁻¹ · K · kg⁻¹）（a. 26 日 00：00 UTC；c. 27 日 00：00 UTC；e. 28 日 00：00 UTC；实线为该等压面上等 θₑ 线；阴影区为湿位涡，a.阴影区：湿位涡≥0.2，b.阴影区：湿位涡≥0.1，c.阴影区：湿位涡≥0.2）与 8 月 25 日 12：00 UTC—28 日 12：00 UTC 观测的 24 h 累计降水量（单位：mm）（b. 25 日 12：00 UTC—26 日 12：00 UTC；d. 26 日 12：00 UTC—27 日 12：00 UTC；f. 27 日 12：00 UTC—28 日 12：00 UTC）

南。这主要是由于此时 700 hPa 上两槽之间的高压脊处在日本东部上空，呈西北偏北走向，高压脊挡住了湿位涡高值带继续向东北方向传播，致使湿位涡高值带在此处分为两道，这也是日本上空存在的湿位涡高值带没有相应降水和该日降水带比原本推测的角度更加偏北的原因。我们从图 3 中每日 00：00 UTC 湿位涡高值异常区与降水对应关系还发现，降水带总是比湿位涡异常高值区偏西，这是因为实际大气中时常是"非均匀饱和"，即相对湿度没有达到饱和时可能已有凝结现象，故实际降水条件比我们分析的要相对容易，故下雨"提前"了，因此我们分析的湿位涡异常高值区在实际大气降水区的东侧。

　　在此次降水天气分析中发现，00：00 UTC 700 hPa 上湿位涡的分布与当日 24 h 累计降水量对应情况较好。由 700 hPa 等压面上每天 00：00 UTC 的湿位涡和相当位温分布基本可确定该日 24 h 累计降水的分布形式和降水大值中心，通过 700 hPa 上 00：00 UTC 湿位涡和相当位温场的配置，可提前 12 h 预测当日 24 h 降水的分布和大值中心。

2.4 MPV1、MPV2 和垂直螺旋度分析

图 4(a、c 和 e)分别为 8 月 27 日 00：00 UTC 850 hPa 上 MPV1、MPV2 和 700 hPa 垂直螺旋度的分布，图 4(b、d 和 f)分别为 8 月 28 日 00：00 UTC 700 hPa 上 MPV1、MPV2 和 700 hPa 垂直螺旋度的分布。

通过对比图 4(a、c 和 e)发现，在内蒙古中东部、山东、河南和湖北出现 MPV1 正值和 MPV2 负值的重叠区，且在山东与河南交界和内蒙古中部出现垂直螺旋度的大值区。垂直涡度增长的充分条件为：$MPV2/\frac{\partial\theta_e}{\partial p}>0$，而 $MPV1\sim-\frac{\partial\theta_e}{\partial p}$，故垂直涡度增长的充分条件转化为 $MPV2/MPV1<0$[6]。

图 4a 和 c 中，在 MPV1 正值区和 MPV2 负值区重叠的区域，水平切变涡度向垂直涡度的转化，低层聚集的水汽被输送到高层，为强降水提供了上升运动条件，即在图 4(a 和 c)中 MPV1 正值区和 MPV2 负值区重叠的区域很可能产生强降水。通过与 26 日 12：00 UTC—27 日 12：00 UTC 的降水实况(图 1a)对比发现，前面的 MPV1 与 MPV2 重叠区就是实际降水区，且降水的大值中心恰位于垂直螺旋度的大值区(山东与河南交界和内蒙古中部)。同时通过对比发现，凡是出现垂直螺旋度的相对大值区、MPV1 正值和 MPV2 负值三者重叠的区域，都是降水的大值区；MPV1、MPV2 的正负重叠区，但不是垂直螺旋度的大值区，有可能不出现降水或降水量较小，比如在四川东北部的 MPV1、MPV2 正负重叠区就无降水对应。

通过对比图 4(b、d 和 f)发现，在京津地区、辽宁和苏北—冀东一线出现 MPV1 正值和 MPV2 负值的重叠区，且在辽东半岛附近出现垂直螺旋度的极大值区。通过对比 8 月 27 日 12：00 UTC—8 月 28 日 12：00 UTC 的观测降水量(图 1b)发现，该时刻 MPV1、MPV2 正负重合区中京津地区和辽宁出现了降水，但苏北—冀东一线未出现降水，且降水的大值中心正好位于垂直螺旋度的大值区(辽东半岛)。出现 MPV1、MPV2 的正负重叠区，但不是垂直螺旋度的大值区有京津一带和苏北—冀东一带，但是这两个地方在该日的观测降水图上却有较明显的区别，在京津一带出现了降水，在苏北—冀东一带则没有出现降水，满足之前的结论。出现垂直螺旋度的相对大值区、MPV1 正值和 MPV2 负值三者重叠的区域位于辽东半岛，当日的观测降水显示在辽东半岛出现了 104 mm(24 h 累计)的大暴雨天气，同样满足之前的结论。

3 数值模拟

3.1 模式简介和模拟方案设计

本文利用最新一代非静力 WRF(Weather Research & Forecast)模式 3.3 版本，对此次暴雨过程进行数值模拟。模式模拟区域中心位置为(35°N,117°E)，水平网格点数为 45×35，水平网格距为 45 km，模拟区域在垂直方向分 28 层；采用 6 h 间隔，分辨率为 1°×1° 的美国 NCEP(National Center for Environmental Prediction)最终分析资料(FNL)作为模式的初始场和侧边界条件。模式以 2004 年 8 月 26 日 12：00 UTC 为初始时刻，积分 48 h。计算中包含的物理过程主要有：Thompson graupel 微物理方案,Monin-Obukhov 近地面层方案,thermal

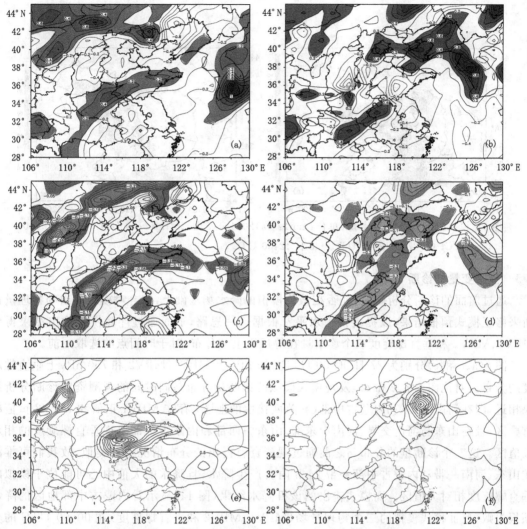

图 4 2004 年 8 月 27 日 00:00 UTC 850 hPa MPV1、MPV2 和 700 hPa 垂直螺旋度分布(a,MPV1,单位:
$10^{-6} m^2 \cdot s^{-1} \cdot K \cdot kg^{-1}$,阴影区:MPV1$\geqslant$0；c.MPV2,单位:$10^{-6} m^2 \cdot s^{-1} \cdot K \cdot kg^{-1}$,阴影区:MPV2$\leqslant$
-0.05；e.垂直螺旋度,单位 $10^{-6} m \cdot s^{-2}$)和 8 月 28 日 00:00 UTC 850 hPa MPV1、MPV2 和 700 hPa 垂
直螺旋度分布(b,MPV1,单位:$10^{-6} m^2 \cdot s^{-1} \cdot K \cdot kg^{-1}$,阴影区:MPV1$\geqslant$0.2；d.MPV2,单位:$10^{-6}$
$m^2 \cdot s^{-1} \cdot K \cdot kg^{-1}$,阴影区:MPV2$\leqslant$$-0.1$；f.垂直螺旋度,单位 $10^{-6} m \cdot s^{-2}$)

diffusion 陆面过程方案,New Grell 积云参数化方案。

3.2 数值模式模拟结果

图 5(a 和 b)是 WRF 模式模拟的 26 日 12:00 UTC—27 日 12:00 UTC 和 27 日 12:00
UTC—28 日 12:00 UTC 的 24 h 累计降水量,对比 24 h 降水实况(图 1)与模拟结果(图 5),可
以发现模式模拟的雨带走向和雨区范围与实况大致相同,但模拟的降水中心位置和雨量与实
际观测还是略有差别。在 27 日的降水模拟中,模式对河南、山东、河北中部和京津地区的降水
区域模拟较好,但对发生在山东和河南的降水量模拟偏小,对河北中部和京津地区的降水量模
拟偏大,且未模拟出发生在内蒙古中部和陕西南部的降水。在 28 日的降水模拟中,模式对雨

区范围的移动模拟较好,但对河北中部和山东地区的降水量模拟偏大,且未模拟出辽东半岛的大暴雨。

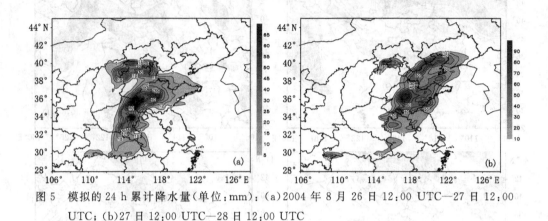

图 5　模拟的 24 h 累计降水量(单位:mm):(a)2004 年 8 月 26 日 12:00 UTC—27 日 12:00 UTC;(b)27 日 12:00 UTC—28 日 12:00 UTC

3.3　模式变量的诊断

通过前面的诊断分析研究,能否在数值模拟的降水场基础上,结合对模式输出的物理量诊断来修正模式预报结果,以提高预报水平? 根据这一思路,下面通过计算模式输出结果得到 MPV1、MPV2 和垂直螺旋度三个诊断量在等压面上的分布,对于时间点的选取同前。

图 6(a、c 和 e)分别为 27 日 00:00 UTC 800 hPa 上 MPV1、MPV2 和 750 hPa 上垂直螺旋度的分布。对比图 6(a、c 和 e),发现模式模拟的诊断量分布与同时间的观测资料诊断分析结果相近,即在河南、山东和内蒙古中部(和陕西接壤的地区)存在 MPV1 正值和 MPV2 负值的重叠区,且在山东与河南交界、河南中东部、山东中西部和内蒙古中部出现垂直螺旋度的相对大值区。这三个诊断量的分布与之前通过观测资料得出的分布情况十分类似,故我们可推测在山东、河南一带和内蒙古中部一带 24 h 内会产生降水,且降水的大值中心可能位于模拟的垂直螺旋度相对大值区。而模式输出的该日降水结果(图 1a)显示对内蒙古中部地区的降水预报失败,反而模式模拟的三个物理量场(MPV1、MPV2 和垂直螺旋度)在 00:00 UTC 的分布却能反映出该地区的降水情况,而且河南、山东一带的大降水区也能清楚地反映。故通过分析模式模拟的该日 00:00 UTC 三个诊断量的分布可间接地反映出该日的降水量情况,且比模式模拟的降水情况反映得更好、更全面。

同样,我们运用之前得到的结论对 26 日 12:00 UTC 到 27 日 12:00 UTC 的模拟诊断量场进行类似分析。在陕西关中地区、河北中部—京津一带和渤海湾北部存在 MPV1 正值和 MPV2 负值的重叠区,且在渤海湾北部出现垂直螺旋度的大值区。因此我们推测降水可能发生在陕西关中、河北中部—京津一带和环渤海北部的沿海地区,该日的大降水极可能出现在渤海湾北部和周围的辽宁沿海城市。而模式输出的该日降水结果显示降水大值中心位于山东中西部地区,通过对比该日的实况降水(图 1b),发现大值中心和我们通过分析模式模拟的诊断量得出的推测结果一致。故模式的降水模拟情况再次没有模拟的诊断量间接地反映得好,因此我们认为,通过对模式模拟的三个诊断量场进行分析,可以比模式直接输出的降水场反映得要好,从而能在一定程度上对模式的模拟降水情况进行修正或补充。

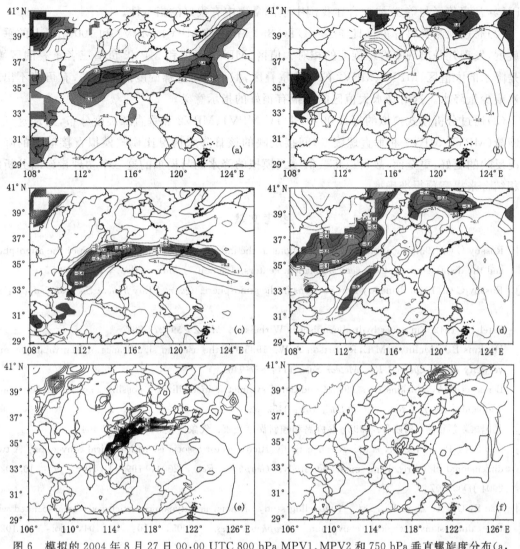

图6 模拟的 2004 年 8 月 27 日 00:00 UTC 800 hPa MPV1、MPV2 和 750 hPa 垂直螺旋度分布(a, MPV1,单位:$10^{-6} m^2 \cdot s^{-1} \cdot K \cdot kg^{-1}$,阴影区:MPV1$\geqslant$0; c. MPV2,单位:$10^{-6} m^2 \cdot s^{-1} \cdot K \cdot kg^{-1}$,阴影:MPV2$\leqslant$-0.2; e.垂直螺旋度,单位 $10^{-6} m \cdot s^{-2}$)和 8 月 28 日 00:00 UTC 800 hPa MPV1、MPV2 和 750 hPa 垂直螺旋度分布(b,MPV1,单位:$10^{-6} m^2 \cdot s^{-1} \cdot K \cdot kg^{-1}$,阴影区:MPV1$\geqslant$0.4; d. MPV2,单位:$10^{-6} m^2 \cdot s^{-1} \cdot K \cdot kg^{-1}$,阴影区:MPV2$\leqslant$-0.2; f.垂直螺旋度,单位 $10^{-6} m \cdot s^{-2}$)

4 结论

本文利用 WRF 模式 3.3 版本对 2004 年 8 月 26—28 日发生在我国中东部地区的一次暴雨降水过程进行了数值模拟,并利用数值模式预报的结果,通过计算湿位涡垂直分量 (MPV1)、湿位涡水平分量(MPV2)和垂直螺旋度进行了诊断分析,探讨数值模拟和物理量诊断分析相结合来提高预报准确率的可行性,得出了一些有意义的结论。

(1)在 700 hPa 上,湿位涡高值区对应地面上的降水区,用湿位涡的不可渗透性原理,将

MPV 异常高值区与等 θ_e 线配合在我国中东部暴雨中有很好的指示性。

（2）通过观测资料分析每日 00：00 UTC 850 hP 上的 MPV1、MPV2 和 700 hPa 上的垂直螺旋度，发现凡是出现垂直螺旋度的相对大值区、MPV1 正值和 MPV2 负值三者重叠的区域，都是降水的大值区；MPV1、MPV2 的正负重叠区，但不是垂直螺旋度的大值区，有可能不出现降水或少量降水。这对降水大值区的预报有很好的指示意义。

（3）通过分析模式模拟的每日 00：00 UTC MPV1、MPV2 和垂直螺旋度分布，发现这三个诊断量（MPV1、MPV2 和垂直螺旋度）间接反映的该日降水情况比模式模拟直接输出的降水情况反映的更好、更全面，故可以将数值模式模拟的降水场与模拟的这三个物理量诊断分析结果相结合来提高预报准确率。

参考文献

[1] Rossby C G. 1939. Relation between variations in the intensity of the zonal circulation of the atmosphere and the displacements of the semi-permanent centers of action. *J Marine Rev.*, **2**(1)：38-55.

[2] Rossby C G. 1940. Planetary flow patterns in the atmosphere. *Quart J Roy Meteor Soc*, **66**（suppl）：68-67.

[3] Ertel H. 1942. Ein neuer hydrodynamischer Wirbelsatz. *Met Z*, **59**：277-281.

[4] Hoskins B J, McIntyre M E, Robertson A W. 1985. On the use and significance of isentropic potential vorticity maps. *Quart J Roy Meteor Soc*, **111**：877-946.

[5] Bennetts D A, Hoskins B J. 1979. Conditional symmetric instability：A possible explanation for frontal rainbands. *Quart J Roy Meteor Soc*, **105**：9452962.

[6] 吴国雄, 蔡雅萍, 唐晓菁. 1995. 湿位涡和倾斜涡度发展. 气象学报, **53**(4)：387-404.

[7] Gao S T, Ping F, Li X, *et al*. A convective vorticity vector associated with tropical convection：A two-dimensional cloud-resolving modeling study. *Geophys. Res.*, 2004, **109**：D14106, doi：10.1029/2004 JD004807.

[8] Gao S, Cui X, Zhou Y, *et al*. A modeling study of moist and dynamic vorticity vector associated with two—dimensional tropical convection. *Geophys. Res.*, 2005, 110：D17104, doi：10.1029/2004 JD005675.

[9] Gao S T, Li X, Tao W, *et al*. Convective and moist vorticity vectors associated with tropical oceanic convection：A three-dimensional cloud-resolving model simulation. *Geophys. Res.*, 2007, 12：D01105, doi：10.1029/2006JD007179.

[10] 赵宇, 高守亭. 对流涡度矢量在暴雨诊断分析中的应用研究. 大气科学, 2008, **32**(3)：444-456.

[11] 赵宇, 崔晓鹏. 对流涡度矢量和湿涡度矢量在暴雨诊断分析中的应用研究. 气象学报, 2009, **67**(4)：540-548.

[12] Gao S, Lei T, ZhouY. The moist potential vorticity anomaly with heat and mass forcings in the torrential rain systems. *Chin. Phys. Lctt.*, 2002, **19**：878-880.

[13] 周玉淑, 邓国, 雷霆. 湿位涡物质的保守性原理及其应用. 中国科学院研究生院学报, 2006, **23**(5)：692-700.

能量螺旋度等大气环境参数在北京一次罕见暴雨预报中的应用

康建伟

(61741 部队,北京 100094)

摘 要

　　介绍了能量螺旋度和风暴强度指数的物理意义和计算方法,并针对 2011 年 6 月 23 日北京一次突发性的罕见暴雨天气过程,比较了预报的对流有效位能、风暴相对螺旋度、能量螺旋度和风暴强度指数等大气环境参数的预报性能。指出这些大气参数对预报强对流天气都有重大参考意义:对流有效位能虽然无法独立判断是否发生强对流天气,但可以预报对流天气发生的时间一般为 CAPE 从极大值开始迅速减小的时间点前后,强对流天气一般发生在风暴相对螺旋度极大值附近;能量螺旋度指数 EHI 和风暴强度指数 SSI,它们与降水量预报结合不仅可以预报强对流天气出现的时间,也可以判断对流发生的强度。

　　关键词:强对流天气　能量螺旋度　风暴强度指数　风暴相对螺旋度

引言

　　2011 年 6 月 23 日,北京地区发生了一次罕见暴雨天气过程。这次暴雨过程具有突发性强、降水量大、影响范围广等特点。暴雨从 23 日傍晚开始,24 日上午结束,降水主要时段发生在 23 日 08—14 时(世界时,以下同)。该暴雨过程北京全市平均降水量 50 mm,城区平均 73 mm,多个军地气象观测站点出现了 100 mm 的大暴雨,最大降水量出现在石景山模式口,达 214.9 mm,其中 23 日 08—09 时该站雨强曾达到 128.9 mm/h,创有史以来最高纪录,灾害影响为北京近十年所罕见。

　　近年来,在强对流天气预报方法上,国内外气象部门都做出了逐步由以经验为主向以物理因子为预报基础的转变[1,2]。随着模式和计算机技术的迅速发展,预报强对流天气的大气环境参数不断增加,对流有效位能、对流风暴相对螺旋度以及风切变—浮力能等参数已成为西方先进国家预报强对流天气的日常业务工具。我国军地气象工作者在强对流天气参数预报方面也作了许多深入研究工作[3~5]。其中对流有效位能被大家接受最为广泛,并在此基础上发展了归一化对流有效位能及下沉对流有效位能等一些新的参数。但是,中尺度气象学告诉我们[6],强风暴的发展一般伴随着强的风切变,在热力条件和水汽条件具备的基础上,动力条件是风暴组织化并发展成强风暴的关键因素。因此,为了更好地预报强对流天气,不仅要参考热力学参数对流有效位能,还要更多地考虑动力学参数如风暴相对螺旋度,以及热力学和动力学混合参数如能量螺旋度和强风暴指数等重要大气环境参数。事实上,如文中所述,单纯考虑对流有效位能对于这次暴雨过程只能预报为一般雷雨过程,而综合考虑的其他几个大气环境参数能更早、更准确地预报这次过程将是一次伴随强风暴的雷雨天气过程,从而更好地达到预报保障效果。

1 几个重要大气环境参数的计算

1.1 对流有效位能 CAPE 的计算

由于能量螺旋度和风暴强度指数都是建立在对流有效位能的基础上，同时对流有效位能在强对流天气预报中被认为是最重要的物理量之一，因此这里首先对对流有效位能的定义和计算先行说明。

热力学图解上的正能量面积所代表的不稳定能量被称作对流有效位能，简称 CAPE。它是 $T-\ln P$ 图上在自由对流高度（LFC）到平衡高度（EL）间层结曲线和状态曲线所围成的面积所代表的能量，定义公式如下：

$$CAPE = g\int_{Z_{LFC}}^{Z_{EL}}\left(\frac{T_{vp}-T_{ve}}{T_{ve}}\right)dz = \int_{p_{EL}}^{p_{LFC}}R_d(T_{vp}-T_{ve})d\ln p \tag{1}$$

上式分别为 Z 坐标和 p 坐标系下 $CAPE$ 的计算公式，T_{vp} 和 T_{ve} 分别代表气块和环境的虚温，LFC 和 EL 分别为自由对流高度和平衡高度，R_d 取 287.0，为干空气比气体常数。

由于模式输出资料都是 p 坐标系下的资料，因此计算时采用 p 坐标系下 $CAPE$ 的计算公式。气块状态曲线有两部分组成，从气块起始抬升高度到抬升凝结高度之间，为可逆干绝热过程，从抬升凝结高度以上段为可逆湿绝热过程，这两个过程分别满足位温守恒和假相当位温守恒，根据这两个守恒定律，可以根据迭代法计算不同气压高度的气块位温和虚温，从而可以利用（1）式积分求解。

1.2 风暴相对螺旋度的计算

"风暴相对螺旋度"概念（Storm Relative Helicity，简称 SRH）也是计算能量螺旋度的一个基础参量，同时该物理量也是预报强风暴的环境风场参数之一，其定义如下：

$$SRH = \int_0^h k(V-C)\times\frac{\partial V}{\partial z}dz \tag{2}$$

式中 V 和 C 分别代表环境风场和风暴的移动速度，从风暴相对螺旋度的定义可以看到，风暴相对螺旋度与上升气流的旋转有关，考虑了风暴的移动速度，与风暴相对速度的大小和风的垂直切变成正比，它是一个用来衡量风暴入流强弱以及沿入流方向涡度输送大小的参数。根据 Davies 等[6]研究发现，超级单体形成中气旋的最小阈值为 150 m^2/s^2。风暴的移动速度一般以理论模型计算的风暴移动速度为准，这里采用 Davies 的方法以垂直方向 0～6 km 的加权平均风速导出风暴的平均移动速度：当平均风速＞15.5 m/s 时，风暴移向比平均风速右偏 20°，风暴移动速度取平均风速的 85%，否则风暴移向取右偏 30°，移速为平均风速的 75%。计算风暴相对螺旋度取 700 hPa 的位势高度值作为积分高度。

1.3 能量螺旋度 EHI 的计算

Davies[6]等定义的能量螺旋度指数（EHI）为：

$$EHI = \frac{SRH\cdot CAPE}{1.6\times10^5} \tag{3}$$

从式中可以看到，能量螺旋度指数 EHI 是一个包含大气不稳定能量和环境风场旋转与切变的混合物理量。Jones 等[4]研究指出，强对流天气既可以发生在低风暴相对螺旋度结合高对流有效位能的环境中（$SRH<150$ m^2/s^2，$CAPE>1500$ J·kg），也可以发生在高风暴相对螺旋度结合低对流有效位能的环境中（$SRH>200$ m^2/s^2，$CAPE<1500$ J·kg），两者之间存

在一种平衡关系。当能量螺旋度值 $EHI>2$ 时,出现超级单体等强对流天气可能性极大。能量螺旋度的值越大,强对流天气发生的可能性越大。

1.4 风暴强度指数 *SSI* 的计算

Turcotte 等采用浮力能—风切变图区分强雷暴和一般雷暴,进而研究出一个反映风暴强度参数——风暴强度指数 *SSI*,其定义为:

$$SSI = 100[2 + (0.276\ln(Shr)) + (2.011 \times 10^{-4} CAPE)] \tag{4}$$

式中 Shr 为中低层垂直平均风切变,$CAPE$ 为对流有效位能。当 $SSI>100$ 时,研究发现发生强雷暴等强对流天气的可能性大。

对于 Shr 计算公式如下:

$$Shr = [\int_0^h \rho(z) \mid V(z) \mid dz] / \int_0^h \rho(z)dz - 0.5 \mid (V(0) + V(0.5) \mid) \tag{5}$$

式中 $V(z)$ 为 z 高度的环境风场,h 为气层高度,这里选择 700 hPa 位势高度值代替积分高度,从式中可以看到,Shr 的物理意义为 0 到 h 高度层的密度加权平均风与大气底层 0 到 500 m 高度平均风的切变值大小。

2 各大气环境参数的预报能力比较

2.1 CAPE

由于业务用中尺度模式的预报时效为 48 h,图 1 是根据 22 日 00 时模式输出预报资料计算得到的北京地区对流有效位能 22 日 00 时—24 日 00 时的演变情况。从图中可以看到,从 22 日 12 时开始,北京地区对流有效位能迅速增加,至 18 时增加到约 550 J·kg 的水平并维持至 23 日 00 时。随后随着太阳辐射的增加,再次经历一个快速增加的过程,到 12 时达到最大 991 J·kg,12 时以后迅速减小,到 24 日 00 时<50 J·kg。

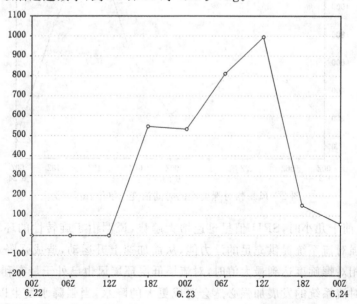

图 1　2011 年 6 月 22 日 00 时—24 日 00 时 CAPE 的演变情况(单位:J·kg)

对于 6 月 23 日北京地区的这次降水天气过程,业务用的国内外多家中短期数值预报,虽然都预报出了北京地区的这次降水过程,但所有数值预报产品的降水量预报都在十几 mm 到 30 mm 之间,没有一家预报降水超过 50 mm 的暴雨量级,与实际出现的局地大暴雨量级相差较大。从预报的 CAPE 演变图看,CAPE 最大值为 991 J·kg,具有较高的水平,但远小于单纯由热力调整造成强对流天气的临界 CAPE>1500 J·kg 值的水平。因此,对于预报员来说,仅凭降水量预报和 CAPE 的数值看,CAPE 的作用在这里能判断出北京地区这次降水过程为一般雷雨天气过程,而无法判断为一次伴随强雷暴和暴雨的强对流天气过程。

北京地区这次降水过程主要降水时段发生在 23 日 08—18 时。从 CAPE 演变图可以看到,这与 CAPE 从最大值开始迅速减小的 23 日 12 时前后具有较大的重合性。因为较大的不稳定能量迅速减小,说明大气发生了较为剧烈的对流调整,对流天气应该就发生在这个时间点前后,对于这次强雷雨天气过程雷雨开始的时间为预报的 CAPE 从最大值迅速减小前 4 h,这对今后预报对流天气的开始发生时间也具有重大意义。

2.2 风暴相对螺旋度 SRH

图 2 为 22 日 00 时至 24 日 00 时北京地区风暴螺旋度 SRH 的演变情况。从图中可以看到,SRH 在暴雨过程结束前大部分时间段内 SRH 都处于>200 m²/s² 的水平,环境风场非常有利于对流发展,达到了强对流发生的最小阈值。从 23 日 00 时开始,SRH 从一个较高的水平再次迅速增大,在暴雨最强的 12 时前后达到 1500 m²/s²,12 时后 SRH 迅速减小,到了 24 日 00 时接近 0,与暴雨的结束时间也较为吻合。

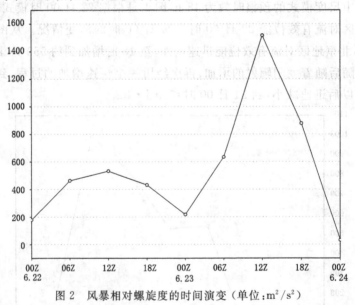

图 2　风暴相对螺旋度的时间演变(单位:m²/s²)

大暴雨发生前十几小时,SRH 值呈迅速增大趋势,说明由于旋转性的环境风场有利于加强上升运动,为强对流系统提供充足的浮力能,从而加速上升运动,造成强降水;12 时后 SRH 减小,说明风暴相对螺旋度达到最大值时,对流层低层环境风也已处于最有利于强对流系统发展的时期;而强对流系统的发展加强必然会造成更大的降水,当强降水发生以后,由于雨滴拖曳效应使上升运动减弱减少了涡度输送;蒸发作用使低层出现冷空气堆,削弱了气旋性涡度,从而使强对流天气的发生环境逐渐不利于对流的发展。

从 SRH 的分布演变情况图可以看到,强对流天气发生在 SRH 极大值中心附近。图 3 给出 23 日 12 时 SRH 的分布图。从图中可以看到,在暴雨发生最强的时段前后,SRH 的中心正位于北京地区上空,整个北京地区处于 SRH>1200 m²/s² 的高值中心。

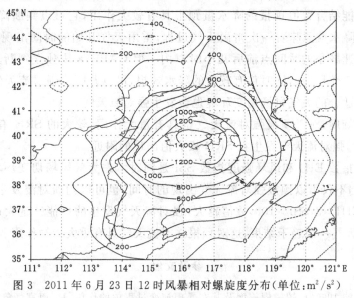

图 3 2011 年 6 月 23 日 12 时风暴相对螺旋度分布(单位:m²/s²)

2.3 能量螺旋度指数 EHI 和风暴强度指数 SSI

能量螺旋度指数 EHI 和风暴强度指数 SSI 是综合反映大气风场切变环境和热力学环境的大气参数,已有研究表明强对流天气发生在 EHI>2,SSI>100 的环境下。图 4 分别给出了 EHI 和 SSI 在暴雨前后的演变情况。从图中可以看到,EHI 和 SSI 与 CAPE 和 SRH 具有相似的演变结构,都是从 23 日 00 时开始迅速增大,12 时达到最大,随后快速减小。与 CAPE 和 SRH 不同的是,EHI 和 SRH 还可以判断是否会发生强对流天气,以及强对流天气发生的时段。从图中还可以看到,从 23 日 06 时开始 EHI 达到 3.04,SSI 达到 104,超过了强对流天气发生的阈值,到 12 时,EHI 更是高达 9.4,SSI 更是达到 157,参考降水量预报,可以判断这次降水天气过程是一次伴随强雷暴的强对流天气,而且强对流天气发生在 23 日 06—12 时。实际情况是,强对流天气开始出现在 23 日 08 时。从 23 日 16 时开始,EHI<2,SSI<100,标志着强对流天气的结束,与强雷暴和强降水主要出现在 08—14 时的实况也较为一致。

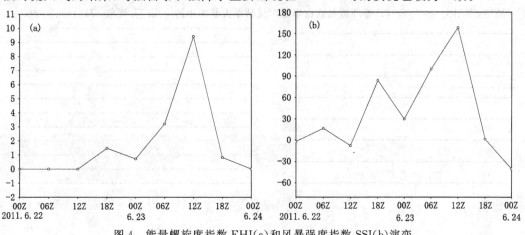

图 4 能量螺旋度指数 EHI(a)和风暴强度指数 SSI(b)演变

3 结论和讨论

对流有效位能结合数值预报的降水量预报具有较大作用,它可以判断降水性质,较大的CAPE并伴随着降水就意味着一次雷雨天气过程,雷雨天气开始的时间出现在预报的CAPE从极大值开始迅速减小的时间点前后几小时以内。但CAPE无法独立判断是否发生强对流天气。CAPE>1500 J·kg,同时伴有较大的降水预报,可以判断为强对流天气;CAPE<1500 J·kg,只要配合适合的大气风场切变环境也会发生强对流天气。

风暴相对螺旋度,对于预报强对流天气也具有重大作用,较大的SRH有利于对流发生,当CAPE较小时,强对流天气发生在SRH极大值出现的附近。

能量螺旋度指数EHI和风暴强度指数SSI是同时考虑大气风场切变环境和热力学环境的大气参数,它们不仅可以预报强对流天气出现的时间,也可以判断对流发生的强度,当出现强对流天气时,EHI>2,SSI>100,数值越大,强对流天气发生的可能性越大;当EHI<2,SSI<100时强对流天气一般趋于结束,这对预报强对流天气具有重大指导作用。

参考文献

[1] 李耀辉,寿绍文,1999,旋转风螺旋度及其在暴雨演变过程中的作用[J].南京气象学院学报,**22**(1):95-102.

[2] Desautels G,Veret R.1996,Canadian meteorological centre summer severe weather package (storm relative helicity)[R].18*th Conf. on Severe Local Storms*.San Francisco,CA:Amer Meteor Soc:689-692.

[3] 彭治班,刘健文,郭虎等,2001,国外强对流天气的应用研究[M].北京:气象出版社:111-115,134-135,202-230.

[4] Johns R H,Doswell C A.1992,Several local storms forecasting[J].*Weather Forecasting*,**7**(4):588-612.

[6] Davies J M,Hourly H.1993,Instabiity and EHI in forecasting supercell tornadoes[R].17*th Conference on Severe Local Storms*.St.Louis.MO,Amer Meteor Soc:107-111.

[6] Doswell III,C,A. and E. N. Ramsmussen,1997,The effect of neglecting the virtual temperature correction CAPE calculations[J],*Weather Forecasting*,1994,**9**:625-629.

[7] Smith,R.K.*Thermodynamics of Moist and Cloudy Air*[M],Netherlands,Kluwer Academic Publishers.29-58.

[8] 陈艳,寿绍文,2006,CAPE等环境参数在华北罕见秋季大暴雨中的应用[J].气象,**31**(10):56-60.

强降水客观概率预报产品在两次对流过程中的应用分析

田付友　郑永光　谌　芸

（国家气象中心，北京 100081）

摘　要

在对短时强降水形成物理过程认识的基础上，针对我国的短时强降水（≥20 mm/h）天气，利用模式输出结果，基于"配料"法，构建了短时强降水客观概率预报系统，针对 2011 年的两次强对流过程对预报系统进行了初步检验。结果表明，通过"配料"法能很好地确定短时强降水的有利发生区域。构建的落区预报产品对 20.0 mm/h 以上的短时强降水有较好的指示意义，当短时强降水的预报概率在 20.0% 以上时，需要仔细分析周边区域，40.0% 的概率落区与实际强降水落区匹配较好，当预报概率超过 40.0% 时，预报概率落区及周边将有短时强降水出现，概率在 60.0% 以上时，可以肯定高概率区域内或周边概率梯度较大的区域将有短时强降水出现。

关键词：短时强降水　客观概率预报　"配料"法 应用分析

引言

短时强降水、雷雨大风、冰雹等现象均属于强对流天气，其发生和发展都需要一定的有利环境条件和触发机制。当前的强对流预报，首先考虑强对流天气发生的基本物理条件，再寻找对流不稳定能量释放的触发机制，并最终确定强对流天气可能出现的时间和地点。近年来，对我国造成较大影响的短时强降水过程就有 2007 年 7 月 18—19 日的大范围强降水过程[1,2]和 2010 年 8 月 8 日凌晨发生在甘肃省舟曲县特大山洪泥石流过程[3]。降水是大气中水的相变过程[4]，其形成需要满足几个条件：充足的水汽，辐合抬升以及云滴增长条件。本文中所指的短时强降水主要是由对流天气造成的 20 mm/h 以上的降水。

基于模式输出的基本物理量和计算诊断量，根据实际业务强对流预报过程中不同物理量对短时强降水的指示作用，使用"配料"法[5]构建了短时强降水的概率预报产品，并对产品在 2011 年两次短时强降水过程中的应用进行了检验。

1　资料和方法

本文所用资料为美国国家环境预报中心全球预报系统（NCEP-GFS）提供的业务预报资料，空间分辨率为 1°×1°，预报时间分辨率为 3 h。

"配料"法最早由 Doswell III 等[5]提出，针对可能导致暴洪的不同类型强降水，根据经验提取降水率和降水持续时间要素，通过多个物理量反映满足强对流条件的强弱，认为同时满足以上诸多条件的区域往往更容易出现暴洪天气。张小玲等[6]对该方法在华北暴雨落区预报中的应用进行了有益探索，俞小鼎[7]对该方法及在我国的可能应用进行了详细介绍。"配料"法不纯粹是一项具体的预报技术，而是给预报员提供一个清晰的预报思路。因此，在短时强降水概率预报系统的构建中，通过咨询多个预报员来得到敏感物理量，即认为预报员在作短时强降水预报的过程中,已经对基本物理量和有关参数做出了选择,从主观上滤掉了不利于短时强降水出现的因子。在选定特征物理量后,根据图1所示的技术路线图对结果进行自动判别。短时强降水概率的确定是通过对多个有利于短时强降水的物理量强弱的判断,并给定不同的权重来得到的。在确定阈值并得到概率场后,对不可能出现短时强降水的区域进行消空,得到最终的概率预报产品。

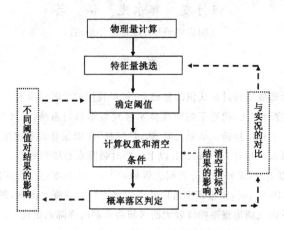

图1 技术路线示意图

2 个例分析

通过2011年4月17日发生在华南的强对流过程和6月22—23日影响华北东北部和华南中东部的短时强降水过程对预报结果进行检验分析。

2.1 2011年4月17日华南强对流过程

2011年4月17日08时,东北冷低压中心位于内蒙古东北部,我国西北部主要受强盛高压控制,广东和广西位于500 hPa高空短波槽前(图略),该短波槽是东北冷涡底部南下冷空气的一部分。结合850 hPa温度场和高度场分布可知,此次为典型的后倾型过程,最强的850 hPa辐合抬升区域位于广西中东部和广东北部,广西南部有16 m/s的低空急流存在,在提供充足辐合抬升动力条件的同时,也将西南部的暖湿气流输送到我国华南地区。根据探空计算得到的物理量变化显示,广西梧州的CAPE由16日20时的266 J/kg增加到17日08时的541 J/kg,与此同时,CIN由198 J/kg减少至51 J/kg,抬升指数(LI)由−0.96减至−1.21,表明在不稳定能量逐渐增加的同时,对流抑制能量更容易满足,而热力不稳定条件也在逐渐增强。广东清远站部分物理量的变化趋势与梧州站类似。整层可降水量的变化也显示,16日20时—17日08时,整个华南南部的整层可降水量在过去12 h内得到了非常大的改善。同时,16日20时—17日20时,大部地区850 hPa和500 hPa的温度差均在逐步增大。当短波槽东南移动经过该地区时,热力不稳定,有利的抬升条件,一定的不稳定能量积累和充足的水汽,很自然地触发了短时强降水天气的发生。

通过多个条件的综合构建的短时强降水主观概率落区预报显示,在提前36 h的预报中已经能很好地将可能发生短时强降水的区域描绘出来(图2)。概率大值区呈东西带状分布,自华南北部向南推移,17日20时对华南的影响基本结束。用红色实心点表示前3 h实况观测短

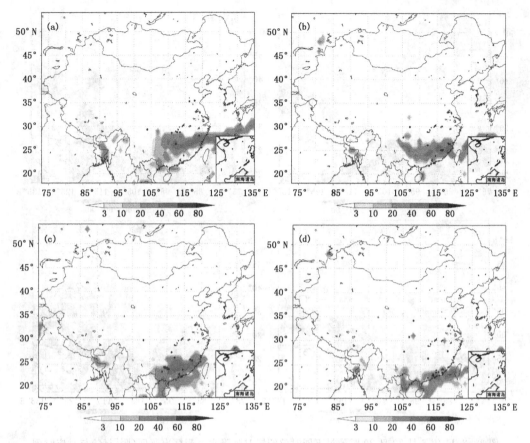

图 2　2011 年 4 月 14 日 20 时（北京时，下同）预报不同时效的短时强降水主观概率落区（阴影区）
与对应时刻前 3 h 的短时强降水（实心点）对比。(a) 36 h、(b) 48 h、(c) 60 h 和 (d) 72 h

时强降水均落在预报概率范围内，短时强降水集中的区域与预报高概率区域非常一致。实况
记录显示，此次过程短时间内给广西梧州带来了 62 mm 的降水量，云团进入广东后进一步加
强，使得广东省 47 个气象站录得超过 50 mm 的雨量，其中深圳市罗湖区罗湖党校录得全省最
大累积雨量 127 mm，另有 242 个气象站录得 25～50 mm 雨量[8]。

2.2　2011 年 6 月 22—23 日华北和华南短时强降水

2011 年 6 月 22—23 日，影响我国的主要有位于华南南部的台风"海马"和位于菲律宾以
东洋面的台风"米雷"，西太副高中心位于库页岛东部东北冷涡。在东北冷涡的底部，不断有小
股弱冷空气下滑，影响我国华北地区。22 日 20 时的 850 hPa 流场显示（图略），华北地区较强
的辐合带位于内蒙古南部与河北、山西交界的地方，该辐合带在随后的 24 h 内缓慢东移南下，
通过与西太副高外围气流的作用，一直呈现为一条显著的带状强辐合区域。北部经由北京、天
津入海，南部则在南移过程中影响了江淮黄淮以及江南中东部。整层可降水量分布显示，大值
区可以明显地分为几个区域，台风影响区域的整层可降水量最大，均在 60 mm 以上，局地超过
70 mm；在江淮区域有一条与辐合带配合非常一致的整层可降水量大值区；京津地区有一朝西
北伸展的整层可降水量大值的舌区，为华北地区的短时强降水发展提供了充足的水汽条件。
对应时次的 CAPE 和 LI 均表明，LI 有一向北伸展的舌区，与此对应，华北东部也有一不稳定
能量的大值区。但对于华南南部台风"海马"的影响区域，CAPE 和 LI 显示华南东部沿海的不

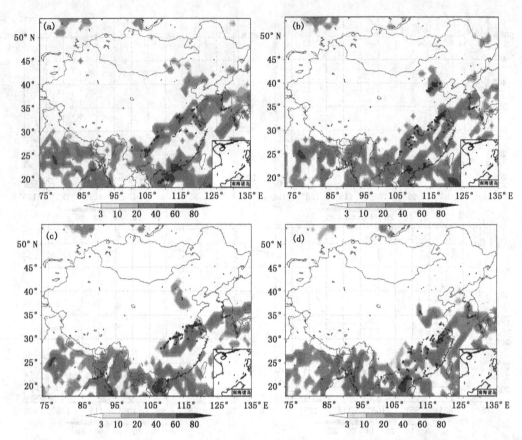

图 3　2011 年 6 月 22 日 20 时预报不同时效的短时强降水主观概率落区(阴影区)与对应时刻
前 3 h 的短时强降水(实心点)对比。(a) 12 h、(b) 24 h、(c) 36 h 和(d) 48 h

稳定能量积累和抬升却比较弱,不利于短时强降水天气发生。

　　根据"配料"法得到的短时强降水概率落区预报显示(图 3),华北北部的京津地区有一短时强降水发生的高概率区域,而与实况的对比也验证了这一区域短时强降水的出现。但纵观全国,预报的短时强降水最大可能发生区域仍然是台风"海马"的影响区域,最大短时强降水概率超过了 60.0%,且这些区域内也均出现了短时强降水,表明该产品对于不完全由对流形成的短时强降水预报也有一定的指示意义。产品对从山东南部向西南伸展的短时强降水带也给出了很好的显示,且即使是 48 h 的预报,其与实况的匹配也非常一致。通过对比也发现,短时强降水不完全出现在预报概率最大的区域内,更多的是在概率梯度较大的地方,且短时强降水的出现更多地表现为局地性。

3　结论和讨论

　　基于"配料"法构建了短时强降水概率预报系统,并对概率预报产品在 2011 年两次强对流过程中的表现进行了分析。结果表明,概率落区对短时强降水的预报具有很好的指示意义,40%及其以上的预报概率对短时强降水落区具有很好的指示意义,尤其需要关注概率梯度大的区域,这些区域往往更容易出现短时强降水天气。

　　选择以概率的形式输出该产品,主要是考虑造成短时强降水的配置条件不唯一,如当水汽条件一般而抬升非常强烈时,可以产生短时强降水,而当热力不稳定和抬升条件一般而水汽条件非常有利时,也能产生短时强降水。文中虽然详细分析了 CAPE,但在实际业务预报中发现,CAPE 的使用要根据季节来斟酌。无论如何,仅依靠物理量组合来做短时强降水的预报肯定要受到很多限制,但业务使用和检验结果仍然显示,该产品对短时强降水具有很好的指示意义,如果能按照 Doswell III 等[5]所述,在对天气形势充分认识的基础上使用该产品,将利于提高短时强降水的预报准确率。使用全球模式来做局地性很强的短时强降水潜势预报是一种有益的探索,但更精准的预报或许将促使我们更多地涉及中尺度模式。

参考文献

[1] 杨晓霞,王建国,杨学斌,等.2008.2007 年 7 月 18—19 日山东省大暴雨天气分析.气象,**34**(4):61-70.

[2] 廖移山,李俊,王晓芳,崔春光,等.2010.2007 年 7 月 18 日济南大暴雨的 β 中尺度分析.气象学报,**68**(6):944-956.

[3] 曲晓波,张涛,刘鑫华,等.2010.舟曲"8.8"特大山洪泥石流灾害气象成因分析.气象,**36**(10):102-105.

[4] 朱乾根,林锦瑞,寿绍文,等.2000.天气学原理与方法:第四版.气象出版社:649.

[5] Doswell III C A, Brooks H E, Maddox R A. 1996. Flash flood forecasting: An ingredients-based methodology. *Weather and Forecasting*, **11**: 560-581.

[6] 张小玲,陶诗言,孙建华.2010.基于"配料"的暴雨预报.大气科学,**34**(4):754-756.

[7] 俞小鼎.2011.基于构成要素的预报方法——配料法.气象,**37**(8):913-918.

[8] 田付友,郑永光,林隐静,等.2011.2011 年 4 月对流天气分布及典型个例特征.天气预报技术总结专刊,**3**(4):22-28.

风廓线雷达资料在灾害性天气预报中的应用综述

宋巧云　孙成云　梁　丰

（北京市气象局，北京 100089）

摘　要

通过总结归纳近年来基于风廓线雷达资料所做的一些灾害性或高影响天气的个例分析，发现大部分个例研究都从风廓线雷达的垂直风场结构来分析高低空急流与强对流暴雨之间的关系，较多个例验证了暴雨的强度与高低空急流脉动有密切关系这一结论。但对于降雪、大雾等高影响天气过程的风廓线资料特征分析还较少。通过以上总结归纳旨在为预报员提供更多的基于风廓线雷达资料进行天气过程分析的方法、思路，并为预报员提供更多的经验积累。

关键词：风廓线　应用　急流　暴雨

引言

　　风廓线雷达可以连续测得测站上空高时空分辨率风场资料，有效弥补了常规高空观测的不足，中国气象局在"十二五"规划中拟进行全国布网（图1）。但风廓线雷达资料如何在业务中应用，目前仍属于薄弱环节。本文目的旨在总结归纳近年来风廓线资料在一些灾害性天气过程中的表现特点，以期能为预报员提供更多的经验积累。

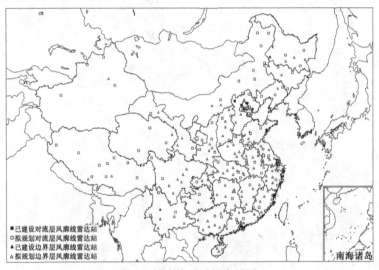

图1　风廓线雷达网布局图

（引自中国气象局"十二五"风廓线雷达发展规划）

1　目前风廓线雷达资料在天气预报中的应用

　　本文将从强对流暴雨、稳定性降水、降雪、大雾等方面分析总结目前风廓线资料在各种灾害性天气中的特点。

1.1 风廓线雷达在强对流暴雨天气中的特点

较多个例着重从急流/动量下传和垂直速度两个方面来分析强对流暴雨天气的风廓线特点。

1.1.1 强对流暴雨天气过程中的风场特点

大部分分析从低空急流的脉动、加强以及高空急流下传着手定义低空急流指数,分析高低空急流与强降水之间的关系。王秀玲等[1]在风廓线资料在降水中的应用方面做了大量工作。利用唐山风廓线资料分析了 2008 年 7 月 15 日唐山暴雨天气过程。结果表明:暴雨的发生与高低空急流的加强和向下扩展对应;强降雨发生前西南急流迅速下传,引发低空急流加强,低空急流强度与强降水有较好的对应关系特别是 300 m 超低空急流,并定义了低空急流指数,指数增大越大,降水强度越强。低空急流指数说明低空急流脉动以及向下扩展程度与中小尺度的强降水存在密切关系,对强降水的出现以及雨强大小有一定预示作用。利用辽宁营口风廓线资料,金巍等[2]分析了 2006 年 6 月 29 日辽宁省西部大暴雨过程中强降雨时段的低空风场结构。同样得出:强降水天气的发生与低空急流的迅速加强和向下扩展相对应。短时大暴雨发生前低空西南急流提前 2 h 左右开始有动量快速下传。低空急流到达测站上空不一定立即产生强降水,有时会滞后 1~2 个小时。通过定义低空急流指数也发现,指数增大的程度和降水量强度呈正比关系。张京英等[3]利用 2004 年 7 月 16 日临沂市暴雨过程的风廓线资料分析发现:高、低空急流及其向下的脉动与降水强度的增强有着紧密的联系,暴雨的产生主要由低空急流的下传和加强引起的。董娟等[4]对珠海市 2010 年 6 月 9 日大暴雨过程进行分析发现强降水之前 3~4 h 低空西风急流已经建立(1.5 km 左右),随着动量不断下传,近地层风速逐渐增大。古红萍等[5]分析后的结论是大降水的发生与低空急流相联系。吴君等[6]通过两次个例分析发现低空急流的脉动和加强与降水强度的增强有着紧密的联系,低空急流越强越厚,可能产生的降水强度越大。曹春燕等[7]用风廓线资料揭示了每次强降水的发生都对应一次西南急流的迅速加强和向下扩展。刘淑媛等[8~12]分别用风廓线雷达资料通过不同个例分析发现,高空急流下传、低空急流脉动与暴雨有密切关系,单站低空急流的中小尺度脉动对本地区强烈天气和强降水有一定的指示意义,高空急流的动量下传与降水增强有关系。

上述结合风廓线资料对强对流暴雨天气个例的分析都表明:高空急流下传、低空急流脉动与强对流暴雨有密切关系。高空急流的动量下传引起低空扰动加强,低空急流的中小尺度脉动对强降水有一定指示意义,且低空急流的强度和伸展高度,以及动量下传的能量大小,都直接制约着降水的强弱,强降水的发生有时候约滞后低空急流的到达约 1~2 h。

1.1.2 强对流暴雨天气过程中的垂直速度特点

通过风廓线资料分析暴雨过程中的垂直速度特点虽不如分析风场垂直结构特点的个例多,但也是强对流暴雨中一个重要的分析内容。陈红玉等[13]分析云南大理 2008 年 6 月两次强降水天气过程发现,一般垂直速度出现负值即可有降雨,负值越大降水越强。垂直速度≤ −6 m/s 后 2~3 h 即可出现强降水且强降水维持时间与垂直速度≤ −6 m/s 维持时间较为一致。董保举等[9]对 2008 年 6 月 1—2 日大理市暴雨过程分析发现,风廓线雷达探测到约< −4 m/s 的垂直速度反映了降水的开始和结束。林中庆等[14]分析 2010 年 6 月 28 日强对流过程时也发现具有此特征。杨引明等[15]分析发现,风廓线探测到的垂直速度数值大小随高度波动

以及这种波动发展的高度可能反映了大气中垂直热交换的强度,它有可能成为判断对流发展强弱的一个重要指标。

由以上分析发现,一般垂直速度出现负值时即可有降雨,负值越大降水越强;垂直速度达-6 m/s以上时,降水明显增强,且持续时间与垂直速度≤-6 m/s维持时间较为一致。但分析暴雨中垂直速度的个例相对较少,因此上述结论尚需待更多分析进一步验证。

1.2 其他天气过程中的风廓线雷达特征

分析其他灾害天气过程风廓线雷达特征的个例近年来也逐渐有所增加,但与强对流暴雨的分析相比还是少很多。

1.2.1 冰雹天气过程中的风廓线特征

周志敏等[16]对湖北咸宁市2010年4月12日降雹过程的水平风和垂直速度进行分析发现,对该次降雹过程而言,风廓线早于天气图获知冷空气入侵时间,并能清楚地分析出冷暖平流的分布形势;风向不连续线先随时间增高,然后稳定在一定高度层;风向不连续线附近风速较小,差值也较小。垂直速度随高度的波动较大,基本上能反映对流强弱,这点和前面总结的暴雨中垂直速度的特点是一致的。

1.2.2 层状云降水过程中的风廓线特征

王秀玲等[17]分析了2009年2月12日的稳定性降水天气过程表明,风廓线雷达能很好地观测到稳定性降水过程中冷、暖切变的小扰动和急流的下传过程,这些小扰动和急流的下传加强维持了降水;垂直切变的加大、强下沉气流的着地,预示着降水即将开始;低层偏北风的侵入、强下沉气流的消失预示降水将结束。

1.2.3 大雾天气过程中的风廓线特征

李德俊等[18]利用对恩施大雾天气过程中起雾前、持续中和结束时三个阶段的风向风速和粒子层厚度变化进行了分析。结果表明:辐射雾起雾前1.8 km层有偏西风扰动,风速不大,粒子层厚度为1.8~3.0 km;大雾持续中,静风发展,粒子层厚度维持;结束时,静风或无粒子活动,粒子层厚度大多数仅为1.8 km这一层。平流雾特点是近地层1.8 km处,起雾前偏南风为主,风速为2~4 m/s,粒子层厚度为1.8~3.7 km;持续中风速维持,低层到高层有时风向顺转;结束时风速加大为4~6 m/s。

1.2.4 降雪过程中的风廓线特征

黄宁立等[19]以近年来几次降雪天气过程为例,利用上海青浦风廓线资料探讨了上海降雪成因和物理过程,并建立了上海地区降雪概念模型。他们发现,低层冷平流(尤其是1000 m)是降雪发生的必要条件。风速廓线呈"C"字形趋向于'I'字形时标志着整个低层风速增大,平流加强。风向廓线上"S"型意味着是一般的冷暖交汇降雨形式,降雪发生在由"S"转变为随高度左倾的斜直线过程中。

2 小结

(1)目前基于风廓线雷达资料进行个例分析的大部分都集中在对强对流暴雨的分析上,而对强对流暴雨的分析中,较多个例又主要是从风廓线雷达的垂直风场结构来分析高低空急流与暴雨的直接关系。对于降雪、大雾等高影响天气过程的风廓线资料特征分析还较少。

(2)基于风廓线雷达风场资料通过对强对流暴雨过程分析发现暴雨的强度与高低空急流

脉动有密切关系。定义低空急流指数能很好地反映低空急流脉动以及向地面扩展程度与中小尺度的强降水存在密切关系,对强降水的出现以及雨强大小有一定预示作用。以上结论已得到较多个例的验证。

参考文献

[1] 王秀玲,郑艳萍,陈昱.2009.一次全区暴雨中的风廓线雷达特征[J].广东气象.(3):29-31.

[2] 金巍,曲岩,姚秀萍,等.2007.一次大暴雨过程中低空急流演变与强降水的关系[J].气象.33(12):31-38.

[3] 张京英,漆梁波,王庆华.2005.用雷达风廓线产品分析一次暴雨与高低空急流的关系[J].气象.31(12):41-45.

[4] 董娟,王丽文,韦汉勇.2010.风廓线雷达资料在一次华南强降雨中的预警应用[C].第27届中国气象学会年会论文集.

[5] 古红萍,马舒庆,王迎春,等.2008.边界层风廓线雷达资料在北京夏季强降水天气分析中的应用[J].气象科技.36(3):300-304.

[6] 吴君,孙成武,张可欣,等.2010.利用风廓线雷达资料分析气旋暴雨与低空急流的关系[J].安徽农业科学.38(12):6279-6282.

[7] 曹春燕,江釜,孙向明.2006.一次大暴雨过程低空急流脉动与强降水关系分析[J].气象.32(6):102-106.

[8] 刘淑媛,郑永光.2003.陶柑钰利用风廓线雷达资料分析低空急流脉动与暴雨的关系[J].热带气象学报.19(3):285-290.

[9] 董保举,刘劲松,高月忠.2009.基于风廓线雷达资料的暴雨天气过程分析[J].气象科技.37(4):411-414.

[10] 陈昱,张婉莹.2007.河北省首部风廓线雷达在一次短时预报中的应用[C].第24届中国气象学会年会论文集.

[11] 张桎桎,胡明宝,邓少格,等.2011.利用风廓线雷达资料对暴雨与低空急流关系的分析[J].气象水文海洋仪器.(1):32-35.

[12] 孙贞,徐晓亮,江敦双,等.2009.一次秋季大暴雨的风廓线特征分析[J].山东气象.29(119).

[13] 陈红玉,钟爱华,李建美,等.风廓线雷达资料在强降水预报中的应用[J].云南地理环境研究.21(5):63-68.

[14] 林中庆,曹亚平,赵小伟.风廓线雷达资料在一次强对流天气过程中的应用[J].气象研究与应用.32(3):19-22.

[15] 杨引明,陶祖钰.2003.上海LAP—3000边界层风廓线雷达在强对流天气预报中的应用初探[J].成都信息工程学院学报.18(2):155-160.

[16] 周志敏,万蓉,崔春光,等.2010.风廓线雷达资料在一次冰雹过程分析中的应用[J].暴雨灾害(3).

[17] 王秀玲,陈昱.层状云降水过程中的风廓线特征[J].气象科技,38(4):409-412.

[18] 李德俊,周建山,柳草,等.2009.恩施大雾天气的雷达风廓线特征[J].高原山地气象研究(增刊):120-123.

[19] 黄宁立,邵玲玲.2006.大气风廓线资料对降雪机理的分析与研究[C].2006年全国重大天气过程总结和预报技术经验交流会—天气预报技术文集.

支持向量机方法在热带气旋强度预报中的应用

顾锦荣　焦海军

(94816 部队气象中心，福州 350002)

摘　要

为提高热带气旋(TC)强度预报的精度,将支持向量机(SVM)和人工神经网络(ANN)引入 TC 强度预报领域。由于 SVM 和 ANN 的参数直接影响到模型的泛化能力和预报性能,文中将粒子群算法(PSO)用来对 SVM 和 ANN 的参数进行"自动"寻优。通过训练和预报试验,所建立的 PSO-SVM 和 PSO-ANN 两种模型对于热带气旋强度均有比较好的预报能力,且 PSO-SVM 模型的预报能力优于 PSO-ANN 模型。

关键词:支持向量机　神经网络　粒子群算法　强度预报　热带气旋

引言

热带气旋(Tropical Cyclone,简称 TC)对我国的影响是不言而喻的,准确预报 TC 的路径、强度等是研究 TC 问题的重要方面之一。相比于 TC 路径预报而言,TC 强度的预报技术提高缓慢[1]。目前国内外多种热带气旋强度客观业务预报方法仍然是以统计预报为基础,主要的统计模式是双线性回归。然而对于 TC 这样的非线性系统,用线性的处理方法显然不能深刻发掘 TC 蕴涵的非线性信息,其预报效果所受制约也就在所难免。作为能够处理非线性问题的人工神经网络(Artificial Neural Network,简称 ANN)方法近些年来在 TC 预报上得到了应用[2~4]。另外,陈永义等[5,6]将基于统计学习原理的处理非线性问题的又一有力工具支持向量机(Support Vector Machine,简称 SVM)首次引入气象领域,建立的面雨量的 SVM 分类模型和单站气温的 SVM 回归模型,显示了良好的结果。之后国内学者开始逐渐将 SVM 方法这一先进工具引入到气象预报的其他领域[7~12],在诸如雷暴,大雾、积雪检测、副高预测以及气候预测等方面显示了理想的效果。但是,SVM 方法在 TC 强度预报上的应用还很鲜见。

本文将 ANN 和 SVM 引入到 TC 强度预报领域,并比较两者的预报效果。另外,ANN 的权值阈值、支持向量机的惩罚参数和核参数的在理论上并没有很好的确定方法,传统的做法都是根据具体的问题进行"试凑",这无疑非常耗时而且具有很大的偶然性。本文尝试将粒子群算法(Particle Swarm Optimization,简称 PSO)利用在 ANN 权值阈值、支持向量机的惩罚参数和核参数的寻优上,建立了 PSO-ANN 和 PSO-SVM 模型,避免了传统的依靠人工经验选择参数的盲目性。

1 基于粒子群算法的支持向量机

1.1 回归型支持向量机基本原理

SVM 方法的基本思想如下[13,14]:定义最优线性超平面,并把寻找最优线性超平面的算法归结为求解一个凸规划问题。进而基于 Mercer 核展开定理,通过非线性映射 φ,把样本空间映射到一个高维乃至于无穷维的特征空间(Hilbert 空间),使在特征空间中可以应用线性学习机的方法解决样本空间中的高度非线性分类和回归等问题。简单地说就是升维和线性化。利用 SVM 原理预报 TC 强度属于回归问题(也称函数估计),因此介绍下 SVM 解决回归问题的基本原理,对于 SVM 的分类为题可以参考文献[9~11]。

对于非线性回归问题,SVM 引入核函数的概念,通过一个非线性映射函数 $\varphi(x)$ 将训练集数据 x 映射到一个高维线性特征空间,且此核函数 k 满足 $k(x_i,x_j)=\varphi(x_i)\cdot\varphi(x_j)$。不需要知道 k 的显示表达式和该特征空间,只需要选择合适的核函数就可以确定高维空间内积 $k(x_i,x_j)$,从而避免高维特征空间"维数灾"。因此非线性函数回归问题利用对偶原理可以转化为二次规划问题:

可设预报模型为:

$$f(x) = \omega\cdot\psi(x)+b=\sum_{i=1}^{l}(a_i-a_i^*)\mathrm{K}(x,x_i)+b \tag{1}$$

式中:l 是样本数;$\psi(x)$ 为输入空间非线性映射的高维特征空间;a_i 和 a_i^* 为拉格朗日乘子,a_i、$a_i^*\in[0,C]$;k 为核函数;参数 ω 和 b 通过求解如下约束非线性规划问题求得:

$$\min Q(\omega,b)=\frac{1}{2}\|\omega\|^2+C\sum_{i=1}^{n}(\xi_i+\xi_i^*) \tag{2}$$

s. t. $\quad y_i-\omega\psi(x_i)-b\leqslant\varepsilon+\xi_i$

$\qquad \omega\psi(x_i)+b-y_i\leqslant\varepsilon+\xi_i^*,\xi_i,\xi_i^*\geqslant 0$

式中:ε 为不敏感系数;C 为惩罚因子;ξ_i 和 ξ_i^* 为松弛因子。

主要待调参数有:所用核函数中的核参数,如本文将使用的径向基核函数 $k(x,x_i)=\exp(-|x-x_i|/g)$ 中的参数 g,它主要影响回归模型性能和各支持向量对隐单元的激励程度;惩罚因子 C,它在确定的数据子空间中调节学习机置信范围和经验风险的比例。

1.2 粒子群算法对支持向量机参数寻优

SVM 的惩罚因子和核函数参数对模型效果有重要影响,传统的参数"试凑"既耗时又偶然,本文将 PSO[15] 引入对 SVM 参数"自动"寻优中来。作为一种进化计算技术,PSO 由 Eberhart 和 Kennedy 于 1995 年提出,算法的基本思想是:假设一个 d 维目标搜索空间,有 n 个代表问题解的粒子组成种群 $S=\{X_1,X_2,\cdots,X_n\}$,X_i 表示第 i 个粒子在 d 维空间的位置。第 i 个粒子自身最优解 P_i(个体极值)及所有粒子最优解 P_g(全局极值)由具体问题目标函数的适应度值获得。由下两式

$$v_i^{k+1}=\omega v_i^k+c_1 rand(1)(P_i^k-X_i^k)+c_2 rand(2)(P_g^k-X_i^k) \tag{3}$$

$$X_i^{k+1}=X_i^k+v_i^{k+1} \tag{4}$$

共同决定每个粒子下一步追随当前最优粒子在解空间中搜索的位置。式(3)中:ωv_i^k 为第 i 个粒子 k 时刻的速度,$c_1 rand(1)\cdot(P_i^k-X_i^k)$ 为 k 时刻第 i 个粒子的当前位置与其历史最好位置

（个体极值）间的距离，$c_2 rand(2) \cdot (P_g^k - X_i^k)$ 为 k 时刻第 i 个粒子的当前位置与历史最好位置（全局极值）间的距离，ω 惯性因了（权衡全局和局部搜索能力），c_1、c_2 为学习因子，$rand(1)$、$rand(2)$ 是均匀分布于 $[0,1]$ 间的两个随机数。式(4)用来计算第 i 个粒子 $k+1$ 时刻新位置。

上述算法中目标函数的适应度将是 SVM 和 PSO 的"接口"，这里用 SVM 的预报值与真实值的平均绝对误差作为适应度目标函数，SVM 的参数寻优流程如图 1 所示，具体表述如下：

第一步：确定 SVM 参数的范围，即惩罚因子 C 和核参数 g 的范围，参数作为"粒子"。

第二步：初始化粒子状态，即粒子的位置和速度，通过目标函数计算适应度。

第三步：判定适应度值是否达到要求，若达到则输出最优参数，否则根据(3)、(4)式优化粒子，转到第二步重新评价目标函数适应度。

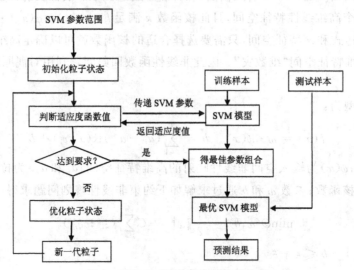

图 1　PSO 对 SVM 的参数寻优流程

2　基于粒子群算法的 BP 神经网络

神经网络的类型很多，建立神经网络模型时，根据研究对象的特点，可以考虑不同的神经网络模型。从大量的应用研究情况看，前馈型 BP 网络(BPNN)即误差逆向传播神经网络是最常用、最流行的神经网络模型，它具有简单、易行、计算量小、并行性强等特点，其基本原理可参见文献[2~4]，这里主要说明如何利用 PSO 算法优化 BP 神经网络的权值阈值。

BPNN 的权值阈值作为 PSO 的粒子集合，以 BPNN 预测输出和期望输出之间的误差绝对值作为适应度函数，改变 PSO 中粒子的速度即相当于更新 BPNN 网络的权值阈值，BPNN 误差越小表示粒子在搜索中具有越优的性能。其主要流程与 1.2 节是类似的，区别在于将 1.2 节中的 SVM 用 BPNN 替代。这样，BPNN 的最优权值阈值的确定即相当于确定了针对实际问题的最优网络。

3　预报对象和预报因子

预报对象是 TC 未来 12 h、24 h、36 h、48 h 强度，其值用近 TC 中心最大风速表示(单位：m/s)。挑选合适的预报因子对于模型效果有着至关重要的影响，是建立模型重要的环节之一。热带气旋强度变化除了与自身前期位置、强度变化有关,还受到周围环境流场的影响,鉴于此,构造气候持续性因子[2,4,16]和大气环流因子,使用上海台风研究所的"台风年鉴"和NCEP资料,再用相关系数普查法来确定进入 SVM 和 ANN 模型的因子。

持续性因子主要选取与热带气旋强度相关的前期位置、强度变化。研究区域定在 $115°\sim 125°E,20°\sim 35°N$,构造持续性因子如下:起报时刻近 TC 中心最大风速 $V0$,近 TC 中心最大风速前 6、12、18 和 24 h 变化(分别记为 VC_6、VC_{12}、VC_{18}、VC_{24});类似的有经纬度因子 $E0$、EC_6、EC_{12}、EC_{18}、EC_{24}、NC_0、NC_6、NC_{12}、NC_{18}、NC_{24}(V 表示风速,E 表示经度,N 表示纬度,C 为变化量,下标 i 表示前 i 小时变化);另外,构造 6 h 和 12 h 加速率因子:

近 TC 中心最大风速加速率因子:$VA_6 = V_0 + V_{-12} - 2V_{-6}$
$$VA_{12} = V_0 + V_{-18} - V_{-6} - V_{-12}$$

TC 中心经度加速率因子:$\qquad EA_6 = E_0 + E_{-12} - 2E_{-6}$
$$EA_{12} = E_0 + E_{-18} - E_{-6} - E_{-12}$$

式中下标表示前某个时刻的值。类似的还有 TC 中心纬度加速率因子,不再赘述。

热带气旋强度的变化在不同年的相同月份、季节有一定相似性,体现了强度变化的气候性规律。鉴于此,根据热带气旋一年内发生的频次不同,把全年分为 21 个时间段(1—4 月为一时间段,5、6、11、12 月每半月为一时间段,7、8、9、10 月每旬为一时间段),计算每个时间段 TC 的气候性规律。具体做法如下:把研究区域($115°\sim 125°E,20°\sim 35°N$)按 $2.5°\times 2.5°$ 网格划分,这样区域内共划分为 24 个网格,然后计算每个网格内不同时间段预报因子的历史平均值。由于 TC 样本数在不同区域分布有差异,有的网格内样本数甚至为 0,因此做如下处理:若某时间段进入某网格的热带气旋样本数少于 5 个,采用滑动网格统计,按从东到西,由北向南的顺序扩大网格范围,直至进入网格的样本数满足要求。本文构造的气候性因子为 TC 未来 12、24、36 和 48 h 中心最大风速、经纬度历史气候变化平均值,$Vave$、$Eave$、$Nave$(其中:V 为中心最大风速,E 为纬度,N 为经度,下标 ave 表示平均气候因子)。根据上述方法,共选出气候持续性因子 24 个。

使用 NCEP$2.5°\times 2.5°$网格的格点资料,以热带气旋中心点周围的 6×6 个格点为物理量场的相关普查区域。每个格点的资料作为因子,提供因子选取时的筛选对象。筛选上述 TC 中心周围的 36 个格点资料,这些因子中,有反映数值预报产品的格点资料,如高度、温度及其变化;有反映 TC 动力方面的因子,如涡度、散度,等等。根据上述方法,共选出大气环流因子 21 个。

图 2 是经过相关系数普查法从所有整理的气候持续性因子和大气环流因子中筛选出的预报因子与不同时效未来 TC 强度的相关关系,有些因子如 $X1$($V0$)、$X3$($E0$)、$X4$($VC6$)、$X6$(850 hPa 水汽通量)、$X12$(850 hPa 涡度场)、$X13$(700 hPa 水汽通量)等在不同预报时效反复入选,说明这些因子与未来 12 h 到 48 h TC 强度的相关性均较大。

4 PSO-SVM 和 PSO-BPNN 预报模型的建立与检验

根据 TC 生命史和研究区域的限制,使用 1980 至 1999 年 TC 样本资料,训练样本时段为 1980—1985 年,预报样本时段为 1998—1999 年,预报样本完全独立于训练样本。为检验模型对不同类型 TC 的预报能力,挑选 1990 年间 100 个左右的独立样本检验模型的推广能力。这

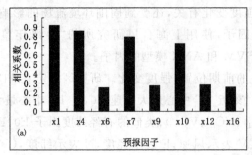
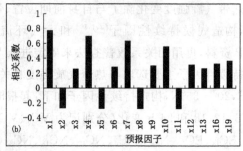
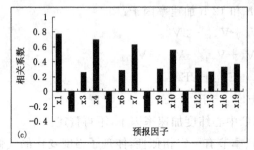
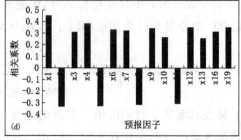

图 2　不同预报时效筛选出的预报因子与预报对象的相关关系(a)12 h;(b)24 h;(c)36 h;(d)48 h

些样本中,包含了强热带风暴以上不同强度级别的 TC 个例,具体情况见表 1。

表 1　检验样本情况

时效	TC 个数	样本个数	强热带风暴	台风	强台风	超强台风
12 h	6	100	1	3	1	1
24 h	6	100	1	3	1	1
36 h	6	98	1	3	1	1
48 h	6	99	0	4	1	1

　　进入 PSO-SVM 和 PSO-BPNN 模型的训练样本和预报样本在同一个预报时效分别相同,这样可以比较两者的效果。预设 PSO-SVM 模型的参数 C 的范围:[1,20]和 g 的范围:[0.1,10],两个模型中 PSO 的粒子群数量为 20、训练代数为 50。

　　图 3 是 PSO-SVM 预报模型训练建立后利用独立的预报样本的具体检验情况,从图及预报的定量结果,可以得到如下一些事实:

　　(1)随着预报时效的延长,预报效果逐渐降低,最好的是 12 h、最差的是 48 h;预报时效 12 h、24 h、36 h、48 h 的预报值与真实值差值低于 10 m/s 和低于 5 m/s 的分别占 98.00%、94.00%、88.78%、77.78%和 85%、78%、58.16%、42.42%。

　　(2)准确预报超强台风的重点是能否预报热带气旋将要达到的程度,从这点看,除 48 h 以为其他三个时效对超强台风个例的预报都达到了标准。

　　(3)预报时效 12 h、24 h、36 h、48 h 的预报值减真实值的差值小于 0 的个数所占比例分别为 50%、57%、51%、57%,说明这四个时效预报值与真实值比较,预报偏小的概率稍大。

　　(4)预报时效 12 h、24 h 在趋势的预报上效果比较好,预报了大部分 TC 个例由弱变强、由强变弱的过程;而 36 h、48 h 在预报趋势上还有待提高。

（5）从 PSO 方法选择的最佳参数来看，随着预报时效的延长，惩罚因子 C 变得越来越不敏感，核参数 g 值保持在小值，两者组合无规律可循。

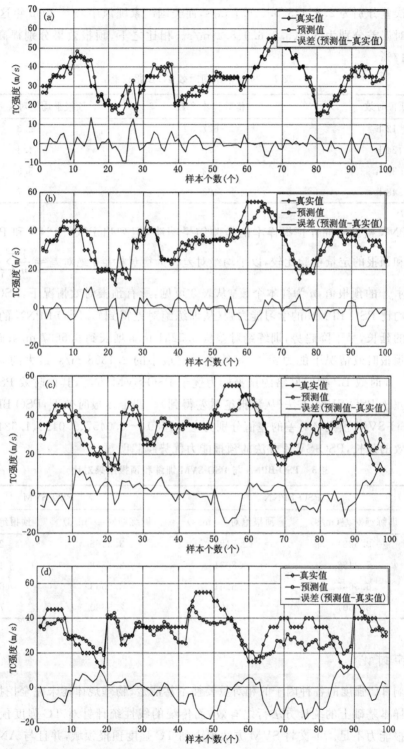

图 3　不同预报时效真实值与预报值对比(a)12 h；(b)24 h；(c)36 h；(d)48 h

另外,采用 1990 年至 1995 年间的样本进行 PSO-SVM 训练建模,对 2005 年的 TC 强度同样进行了 12 h、24 h、36 h、48 h 四个时效的预报,结果如表 2 所示。12 h、24 h、36 h、48 h 预报平均绝对误差分别为 2.8、4.3、5.5、6.7 m/s,而美国国家飓风中心[17]2005 年这四个时效的预报平均绝对误差分别为 3.5、5.6、6.9、8.1 m/s。相比之下,预报效果分别提高了约 20%、23%、20%、17%。

表 2 2005 年不同时效 TC 预报误差

预报时效	检验样本个数	预报平均绝对误差(m/s)
12 h	627	2.8
24 h	579	4.3
36 h	502	5.5
48 h	463	6.7

PSO-BPNN 模型对同样预报样本的检验结果图略,但列出 PSO-BPNN 和 PSO-SVM 模型两者训练和预报的定量检验比较,以平均绝对差作为衡量标准:绝对差 $= \frac{1}{n} \sum_{i=1}^{n} |y_i - y_i^*|$,其中 y_i^* 是对 y_i 的预报值,n 为样本个数。从表 3 可见:所有预报时效情况下,PSO-SVM 方法的学习能力均比 PSO-BPNN 的学习能力强(从训练绝对差得到)。PSO-BPNN 的学习能力随着预报时效的延长,呈下降趋势,训练绝对差从 3.5231 m/s 增长到 6.5607 m/s;而 PSO-SVM 方法在不同预报时效情况下能力相当,训练绝对差最小的 2.1358 m/s、最大的 3.5563 m/s。除了 12 h、24 h 时效 BP 神经网络的预报能力优于 PSO-SVM 方法,其他时效 PSO-BPNN 的预报能力均差于 PSO-SVM 方法(从预报绝对差得到)。四个预报时效下,PSO-BPNN 预报绝对差减去 PSO-SVM 预报绝对差的差值分别为 -0.1380、-0.0457、1.0125、1.5247 m/s,说明随着预报时效的延长,PSO-SVM 方法的预报能力优势越趋明显。

表 3 PSO-BPNN 与 PSO-SVM 训练和预报结果对比

预报时效	PSO-BPNN		PSO-SVM	
	训练绝对差(m/s)	预报绝对差(m/s)	训练绝对差(m/s)	预报绝对差(m/s)
12 h	3.5231	2.7186	3.3468	2.8566
24 h	5.3463	4.8031	2.1358	4.8488
36 h	6.3645	7.6261	3.5563	6.6136
48 h	6.5607	9.3405	2.8680	7.8158

5 结论和讨论

在对影响 TC 强度的各种因子的相对重要性不甚清楚、物理规律还未完全挖掘的情况下,建立在历史样本基础上的统计方法行之有效,而传统的线性统计针对 TC 强度预报这一非线性问题时预报能力不足。本文将 SVM 方法引入到 TC 强度预报领域,并且与 ANN 方法做了对比;在针对 SVM 参数和 ANN 权值阈值的确定问题上,摒弃了传统的依靠经验的选择方法,利用了 PSO 进化算法"自动"对参数寻优。结果表明:

（1）利用气候持续性因子和大气环流因子建立起来的 PSO-SVM 和 PSO-BPNN 模型对未来 12 h、24 h、36 h、48 hTC 强度预报均能取得较好的效果，所选检验样本比同期业务机构的预报水平有所提高。

（2）PSO-SVM 模型的预报效果优于 PSO-BPNN 模型，这可能与两者的理论基础、优化目标以及学习算法上不同有关。ANN 是基于风险最小化为优化目标，建立在样本无穷大时的渐进理论，而 SVM 是基于结构风险最小化原理，以统计学习理论为基础的算法。

（3）基于全局搜索策略的 PSO 算法对 SVM 参数以及 ANN 权值阈值进行寻优的方法收敛速度快，消除了人为选取参数的随机性和不确定性。

预报因子的选取对于 TC 强度模型的建立很重要，本文选取的预报因子还较少。在预报因子的筛选上，只是利用了相关系数普查法，筛选出来的因子之间也存在相关，即不同类因子间有信息重复，且被舍弃的因子也不一定对 TC 强度的发展不起作用。另外，对于不同月份季节、不同区域建立不同的模型也有提高模型预报能力的可能。这些都是下一步要进行的工作。

参考文献

[1] 端义宏,余晖,伍荣生.热带气旋强度变化研究进展.气象学报,2005,63(5):636-644.

[2] 黄小刚,费建芳,陈佩燕.利用神经网络方法建立热带气旋强度预报模型.应用气象学报,2009,20(6):699-705.

[3] 何慧,欧艺,李艳兰.影响广西的热带气旋年频数的 BP 神经网络预测模型.热带气象学报,2009,25(4):407-412.

[4] 姚才,金龙,黄明策,等.遗传算法与神经网络相结合的热带气旋强度预报方法试验.海洋学报,2007,29(4):11-19.

[5] 陈永义,俞小鼎,高学浩,等.处理非线性分类和回归问题的一种新方法(I):支持向量机方法简介.应用气象学报,2004,15(3):345-353.

[6] 冯汉中,陈永义.处理非线性分类和回归问题的一种新方法(II):支持向量机方法在天气预报中的应用.应用气象学报,2004,15(3):355-365.

[7] 刘科峰,张韧,徐海斌,等.支持向量机与卡尔曼滤波集合的西太平洋副热带高压数值预报误差修正.气象科学,2007,27(3):450-457.

[8] 赫英明,王汉杰.支持向量机在积雪检测中的应用.南京气象学院学报,2009,32(1):134-139.

[9] 李才媛,韦惠红,邓红.SVM 方法在武汉市大雾预警预报中的应用.暴雨灾害,2008,27(3):264-267.

[10] 滕卫平,俞善贤,胡波.SVM 回归法在汛期旱涝预测中的应用研究.浙江大学学报(理学版),2008,35(3):343-354.

[11] 刘年庆,蒋建莹,吴晓京.基于支持向量机的遥感大雾判识.气象,2007,33(10):73-79.

[12] 刘梅,尹东屏,王清楼,等.南京地区冬季路面结冰天气标准及其预测.气象科学,2007,27(6):685-690.

[13] Vapnik V N. *Statistical Learning Theory*. New York：John Wiley & Sons,Inc,1998:375-570.

[14] Vapnik V N. *The Nature Of Statistical Learning Theory*. New York：Springer Verlag, 2000:123-266.

[15] 段晓东,王存睿,刘向东.粒子群算法及其应用.沈阳:辽宁大学出版社,2007.

[16] Sim D. Aberson, Charles R. Sampson. On the Predictability of Tropical Cyclone Tracks in the Northwest Pacific Basin. *Monthly Weather Review*, 2003，131(7):1491-1497.

[17] James L F. 2005 National Hurricane Center Forecast Verification Report. (2006—05—21)[2010—05—08]. http://www. nhc. noaa. gov/verification/pdfs/Verification_2005. pdf.

内蒙古数值预报集成方法汛期暴雨业务试验

宋桂英[1] 韩经纬[1] 张 戈[2] 王德民[3] 乌 兰[1]

(1.内蒙古气象台,呼和浩特 010051;2.内蒙古大气探测与技术保障服务中心,
呼和浩特 010051;3.民航呼和浩特空管中心,呼和浩特 010000)

摘 要

内蒙古气象台业务使用的数值预报降水量产品有:T213、T639、日本、德国数值预报场,各模式预报准确率差异较大。在检验多个业务数值预报模式基础之上,借鉴集合预报新技术,进行内蒙古数值预报集成试验。每日滚动评定各种模式预报质量后,优选质量靠前的模式作为集成对象,以各模式的准确率动态分配权重系数,建立内蒙古降水集成预报方程。集成预报方法在 2011 年汛期进行了业务实验,对汛期暴雨预报有一定的参考价值。

关键词: 数值预报 模式检验 集成预报 变权重 业务试验

引言

采用多模式集合预报方法是在现行模式、现行计算机资源条件下,获得最佳预报效果的有效方法。利用多模式集合预报这种方法可以通过弥补初始场的不确切性、模式的不完善性,获得更佳的预报效果[1,2]。主要特征是具有多个中尺度模式。

具有多年丰富实践经验的预报员能够从全球数值天气预报中心而不仅仅是本部门获取预报产品,通过比较决定选择和决策的方法一般称为多模式穷人集合(Poorman)法[3],这是比较经济和实用的。Mylne 等[3,4]的分析表明,穷人集合法在灾害性天气事件预测上取得成功。多模式(超级)集合预报及其多元回归分析的均方根误差与典型的 TS 模式分析误差具有可比性,且预报时段的效果显现出优越性。多模式集合是一项统计技术,要使用过去预报和观测(分析)的数据集接受训练,可以是线性的回归技术也可以是非线性神经元技术,决定不同模式的权重系数。

集合预报技术的发展和集合预报的广泛使用,使得数值天气预报面临重大转折,非常值得我们关注、借鉴和发展。集合预报是 21 世纪我国数值预报重点加强的领域。目前内蒙古气象台业务使用的国外数值预报产品有:欧洲中心数值预报场、日本、德国数值预报场。国内数值产品有:MM5、T213、T639 数值预报场。多个中尺度数值模式集成预报是短期天气预报的有效方法。

1 内蒙古数值预报集成方法

根据内蒙古数值天气预报发展的需要,借鉴国内外集合预报新技术、新成果,进行了内蒙古数值预报集成方法试验。

资助项目:气象关键技术集成与应用项目 CAMGJ2012M12。

1.1 数值预报降水产品离散化

不同分辨率的格点数据离散化：参与评估的模式预报产品为：德国、日本、T639、T213、MM5 降水预报产品。为便于检验和集成，将不同分辨率的格点数据按照四点插值的方法进行了离散化处理，为消除部分空报，视离散化后 0.1 mm 以下预报值为预报无降水。

不同模式预报时效统一化：德国、日本、T639 预报实效都达到 168 h。T213 只到 120 h，MM5 只到 48 h。此法只对 24 h、48 h 预报评定。

德国、日本是累积降水产品。T639 产品 Rain24—4 为时间间隔 24 h 产品. MM5 的 Rain24 为时间间隔 24 h 产品。T213 为逐 3 h 预报。

1.2 数值预报降水产品质量评估

对多种模式降水离散后，差值到站点预报，对比实况，进行晴雨检验。晴雨预报准确率：

$$PC = \frac{NA + ND}{NA + NB + NC + ND} \times 100\%$$

式中，NA 为有降水预报正确站（次）数，NB 为空报站（次）数、NC 为漏报站（次）数，ND 为无降水预报正确的站（次）数。

对内蒙古 119 个站点德国、日本、T639 产品、T213、MM5 20 时起报的 0～24 h，24～48 h 两个时效降水预报分别进行检验，得到不同预报时效的检验结果。当数值预报离散后预报降水为微量（0.1 mm）时，均视为"晴"进行检验。

1.3 集成预报方法

集成预报原理在省级气象台站不具备数值预报集合计算的条件下，基于超级集合思想、集成应用目前可用的日本、德国、T213、T639 多种模式，更切合实际[5]。

因各模式对降水预报准确率差异较大，优选几种模式中质量靠前的三种模式（如日本、德国、T639）作为集成对象，以各模式准确率分配权重系数，并建立降水预报方程[6]。

权重 $W(i,t) = Q(i,t) - \sum_{i=1}^{n} Q(i,t)$，$Q(i,t)$ 是 i 模式在 t 时效的正确率。

预报方程 $PH(j,t) = \sum_{i=1}^{n} [W(i,t) * PR(i,j,t)]$，$PR(i,j,t)$ 为 i 模式对 j 站点 t 时效的降水预报值。

1.4 变权集成预报方法

"变权"就是"变化的权重"，考虑不同模式预报能力差异，也考虑模式本身在不同天气过程、不同时效预报能力的变化，采用先进的统计方法动态分配各家模式的降水权重系数，并根据资料的实时更新动态生成权重系数。考虑到一次天气系统持续时间为 1～3 天，因此，对各家模式每日 24、48 h 预报能力进行实时检验，随实时预报时效变化，每日取预报质量较好的前三种模式参加权重系数计算，建立动态系数的实时预报方程。

变权集成的降水量预报方程 $PH(j,t) = \sum_{i=1}^{n} [W(i,t) * PR(i,j,t)]$

$PR(i,j,t)$ 为 i 模式对 j 站点 t 时效的降水预报值。

日本、德国、T639 等各种模式每日预报评定后，预报质量位于前三的模式作为集成对象，预报要素与变化的权重系数结合，形成 24 h、48 h 降水量的变权集成预报方程。模式集成降水预报产品实现 MICAPS 格式的降水集成预报产品，以站点预报为主，避免了站点反插回格点产生误差。

2 集成预报技术在内蒙古地区降雨预报的业务应用

发展数值预报集成处理技术,是内蒙古数值天气预报发展的需要。该方法在评估检验多家业务数值模式基础之上,对多模式的降水场进行集成预报权重分析,建立集成预报方程。数值预报集成处理方法为预报员提供多模式集成的站点定量降水预报,在内蒙古中短期定量降水预报业务中发挥作用。

2011年7月17日前后,受东北冷涡系统影响,内蒙古东部特别是东南部地区出现连续局地暴雨天气,强降雨落区位于内蒙古东部的锡林郭勒盟东部、通辽市、赤峰市,此区域内的西拉木伦河流域出现防汛险情。7月24日出现了新一轮冷涡天气系统,系统移速缓慢,在内蒙古东南部地区打转停留,预示西拉木伦河流域将出现暴雨。集成预报系统与几家模式预报较一致,图1是7月24日集成预报系统的预报和实况图。由图可得:在24 h预报中,集成预报对强降雨落区预报较好,但在雨强预报上不尽如人意,报大了一个量级,但降雨中心与实况接近。48 h预报中,集成预报对降雨的强度转折性做了较准确的预报,在降雨落区、雨强方面都有较好的参考价值。可初步分析:集成预报在一定程度上对强降雨落区及雨强有一定预报能力。

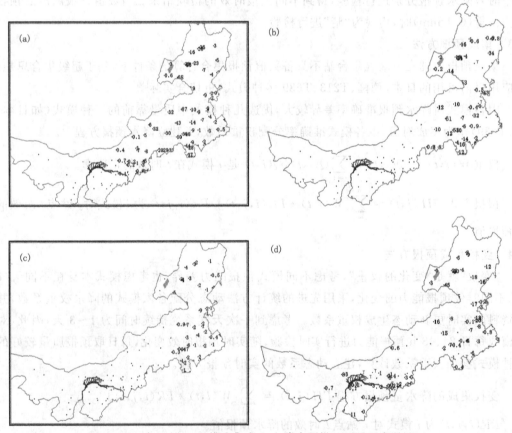

图1 2011年7月24日模式集成24 h降水预报(a)、25日实况(b)、
48 h集成预报(c)、26日实况(d)(单位:mm)

7月28日,由数值天气预报形势场分析:29日东北冷涡东移缓慢并在内蒙古通辽市西部、赤峰市北部旋转加深,30日缓慢东移。天气系统分析,西拉木伦河流域仍会出现大暴雨。但

集成预报系统在流域内24 h即29日报10 mm降雨,30日为小雨(图2)。实况证明,29日流域内没有较大范围暴雨,基本以小雨为主,只有一个站出现35 mm暴雨,而30日实况也证实,降雨快速减为小阵雨。为何明显的降水系统没有产生强降雨,本文未作深入分析,但系统在24 h内东移出区应该是很大原因。集成系统在转折性降雨预报中仍发挥了重要作用。

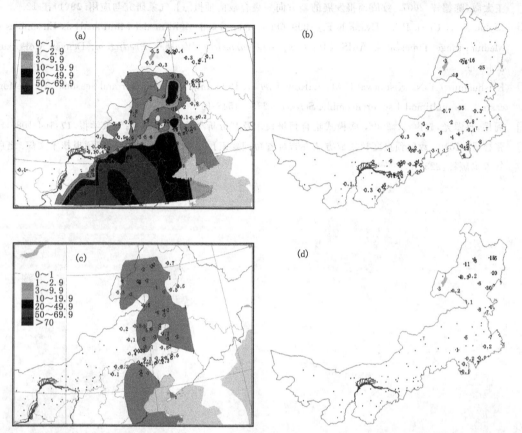

图2　7月28日模式集成24 h降水预报(a)、29日实况(b)、48 h集成预报(c)、30日实况(d)(单位:mm)

3　结论与讨论

根据内蒙古数值天气预报解释应用发展的需要,借鉴国内外集合预报新技术、新成果,进行了内蒙古数值预报集成方法试验,完成内蒙古多模式集成降水预报方法试验。

(1)根据日本、德国、T639等数值预报降水产品晴雨预报实时检验,研究不同数值预报模式产品的变权重技术,基于变权重技术,建立了内蒙古降水集成预报方程。

(2)建立内蒙古多模式降水集成预报系统,在汛期预报业务中进行试验。集成预报方法在汛期的预报试验表明:集成预报方法对汛期降雨的落区及强度预报有一定的参考价值,特别是对落区预报有较好的预报能力。

(3)在持续性降雨天气过程预报中,降雨集成预报方法对降雨落区移动预报及降雨的强度变化也有一定的参考意义。

参考文献

[1] 李泽椿,陈德辉.2002.国家气象中心集合预报业务系统的发展及应用[J].应用气象学报.**13**(1):12-15.

[2] 王太微,陈德辉.2007.数值预报发展的新方向—集合数值预报[J].气象研究与应用.**28**(1):6-12.

[3] Mylne K R,Clark R T,Evans R E.1999.Quasi-operational Multi-model Multi-analysis Ensembles on Medium-range Timescales.AMS 13*th Conf on Numerical Weather Prediction*.Denver.Col-orado.204-209.

[4] Krishnamurti T N,Kishtawal C M,LaRow T,*et al*.1999.Improved weather and seasonal climate fore-casts from multimodel superensemble.*Science*.(285):1548-1550.

[5] 周兵,赵翠光,赵声蓉.2006.多模式集合预报技术及其分析与检验[J].应用气象学报.**17**:104-108.

[6] 张智勇.2010.数值预报变权集成方法在吉林省短期要素预报中的试用[M].天气预报技术文集.北京:气象出版社:223-227.

基于自动观测资料的自动确定飑过站时间的研究

谭明艳　莫静华　李　程

（深圳市国家气候观象台，深圳 518040）

摘　要

飑是一种特殊的天气过程，一旦成为灾害性天气，将造成严重的损失，因此对飑的研究十分重要。飑在气象地面观测业务中记录开始时间，目前飑的记录时间主要是依靠人工观测实况和对自记纸、自动站等数据进行辅助判读后作出的综合判断，存在主观性强、方法不统一、人力工作量大等缺点。本文认为飑过站时，温度、湿度、风向、风速、本站气压等相应要素的变化率都会达到极大值，对这 5 个要素的归一化后的变化率求积作一个综合判断，用简单的数学运算确定飑的记录时间。经过与 2010 年两次飑过程中测站人工记录的时间对比，该方法准确、快捷，是自动记录天气现象的一次成功尝试。

关键词：飑　自动　地面观测

引言

飑是中尺度对流天气系统，是飑线过境时经常出现的天气现象之一，有时雷暴单体过境也会有飑出现[1~4]。飑一旦成为灾害性天气，造成的经济损失更是无可估量，所以对飑的研究十分重要[5~7]。地面气象观测是气象工作的基础，为天气预报、气象信息、气候分析、科学研究和气象服务提供重要的依据[8]。如何科学、准确地记录飑天气现象，对气象、气候业务和研究都有重要意义。

《地面气象观测规范》对飑的定义为"突然发作的强风，持续时间短促。出现时瞬时风速突增，风向突变，气象要素随之亦有剧烈变化，常伴随雷雨出现"。其中，温度、湿度、风向、风速、气压是必定变化的要素[9~11]。同时，《规范》规定：飑只记开始时间。飑现象出现的开始时间的确定，是以出现气压"雷暴鼻"作为标准，或风向、风速突变时间，或气温骤降、湿度急升时间，目前还没有一种规范标准[2]。因此出现飑后，开始时间的确定，是实际业务中的难点。

目前观测员对飑的观测主要是通过观察实况，并以自记纸、自动站、雷达、天气图、卫星云图等资料作为确定时间的辅助依据，且都是人工判读[2,7,12~17]。目前业务上判定记录飑所利用的资料越多，观测员把握越大，判断的准确度越高，但所需的时间也越多。随着自动探测设备和气候资料的增多，气象业务人员的工作强度也越来越大，如何利用现有自动资料快速准确地确定记录，减少人工观测的干预，解放一部分人力，探索观测业务由人工逐渐转变为自动的方法，也是目前地面观测业务发展研究重点方向之一。

本文将温度、湿度、风向、风速、本站气压的综合评估后的变化率达到最大值时作为飑的开始时间，采用快速计算的方法自动确定时间，并对 2010 年深圳国家基本气象站记录到的两次飑天气现象进行验证。

1 方法介绍

1.1 选取时间段

根据天气背景和各种探测资料,尤其是对是否出现风向突变、风速达到强风等级、出现气压"雷暴鼻"等现象进行分析,判断是否出现飑。若的确是飑天气现象,则选取一段含飑过测站的大概时间段,并提取该时间段内的自动站的温度、湿度、风向、风速、本站气压5个要素的分钟数据。

1.2 计算变化率

以1 min为步长,对各要素计算变化率

$$RC_{i,j} = \frac{\Delta v_{i,j}}{\Delta t} \tag{1}$$

其中,$RC_{i,j}$ 是要素 i 的 j 时刻较第 $j-1$ 时刻的变化率,Δt 为步长,$\Delta v_{i,j}$ 是要素 i 的 j 时刻较第 $j-1$ 时刻的变化量,用公式(2)计算,即对要素 i 的第 j 时刻和第 $j-1$ 时刻的数值的差值取绝对值。

$$\Delta v_{i,j} = |v_{i,j} - v_{i,j-1}| \tag{2}$$

1.3 变化率归一化

为了消去各要素变化率的差异,将同一要素的变化率数据用公式(3)进行归一化处理。

$$RC'_{i,j} = \frac{RC_{i,j} - MIN(RC_{i,1\cdots j})}{MAX(RC_{i,1\cdots j}) - MIN(RC_{i,1\cdots j})} \tag{3}$$

其中,$MAX(RC_{i,1\cdots j})$ 和 $MIN(RC_{i,1\cdots j})$ 分别是要素 i 在时间段 $1-j$ 内的最大变化率和最小变化率。

1.4 得出结论

本文认为5个要素对确定飑过站时间的贡献大小一样,对每分钟的5个要素归一化后的变化率求积,各要素中一旦一个在该时刻内没有变化,则整个评估结果为0,自动过滤掉无关时刻;各要素变化率越大,最后的评估结果也越大。取所求结果中前两个极大值,第一个时刻作为测站记录飑的时间,第二个时刻作为飑回转的时刻。

2 以2010年"5.7"和"9.9"天气过程中记录到的飑为例

2.1 "5.7"暴雨过程中的飑开始时间的确定

5月7日受弱冷空气和切变线共同影响,深圳市全市出现强雷雨,基本站在02:24左右出现飑天气现象(图1)。

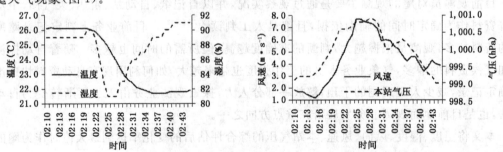

图1 2010年5月7日飑天气现象过程的气温、湿度、风速、本站气压曲线

对 2010 年 5 月 7 日 02:10—02:35 的数据进行分析,计算温度、湿度、风向、风速、本站气压 5 个要素的归一化变化率之积(图 2)。

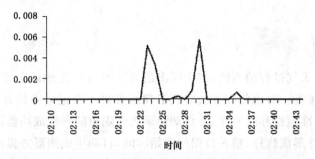

图 2　2010 年 5 月 7 日飑天气现象过程各要素变化率之积

通过图 2 可看出,在 02:10—02:35 这段时间内,各要素综合考虑变化率后的结果的两个极大值分别位于 02:23 和 02:30,由此确定 02:23 作为飑线过本站的时刻最为合理,与深圳国家基本气象站人工记录的时间 02:25 比较接近。另外,02:30 为飑线过后回转的时刻,飑在测站停留的时间不超过 8 min。

2.2　"9.9"大雨过程中的飑开始时间的确定

9 月 8 日夜间受"莫兰蒂"台前飑线影响,深圳市开始出现强雷雨。9 日凌晨时深圳国家基本气象站记录到飑天气现象(图 3)。

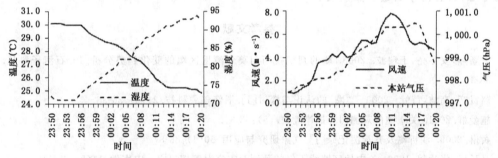

图 3　2010 年 9 月 9 日凌晨飑天气现象过程的气温、湿度、风速、本站气压曲线

对 2010 年 9 月 8 日日 23:50 至 9 日 00:20 的数据进行分析,计算温度、湿度、风向、风速、本站气压 5 个要素的归一化变化率之积(图 4)。

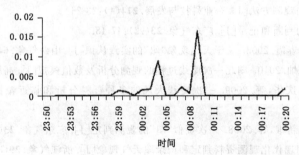

图 4　2010 年 9 月 9 日凌晨飑天气现象过程各要素变化率之积

从图 4 可直接判别,在 23:50—00:20 这段时间内,变化率之积的两个极大值分别位于

0:04和00:09,由此确定00:04作为飑线过本站的时刻,00:09飑线过后回转的时刻,飑在测站停留的时间不超过6 min。在实际业务中,深圳国家基本气象站人工记录的飑开始时间为00:07分。

3　结果与讨论

(1)通过对两次天气过程的判断,本文提出的方法可以快速地确定飑线过站时间,记录时间与人工记录比较接近。对比传统方法靠人工判断各要素来记录飑线开始时刻,本方法比较直观,并提高了记录准确性和时效性,是自动记录天气现象的一次成功尝试。下一步可考虑将该方法用程序实现并形成软件,输入数据的起始时间,自动生成图形并提示判断结果。

(2)分析两次天气过程得出的结论,总体来说比较合理,但考虑到某时刻某个要素一旦没有变化,或者变化率非常小,则直接造成认为综合变化率为0或接近0,某些情况下可能会影响正确的结论。另外通过测试其他时间步长,如2 min、3 min等,结果并不如现有的步长合理。因此本方法对数据采集的频率、仪器的灵敏度都有较高的要求;

(3)本方法的分析仅依赖于自动站分钟数据,方便准确,但当部分分钟数据缺测时,需要业务人员给出相应处理,例如,备份数据补齐等;

(4)本文认为各要素对判断飑的影响相同,因此求积前各要素赋以相同的权重,是否各要素对判断飑的判断贡献有所区分,还有没有其他要素需要考虑进来,增减要素后出现不同结果如何考虑,还有待今后进一步研究。

参考文献

[1] 尹新燕,安冬亮,于瑞波.2008.飑的判定技巧与莫索湾地区飑的变化趋势分析[J].石河子科技.(5):36-37.

[2] 赵贤产,高洁,黄嵘.2000 于"飑"的认识与探讨[J].浙江气象科技.21(3):36-38.

[3] 施爱群.2001.关于飑的观测[J].福建气象.(5):33-34.

[4] 黄琳.2009.浅析飑及其观测记录[J].气象研究与应用.30(4):86-87.

[5] 马廷标,张汝鹤.1996.关中地区飑线天气的预测及灾害对策探讨[J].灾害学.11(2):57-61.

[6] 王琦,仁善礼,徐静.2009.商丘:成功应对"6·3"强飑线天气灾害[J].中国应急管理.(11):39-42.

[7] 石正,陈柏坤.2003.浅谈对"飑"的判断与认识[J].浙江气象.24(3):29-33.

[8] 中国气象局.2003.地面气象观测规范[M].北京:气象出版社,24.

[9] 韦雨汶.2010.飑的观测方法[J].企业科技与发展.274(4):23-24.

[10] 陈丹青.2002.飑的判断和记录[J].广东气象.23(z2):47-48.

[11] 宋世平,周晋红,刘春霞.2003.关于天气现象"飑"的实践认识[J].山西气象.64(3):34.

[12] 王晓芳,胡伯威,李灿.2010.湖北一次飑线过程的观测分析及数值模拟[J].高原气象.29(2):471-485.

[13] 张京英,孙成武,王庆华,等.2009.一次飑线大风的多种资料分析和临近预报[J].气象科学.29(1):126-132.

[14] 肖明丽,蔡敷川,张新雄,等.2008.一次疑似"飑"的观测判定[J].广东气象.23(3):55-56.

[15] 骆欧阳.2008.运用现代化观测资料判定和记录飑天气现象[J].浙江气象.29(3):28-30.

[16] 陈凤娟,邓吴生.2006.自动站数据中如何防止"飑"的漏记[J].广西气象.27(A01):146-147.

[17] 陈业国,唐文.2007.2007 年4月广西一次强飑线过程的雷达回波分析及数值模拟[J].气象研究与应用.28(A02):132-134.

T639 和 WAFS 产品对贵阳机场辐射雾预报能力的对比分析

刘贵萍　李跃春

(1.民航贵州空管分局,贵阳 550012;2.民航西南空管局,成都 610202)

摘　要

使用 T639、WAFS 数值产品对贵阳机场 2010 年 8 月 27 日、28 日两次辐射雾的生消进行预报,讨论两家产品的预报能力,并探讨提高精细化预报的可行性。

关键词:数值预报产品　辐射雾　精细化预报

引言

2010 年 8 月 27 日世界时 18 时(以下均为世界时),华夏航空公司 CRJ200/B-3001 号机执行石家庄至贵阳航班任务,在贵阳机场着陆过程中发生擦右机翼尖的严重不安全事件。当时机场天气现象雾,能见度 600 m,天空状况碧空。目前贵阳机场作预报的主要参考数值产品是中国气象局下发的 T213,时间分辨率 6 h,即将引进的 T639 和 WAFS 数值产品时间分辨率 3 h。本文研究 T639 和 WAFS 数值产品对贵阳机场辐射雾生消的预报能力,能为精细预报辐射雾的生消提供依据。

1　天气过程介绍

1.1　天气形势

2010 年 8 月 26 日 00 时 500 hPa(图略)四川南部到云南中部有一小槽,贵州处于槽前西南气流控制,27 日 00 时小槽移到贵州中部,27 日 12 时贵州转高压脊前西北气流控制,这种形势一直维持到 29 日 00 时。地面冷锋于 26 日 00 时通过贵阳,27 日 00 时移到广西境内。冷锋过境导致贵州全省大面积降水。贵阳机场从 26 日 04 时出现小雨,一直持续到 27 日 02:10。27 日 12 时冷锋入海,贵州转冷锋后冷高压控制,直到 29 日 00 时。此期间 700 hPa、850 hPa 贵州为高压脊前偏北气流影响。该高压脊导致了与辐射雾有关的碧空和微风天气。

1.2　各天气要素的演变情况

从记录的能见度变化来看,27 日 17:51 能见度为 1300 m,17:59 降为 600 m,其后低于 600 m,一直到 28 日 01:26 能见度上升到 800 m,01:36 到 1200 m,04 时到 10000 m。夜间 22:24 能见度又下降到 1000 m,22:36 为 700 m,一直持续到 29 日 00:28 上升到 800 m,00:38 到 2000 m 以上。27 日雾比 28 日浓,最低能见度 100 m,出现在日出前 27 日 22:51,28 日雾最低能见度 600 m,出现在 28 日 23:10。27 日雾持续了 7 h 37 min,28 日雾仅持续 2 h 4 min。

从 27 日 00 时到 29 日 12 时各要素随时间的变化来看,27 日 00 时天气现象小雨,总云量 8,低云云底高 240 m,相对湿度 96%。02:10 降水停止,低云云底高逐渐抬升,相对湿度减小,09 时总云量 7,相对湿度 77%,天空没有低于 300 m 的云。随着日落到来,温度降低,相对湿度上升,整层转高压脊控制,地面转高压控制,风向为东北风,风速 $0\sim2$ m/s,天空状况转好,15 时碧空,总云量 0,晴空辐射冷却加强,18 时温度从 15 时的 14.5℃降到 12.4℃,相对湿度 100%,能见度降到 600 m,开始低于贵阳机场降落标准。

由于天气形势稳定,天空状况良好,28 日整天少云到多云,15 时又转为碧空,辐射冷却加强,23 时出现当日的最低温度 12.0℃,相对湿度 100%,又出现辐射雾,能见度 700 m。

2 T639、WAFS 介绍

2.1 T639 模式介绍

T639L60 模式[1](简称 T639)是我国自主研发的全球中期数值预报系统,2007 年 12 月开始运行。通过对 T213 模式进行性能升级发展而来,具有较高模式分辨率,达到全球水平分辨率 0.28125°×0.25125°(30 km),垂直分辨率 60 层,模式层顶从 10 hPa 升至 0.1 hPa,并采用 Rayleigh 摩擦增加平流层的稳定性。具有较高的边界层垂直分辨率,850 hPa 以下有 12 层,对边界层过程有更加细致的描述,更适合支撑短时临近预报。

T639 模式在动力框架方面进行了改进,包括使用线性高斯格点、稳定外插的两个时间层的半拉格朗日时间积分方案等,提高了模式运行效率和稳定性;另外改进了物理过程中对流参数化方案以及云方案,大大改善了降水预报偏差大、空报多的问题。采用三维变分同化分析系统,除可以同化包含 T213 模式同化的全部常规资料外,还能直接同化美国极轨卫星系列 NO-AA-15/16/17 的全球 ATOVS 垂直探测仪资料,卫星资料占到同化资料总量的 30%,大大提高了分析同化的质量,改善了模式预报效果。模式在产品上继承了 T213 模式的特点,具有数据与图形多类别、多种分辨率、高时间频次、多种物理诊断量的产品。

2.2 WAFS 系统介绍

WAFS[2](英文全称 World Area Forecast System)是国际民航组织和世界气象组织专为航空气象设计的一套航空气象服务系统,1982 年成立,目的是为航空气象用户提供图像和数字形式的气象服务产品。WAFS 有两个世界区域预报中心(WAFC):伦敦世界区域预报中心(英国国家气象局)和华盛顿世界区域预报中心(国家环境预报中心 NCEP)。两个世界区域预报中心的产品互为备份。产品由三个通信卫星组成的卫星广播系统向外发送。两个卫星属华盛顿区域预报中心,位于大西洋区域(AOR)和太平洋区域(POR),称 ISCS(International satellite communication system)。一个卫星属伦敦区域预报中心,位于印度洋区域(IOR),叫 SADIS(Satellite distribution system)。目前中国民航有两套 SADIS(北京和广州各一套),两套 ISCS(北京和上海各一套),所有数据入民航气象数据库。

2.2.1 美国 WAFC 模式 GFS(AVN)的简介

美国世界区域预报中心运行的是美国国家环境预报中心的全球航空模式(The NWS Global Aviation Model),是静力谱模式,计算时间 3 h,每天运行 4 次,2002 年 10 月 29 日正式运行。模式 $0\sim84$ h 运行 T254L64,$84\sim180$ h 运行 T170L42,$180\sim384$ h 运行 T126L28。能直接同化美国极轨卫星 AMSU/A-12/13 通道的资料、NOAA-14/15/16 通道的全球 ATOVS 垂直探测仪及微波通道的资料,同时大量使用自动飞机报告,改进了数据同化系统。动力框架方面包含一些简单的土壤模式,并改进云方案,直接作云预报,不是从相对湿度推导云预报。每 6 h 输出一次结果,通过 WAFS 卫星广播系统和互联网下发。卫星广播系统下发的产品包括航路飞行计划所需的物理量预报及一些航站预报所需的参数预报。互联网下发的产品包含了更多的物理量的多时次预报。

2.2.2 英国 WAFC 模式 United Model 的简介

英国世界区域预报中心运行的是英国国家气象局的统一模式(The Met. Office Unified Model),包括等温层模式、大气模式(包括全球模式和欧洲模式)、洋流模式、环境模式(监测火山爆发、核爆炸以及生物学、化学的紧急事件)等。目前运行全球模式输出格点数据作为欧洲模式和中尺度预报系统的初边界,水平分辨率 60 km,垂直分层 38 层。每天运行 4 次,时效 144 h。全球模式和中尺度预报系统结果作天气研究用,欧洲模式结果作检验用。中尺度预报系统区域为英国,水平分辨率 12 km,垂直分层 38 层。

2.2.3 世界区域预报中心的产品

世界区域预报中心的产品包括图表资料(T4、BUTR)、报文资料(OPMET)和 GRIB (Gridded Binary)资料,除了 OPMET,其他三种资料都是由模式运行得到的数值预报资料,包括了从地面降水量、风、湿、温的预报和各标准等压面的基本物理量,应国际民航组织要求,华盛顿和伦敦中心于 2004 年 11 月 25 日 00 时增加了急流和急流垂直厚度的信息。

民航北京气象中心从 1996 年开始接收 WAFS 英国伦敦资料,1998 年接收美国华盛顿资料。其中图表资料和报文资料因其具有的直观性和通用性,得到了较好利用,在对机组的服务工作中发挥了重要作用。GRIB 资料的应用却很少,而它的有效性和准确性是得到世界气象组织公认的。

3 两种产品对辐射雾的生消预报能力探讨

由于地表辐射冷却作用使地面气层水汽凝结而形成的雾,称为辐射雾。这里使用 2010 年 8 月 27 日、28 日 00 时为初始场,预报时效为 36 h 的 T639、WAFS 数值预报资料对 8 月 27 日、28 日辐射雾生成前后的冷却条件、水汽条件、层结条件和风力条件进行对比分析。

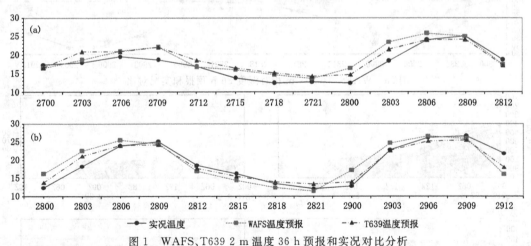

图 1 WAFS、T639 2 m 温度 36 h 预报和实况对比分析

3.1 冷却条件

晴朗少云的夜间或清晨地面散热迅速,近地面气层降温多,有利于水汽凝结。从 T639 和 WAFS 预报 2 m 高度上 36 h 温度的结果和实况对比(图 1)来看,两家预报结果都基本预报出了温度的变化趋势。但在出现拐点的地方,T639 的预报值更接近于实况值。27 日 06 时实况

19.6℃,随后呈下降趋势。T639 预报 06 时 20.9℃,09 时 22.1℃后呈下降趋势,WAFS 预报 06 时 21.1℃,09 时 22.1℃后呈下降趋势。雾形成后,27 日 21 时到 28 日 00 时实况从 12.8℃ 降到 12.5℃,28 日 03 时上升到 18.4℃,雾消散。T639 预报 27 日 21 时 14.2℃,28 日 00 时 14.7℃,28 日 03 时 21.5℃,从这个结果来看,雾至少应该持续到 28 日 00 时以后,与实况比较 一致。WAFS 预报 27 日 21 时 13.7℃,28 日 00 时 16.5℃,升温显著,可以预报雾在 28 日 00 时前消散,这与实况是不符合的。28 日 06 时实况 24.0℃,09 时 25.1℃,随后呈下降趋势, T639 预报 06 时 24.1℃,09 时 24.3℃后出现下降趋势,与实况一致。WAFS 预报 06 时 25.5℃,09 时呈现下降趋势 24.6℃,这与实况相反。雾形成后,从 28 日 21 时到 29 日 00 时实 况从 12.2℃升到 12.9℃,03 时到 22.9℃,雾消散。T639 预报 28 日 21 时 13.4℃,29 日 00 时 14.0℃,03 时 22.7℃,与实况比较一致。WAFS 预报 28 日 21 时 11.5℃,29 日 00 时 17.2℃, 升温显著,可能会漏报 29 日早晨较弱的雾。

3.2 水汽条件

近地面层水汽充沛时,气温稍有下降就会使水汽凝结形成雾。从 T639 和 WAFS 预报 2 m 高度上相对湿度 36 h 的结果和实况对比(图 2a)来看,两家预报结果基本报出了相对湿度的 变化趋势。但极大值的预报 WAFS 略胜于 T639。从相对湿度高值的维持来看,T639 的结果 有利于预报 29 日早晨较弱的雾。

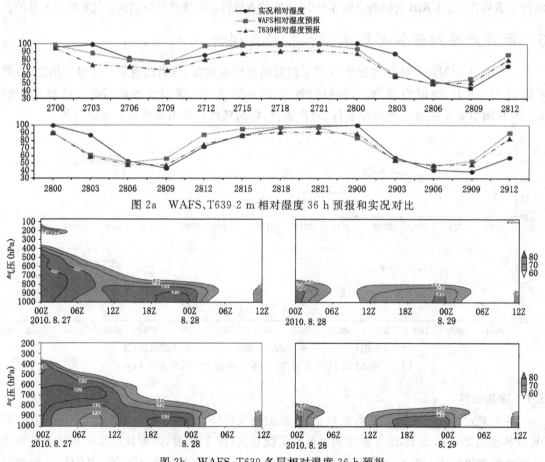

图 2a WAFS、T639 2 m 相对湿度 36 h 预报和实况对比

图 2b WAFS、T639 各层相对湿度 36 h 预报

从 WAFS、T639 各层相对湿度 36 h 预报结果(图 2b)分析来看,对于持续时间长的雾,两家资料 800 hPa 高度下相对湿度 90%的时段与雾持续时间一致,但对于持续时间短的雾,两家都漏报了相对湿度 90%以上的时间段。

3.3 层结条件

近地面气层比较稳定或有逆温存在,有利于水汽和尘埃杂质聚集。从 WAFS、T639 对各层垂直速度 36 h 预报结果(图 3)来看,雾出现的时段 700 hPa 以下垂直运动都很弱,除 WAFS 预报 27 日 18 时雾初形成时有弱的扰动外,基本没有垂直扰动。

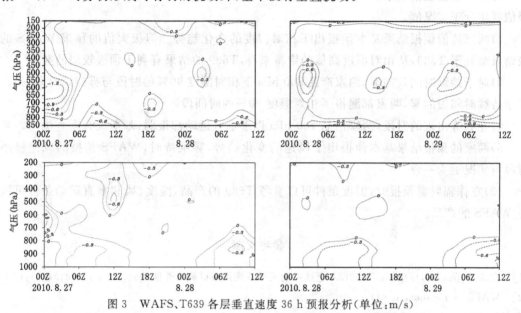

图 3　WAFS、T639 各层垂直速度 36 h 预报分析(单位:m/s)

3.4 风力条件

微风(1~3 m/s)对雾的形成最有利。从 WAFS、T639 预报 10 m 风速 36 h 的结果和实况对比(图 4)来看,两家的预报结果也基本预报出了风速的变化趋势。从风速量级来看,两家的预报结果与实况的量级一样。按自动观测风速启动值为 0.5 m/s 计,WAFS 预报的雾维持时的极小值时段与实况的更为一致。

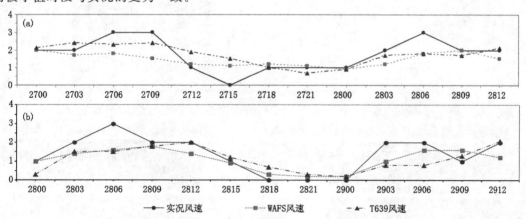

图 4　WAFS、T639 10 m 风速(单位:m/s)36 h 预报和实况对比分析

4 小结

(1)2010 年 8 月 27、28 日贵阳机场出现的雾是典型的辐射雾过程,使用 T639 和 WAFS 数值产品作辐射雾的预报,时间分辨率可以提高到 3 h。

(2)从满足辐射雾形成的温度、湿度、垂直运动、风速条件考察 T639 和 WAFS 数值产品的预报能力,发现:

1)两家数值预报结果都基本预报出了温度的变化趋势。但在出现拐点的地方,T639 的预报值更接近于实况值。

2)两家数值预报结果基本预报出了相对湿度的变化趋势。但极大值的预报 WAFS 的预报结果略胜于 T639,从相对湿度高值的维持来看,T639 的结果有利于预报较弱的雾。

3)对于持续时间长的雾,两家产品 800 hPa 下相对湿度 90% 的时段与雾持续时间一致,但对于持续时间短的雾,两家都漏报了相对湿度 90% 的时间段。

4)在有雾出现的时段,两家产品 700 hPa 以下垂直运动都很弱,基本没有垂直扰动。

5)两家的预报结果基本预报出了风速的变化趋势,雾维持时,WAFS 预报的风速极小值时段与实况更为一致。

(3)在作辐射雾预报时,温度条件可以参考 T639 的产品,湿度、风和垂直运动条件可以参考 WAFS 的产品。

参考文献

[1] 管成功,陈起英,佟华等. T639L60 全球中期预报系统预报试验和性能评估. 气象,2008,**34**(6):12-16.
[2] WAFS user manual. ICAO

黄海夏季海雾的边界层结构特征及其与春季海雾的对比

任兆鹏[1,2]　张苏平[2]

(1 青岛市气象局，青岛 266003；2. 中国海洋大学，物理海洋教育部重点实验室和海洋—大气相互作用与气候实验室，青岛 266100)

摘　要

利用海上浮标站、高分辨率数字式探空仪等多种观测手段和三维中尺度模式，对 2008 年 7 月 7—11 日一次夏季黄海海雾过程的边界层结构特征进行了观测分析与数值模拟，并将结果与春季的黄海海雾个例进行对比。结果表明：(1)夏季海洋大气边界层(MABL)中无强逆温层，静力稳定度较春季下降，有利于湍流的发展。加之水汽量较大，容易形成比较厚的雾层(500 m)；春季低空有明显逆温层，水汽供应量较少，但强稳定的层结可以使水汽局限于比较低的空中，形成比较薄的雾层(200 m)。(2)在夏季风控制下，青岛近海海洋大气边界层(MABL)中高、低层气块均来自海洋上空，温湿属性差异不大，使得温度垂直差异较小；春季海洋大气边界层中高、低层气块分别来自陆地和海洋，来自陆地的暖、干气流和海洋的冷却效应导致强逆温层和雾区上方干层的出现。(3)夏季海雾的含水量大，水汽在凝结成雾的过程中放出更多的凝结潜热，雾中的海表面气温(SAT)明显高于海表面水温(SST)；春季雾顶强烈的长波辐射冷却和湍流混合使雾中气温明显下降，雾中 SAT 与 SST 更加接近，甚至出现 SAT 小于 SST 的现象。以上结果有助于对海雾形成机制的认识。

关键词：海雾　夏/春季　海洋大气边界层　结构特征　对比

引言

海雾直接影响人类海上的各类活动，还对沿海地区空气质量、人类健康等有重要影响。黄海是我国沿海雾日最多的区域，青岛年雾日为 50 天以上，山东半岛东部的成山头年雾日数可达 80 天以上，其中 60%～80% 以上的雾出现在 4—7 月，形成黄海的雾季[1,2]。

黄海雾季期间主要是平流冷却雾，近几年研究表明，黄海春季(4—5 月)和夏季(6—7 月)海雾形成的大气环流条件有所不同。对春季和夏季海雾的统计分析表明，春季海雾较薄，夏季海雾较厚[3]。但是，对春季海雾和夏季海雾的具体个例对比分析尚不多见，诸如为什么夏季雾较厚、春季海雾和夏季海雾在 MABL 中的温湿结构特征差异的成因等科学问题尚没有回答。

本文利用最新的海上浮标站资料、L 波段二次测风雷达资料和 WRF 中尺度天气模式，从海洋大气边界层层结结构等方面，对夏季(2008 年 7 月 7—11 日)一次黄海海雾过程进行分析，在此基础上，与春季海雾个例(2008 年 5 月 2—4 日)进行对比分析，加深对海雾形成物理过程的理解，为不同季节海雾的预报提供参考，同时也可以为海雾模式的边界层参数化方案的修正提供参考。

1 资料和方法

1.1 资料

本文使用的资料和模式与张苏平等[4]中的基本一致。为了使本文保持相对完整,简要介绍如下。使用的主要资料有:(1)GOES—9 可见光卫星云图资料;(2)青岛气象台 L 波段二次测风雷达和 GTS1 型数字式探空仪数据(以下简称探空资料),海拔高度 75 m,资料的垂直分辨率为 30 m;(3)青岛近海浮标站观测资料;(4)NCEP 的 FNL 客观分析资料,水平分辨率为 1°×1°,垂直分层为 26 层,时间间隔为 6 h。

1.2 模式简介及模式试验设计

本文使用中尺度模式 WRF(v3.0),积分区域中心点为 122°E,27°N,采用双向反馈两重嵌套网格。粗、细网格水平分辨率分别为 30 km 和 10 km,格点数分别为 60×81、85×115,垂直方向取 35 层 σ 坐标。选择了适合海雾过程的参数化方案[4],其中微物理过程采用 Lin 等的方案;积云对流参数化方案采用具有浅对流并包含水汽、云和水相态的 Kain. Fritsch 方案;边界层方案采用了 Yonsei University(YSU) PBL 方案;长波辐射和短波辐射方案采用 RRTM 方案和 Dudhia 方案。

模式积分的初始场采用 NCEP 提供的 FNL 客观分析资料,积分时间为 2008 年 07 月 06 日 12 时 UTC(11 日 12 时 UTC,每 6 h 提供 FNL 数据侧边界信息)。粗细网格的时间积分步长分别为 180 s 和 60 s,每 3 h 输出一次模拟结果。

2 观测分析

2.1 天气形势

2008 年 7 日 00 时 UTC,受海上高压的影响,黄海海区 850~500 hPa 盛行偏南风,低层 1000 hPa 为南—东南风,7 日 06 时 UTC 低空从 1000 hPa 至 850 hPa 均转为东南风(图略),将黄—东海海区的水汽向北输运,7 月 7 日在黄海东部朝鲜半岛西岸的冷水区首先形成海雾。7—11 日,副热带高压一直稳定在黄—东海海区,中纬度没有明显冷空气活动,低层 1000 hPa 为东南—南风,利于海雾维持。同时高压控制下的下沉气流也有利于黄海稳定海洋大气边界层层结的形成,为海雾的形成和维持提供了有利的层结条件。雾区从黄海东部扩展并向西移动,于 7 日 06 时 UTC 前后开始影响青岛地区。7 月 11 日受西风带短波影响,使黄海西部产生了对流降水,11 日之后海雾逐渐消散,此次海雾过程结束。

2.2 浮标站观测

图 1 为 2008 年 7 月 7—12 日海雾过程中青岛近海浮标站观测的 SAT、SST 和能见度的时间变化曲线。可以看出,海雾出现之前和消散之后,气温明显高于海温,气—海温差在 2.5℃左右。海雾出现时,气温下降,海温变化不大,气海温差有所减小,但一直维持在 1.5℃左右。在 10 日 06 时 UTC 以后的大雾时段,气温有上升的趋势,气海温差增大。在 7—12 日海雾期间,能见度在 7 月 8 日 12 时 UTC 出现短时的转好现象,但形成海雾的天气形式一直维持,一直到 7 月 11 日 12 时之后,转为偏北气流控制,海雾消散,因此将 7—11 日看成一个海雾过程。

2.3 海洋大气边界层(MABL)层结和湍流条件

在夏季个例中,浓雾主要出现在 7 月 7 日 18 时 UTC—7 月 11 日 00 时 UTC 之间(图 1)。

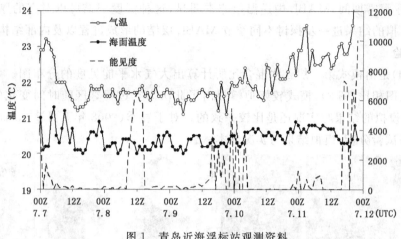

图1 青岛近海浮标站观测资料

由探空资料可以看出(图2a),在海雾过程中(浓雾阶段相对湿度 RH≥95%),MABL 低层层结近于等温,间或出现逆温,逆温强度与春季(图2b)相比明显较弱,说明夏季 MABL 层结的稳定性比春季弱。受夏季风的控制,MABL 中夏季的水汽量大于春季,而且雾区上方没有明显的干层(RH<80%)。夏季黄海 MABL 中静力稳定度较春季减弱,静力稳定度下降有利于湍流的发展。加之水汽量较大,容易形成比较厚的雾,雾层高度可达 500 m。而春季水汽供应量较少,更加稳定的层结可以使水汽局限于比较低的空中,形成比较薄的雾层,雾层高度在200 m 左右。

由 Richardson 数(Ri)可以看出,夏季和春季低层均存在湍流较强区($Ri<0.25$),但夏季在雾顶附近(400～500 m)存在另一个湍流较强区。夏季的高低两个湍流较强区并没有连通,表明对于较深厚的雾,雾顶的湍流冷却不一定能影响到低层。而春季雾层很薄,只存在一个湍流较强区。需要指出的是,由于探空站高度距离海平面 75 m,水平方向距离海边约 1000 m,而浮标站非常接近海面,两者对雾的确认可能有差异,这种情况以浮标站观测为标准。

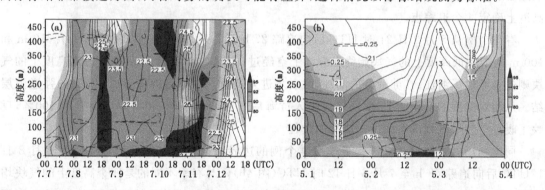

图2 青岛站探空廓线(温度(℃,实线),相对湿度(%,阴影),理查森数(虚线<0.25))
(a)夏季(2008 年 7 月 7—11 日);(b)春季(2008 年 5 月 2—3 日)

3 数值模拟

前面的分析表明,夏季海雾期间,海洋大气边界层(MABL)中近于等温,静力稳定度较春季减弱；而春季海雾期间，MABL中逆温层非常明显，这种温度层结可以对雾的厚度有影响。以下用数值模拟的结果进一步探讨不同季节 MABL 层结的形成过程以及内部结构。

3.1　控制试验

图 3(a～f)是由模式第一层云水混合比所计算出大气水平能见度的分布图。可以看到与之前的卫星云图相比(图 2)，模式较好地模拟出了此次海雾过程雾区随时间变化的过程。可以看出 WRF 模拟的结果与实况还是比较一致的。对于春季(2008 年 5 月 2—3 日)的个例已经进行了控制试验分析，模拟结果与实况基本一致。

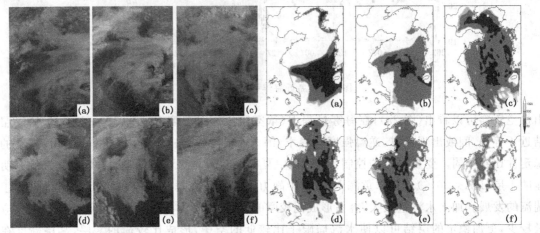

图 3　GOES−9 卫星可见光云图与模式第一层大气水平能见度(m)对比

(a)07/07 00UTC；(b)07/07 05UTC；(c)07/08 00UTC；(d)07/08 09UTC；(e)07/09 09UTC；(f)07/10 00UTC

3.2　海洋大气边界层(MABL)层结的形成过程

用 WRF 模式的输出结果和拉格朗日方法对 MABL 中气块后向追踪，可以更加清楚地表明逆温层的形成过程。在青岛近海雾区 MABL 中 10 m、100 m、500 m 和 1000 m 四个不同的高度上确定 4 个追踪点。

春季个例从 5 月 2 日 21 时 UTC 后向追踪 27 h 至 5 月 1 日 18 时 UTC(图 4a)。10 m 和100 m 两个较低高度上的气块始终在海洋上空经过，而 500 m 和 1000 m 两个较高高度上的气块则先是经过了浙江、江苏地区的陆地，之后才进入黄海。在青岛近海形成了 8℃的强逆温层结。从相对湿度的变化图上，低层气块进入黄海后气温明显下降，相对湿度上升达 100%，反映了暖湿空气平流到冷海面冷却成雾的过程。

同样利用模式模拟结果进行夏季海雾个例的边界层内气块追踪。从青岛近海 7 月 8 日12UTC 后向追踪 48 h 至 7 月 6 日 12 时 UTC(图 4b)。与春季不同的是四个高度上的气块均始终在海洋上空经过，500 m 和 1000 m 两个较高高度上的气块基本处于海洋上空，反映了深厚的夏季风特征。低层气块在向北移动的过程中，通过与黄海冷海面的感热交换，温度逐渐降低，气块降温速率明显小于春季。而高层气块是从更高的空中下沉北移，绝热增温的效应比较明显。最终在青岛近海形成了 3℃的逆温层结，比春季个例的逆温强度弱得多。从相对湿度的变化图上，500 m 以上气块绝热下沉增温的同时，相对湿度明显下降。

总体来说夏季 MABL 中由于高低层气块均来自海洋上空，性质差异不大，高层下沉增温和低层感热降温的综合效应使得青岛近海 MABL 也是静力稳定的,但逆温的强度较弱(3℃/500m),因此与春季(8℃/500m)相比,夏季 MABL 层结稳定性较弱。而春季 MABL 中高低层气块分别来自海洋和陆地,下垫面感热作用导致强逆温层。

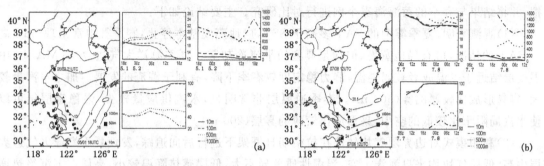

图 4　边界层内气块追踪路径图(a)春季,每个标识表示 3 h 位移,
(b)夏季,每个标识表示 6 h 位移

3.3　海雾内部温湿结构

图 5(a)为夏季个例沿 123°E 经线作的 $\partial\theta_v/\partial z$ 高度—经度剖面图,可以看出, $\partial\theta_v/\partial z$ 的值在 0~0.03 K/m 之间,气层为静力稳定。与春季情况相比,虽然 $\partial\theta_v/\partial z$ 的值都为正值,但春季 $\partial\theta_v/\partial z$ 值可达 0.08 K/m,因此夏季的气层相比春季稳定性差,特别是在近海面水汽含量较高 ($q>0.6$ g/kg)的浓雾区里 $\partial\theta_v/\partial z$ 的值小于 0.01 K/m,表明较弱的稳定性可能有利于浓海雾的发展和维持,支持了观测所得结论。在 Ri 高度—经度剖面图上(图 5b),湍流较强的区域 ($Ri<0.25$)集中在 100~250 m 的雾层中上部,没有到达底层,这一点与探空观测基本一致。因此底层的温度较少受到雾顶长波辐射降温的影响。从气温剖面(图 5c)上能看到,雾区中部的温度较低,而在雾层底部海气界面附近,温度又有微弱的上升。通过之前的分析,我们认为雾区顶部的降温是雾顶长波辐射冷却作用的结果,而底部的微弱升温则可能是由于水汽的潜热释放、雾顶长波辐射和湍流混合冷却效应影响较小的结果。而春季的雾层高度本身较低,雾顶之上有干层,使雾顶的强烈长波辐射冷却作用可以达到较低的高度,因此春季雾中气温明显下降甚至低于 SST。

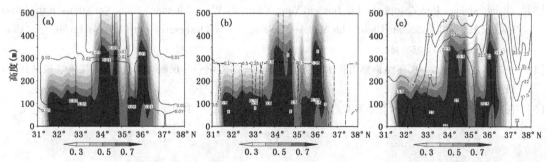

图 6　(a) 模拟的云水混合比(g/kg,阴影)和 $\partial\theta_v/\partial z$(K/m,等值线)沿 123°E 的垂直剖面;(b)模拟的云水混合比(g/kg,阴影)和 Richardson 数(等值线)沿 123°E 的垂直剖面;(c)模拟的云水混合比(g/kg,阴影)和气温(℃,等值线)(时间:2008 年 7 月 7 日 12 时 UTC)

4 结论

本文对 2008 年 7 月 7 日黄海夏季海雾个例的边界层结构特征进行了观测分析与数值模拟,并将结果与春季的黄海海雾个例进行对比研究。主要结论如下:

(1)观测表明,夏季雾中的 SAT 多高于 SST,局地蒸发基本停止,春季雾中常出现 SST 高于 SAT 的情况,可有局地蒸发,但均是典型的平流冷却雾。夏季海洋大气边界层(MABL)中温度层结近于等温或者较弱逆温,静力稳定度较春季下降,有利于湍流的发展。加之水汽量较大,容易形成比较厚的雾(500 m)。春季逆温层非常明显,水汽供应量较少,强稳定层结可以使水汽局限于比较低的空中,易形成比较薄的雾层(200 m)。

(2)利用模式对边界层气块轨迹在拉格朗日框架下进行后向追踪,发现夏季海洋大气边界层中高、低层气块均来自海洋上空,温湿性质差异不大,低层感热降温较小,高层有下沉绝热增温,综合效应使得青岛近海温度垂直差异较小,海洋大气边界层层结稳定性较春季弱,海雾发展高度较高。而春季海洋大气边界层中高、低层气块分别来自陆地和海洋,近海面感热降温和来自陆地的暖干平流共同作用,导致形成强逆温层和雾区上方的干层,雾顶长波辐射强烈,雾层高度较低。

(3)利用模式结果研究雾区内部温湿结构表明,夏季海雾的含水量要高于春季,水汽在凝结成雾的过程中放出更多的凝结潜热。根据 Ri,夏季雾区内部湍流层分别在贴近海面层和 $100\sim300$ m 的雾层中上部,表明雾顶长波辐射冷却作用可能不易到达雾区底部。潜热增加和冷却效应减小的共同作用,使夏季海雾的气温明显高于海温。因此夏季雾区内的气—海温差比春季雾区内大。由于春季海雾厚度本身较薄,雾顶之上存在明显干层,导致雾顶强烈的长波辐射冷却,湍流混合将雾顶的冷却作用带到雾区底部,从而形成雾中气温明显下降,气—海温差较小,甚至气温低于海温。

参考文献

[1] 王彬华.1983.海雾,[M]北京:海洋出版社.

[2] 张苏平,杨育强,王新功,魏建苏,2008:低层大气季节变化及与黄海雾季的关系,中国海洋大学学报,**38** (5),689-698.

[3] Zhang Suping, Ren Zhaopeng, Liu Jingwu, Yang Yuqiang, Wang Xingong. 2008. Variations in the lower level of the PBL associated with the Yellow Sea Fog—New Observations by L-band Radar. *J. Ocean Uni*. China, **7**(4), 353-361.

[4] 张苏平,任兆鹏.2010.下垫面热力作用对黄海春季海雾的影响——观测与数值试验,气象学报,**68**(1), 116-125.

[5] 任兆鹏.2009.黄海春季和夏季海雾过程的观测分析与数值试验,中国海洋大学硕士研究生毕业论文.

冬季地面降水相态的判别研究

余金龙 朱红芳 邱学兴 曹卫卫

(安徽省气象台,合肥 230031)

摘 要

在对 2000—2009 年 11 月到次年 4 月的降雪资料、常规地面观测资料和探空资料分析的基础上,以海拔 100 m 作为划分标准对安徽省 79 个气象台站进行分类,即海拔低于 100 m 的地区称为平原地区,海拔高于 100 m 的地区称为山区。再使用地面到 500 hPa 的假相当位温采用多级判别的方法分别建立安徽省平原地区和山区的降水相态判别方程。通过对 2010 年冬季的降水相态的检验发现:判别方程对雨、雪和冻雨的区分能力较强,对雨夹雪的判别能力相对较弱。但总体来看,判别方程对冬季降水相态的判别具有较高应用价值。

关键词:降水相态 雨 雨夹雪 雪 冻雨

引言

长久以来,对地面降水相态的预报一直是天气预报关注的重点之一。地面降水相态的变化会影响到人们的生产和生活,尤其是大范围的暴雪和冻雨天气更是危害甚大,这也是我国冬季重大灾害性天气之一。剧烈的降温和持续低温往往伴随出现,给工农业生产、交通和人民生活带来严重危害。如 2008 年 1 月中下旬至 2 月初,我国南方遭受连续雨雪冰冻天气袭击,部分专家学者指出灾害损失甚至超过 1998 年特大洪水的影响。

然而,我国对冰雪天气的预报研究相对暴雨预报而言要少得多,且多数是从诊断的角度对冰雪过程进行分析,也有针对高原暴雪的研究和数值模拟。在南方暴雪研究多为个例、过程性降雪天气的成因分析,而针对冬季地面降水相态预报的系统性研究,尤其是对地面降水相态判别方法的针对性研究很少,因此迫切需要开展这方面的研究。

目前在国内这一领域的研究不多,李江波等[1]通过对我国东部 7 次雨转雪过程的对比分析,提出 0℃层高度下降到 950 hPa 以下、地面气温在 0℃上下,并且 925 hPa 温度≤−2℃时雨转为雪,850 hPa 温度对降水相态影响不大。周雪松等[2]对 2004 年 11 月华北暴雪个例进行了研究,得出结论:对流层底层(975～1000 hPa)温度接近或小于 0℃是产生降雪的必要条件。许彤等[4]的研究结果显示,850 hPa 温度场 0℃线经过可作为桃仙机场降水性质发生变化的一个重要判据。张立等[5]的研究显示,地面温度<2℃,925 hPa 温度<−2℃,850 hPa 温度<−4℃可作为东营站判断降雪出现的依据。董全等[6]运用中国地区 2001—2010 年 125 个高空观测站,及其与之对应的地面站观测资料,对我国各站点不同降水相态与各层温度的对应关系进行了分析,结果表明:地面 2 m 和近地层的温度对雨雪转换更敏感,越往高层,温度的敏感度降低;在我国北方,降水相态与地面 2 m 和近地层温度高度敏感,有很好的温度阈值指标,在南方地区温度的敏感度降低;在贵州和青藏高原发生雨夹雪的频次很高,地面 2 m 和近地层温度对降水相态的敏感度最低。

在国外,早在 1920 年 Brooks 等就开展了冻雨形成的一般环境条件的研究。1957 年 Wagner、1975 年 Koolwine、1980 年 Bocchieri 以及 1996 年 Czys 等的研究[8~15]均认为,地面降水相态的变化主要取决于大气温度的垂直廓线。在有些情况下,即使是 1℃ 的变化也可使降水的相态发生改变,例如:冻雨与雨或者雪与雨之间的转换。这些都说明准确的温度垂直廓线的预报对精确判断降水类型来说是十分必要的。Takayo[15] 等的研究还认为相对湿度对降水相态的变化也有较大的影响。

因此,本文着重分析了安徽省近十年来冬季降雪与地面和探空资料中一些气象要素之间的关系,并采用多级判别方法建立了平原地区和山区的降水相态判别方程,尝试对安徽省 79 个气象站点进行降水相态的预报。

1 地面降水相态的分类

在现行的预报观测业务中规定了以下几种降水相态:雨、雨夹雪、雪或阵雪、雨凇或冻雨、冰粒等五大类型的降水相态。而 2009 年 Julie 等[12]总结概括了 11 类降水相态。考虑目前实际预报业务的需求,本文仅对雨、雨夹雪、雪和冻雨等四大类降水相态进行辨别。并且规定若出现冰粒时,把它归入雪的类型中。

2 资料的使用及处理说明

本文分析所用的资料主要包括安徽省 2000—2009 年降雪资料、常规地面观测资料和周边探空资料。

利用常规地面气象观测资料查找出每天 08 时、20 时(北京时)在阜阳、安庆、南京、徐州探空站周边 50 km 范围内所有的地面站地面天气现象,并记录雪、雨、雨夹雪三种天气现象。对于冻雨,查找每天 08 时、20 时(北京时)在安徽境内有所测站(除黄山外)的地面天气现象。

根据记录的雪、雨、雨夹雪出现的时间查找临近的探空站,读取并计算 1000 hPa、925 hPa、850 hPa、700 hPa 和 500 hPa 上的温度、露点温度、位势高度、相对湿度、假相当位温、湿球温度等数据。出现冻雨时,首先判断此站点是否与临近的探空站点在 50 km 内,若在 50 km 内,则以此站点的探空数据作为高空数据资料,不在 50 km 内,则使用三角插值法计算高空各层的要素数值。

然后以海拔 100 m 作为划分标准进行分类,海拔低于 100 m 的地区称为平原地区,海拔高于 100 m 的地区称为山区。平原地区,降雨选安庆和阜阳作代表站,为增加降雪样本选安庆、阜阳外增加萧县(徐州附近)和马鞍山(南京附近)两站分析。雨夹雪和冻雨选所有平原地区的测站作为代表站。山区,分析降雨时选取岳西和黄山市两个站点数据。分析降雪时选取岳西、九华山、黄山市和旌德四个测站数据。而雨夹雪和冻雨选所有山区测站数据。山区共选取降雨样本为 390 个,降雪样本为 221 个,雨夹雪样本为 40 个,冻雨样本为 39 个。平原地区共选出降雨样本为 479 个,降雪样本为 112 个,雨夹雪样本为 480 个,冻雨样本为 78 个。

3 降水相态判别方程的建立

3.1 判别因子的选取

基于对温度、相对湿度、假相当位温以及虚位温的分析(略),根据各要素的分布特征,我们最终选定假相当位温为判别方程的判别因子。这主要是因为我们在分析中发现,仅考虑了地面、1000 hPa(山区除外)、925 hPa、850 hPa、700 hPa 和 500 hPa 上的温度和相对湿度,这对于精确判断地面降水相态来说,是远远不够的。因此,为了能够尽量减小层次不够多的因素影响,我们就必须选取能够包含温度、相对湿度以及具备一定保守性的物理量作为判别降水相态的物理量。而假相当位温既是温度和湿度的函数,同时它在干、湿绝热过程中是保守的。而且在分析中,我们也已论证了假相当位温作为判别因子的可行性。所以在判别方程的建立中将选用地面、1000 hPa(山区除外)、925 hPa、850 hPa、700 hPa 和 500 hPa 的假相当位温作为方程的影响因子。

3.2 判别方程的建立与检验

3.2.1 判别方程建立的方法

通过分析(略),我们发现大气温度、相对湿度、假相当位温和虚位温在每一层上都存在大量的重叠区间,因此使用指标的方法来判断降水的相态,必定会存在大量的误判和一些没有办法区分的降水相态的情况,所以在现有的基础上只有选择判别法建立判别方程。

3.2.2 判别方程的建立

使用 2000—2009 年的样本资料,采用多级判别法建立如下判别方程:

平原地区判别方程:$y = v_1 x_1 + v_2 x_2 + v_3 x_3 + v_4 x_4 + v_5 x_5 + v_6 x_6$ (1)

山区判别方程: $y = v_1 x_1 + v_3 x_3 + v_4 x_4 + v_5 x_5 + v_6 x_6$ (2)

对于平原地区:

第一步:判别因子的处理。我们对各层的假相当位温(单位:K)开根号处理。即:令 $x_1 = \sqrt{\theta_{se 地面}}$,$x_2 = \sqrt{\theta_{se 1000}}$,$x_3 = \sqrt{\theta_{se 925}}$,$x_4 = \sqrt{\theta_{se 850}}$,$x_5 = \sqrt{\theta_{se 700}}$,$x_6 = \sqrt{\theta_{se 500}}$。其中 $\theta_{se 地面}$ 表示为地面上的假相当位温,$\theta_{se 1000}$ 表示为 1000 hPa 上的假相当位温,$\theta_{se 925}$ 表示为 925 hPa 上的假相当位温,$\theta_{se 850}$ 表示为 850 hPa 上的假相当位温,$\theta_{se 700}$ 表示为 700 hPa 上的假相当位温 $\theta_{se 500}$ 表示为 500 hPa 上的假相当位温。计算各组因子的平均值和总平均值(如表2)。

表 2 各类因子平均值

因子		x_1	x_2	x_3	x_4	x_5	x_6
分类均值	雨	17.09	17.03	17.13	17.36	17.73	17.84
	雪	16.73	16.70	16.79	16.96	17.48	17.76
	雨夹雪	16.81	16.80	16.87	17.05	17.56	17.77
	冻雨	16.71	16.68	16.78	17.06	17.65	17.74
总平均值		16.91	16.87	16.96	17.16	17.62	17.80

第二步:计算总离差交叉积阵 T,组内离差交叉积阵 W 及组间离差交叉积阵 B(略)。

第三步:求 $W^{-1}B$ 的特征值及特征向量

$W^{-1}B$ 的特征值:$\lambda_1 = 0.2622998$,$\lambda_2 = 0.8589347$,$\lambda_3 = 0.9401194$。并且通过显著性检验。

于是得到特征向量组成的矩阵 V 为:

$$\begin{vmatrix} 0.99416 & 0.33314 & 0.59526 \\ 0.99416 & -0.08557 & -0.79386 \\ 0.01734 & 0.32593 & 0.02909 \\ 0.02550 & -0.29121 & 0.09893 \\ 0.09510 & -0.62980 & -0.04921 \\ -0.03751 & 0.54222 & 0.04907 \end{vmatrix}$$

形成以下 3 个判别函数：

$y_1 = 0.99416x_1 + 0.99416x_2 - 0.01734 x_3 + 0.02550x_4 + 0.09510 x_5 - 0.03751x_6$

$y_2 = 0.33314x_1 - 0.08557x_2 + 0.32593 x_3 - 0.29121x_4 - 0.62980 x_5 + 0.54222x_6$

$y_3 = 0.59526x_1 - 0.79386x_2 + 0.02909 x_3 + 0.09893x_4 - 0.04921x_5 + 0.04907 x_6$

第四步：用上述判别函数组，计算每个样本与各组判别函数组重心的距离。取距离最小的那一类最为判别的类型。最后得到判别函数组的判别准确率和误判率如下表（表 3）：

表 3　平原地区历史样本判别检验

实况＼预报	雨	雪	雨夹雪	冻雨
雨	78.91	1.67	14.20	5.22
雪	0.53	56.91	18.09	24.47
雨夹雪	0.91	24.32	57.27	17.50
冻雨	0.00	5.26	5.26	89.47

从以上判别的结果看，这种判别方法对雨和冻雨的预报能力较好，相对来说，雪和雨夹雪的预报能力较差，仅有 56.91。但是这个方程预报的液态降水（即雨）和固态降水（即雪、雨夹雪和冻雨）的区分能力较强。

山区的判别结果如下（如表 4）：

表 4　山区历史样本判别检验

实况＼预报	雨	雪	雨夹雪	冻雨
雨	80.51	1.62	12.93	4.94
雪	0.50	55.45	28.47	15.59
雨夹雪	5.00	5.00	67.50	22.50
冻雨	0.00	5.13	23.08	71.79

与平原地区对历史样本判别检验结果相比，山区的判别方程在对雨、雨夹雪的判别较准确，而对雪与冻雨的判别力稍差一些。比较它们的误判比率发现：两个方程对液态降水和固态或混合态的降水区分能力较强。对雨夹雪、冻雨和雪的区分能力较弱。具体表现在：实况为雨时误判为雨夹雪的可能性为（平原地区）14.20％和（山区）12.93％，误判为其他降水的可能性很小。当实况为雪时，误判为雨夹雪的概率较高为（平原地区）18.09％ 和（山区）28.47％，而

误判为冻雨的概率为(平原地区)24.47%和(山区)15.59%,平原地区的误判率较高,误判为雨的可能性更小一些,仅为0.53%(平原地区)和0.5%(山区)。当实况出现雨夹雪时,平原地区误判为雪的概率较高,为24.3%,而山区仅为5.0%。山区误判为冻雨的概率较高,为22.5%。当实况出现冻雨时,山区和平原地区误判为雨的概率均为0,平原地区误判为雪或雨夹雪的概率都较小,仅为5%左右;但在山区误判为雨夹雪的概率较高,为23.08%,误判为雪的概率小,为5.13%。这些特征与分析的假相当位温的分布特点是一致的。

3.2.3 判别方程的检验

利用2010年1—3月以及10—12月份的样本(平原地区样本:雨40个,雪18个,雨夹雪24个,冻雨3个;山区样本:雨55个,雪26个,雨夹雪7个,冻雨1个),检验平原地区和山区的降水相态判别方程。其检验结果如表5和6。

表5 平原地区2010年样本判别检验

实况＼预报	雨	雪	雨夹雪	冻雨
雨	87.50	0.00	7.80	5.00
雪	0.00	61.11	16.67	22.22
雨夹雪	4.17	62.50	20.83	12.50
冻雨	0.00	33.33	0.00	66.67

表6 山区2010年样本判别检验

实况＼预报	雨	雪	雨夹雪	冻雨
雨	78.18	0.00	12.73	9.09
雪	0.00	88.46	3.85	7.69
雨夹雪	0.00	66.67	11.11	22.22
冻雨	0.00	0.00	0.00	100.00

通过对2010年样本的判别检验发现,无论是平原地区判别方程还是山区判别方程对降雨的判别都较好(正确率:平原地区:87.5%,山区:78.18%),最差的是雨夹雪的判别(正确率:平原地区:20.83%,山区:11.11%)。由于冻雨的样本数量太少,检验的结果也不具代表性,但是可以看出方程对雨、雪与冻雨的判别能力比较强。

4 结论

本文在对过去10年的雨、雪、雨夹雪和冻雨样本的分析的基础之上,依据它们的特征,选用各层的假相当位温作为判别方程的判别因子,并且分别对统计样本和2010年的历史样本进行判别,都得到了较好判别效果,具有较高的应用价值。

具体表现如下:此判别方程区别降雨和冻雨的效果较好,在区分雨夹雪或雪时无论是山区方程还是平原地区方程都易出现误判。对2010年的样本判别能力除雨夹雪的判别能力较差外,其他相态降水判别较好。其中以雨和冻雨的判别效果最佳。

参考文献

[1] 李江波,李根娥,裴雨杰,等.一次春季强寒潮的降水相态变化分析[J].气象,2009,**35**(7):87-94.

[2] 周雪松,谈哲敏.华北回流暴雪发展机理个例研究[J].气象,2008,**34**(1):18-26.

[3] 许彤,田丰.桃仙机场雷雨转雨夹雪天气的分析[J].广西气象,2006,**27**(4):34-36.

[4] 张立,王晖,张志鹏.东营一次初冬寒潮天气的降水相态分析[J].山东气象,2010,**30**(3):15-18.

[5] 董全,黄小玉,宗志平.我国各地区降水相态变化的气温分析[J].天气预报技术总结专刊,2011,**3**(2):29-35.

[6] Bendel W B, Paton D D. 1981. A review of the effect of ice storm on the power industry. *J Appl Meteor*, **20**: 1445-1449.

[7] Berggren R, Bolin B B, Rossby C G. 1949. An aerological study of zonal motion, its perturbation and break-down[J]. *Tellus*, **1**:14-37.

[8] Brooks C F. 1920. The nature of sleet and how it is formed. *Mon Wea Rev*, **48**: 69-73.

[9] Chen A Y, Li C L, Chen X Y. 1999. A comparison of heavy snow of formation in Spring and Winter. *Meteor Mon* (in Chinese), **25**(11):37-39.

[10] Julie M., *et al*. 2010. On the dependence of winter precipitation type on temperature,precipitation rate, and associated features. Journal Of Applied Meteorology and Climatology,**49**,1429-1442.

[11] Chen Q J, Wang L H, Gao Bo, *et al*. 2000. Comparative analysis of circulation and climatic between less-snow year 1985 and more-snow year 1986 for Tibetan plateau. *Acta Meteor Sinica* (in Chinese), **58**(2): 202-213.

[12] Bourgouin,P. 2000. A method to determine precipitation types. *Wea. Forecasting*, **15**,583-592.

[13] Takayo Matsuo,Yoshio Sasyo. 1981. Relationship between types fo precipitation on the ground and surface meteorological elements. *J Meteor Soc Japan*,**59**(4):462-476.

诱发哈尔滨机场 9·9 风切变的阵风锋特征及成因分析

赵 凯 钟 伟 赵毅菲 庞双双

(民航黑龙江空管分局,哈尔滨 150079)

摘 要

通过多普勒雷达资料、AWOS 自记资料等,对诱发哈尔滨机场 2011 年 9 月 9 日风切变的阵风锋进行了分析,得出:在无雷暴时,弱的对流单体也能诱发阵风锋,从而出现低空风切变的可能;阵风锋与母体有负反馈作用,但存在风场辐合时,促使新的单体生成,阵风锋对新单体有正反馈作用;阵风锋脱离母体后,移动速度比母体快;风向风速、气温、气压、相对湿度等的变化,都与强风暴诱发的阵风锋特征一致;天气形势提供了不稳定层结,但阵风锋的监测主要依靠多普勒雷达。雷达对阵风锋有一定的监测和预警作用,预报员可以利用多普勒天气雷达资料对阵风锋进行跟踪,从而做出低空风切变预警。

关键词:阵风锋 多普勒雷达 风切变 正反馈作用 负反馈作用

引言

2011 年 9 月 9 日,哈尔滨机场气象台接到报告:17:35(本文采用北京时)和 17:41 机场跑道五边上空出现风切变。预报员随即查看多普勒雷达,强度图上可以观测到明显的窄带回波。18:15 报告机场五边上空风稳定。从三次报告可以初步认为,此次风切变持续时间有 40 min。事后经过再三讨论,预报员一致认为此次风切变过程的诱因是阵风锋。阵风锋是与强风暴活动相随的局地灾害性天气现象[1],9 月 9 日阵风锋(以下记为 99 阵风锋)发生前后机场并未出现雷暴、闪电等强对流现象,由于其发生环境"弱",预报员容易忽视,但产生了低空风切变,影响了飞行正常。本文用机场多普勒雷达资料、AWOS 自记资料对 99 阵风锋的特征进行了分析,并对 99 阵风锋的成因进行了探索,以引起同行对该类阵风锋的重视,分析总结出更多的规律,对机场风切变的预报提供参考。

1 阵风锋的种类

气象学上阵风锋定义:对流风暴中的冷性下沉气流到达地面,并向外扩散,与低层暖湿空气交汇而引发强风,其前缘就是阵风锋。一般认为强风暴(超级单体或者多单体风暴)或飑线中处于成熟阶段的单体中下沉气流在近地面处沿水平方向推进,常形成辐散性的阵风,当阵风前沿的辐合线达到一定的强度,就可以称为阵风锋[2]。

国内外学者很早就对阵风锋现象开始了研究,早在 1949 年 Byers 等[3]指出雷暴出流边界的影响区域比雷暴本身大得多;1991 年联邦航空局(FAA)的终端多普勒天气雷达系统(TD-WR)加入了 Eilts 的阵风锋算法,并且实现了业务化运行;国内葛润生[1]20 世纪 80 年代开始研究阵风锋,并根据雷达探测资料把阵风锋分为两类:一类是窄带回波移动缓慢,所伴随的风暴大部分已处于发展的后期,它的出现加速了风暴的消亡;另一类窄带回波伴随着风暴回波迅速移动,它预示着风暴将持续猛烈的发展。

2 99 阵风锋的多普勒雷达回波特征分析

2.1 99 阵风锋的多普勒雷达演变过程

99 阵风锋在雷达强度图上的演变如图 1(0.5°仰角):16:51 机场西面约 42 km 处和偏北方向 49 km 处阵风锋的雏形出现,二者强度均为 6 dBZ 左右,西面阵风锋的长度约 50 km,以 18 m/s 左右的速度向机场移动,在移动过程中向两端延伸,北方阵风锋未影响机场,本文不再描述。17:01 西面阵风锋在移向本场的过程中强度无变化,长度增加,大概有 70～80 km,仍以 18 m/s 的速度移近机场。17:23 阵风锋的强度有所减弱,为 4.5 dBZ,长度增加到 100 km 左右,速度也减弱为 13 m/s 左右。17:34 阵风锋移近机场,强度突然强到 19 dBZ,长度变化不大,移动速度增加到 16 m/s,经过机场上空时,先后两次接到风切变报告。17:45 阵风锋移过机场,强度减弱到 8 dBZ,速度加快,到 18:28 在雷达上已经监测不到。由 16:51 至 17:45 大约一个小时的时间,回波向东南方向移动,大概移动了 45—50 km,推算出平均移动速度大概为 17 m/s,符合阵风锋的经典速度 10～25 m/s[4]。

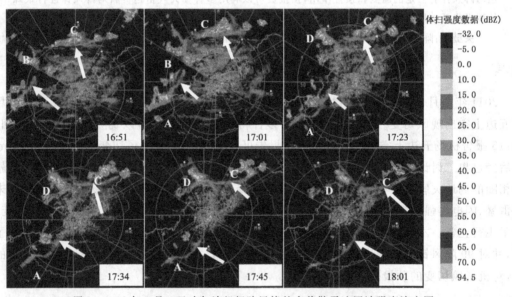

图 1 2011 年 9 月 9 日哈尔滨机场阵风锋的多普勒雷达回波强度演变图

2.2 99 阵风锋的"对流"环境分析

从 16:51 回波图看出雷达 50 km 范围内,有 3 个块状强对流单体(西南方向为 A、西北方向为 B、偏北方向为 C),都向东移动。A 单体在本场 256°方位,距离本场 56 km,最强值为 39.5 dBz;B 单体在本场 301°方位,距离本场 51 km,最强值为 40.5 dBZ;C 单体在本场 352°方位,距离本场 50.4 km,最强值为 41 dBZ。17:01 图中 A、C 单体加强,B 单体开始减弱为 36 dBZ,C 单体东南方向开始有窄带回波(阵风锋)生成,A、B 单体前沿的窄带回波开始脱离母体,向东移动。17:23 图中 A、C 单体减弱,B 单体减弱消失,这表明阵风锋锋的出现加速了母体的消亡,阵风锋和母体(对流环境)之间存在负反馈作用[5]。但在两条阵风锋交叉处新生出一个对流单体 D,中心数值达到 37.5 dBZ,在对流单体 D 处两条阵风锋存在风向风速的辐合,触发了新对流单体的形成,这与 Wihelmson 等[6]的结论一致。17:34 图中 A、C 单体减弱,新生单体 D 加强,最强回波值为 47.0 dBZ,上面我们分析阵风锋演变时,此时阵风锋的强度也加强到了最大值,这说明阵风锋和"对流"环境有正反馈作用[7]。17:45 图中 A、C、D 单体都减弱,两条阵风锋连接到了一起,形成一个"人"字形,"人"字形阵风锋继续向东移动。18:01 图中 A 单体已经消失,C、D 单体继续减弱。对比 17:34 图和 18:01 图可以看出,在脱离母体后,阵风锋距离母体越来越远,阵风锋移动速度要大于母体的移动速度[8]。

2.3 99 阵风锋的多普勒风廓线产品分析

笔者试图分析 99 阵风锋径向速度图上的特征,0.5°仰角地物回波影响了判断,抬高仰角阵风锋的窄带回波几乎消失,也充分说明阵风锋只对近地面层有影响。

笔者发现风廓线图(图 2)上有一些特征。17:34 前 100~1800 m 高度,上下层均为一致的西北风,随着时间推移,18:06 之后 600 m 高度风向转为东北风,300 m 以下风速随高度降低而迅速减小;17:34 从 200 m 到 100 m 风速变化了 6 m/s,存在明显的风速减小切变。水平方向上 100 m 高度风向是西南偏西风,近地面风向也为西南偏西风,风向切变不是很大。17:35 风切变报告为五边上空 200 ft 以下,风速的减性切变,说明了阵风锋过境时造成了风速的垂直切变。

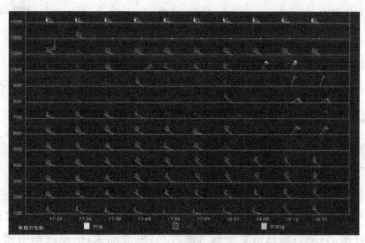

图 2 2011 年 9 月 9 日阵风锋的多普勒雷达风廓线图

3 99 阵风锋 AWOS 实时数据特征分析

从图 3(a、b、c)中可以分析出:阵风锋经过本场时风速急剧变化,之前风速极大值不足 10 m/s,影响机场时,风速极大值瞬间增加到 16 m/s,地面风向由 230°转为 280°,风向转变接近 50°;另外 R05 的风速在 17:34 增加到 14 m/s,R23 的风速滞后 3~5 min 才增大,这表明阵风锋由西向东移动。结合多普勒雷达风廓线产品图,阵风锋来临前,100 m 以上为一致的西北风,地面为西南风,表明高空有冷空气向下入侵,地面相对高空是暖湿空气;阵风锋影响机场时,冷空气侵入地面,迫使地面暖空气抬升,其前沿就是阵风锋,阵风锋造成地面风迅速加大并转向西北。机场温度(图 3d)在阵风锋影响前有小幅回升,在影响时骤降,之后平稳下降,阵风锋带来强冷空气。机场修正海压(图 3e)在阵风锋影响时,气压梯度突然加大,之后持续小幅度上升,阵风锋过境后趋于平稳。相对湿度(图 3f)在阵风锋来临前有所下降,但阵风锋到达

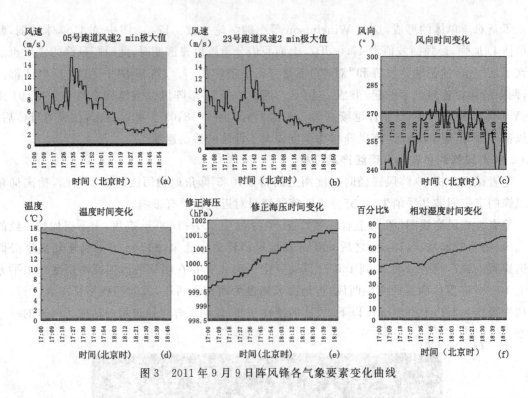

图3 2011年9月9日阵风锋各气象要素变化曲线

机场后,湿度开始逐渐增加。从阵风锋过境时自观系统气象要素的变化分析:风向风速、气温、气压、相对湿度等的变化都与典型阵风锋特征[9]一致,不过风向变化不是特别明显。

4 99阵风锋的成因分析

4.1 天气形势背景分析

笔者查找了当日的天气资料,08:00哈尔滨机场处于高空槽前(图4a),槽线位于齐齐哈尔至哈尔滨之间,高空温度槽落后于气压槽,系统仍在发展加强之中,高空盛行西南气流;08:00地面图上(图略),机场位于高压中心东北部,吹西南风,与上游站点有风向的辐合。14:00地面图上,风向辐合依然存在,而且由于午后气温升高,风速加大,哈尔滨站西侧大约100 km两个站点有雷暴发生,雷暴区附近有正变压中心,表示冷空气比较活跃。受高空偏西引导气流影响,槽线东移,哈尔滨区域层结不稳定,为阵风锋产生创造了"对流"环境。9月9日15:00机场出现了对流性降水,但对流发展不是很强盛,机场周围50 km内未有雷暴、闪电等剧烈天气发生。直至17:35风切变发生时,机场周围也未有强对流天气,无强对流伴随的阵风锋容易被忽视。

4.2 阵风锋回波的成因分析

阵风锋的窄带回波是阵风锋在雷达终端的一种表现,是一种非降水回波,目前有以下几种观点[10]:第一种是雷暴出流冷空气与环境暖湿空气之间形成了温、压、湿、风的不连续面,造成折射指数突变。第二种是由大气中的湍流活动造成的,大气湍流的存在使大气中的动量、热量、水汽和污染物的垂直和水平交换作用明显增强。第三种认为可能由鸟群和昆虫群排列成线状造成的。根据笔者对99阵风锋回波的强度、速度分析,此次阵风锋的成因应该属于第一种。

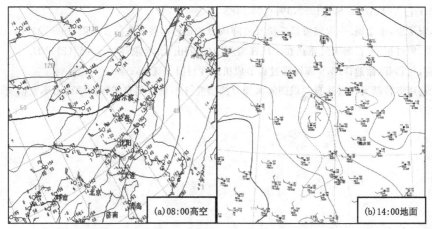

图 4 2011 年 9 月 9 日 天气图资料

5 讨论

产生 99 阵风锋的单体最高强度值才 47 dBZ,而且单体的面积较小,这么弱的对流环境出现了阵风锋,且诱发了低空风切变,会不会因秋季对流强度整体减弱,所以此次阵风锋的"对流"环境已经够强,这有待进一步讨论、验证。

弱对流环境产生的阵风锋跟强对流环境产生的阵风锋有什么不同,什么样的对流天气会有阵风锋出现,笔者将继续关注。

阵风锋是超短时天气,依靠天气图和数值预报产品资料很难预测,只有通过雷达监测。但由于阵风锋是浅薄系统,远雷达的阵风锋无法被监测到,接近雷达时地物回波的干扰又比较大,监测到的窄带回波被断开或被掩盖。99 阵风锋在速度图上,由于地物回波的干扰表现很弱,抬高仰角后,窄带回波基本消失殆尽。

6 小结

(1)在弱对流环境中,或者弱的对流单体,也能诱发阵风锋,出现低空风切变的可能。

(2)阵风锋的出现,加速了母体的消亡,阵风锋与母体有负反馈作用;但存在风场辐合时,还可能促使新的单体生成,阵风锋对新单体有正反馈作用,使新单体发展加强。

(3)阵风锋紧挨母体时,移动缓慢,脱离母体后,移动速度要比母体快。

(4)雷达回波对阵风锋有一定的监测作用。

参考文献

[1] 葛润生. 阵风锋的雷达探测和研究[J]. 应用气象学报,1986,(2):113-121.

[2] 张培昌,杜秉玉,戴铁丕等. 雷达气象学[M]. 北京:气象出版社,2001:401-411.

[3] Byers H R, Braham R R. *The Thunderstom*, *U. S. Govt*[M]. Printing Office,1949,287.

[4] 李国翠,郭卫红,王丽荣等. 阵风锋在短时大风预报中的应用[J]. 气象,2006,**32**(8):37-41.

[5] 刘勇,王楠,刘黎平. 陕西两次阵风锋的多普勒雷达和自动站资料分析[J]. 高原气象,2007,**26**(2):80-387.

[6] Wihelmson R B Chen C -S. A simulation of the development of successive cells along a cold outflow

boundary[J]. *J Atmos Sci*,1982,**39**:1466-1483.

[7] 刘娟,宋子忠,李金城.一次强雹暴系统及其阵风锋的雷达回拨研究[J].气象,1996,**22**(1):13-17.

[8] 朱敏华,周红根.多普勒天气雷达在阵风锋监测中的应用[J].气象科学,2006,(2):101.

[9] 黄旋旋,何彩芬,徐迪锋.5.6阵风锋过程形成机制探讨[J].气象,2008.(7):20.

[10] 李劲.利用多普勒天气雷达自动识别阵风锋方法研究[D].南京信息工程大学硕士毕业论文.

云南 2011 年盛夏两次低槽切变降水天气的对比分析

牛法宝[1] 杨素雨[1] 张秀年[1] 高锡帅[2]

(1.云南省气象台,昆明 650034；2.云南省科技预报处,昆明 650034)

摘 要

以 2011 年盛夏两次低槽切变为对象,通过对天气形势、水汽以及动力条件的对比分析发现：500 hPa 高度 31°N、96°E 附近青藏高原东部高压偏强、低槽偏东以及孟加拉湾至云南南部的西南暖湿气流偏弱,导致川滇切变南下速度过快,进而使云南的降水天气过程强度偏弱,降水落区偏东；偏东气流引导下的水汽通道对云南降水天气过程的贡献明显小于西南暖湿气流；云南水汽辐合的强度、水汽强辐合维持时间与强降水发生的时段、强降水落区较为一致；上升运动大值区的时空分布与强降水落区较为吻合,即川滇切变南下的速度快,致使 700 hPa 高度辐合上升运动较弱,进而使 6 月 23 日降水偏弱。

关键词：低槽切变 降水强度 降水落区 对比分析

引言

汛期云南产生全省性强降水天气过程的天气系统很多[1],而冷锋切变是一类极其重要的天气系统之一,因此加强对该类天气过程的分析、研究、总结[2,3],在天气预报业务实践中有着十分重要的意义。2011 年 6 月 23 日滇东南地区降水过程及 6 月 27 日云南全省性强降水天气过程均受低槽切变天气系统影响。目前我们对此类天气的对比研究还比较少,特别是在 2011 年西南地区出现严重干旱的背景下,加强此类天气形势的对比研究意义重大。本文通过对两次低槽切变过程的分析研究,旨在为今后低槽切变天气系统影响下云南降水强度及降水落区的预报提供一些有益的启示。

1 资料和方法

本文使用 NCEP1°×1°再分析资料及地面、高空常规观测资料,通过天气形势分析比较了两次低槽切变天气过程发生的天气背景异同[4]；同时,使用水汽通量、水汽通量散度、垂直速度几个物理量的诊断分析[5]对两次降水过程的水汽条件和动力机制进行了分析研究。

2 雨情分析

由图 1(a、b)所示的 23 日 08 时—24 日 08 时及 27 日 08 时—28 日 08 时(北京时,下同)云南省降水量分布图可以看出：23 日 08 时—24 日 08 时全省以小到中雨局部大雨天气为主,其中强降水落区在滇东南(简称第一次过程)；27 日 08 时—28 日 08 时全省出现大雨 22 个站

基金项目：云南省社会发展科技计划 2009CA023、云南省气象局 2009 业务能力建设重点项目"强降水天气过程主客观预报方法研究及系统建设"、国家气象局 2010 行业专项"地形复杂地区的 MOS 预报效果改进方法研究"共同资助。

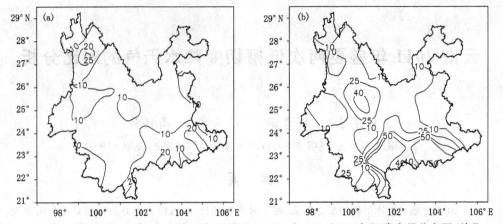

图1 2011年6月23日08时—24日08时(a)及27日08时—24日08时(b)降水量分布图(单位:mm)

(次),暴雨14个站(次),达到暴雨天气过程标准(简称第二次过程)。

3 形势分析

3.1 500 hPa形势分析

过程一:6月23日08时在青藏高原的东南部31°N、96°E附近为高压环流,中心位置在昌都,强度为588 dagpm。低槽位于110°E附近,槽底在滇东北的宣威、会泽一线。低纬度地区21°N附近201104号台风"海马"在广东西南部取偏西路径向滇东南方向靠近。6月24日08时(图略)北部原青藏高原上的反气旋环流向东南方向移出,同时,台风"海马"西行至广西南部21°N、108°E一带。云南大部分地区转为高压南部、台风西北部的强偏东气流控制;过程二:6月27日08时青藏高原上仍为反气旋环流形势,中心位仍然在昌都,但强度仅为585 dagpm。高压东侧的低槽在108°E附近,槽底位于云南中部以北的元谋、永仁一带,槽后四川盆地及以西、以北地区为较强的偏北气流控制。越南北部21°N、104°E附近有弱的热带低值系统活动。随着青藏高原东侧大陆高压的东南移以及云南北部低槽的逐渐东移南压,28日08时(图略)云南省转为气旋性环流形势所控制。

总体来看:在500 hPa高度,6月23日08时和6月27日08时在青藏高原的东南部32°N、92°E附近为高压环流,同时,在四川盆地的东部有低槽发展东移,槽底均偏南,位于27°N附近,低槽后部、青藏高原反气旋环流东侧为较强的偏北气流。但是6月23日08时青藏高原上的大陆高压明显比23日08时高压强。高压东侧的低槽位置也较为偏东。

3.2 700 hPa形势分析

6月23日08时川滇切变在东移过程中分为南北两段,北段位于四川盆地东部107°E附近,南段则位于滇东北一带的遵义—宣威—攀枝花一线。切变后部四川盆地及其以北为强东偏北气流。而滇中及其以西、以南地区为强的西偏北气流。6月24日08时(图略)随着南段切变的快速南下,云南大部分地区转为312 dagpm高压南部、台风"海马"西北部的强偏东气流控制;6月27日08时四川盆地为弱的反气旋环流形势,川滇切变位于四川盆地东南侧的万源—威信—宁蒗一线,而云南的东南侧为308低压系统,滇中及以东地区则为弱反气旋环流形势。6月28日08时(图略)随着四川盆地一带弱冷高的进一步东南移动,在川滇切变主体东移的同时,川滇切变的南段在后部强东偏北气流引导下,南下西推至哀牢山东侧,滇中及以南地区转为受 308 低压系统所控制的形势。

综上分析认为:在 6 月 23 日及 6 月 27 日两次低槽切变天气过程中,第一次过程低槽切变天气系统东移南下的速度过快,使得云南降水天气过程强度偏弱。

4　水汽输送及收支特征分析

4.1　700 hPa 水汽通量分析

过程一:6 月 23 日 08 时 700 hPa 向云南省输送水汽的通道有三条(图略),一是随切变后部东偏北气流南下的水汽,最大值达 $12 \times g \cdot cm^{-1} \cdot hPa^{-1} \cdot s^{-1}$,向滇东北一带输送,二是孟加拉湾一带随西南气流北上的水汽,最大值为 $12 \times g \cdot cm^{-1} \cdot hPa^{-1} \cdot s^{-1}$,主要向滇西南地区输送,三是随台风"海马"北侧偏东气流向滇东南方向输送的水汽,最大值达 $27 \times g \cdot cm^{-1} \cdot hPa^{-1} \cdot s^{-1}$,但主要在 114°E 附近向北输送,向西输送的量较小。到 23 日 20 时,随着云南省风场的转变,上述三条水汽通道中,从 6 月 23 日的降水实况知:第一、第三条输送通道对云南的影响更为明显,但云南境内水汽通量大值区主要集中在滇东、滇东南一带(图略),从而使此次降水过程的落区偏东;过程二:6 月 27 日 08 时向云南输送水汽的通道有两条(图略),一是随切变后部偏北气流南下向滇东北方向输送的水汽,进入滇东北一带的水汽通量最大值 $< 6 \times g \cdot cm^{-1} \cdot hPa^{-1} \cdot s^{-1}$,二是沿孟加拉湾一带随西偏南气流向东输送的水汽,最大值达 $20 \times g \cdot cm^{-1} \cdot hPa^{-1} \cdot s^{-1}$ 以上,但主要在 18°N 附近向东输送,滇西以及滇南地区处于此通道的东北部。到 27 日 20 时,随着形势的演变,上述两条水汽通道中,第一通道偏东向南移动,第二条水汽输送通道明显北抬。两条水汽通道在滇中的玉溪及滇南的文山、红河一带汇合(图略),有利于水汽在此区域的持续辐合,进而发生强降水天气。

4.2　水汽通量散度对比分析

过程一:23 日 08 时除滇西地区以外云南大部分地区均有水汽的辐合(图略),水汽通量散度值达 $-2 \times 10^{-8} g \cdot cm^{-2} \cdot hPa^{-1} \cdot s^{-1}$ 以上的区域主要分布在楚雄北部、昆明南部等地区。至 23 日 20 时随着形势的演变,北部的水汽辐合快速减弱,而滇中及其以南地区水汽的辐合则明显加强,水汽通量散度值达 $-2 \times 10^{-8} g \cdot cm^{-2} \cdot hPa^{-1} \cdot s^{-1}$ 以上的区域迅速转移到滇东南地区的文山、红河一带,24 日 08 时南部水汽的辐合也逐渐减弱,整个降水时段水汽辐合较强的区域维持的时效短;过程二:27 日 08 时 700 hPa 水汽通量散度值达 $-2 \times 10^{-8} g \cdot cm^{-2} \cdot hPa^{-1} \cdot s^{-1}$ 以上的区域主要分布在滇东北及滇西南边缘地区(图略),至 23 日 20 时随着川滇切变的南下,偏南气流与偏北气流在哀牢山以东地区的辐合进一步加强,水汽通量散度值 $> -2 \times 10^{-8} g \cdot cm^{-2} \cdot hPa^{-1} \cdot s^{-1}$ 的区域较长时间地维持在哀牢山以东、滇中以南地区(图略),水汽的辐合明显加强。

可见,在两次低槽切变天气过程中,6 月 23 日受偏东气流引导下的水汽通道(有两条)明显强于受西南气流引导下的水汽通道。而 6 月 27 日受西南气流引导下的水汽通道则明显强于受东偏北气流引导下的水汽通道。同时,水汽通道的建立与维持以及水汽辐合的强度与水汽强辐合维持时间和强降水发生的时段与落区较为一致。

5　垂直速度对比分析

由图 2a 所示,过程一中 23 日 20 时 700 hPa 高度上垂直速度 $< -0.4 Pa \cdot s^{-1}$ 的区域仅出

现在滇东南边缘地区。在强降水发生区域23°N附近700 hPa及其以下垂直速度>-0.4 Pa·s⁻¹,而垂直速度<-0.4 Pa·s⁻¹的情况则在700~300 hPa、104.3°E附近,上升运动最强的高度在400 hPa,但垂直速度最大值仅达-1.0 Pa·s⁻¹;由图2b所示,过程二中27日20时700 hPa高度上垂直速度<-0.4 Pa·s⁻¹的区域分布在哀牢山以东偏南地区的普洱、红河、曲靖、文山一带。同时在强降水发生主要区域23°N附近从850~200 hPa为一致强上升运动,700 hPa高度102°E附近的上升速度达-0.9 Pa·s⁻¹,上升运动最强的高度在400 hPa,最大值达-2.0 Pa·s⁻¹以上。

可见,在两次低槽切变天气中强降水过程发生的主要区域均存在着较强上升运动,但27日20时的上升运动明显强于23日20时,为27日云南暴雨天气过程的发生提供了有利的动力条件。

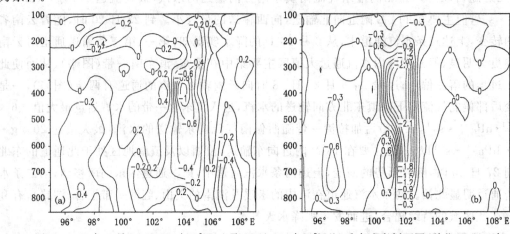

图2　2011年6月23日20时23°N(a)及27日20时23°N(b)垂直速度剖面图(单位:Pa·s⁻¹)

6　结论

(1)500 hPa青藏高原东部高压偏强、低槽偏东以及孟加拉湾至云南南部西南暖湿气流偏弱,导致700 hPa川滇切变南下速度过快,进而使云南的降水天气过程强度偏弱,降水落区偏东。

(2)偏东气流引导下的水汽通道对云南降水过程的贡献明显小于西南暖湿气流。

(3)云南水汽辐合的强度、水汽强辐合维持时间与强降水发生的时段、强降水落区较为一致。

(4)上升运动大值区的时空分布与强降水出现的时段和落区较为吻合;川滇切变南下的速度过快,使得700 hPa高度辐合上升运动较弱,进而使降水偏弱。

参考文献

[1]　秦剑,琚建华,解明恩等.1997.低纬高原天气气候[M].北京:气象出版社,98-107.

[2]　姚晨,张雪晨,毛冬艳.2010.滁州地区不同类型特大暴雨过程的对比分析[J].气象.36(11):18-25.

[3]　张秀年,曹杰,段旭.2007.低纬高原冰雹与暴雨对比分析[J].地理环境研究.19(6):8-12.

[4]　朱乾根,林锦瑞,寿绍文等.2000.天气学原理和方法[M].北京:气象出版社,366-383.

[5]　刘健文,郭虎,李耀东等.2005.天气分析预报物理量计算基础[M].北京:气象出版社,56-67.

GPS可降水量资料在暴雨预报模型改进中的应用

苗爱梅[1]　郝振荣[2]

(1.山西省气象台,太原 030006;2.山西省气象信息中心,太原 030006)

摘　要

基于原动力诊断模型输出的预报结果,应用逐时 GPS/MET 资料和逐时自动气象站极大风速风场资料,依据暴雨出现在气柱水汽总量空间分布图中水平梯度大值区的不同位置,建立了不同流型配置下的多种暴雨概念模型;采用轮廓识别技术在 C/S 架构下,对 12～36 h 暴雨落区预报模型进行改进并实现了自动化运行,2011 年进行准业务使用效果良好。

关键词:气柱水汽总量　暴雨落区　预报模型　改进技术

引言

应用 GPS 可降水量资料的个例分析已有不少[1~5],但都局限于气柱水汽总量的局地变化与单站降水量随时间变化的关系研究。对于气柱水汽总量的空间分布与降水量的空间分布关系的研究甚少。本研究利用近 3 年 5—9 月山西 63 个 GPS/MET 监测站反演的逐时气柱水汽总量空间分布图与有气柱水汽总量资料以来的气象监测资料,根据暴雨出现在气柱水汽总量空间分布图中水平梯度大值区的不同位置,概括不同流型配置下暴雨的落区,从而获得暴雨发生前气柱水汽总量空间分布与暴雨空间分布的关系;气柱水汽总量空间分布水平梯度的阈值及阈值的出现对暴雨发生的提前量,达到改进暴雨预报模型的目的。

1　资料

气柱水汽总量资料、自动气象站以及区域雨量站资料和多普勒雷达资料均由山西省气象信息中心提供,气柱水汽总量资料和区域雨量站资料长度均为 2009—2011 年 3 年的资料,自动站和多普勒雷达资料为 2007—2011 年 5 年的资料。

2　气柱水汽总量与各种流型配置下暴雨落区的关系

2.1　气柱水汽总量空间分布与暴雨日暴雨空间分布的关系

利用近 3 年 5—9 月山西 63 个 GPS/MET 监测站反演的逐时气柱水汽总量空间分布图与有气柱水汽总量资料以来的 42 个暴雨日的暴雨落区以及对应的流型配置图,进行对比分析发现:(1)逐时气柱水汽总量空间分布图可提供水汽的空间分布、水汽的辐合辐散、不同属性气团间的相互作用等信息;(2)当气柱水汽总量空间分布图中水汽含量的水平梯度在 25～40 mm/°N(°E)时,未来 12～36 h,在水平梯度的大值区(水汽锋)及其南北(东西)0.5～1.0 个经纬度的范围内出现暴雨及以上降水的概率达 100%,当气柱水汽总量空间分布图中水汽含量的水平梯度≥40 mm/°N(°E)时,在水汽锋及其南北(东西)0.5 个经纬度的范围内出现大暴雨的概率为 63.6%；(3)暴雨落区是在气柱水汽总量空间分布图中水汽锋及其以北(西)还是以南(东)0.5～1.0个经纬度的范围出现，不同的流型配置会出现不同的结果。

2.2 气柱水汽总量空间分布水平梯度的演变规律

对比分析发现：降水开始前36 h，气柱水汽总量空间分布图中水汽的水平梯度逐渐增大水汽锋逐渐形成；降水开始前，水汽锋达到最强；随着降水的开始，靠近水汽锋湿区的一侧水汽增量逐渐减小，靠近水汽锋干区的一侧水汽增量逐渐增大，结果使水汽锋的强度不断减弱；暴雨期间，暴雨区气柱水汽含量均在40 mm以上，但水汽的水平梯度很小；未来12～36 h无暴雨产生时，水汽的水平梯度<25 mm/°N(°E)；未来12～36 h无降水产生时，气柱水汽总量空间分布图中水汽的水平梯度为0或几乎为0。

2.3 气柱水汽总量的局地变化与单站降水量的关系

(1)暴雨落区在气柱水汽总量空间分布图中水汽锋以北时

降水开始前，气柱水汽总量迅速上升，降水开始—降水结束前，整个降水过程气柱水汽总量稳定在40 mm上下，降水即将结束时，气柱水汽总量迅速下降。小时降水量极大值不足小时气柱水汽总量极大值的1/2，不足20 mm(图略)。

(2)暴雨落区在气柱水汽总量空间分布图中水汽锋以南时

降水开始前，气柱水汽总量呈波动性增长，降水开始—降水结束前，整个降水过程气柱水汽总量稳定在44 mm以上，降水即将结束时，气柱水汽总量迅速下降。小时降水量极大值接近小时气柱水汽总量极大值(40 mm，图略)。

(3)MCC影响时气柱水汽总量与降水量的局地变化

降水开始前24 h，即MCC移入山西前，暴雨区的气柱水汽总量已达50 mm以上，降水开始前气柱水汽总量缓慢上升，降水开始前6 h，气柱水汽总量超过60 mm，小时降水量极大值(69.3 mm)接近小时气柱水汽总量极大值(72.9 mm以上，图略)。

以上分析表明：暴雨出现在水汽锋的不同位置，有不同的PWV与降水量的演变特征，因此，在利用单站气柱水汽总量估算单站降水量时，应结合气柱水汽总量的空间分布特征和流型配置。

3 自动站极大风速风场与暴雨落区关系

利用自动气象站瞬间风场和自动气象站极大风速风场资料进行对比分析发现，自动气象站逐时瞬间风场资料风向杂乱无章，无法获得边界层风场真正的辐散与辐合，对暴雨的落区预报没有很好的指示意义，而经过处理后的自动气象站极大风速风场资料则对暴雨落区预报有很好的指示意义。当自动气象站逐时或逐2(3或6)h极大风速风场中有中小尺度切变线生成且中切变线前后风速≥4 m·s⁻¹时，未来12 h在切变线前后将有暴雨出现；当中切变线前后风速≥6 m·s⁻¹时，未来12 h在切变线前后将有大暴雨出现。

4 暴雨概念模型建立

4.1 暖切变暴雨概念模型

(1)无副高影响时

① 500 hPa、700 hPa、850 hPa三层均有暖切变线存在，且中低层至少有一层为低涡切变，

此时若有边界层切变线或边界层辐合线配合,则暴雨发生在切变低涡的第 1 和第 4 象限、气柱水汽总量空间分布图上水汽锋及其以北 0.5～1 个经纬距内,低空西南(东南)急流的北侧,700 hPa 水汽通量散度≤－16×10^{-8}g·hPa^{-1}cm^{-2}·s^{-1}的区域。暴雨中心位于 700～850 hPa 暖切变线之间,边界层切变线或辐合线附近,700 hPa 或 850 hPa 水汽通量散度的辐合中心附近区域(如:2009 年 7 月 8 日暴雨过程,见图 1)。

② 700、850 hPa 两层均有暖切变线,且 700 hPa 暖切变线位于 5800 gpm 线以北,850 hPa 暖切变线则位于 5800～5840 gpm 线之间,此时容易形成南、北两条暴雨带,气柱水汽总量空间分布图上提前 12～24 h 会有两条水汽锋对应形成。北部的暴雨带位于 700 hPa 切变线附近,气柱水汽总量空间分布图上水汽锋以北 0.5°～1°N(°E)的区域内,暴雨中心一般位于边界层切变线或边界层辐合线附近;南部的暴雨带位于 5800～5840 gpm 线之间,850 hPa 暖切变线以北或以南的区域,具体的位置视边界层切变线的位置而定(图略)。

③ 700 hPa 或 850 hPa 仅有一层有暖切变线存在,此时若有边界层切变线或边界层辐合线配合,则暴雨发生在暖切变线—边界层切变线(辐合线)之间靠近边界层切变线(辐合线)一侧,低空西南(东南)急流北侧、气柱水汽总量空间分布图上水平梯度的大值区(图略)。

(2)有副高影响时

① 700 hPa、850 hPa 两层均有暖切变线存在,且两层的切变线均落在 5880～5840 gpm 线之间,此时若有边界层切变线或边界层辐合线配合,则暴雨发生在 5880～5840 gpm 线之间、700～850 hPa 暖切变线之间、气柱水汽总量空间分布图上水汽锋及其以南(东)1 个经纬距内,低空西南(东南)急流的北侧;暴雨中心位于 700～850 hPa 切变线之间的边界层切变线(辐合线)附近,700 hPa 或 850 hPa 水汽通量散度的辐合中心附近区域。如:2009 年 8 月 21 日 08时—22 日 08 时暴雨过程(见图 2)

② 在 5880～5840 gpm 线之间,700 或 850 hPa 仅有一层有暖切变线存在,此时若有边界层切变线或边界层辐合线配合,则暴雨发生在暖切变线—边界层切变线之间靠近边界层切变线一侧,低空西南(东南)急流北侧、气柱水汽总量空间分布图上水汽梯度大值区及其南北 0.5个经纬距的区域(图略)。

4.2 冷切变暴雨概念模型

(1)700 hPa 或 850 hPa 冷性切变线呈东北—西南向出现在 5840 gpm 线以北(内蒙古)或以西(河套地区)的区域。暴雨发生在 700 hPa 或 850 hPa 冷性切变线东南部(前部)—5840 gpm 线以北(西)的区域,气柱水汽总量空间分布图上水汽锋及其以南(东)1 个经纬距内,低空西南(东南)急流的北侧,K≥36℃、SI≤0℃、$T850－T500$≥28℃、$CAPE$≥350 J.kg^{-1}、700 hPa 水汽通量散度≤－4×10^{-8}g·hPa^{-1}cm^{-2}·s^{-1}相重叠的区域(图略)。

(2)700 或 850 hPa 冷性切变线呈东北—西南向出现在 5840～5880 gpm 线之间。暴雨可能发生在 700 或 850 hPa 冷性切变线以南—5880 gpm 线以北的区域,也可能发生在 700 或 850 hPa 冷性切变线以北—5840 gpm 以南的区域,究竟发生在哪个区域要看气柱水汽总量空间分布图上水汽锋及其南北 0.5 个经纬距范围内,边界层风切变或辐合线的位置。总之,暴雨落区位于低空西南(东南)急流的北侧,K≥36℃、SI≤2℃、$T_{850}－T_{500}$≥27℃、$CAPE$≥300 J·kg^{-1}、700 hPa 水汽通量散度≤－8×10^{-8}g·hPa^{-1}cm^{-2}·s^{-1}、气柱水汽总量空间分布图中水平梯度大值区附近与边界层切变线相重叠的区域。

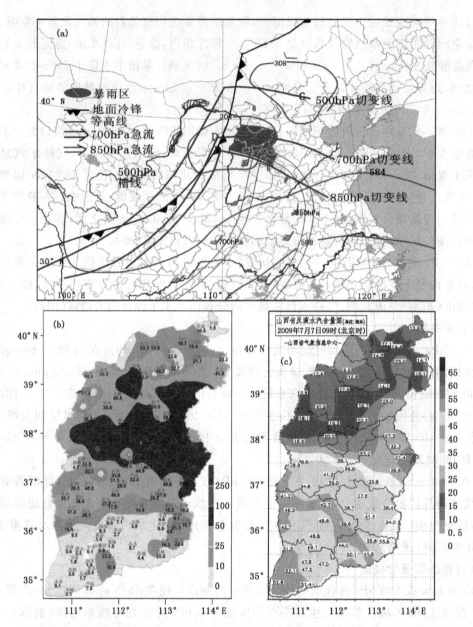

图 1 2009 年 7 月 8 日 08 时(北京时)流型配置(a)、7 日 20 时—8 日 20 时降水实况(b)及
7 日 17 时气柱水汽总量空间分布图(c)(单位:mm)

5 自动运行及应用效果

在 C/S 架构下采用轮廓识别技术完成了暴雨改进模型的自动化运行。

2011 年 7—9 月,利用改进后的暴雨落区概念模型预报结果订正基于中尺度模式暴雨动力诊断模型输出的 12 h、24 h 以及 36 h 预报,暴雨落区预报和暴雨落点预报 TS 评分分别提高了 7 个百分点和 6 个百分点。

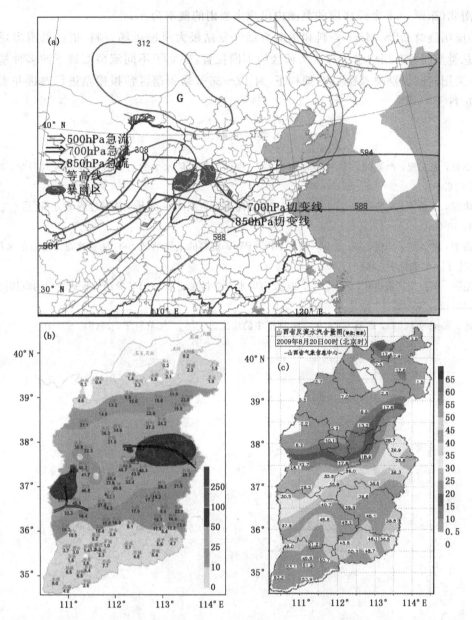

图2 2009年8月21日08时流型配置(a)、8月21日08时—22日08时降水量空间分布和
20日09时—13时边界层极大风速风场切变线(b)、8月20日08时气柱水汽总量空间
分布图(c)(单位:mm)

6 结论与讨论

(1)逐时气柱水汽总量空间分布图可提供水汽的空间分布、水汽的辐合辐散、不同属性气团间的相互作用等信息;

(2)当气柱水汽总量空间分布图中水汽含量的水平梯度在 25~40 mm /°N(°E)时,未来 12~36 h,在水汽锋及其南北(东西)0.5~1.0 个经纬度的范围内出现暴雨及其以上降水的概率达 100%,当气柱水汽总量空间分布图中水汽含量的水平梯度≥40 mm /°N(°E)时,在水汽

锋及其南北(东西)0.5 个经纬度的范围内出现大暴雨的概率为 63.6%；

(3)应用逐时 GPS/MET 资料和逐时自动气象站极大风速风场资料,依据暴雨出现在气柱水汽总量空间分布图中水平梯度大值区的不同位置,建立了不同流型配置下的多种暴雨概念模型;采用轮廓识别技术在 C/S 架构下,对 12~36 h 暴雨落区预报模型进行改进并实现了自动化运行。

参考文献

[1] 王小亚,朱文耀,严豪健,等. 1999. 地面 GPS 探测大气可降水量的初步结果[J]. 大气科学,**23**(5)：605-612.

[2] 姚建群,丁金才,王坚捍,等. 2005. 用 GPS 可降水量资料对一次大—暴雨过程的分析[J]. 气象,**31**(4)：48-52.

[3] 杨露华,叶其欣,邬锐,等. 2006. 基于 GPS/PWV 资料的上海地区 2004 年一次夏末暴雨的水汽输送分析[J]. 气象科学,**26**(5)：502-508.

[4] 楚艳丽,郭英华,张朝林,等. 2007. 地基 GPS 水汽资料在北京"7.10"暴雨过程研究中的应用[J]. 气象,**33**(12)：16-22.

[5] 万蓉,郑国光. 2008. 地基 GPS 在暴雨预报中的应用进展[J]. 气象科学,**28**(6)：697-702.

利用加密自动站和 VDRAS 产品对雷暴下山变化趋势的初步分析

郭金兰　王　令　郭　锐　陈明轩　李　靖　翟　亮　王国荣　丁青兰　吴剑坤

(北京市气象台,北京 100089)

摘　要

基于北京地区加密探测资料对 2010 年 6 月 1 日个例中北京地区雷暴下山变化趋势进行了初步分析,发现在弱系统影响下,雷暴下山出现减弱、加强变化的主要原因在局地边界层环境的变化,如:地面中尺度辐合线的加强是雷暴下山发展的动力触发条件,能量锋区的加强为雷暴发展加强提供了很好的能量条件。从 VDRAS 反演的热动力条件分析,强雷暴前方的阵风锋,加速了城区低层的动力辐合和水汽辐合。VDRAS 反演的低层扰动温度指示一个自南向北的"暖舌"不断向北移动发展,正、负变温区域的靠近和城区上层变冷下层变暖的垂直耦合,加大了城区大气的对流不稳定。这些条件对雷暴的短时临近预报有指示意义。

关键词:雷暴　变化趋势　地面加密自动站　地面辐合线　VDRAS 产品

引言

北京地区雷暴预报具有相当的复杂性及难度[1]。目前多种探测手段组成的时空密集的观测网和 BJ-ANC 系统,为雷暴天气过程分析研究提供了一定的条件。已经有人利用多种探测资料对雷暴和强对流发展进行了研究[2~4],但是对雷暴下山变化趋势的研究还很少。

本文利用常规观测资料、地面加密自动站资料以及 BJ-ANC 系统的 VDRAS 产品对北京 2010 年 6 月 1 日从午后开始自西北向东南经历的一场先减弱后加强的雷雨天气过程进行了初步分析。

1　2010 年 6 月 1 日雷暴天气过程实况和天气背景

1.1　天气过程实况

2010 年 6 月 1 日,北京从午后开始自西北向东南经历了一场强雷雨天气过程。在雷达回波上可以明显区分出两个时段。第一阶段在 16:00—17:20 雷雨回波进入延庆后在下山过程中减弱,第二阶段 17:30—18:00 又有雷雨回波经河北北部张家口南下,进入本市西部的延庆、门头沟,并在下山过程中发展加强,与第一阶段的回波合并成带状(图略),逐渐向东南扩展;在向东南扩展过程中,18:50 左右在北京城区西北部(海淀附近)有对流单体新生,对流迅速发展形成多单体风暴并向南移动,影响了本市城区大部及南部地区。从图 1 中可以看出两个阶段雨量及雨区的不同。

资助项目:2011 年中国气象局预报员专项(CMAYBY2011-001)、国家自然科学基金项目(41105024)。

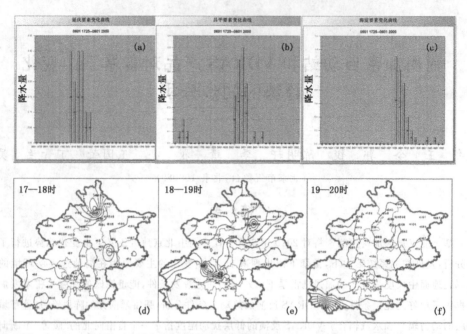

图1 2010年6月1日延庆(a)、昌平(b)、海淀(c)17:25—20:00逐5分钟雨量;d、e、f
分别为18、19、20时北京地区1 h雨量分布图。

1.2 大尺度天气背景

从2010年6月1日08时高空形势图可见(图略),500 hPa北京市处于东北冷涡后部的西北气流中,且在该西北气流中有一横槽存在,位于北京正北方向,东北平原西部;700 hPa、850 hPa在相应位置可分析出弱冷切变,表明高空有弱冷空气随偏北气流南下,高空弱冷切变,是造成河北北部、北京西北部出现雷阵雨的主要天气系统。地面图中,整个华北地区处于弱气压场中,6月1日14时贝加尔湖北部的低压系统明显南下,蒙古地区转为低压控制,北京市处于南高北低的地面形势。这种气压场使得蒙古中部至山东北部由南向北的气压梯度增大,导致北京午后近地面偏南风进一步增大,同时有利于山前地形辐合线的加强。

分析发现,这次雷雨天气过程中大尺度动力条件不足以形成强对流天气,但北京市大气层结为对流不稳定状态,不稳定能量条件较好。

2 加密自动站资料分析

2.1 雷暴下山减弱的地面环境

从2010年6月1日17时地面风场分析可见(见图2a),17时地面辐合线位于山前,此时,雷达回波位于延庆及怀柔北部(图略),下游昌平、怀柔南部地面为偏北风,不存在风场的辐合。且从地面加密自动站计算的散度填色图可见(见图2c),该区域为辐散区。从能量锋的计算结果可见(见图2e),上述地区为低值区。可见,此时近地面的动力、能量条件是不利于雷暴持续发展和加强的。

2.2 雷暴下山加强的地面环境

从地面加密自动站风场分析可见,18:10在海淀、昌平、朝阳交界处由偏东—偏南—偏北气流汇合形成人字形中尺度地面辐合线(见图2b),辐合线两侧风速加大至3~4 m/s,对应在散度分布图上相应区域出现了明显辐合中心(见图2d)。通过分析发现,地面加密自动站风场分析出的地面辐合线及计算所得的散度负值中心的增强对雷暴的短时临近预报有1h左右的提前量。

从相应时次能量锋分布图(见图2f)分析可见,在回波下游昌平东部至海淀为不断增强的能量锋高值区(≥5℃/100km),与地面辐合线位置相近,并与强回波区一致,提前量不明显,但导致其增强的因子具有预报意义的提前量。分析发现,地面辐合线两侧的偏北冷空气与偏南暖湿气流在18:00左右开始加强,雷雨回波在18:50进入该地区并发展加强,能量锋高值区可以成为雷暴在该地区持续或发展的必要条件。

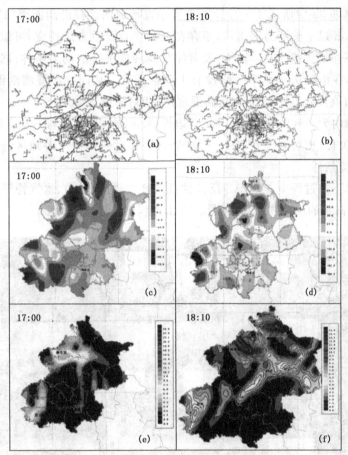

图2 2010年6月1日17:00、18:10北京地区自动站资料
(a、b为地面风场,棕色线为辐合线;c、d为散度分布图;e、f为能量分布图)

3 VDRAS反演的物理量场分析

BJ-ANC系统的重要模块之一变分多普勒雷达分析系统(VDRAS)是一个以三维云尺度数值模式和雷达资料四维变分同化(4DVar)技术为核心的热动力三维结构快速反演分析系统。可以实现对京津冀多部多普勒天气雷达资料的快速更新循环同化分析,从而得到与雷暴系统生消发展密切相关的三维动力和热动力特征[5~8]。

3.1 VDRAS 系统反演雷暴下山减弱的热动力机制

从 VDRAS 结果计算的 0～3 km 低层垂直风切变来看(图略),在雷暴下山的过程中,低层切变在 17:40 左右突然明显减小,切变大小从 16 m/s 左右减小到 9 m/s 左右,低层的切变条件不能明显促进雷暴的继续发展。从低层 187.5 m 的辐合计算结果来看(图略),在雷暴向北京地区移动并下山的过程中,雷暴发展区域前方环境的低层无明显的辐合场出现,辐合几乎接近于 0。从低层垂直速度累积量来看(图略),在雷暴发展区域前方环境的低层 2 km 以下,垂直上升速度也较小。

利用 17:05 的风场、扰动温度(图 3d)、垂直速度(图 3h)及相对湿度(图 3f)的物理量场,沿延庆、昌平、海淀(如 3a 中所示 1－2)分别作了垂直剖面图。在沿剖面距"1"点水平 50～160 km,垂直约 1.8 km 以下整层为偏南风,不存在风场辐合及垂直风切变,可以判断当前时刻在其下游地区(昌平、海淀、城区及其以南)没有使其发展或维持的动力条件;同时从垂直速度剖面图也可以看到,在沿延庆至昌平一线没有上升区配合。从同时次湿度剖面图看到,在水平 50～100 km,垂直高度 1.5～3 km 存在高湿度层(相对湿度在 80%～90%),但没有明显的上升区配合,此区域内为一致的偏北风,只在下边界(1.8 km 以下)有弱的垂直风速切变,但该层次以下水汽条件欠佳(相对湿度在 60%～70%),总之,此时回波下游地区是不利于雷暴持续发展和加强的环境条件。

因此,从雷暴下山过程中 VDRAS 反演的低层环境动力、热力、水汽特征综合来看,在 18:00 之前均不利于雷暴的维持和加强,雷暴在下山过程中不断减弱消散。

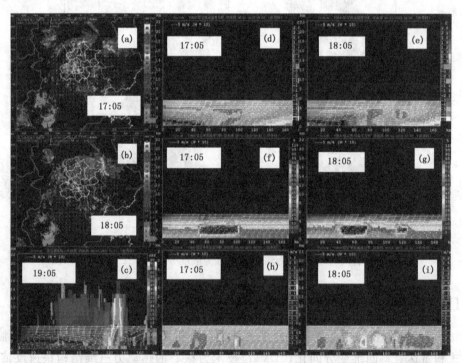

图 3 2010 年 6 月 1 日 17:05、18:05 高度 1.5 km 雷达拼图(a、b);扰动温度剖面图
(d、e);相对湿度剖面图(f、g);垂直速度剖面图(h、i);19:05 雷达回波垂直剖面图(c)
(a、b 中 1－2 的黄线为剖面位置;白色小箭头为风矢量)

3.2 VDRAS 系统反演雷暴下山加强的热动力机制

从 VDRAS 反演的风场和辐合辐散场来看(图略),从 18:10 左右开始,北京城区西北部低层 187.5 m 的辐合增强。18:53 左右,强辐合区发展移动到北京城区,而此时在北京城区,雷暴开始快速加强。在北京地区西部的雷暴前方,从 18:30 左右开始,也出现较为明显的辐合抬升,因此,导致这一区域的雷暴也开始加强。从 VDRAS 反演结果计算的垂直速度累积来看,从 18:30 左右开始,在北京城区附近 2 km 以下也开始出现较为明显的垂直速度累积,表明低层的垂直上升也非常有利于雷暴在北京城区的新生和加强。

分析 18:05 扰动温度剖面图(见图 3e)发现,在 60~80 km(昌平)出现明显的扰动温度梯度,高度达 2~3 km,从 18:29(30 min 后)的雷达组合反射率图(图略)中我们可以看到,在明显的扰动温度梯度区(60~80 km)有一强回波(≥35 dBZ)进入。同时在 120 km(城区)附近出现高空温度降低(见图 3e),低空温度增加的垂直耦合结构,在 2 km 左右高度风的垂直切变加大,在这一区域相对湿度增加到 80%~90%(图 3g),从 19:05 雷达强度回波剖面图(图 3c)上看到,在 120 km 附近回波加强,强度达到 50 dBz,高度发展到 12 km。在 18:05VDRES 低层垂直速度剖面图(图 3i)上 80~100 km(海淀)出现上升区,伸展到 4 km 高度,而在同时次雷达强度回波剖面图上对应区域并没有明显回波出现,42 min 后,18:47 在该区域出现 35 dBZ 以上的回波。

VDRAS 反演结果分析表明,北京城区附近低层的动力、热力、水汽条件非常有利于雷暴在城区附近突然新生和快速加强。某地扰动温度梯度的增强是有利于回波进入后发展加强的,有约 30 min 的提前量;上升区的加强伸展有约 40 min 的提前量;高低空冷暖的垂直耦合结构及强垂直风切变区域是未来 1 h 左右出现强回波的征兆。

4 总 结

在大尺度天气背景只存在弱系统影响的情况下,局地环境条件是雷暴下山过程中减弱或加强的直接影响因子。

此次雷阵雨天气过程中地面辐合线是雷暴下山发展加强的触发条件,能量锋区是雷暴在该地区持续或发展的必要条件;地面辐合线及散度负值中心的加强,对雷暴的短时临近预报有 1 h 左右的提前量。

VDRAS 反演结果分析表明,某地扰动温度梯度的增强是有利于回波进入后发展加强的,有约 30 分钟的提前量;上升区的加强伸展有约 40 分钟的提前量;高低空冷暖的垂直耦合结构及强垂直风切变区域是未来 1 h 左右出现强回波的征兆。

参考文献

[1] 王令,丁青兰,陈明轩,等.2006.北京地区夏季对流风暴雷达气候的研究[C].中国气象学会雷达气象学与气象雷达委员会第二届学术年会论文集.合肥:中国气象学会:1-16.

[2] 陈双,王迎春,张文龙,等.2008.复杂地形下雷暴增强过程的个例研究[J].气象,2011,**37**(7):802-813.

[3] 孙继松,杨波.2009.地形与城市环流共同作用下的 β 中尺度暴雨[J].大气科学,**32**(6):1352-1364.

[4] 丁青兰,王令,卞素芬.2009.北京局地降水中地形和边界层辐合线的作用[J].气象科技,**37**(2):152-155.

[5] Sun J, Chen M X, Wang Y C. 2010. A frequent-updating analysis system based on radar, surface, and

mesoscale model data for the Beijing 2008 Forecast Demonstration Project [J]. *Wea. Forecasting*，25：1715-1735.

[6] 陈明轩,王迎春,高峰,等. 2011. 基于雷达资料4DVar的低层热动力反演系统及其在北京奥运期间的初步应用分析 [J]. 气象学报，**69**(1)：64-78.

[7] 陈明轩,俞小鼎,谭晓光,等. 2004. 对流天气临近预报技术的发展与研究进展[J]. 应用气象学报，**15**(6)：754-763.

[8] 陈明轩,高峰,孔荣,等. 2010. 自动临近预报系统及其在北京奥运期间的应用[J]. 应用气象学报，**21**(4)：395-404.

沿岸海区风预报质量检验分析

杨　静[1]　尹尽勇[2]　王海平[2]

(1. 中国气象局预报与网络司,北京 100081;2. 国家气象中心,北京 100081)

摘　要

依据《沿岸海区风预报质量检验办法(试行)》,通过对 2011 年 6 月 1 日至 2012 年 5 月 31 日期间各沿海省上传的沿岸海区风预报检验结果分析,初步指出了预报准确率偏低的部分原因,提出了进一步提高沿岸海区风预报准确率的改进办法。

关键词: 海区风　预报质量　分析

引言

为提高海洋气象预报准确率水平,促进海洋气象业务的进一步发展,中国气象局预报与网络司于 2012 年 5 月 1 日颁布《沿岸海区风预报质量检验办法(试行)》,沿岸海区风预报质量检验业务正式启动。为做好今后的质量检验工作,本文依据检验办法针对 2011 年 6 月 1 日至 2012 年 5 月 31 日(不含 2011 年 9 月)期间各沿海省上传的沿岸海区风预报进行了检验,检验时段涵盖了跨年四个季节。检验的主要目的是尽可能从检验结果中发现问题,验证检验方法及检验代表站点的可行性。

1　所用资料

2011 年 6 月 1 日至 2012 年 5 月 31 日期间全国沿海 34 个海区上传的沿岸海区风预报结果和实况资料。因 2011 年 9 月自动气象站资料缺失,本次检验不包括 2011 年 9 月的检验。

2　检验方法

根据《沿岸海区风预报质量检验办法》。沿岸海区风力检验分为风力预报评分和大风预报评分两种,其中,风力预报评分对所有风力预报进行检验,检验结果分为三级:6 级以下风的检验(风速<10.8 m/s)、6～7 级风的检验(10.8 m/s≤风速<17.2 m/s)和 8 级及以上风的检验(风速≥17.2 m/s);大风预报评分仅对海上灾害性大风,即风力≥8 级的进行检验。

3　检验结果分析

通过对 2011 年 6 月 1 日至 2012 年 5 月 31 日全年近岸海区预报检验与评分(图 1～图 3,表 1),结果表明 6～7 级大风预报评分最高,平均达到了 88.5 分;6 级及 8 级以上风评分在 60 分左右。大风(8 级及以上)预报准确率较低,仅为 8%。

考虑除热带气旋引起的海上大风,海上大风主要受冬季的冷空气影响,因此,分别针对夏季和冬季进行了检验。从全国范围来看,冬季大风预报准确率没有夏季高,冬季为 6.8%,夏

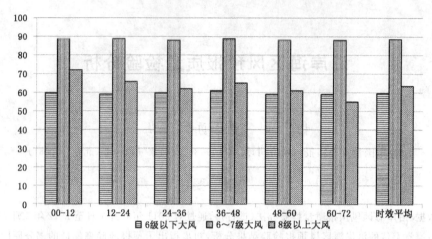

图1 2011年下半年至2012年上半年全国近岸海区预报平均检验结果

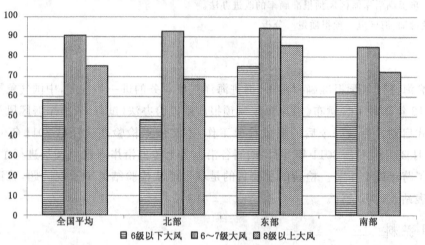

图2 冬半年(2011年10月至2012年3月)全国近岸海区预报平均检验结果

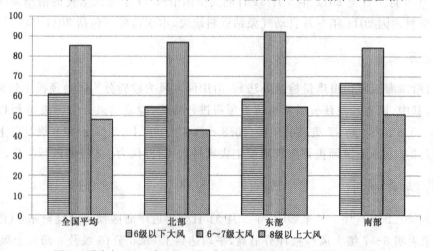

图3 夏半年(2011年4—9月)全国近岸海区预报平均检验结果

季为8.5%。同时,考虑冷空气过程自北向南影响,因此,将预报区域按北、东和南三个海域分别进行检验。检验结果表明,东部海区预报评分最高。冬季,东部海区平均得分85.1分,较全国平均 74.8 分高;夏季,东部海区平均得分 68.2 分,略超过全国平均(64.7 分)。

表 1　沿岸海区大风(8 级及以上)预报检验

时效(h)	0~12	12~24	24~36	36~48	48~60	60~72	时效平均(%)
大风预报准确率(%)	9	9	8	8	8	6	8.0
漏报率(%)	42	46	50	51	60	69	53.0
空报率(%)	89	89	90	89	90	92	89.8

　　针对上述检验结果,尤其是大风预报准确率低的原因,本文进行了分析总结,得到如下结果。

3.1　大风预报准确率低的原因

　　沿海海区普遍存在 8 级大风预报准确率偏低,同时空报率偏高的问题。究其原因,有以下三点:

　　(1)两种评分方法标准不同导致评分差异较大。问题主要集中在 8 级及以上大风预报准确率的检验评分上,《标准》中规定预报 8 级,则观测需出现≥17.2 m/s 及以上风速才正确,但是,往往预报 7~8 级风力,观测风力达不到 17.2 m/s,经常出现在 7 级风力范围内。作为评分标准,预报得到 100 分,但是对于大风预报准确率却是 0 分,而且是空报。这种情况出现最多,是造成 8 级及以上风力评分高,但 8 级及以上大风预报准确率低,空报率高的主要原因。

　　(2)部分检验站点不能反映海区风实况。如果观测站点在陆上或港口里,尤其是渤海西部沿海,这些观测站点不能很好地反映离岸后的西北大风。如:秦皇岛海域两个观测站分别是秦皇岛、秦皇岛翡翠岛,秦皇岛在市区,秦皇岛翡翠岛在岸边。2012 年 1 月 3 日 08—20 时时段内,秦皇岛海域得到观测北北西风 4 m/s,唐山浮标观测北北西风 12 m/s,沧州海上石油平台观测北北西风 11m/s,山东北岸北北西风 17m/s。可见,一次冬季冷空气过程,由于观测站点位置不同,观测值具有较大差异。这一过程具有典型特征是大风由陆地到海岸(背风)到海上再到海岸(迎风)。

　　(3)由热带气旋影响近岸海区大风空报率高。由于登陆热带气旋影响范围大,且实际影响往往比预测的小,造成南部海区 8 级以上大风空报率高。如:2011 年第 4 号热带风暴"海马"于 6 月 23 日 10 时 10 分在广东省阳西县与电白县交界处沿海登陆,预报登陆时最大风力 20m/s,珠江口外沿岸、川山群岛沿岸、湛江沿岸三个受影响近岸海区 12~24 小时预报均为 7~8 级大风,预报风向为旋转风。而事后,三个海区检验站点实际观测:珠江口外沿岸(东北风 8 m/s)、川山群岛沿岸(旋转风 15 m/s)、湛江沿岸(旋转风 13 m/s)。可见,南部海区大风预报主要受热带气旋预报影响较大,热带气旋实际风力较小是造成南部海区大风预报空报率高的主要原因之一。

3.2　6 级以下沿海风预报评分低的原因

　　6 级以下海区风预报评分全国仅为 59.7 分,分析原因主要是空报率较高。在没有明显产生大风天气系统影响下,沿岸观测站点一般为 3~5 m/s 风速情况下,出于习惯,沿岸省一般仍预报风力 5~6 级,这样就产生了大量的空报,使得 6 级以下风力预报评分远低于 6~7 级风力段的评分。这部分预报评分是最有改进余地的。

3.3 实况观测资料质量控制

本次检验出现多次由于观测资料缺乏质量控制而没有进行检验的情况。分析原因，不是由于两个或三个观测站点观测风力出现较大偏差，而是由于有些检验站点观测时段只有风向而没有风力观测，造成站点之间观测值差值大于 3 级及以上风力，从而失去本次检验。如：2011 年 6 月 22 日 08 时海南东部沿岸 36～48 小时预报时段、48～60 小时预报时段以及 60～72 小时预报时段的观测站点均出现只有风向观测而没有风力观测，造成符合检验方法 4.3 条，即当某一个沿岸海区有两个及以上代表站，且在预报时效内这些代表站中任何两个站之间的风力等级差异超过 3 个风力等级（≥12 m/s）时，认为该实况资料质量不可靠。出现该情况时，不对该时效内、该海区的预报进行预报质量检验的结果。

4 小结

(1)进一步修订检验代表站点，相关省需再次确认检验站的代表性，综合考虑地形影响及天气系统活动特征等因素，尽可能找出能够代表沿海海区风力和风向的代表站。

(2)加强检验站的观测资料的质量控制，尽量避免出现数据质量问题导致检验结果不可靠。

(3)对于 6 级以下的风力预报也要引起沿海省台的注意，不要习惯性地将 6 级以下的风都预报为 5～6 级。

(4)目前的评分检验方法对预报提出更高的精细化预报要求。由于沿岸海区划分精细，又离岸近，观测站点大部分设在近岸或岛屿，观测风力较远海为小，因此，除非向山东北岸或东岸迎风观测，一般强度冷空气很难在近岸出现 8 级大风，这是预报空报率高的主要原因。因此，要进一步提高大风预报准确率，除了修改评分检验办法，还要考虑向各预报业务单位提供预报精细化服务方法和意识。7～8 级风力预报在预报业务中常见，如何避免这种情况发生，需考虑从检验方法制定中进行改进。